中华人民共和国
科学技术发展规划纲要

（2001—2010）

中华人民共和国科学技术部创新发展司　编

科学技术文献出版社
SCIENTIFIC AND TECHNICAL DOCUMENTATION PRESS
·北京·

图书在版编目（CIP）数据

中华人民共和国科学技术发展规划纲要. 2001—2010 / 中华人民共和国科学技术部创新发展司编. —北京：科学技术文献出版社，2018. 10
ISBN 978-7-5189-4927-4

Ⅰ. ①中… Ⅱ. ①中… Ⅲ. ①科技发展—科学规划—中国—2001—2010 Ⅳ. ① G322.1

中国版本图书馆 CIP 数据核字（2018）第 255230 号

中华人民共和国科学技术发展规划纲要（2001—2010）

策划编辑：李　蕊　　责任编辑：张　红　　责任校对：文　浩　　责任出版：张志平

出 版 者　科学技术文献出版社
地　　址　北京市复兴路15号　邮编 100038
编 务 部　（010）58882938，58882087（传真）
发 行 部　（010）58882868，58882870（传真）
邮 购 部　（010）58882873
官方网址　www.stdp.com.cn
发 行 者　科学技术文献出版社发行　全国各地新华书店经销
印 刷 者　北京时尚印佳彩色印刷有限公司
版　　次　2018 年 10 月第 1 版　2018 年 10 月第 1 次印刷
开　　本　889×1194　1/16
字　　数　425千
印　　张　19
书　　号　ISBN 978-7-5189-4927-4
定　　价　86.00元

序言

根据我国社会主义建设事业的需要，制定科学技术发展规划纲要，阐明一个时期内我国科学技术发展的战略、方针、政策和重点任务，是党和政府领导科学技术工作的有效途径，对于凝聚全社会共识，形成各方面合力，共同推动科学技术事业发展和创新型国家建设，具有极其重要的作用。

中华人民共和国成立以来，在党中央、国务院领导下，从1956年起，我国先后制定了《1956—1967年科学技术发展远景规划纲要》《1963—1972年科学技术发展规划纲要》《1978—1985年全国科学技术发展规划纲要》《1986—2000年国家中长期科学技术发展纲领》《科学技术发展十年规划和“八五”计划纲要（1991—1995—2000年）》《全国科技发展“九五”计划和2010年长期规划纲要》《国家中长期科学和技术发展规划纲要（2006—2020年）》等一系列科学技术发展规划纲要。这些规划纲要在时间、任务上有序衔接，明确各个时期科技发展的指导方针和总目标，与五年科技规划相互协调、互为支撑，有力推动了我国科学技术事业实现整体性、历史性、格局性的重大变化。在科学技术发展规划纲要的指引下，我国科技实力和创新能力不断提升，取得了“两弹一星”、杂交水稻、载人航天和探月工程、载人深潜、深地钻探、超级计算、量子通信、中微子振荡、诱导多功能干细胞等重大创新成果，高速铁路、水电装备、特高压输变电、新一代移动通信、对地观测卫星、北斗导航、电动汽车等重大装备和战略产品取得了重大突破，部分技术和产品开始走向世界，这极大地增强了我国的综合国力、提高了我国的国际地位、振奋了我们的民族精神，为经济发展、民生改善和国家安全提供了有力支撑。

未来10～20年是全球政治、经济和创新格局深刻变革的历史时期，是我国从大国迈向强国的战略机遇期，也是我国科学技术事业加速赶超的关键阶段。全球科技创新现在已经进入空前密集活跃期，新一轮科技革命和产业变革正在重构全球创新版图、重塑全球经济结构。以人工智能、量子信息等为代表的新一代信息技术加速突破应用，以合成生物学、基因编辑等为代表的生命科学领域孕育新的变革，融合机器人、数字化、新材料的先进制造技术正在加速推进制造业向智能化转型。众多前沿技术、颠覆性技术持续涌现，科学研究、技术创新和产业发展范式正在发生重大变革，科学学科、技术领域、社会人文之间日益呈现交叉融合趋势。在新形势下，科学系统地梳理我国历次科技发展、科技创新规划纲要，总结宝贵历史经验，对于科学判断世界科技发展趋势，准确把握经济社会发展需求，着力解决科技发展中的突出问题，充分发挥科技创新规划对科技乃至经济社会发展的引领作用，指导新一轮科技创新规划编制工作具有非常重要的意义。

党的十八大以来，以习近平同志为核心的党中央对科技创新提出一系列新理念、新战略、新部署。党的十九大对建设社会主义现代化强国新征程做出战略安排，对加快建设创新型国家和世界科技强国提出明确要求，进一步强调创新是引领发展的第一动力。2018年7月13日，习近平总书记在中央财经委员会第二次会议上指出，要抓紧研究制定2021—2035年中长期科技创新规划。制定新一轮中长期科技创新规划是全面落实习近平总书记关于科技创新重要论述和党的十九大精神、聚焦国家重大战略和经济社会发展需求，明确主攻方向，构筑先发优势，增强高质量科技供给，建设科技强国，实现2035年跻身创新型国家前列的目标的行动指南；也是与历次科学技术发展规划形成梯次接续的重要一环。

以史为鉴，面向未来。我们要以习近平新时代中国特色社会主义思想为指引，紧抓规划引领，坚持科技创新和制度创新“双轮驱动”，为开创国家创新发展新局面、早日建成世界科技强国不懈奋斗。

科技部党组书记、部长 王志刚

二〇一八年十月

前言

为贯彻落实习近平新时代中国特色社会主义思想和党的十九大精神，贯彻落实习近平总书记关于科技创新的重要论述，科技部创新发展司组织汇编了《中华人民共和国科学技术发展规划纲要(1956—2020年)》，对回顾总结我国科学技术发展历程和重大科技创新成就，指导新一轮国家中长期科技规划纲要编制具有重要的借鉴意义。

回顾历史，中华人民共和国成立以来，我国科学技术发展走过了“向科学进军”“科学的春天”“科教兴国”“建设创新型国家”和“建设世界科技强国”5个阶段。制定科学技术发展规划纲要在我国科学技术事业发展过程中发挥着引领、指南和凝聚的重要作用。我们取得了一系列重大历史性成就，涌现出了一大批重大成果，锻炼成长了一支敢打硬仗的科研队伍，使我国科研实力正在从量的积累向质的变化跃迁，从点的突破向系统能力提升转变，在若干重要领域开始成为全球创新的引领者。

围绕我国科学技术发展的历史逻辑，我们收录了中华人民共和国成立以来的科学技术发展规划纲要文件共151件，分4册，体现了以下三个方面的特点。一是还原历史脉络。以1956年党中央制定《1956—1967年科学技术发展远景规划纲要》为历史起点，到2016年党中央、国务院印发的《国家创新驱动发展战略纲要》和国务院印发的《“十三五”国家科技创新规划》为关键标志，完整收集整理了中华人民共和国成立以来，特别是改革开放40年来，尤其是党的十八大以来我国科学技术发展规划纲要，以及行业、领域和各项科技工作专项规划纲要。二是彰显时代特征。各个时期的规划纲要具有很强的时代性，充分反映了当时我国科学技术发展的时代特点。特别是《“十三五”国家科技创新规划》，首次将“科技创新”作为一个整体，强调实施创新驱动发展战略，支撑供给侧结构性改革这条主线，从创新的全链条进行顶层设计。三是突出引领未来。各个时期的规划纲要既有对现状的总结描述，又有对未来我国科学技术发展的超前研究、谋划布局和顶层设计。通过对历史文献的梳理、研究，以及与现实科学技术发展的印证分析，我们可以从中寻找我国科学技术发展的基本规律和经验模式，为科技创新战略决策和编制新的中长期科技发展规划纲要提供依据和参考。

中国特色社会主义已经进入新时代。科技创新面临新的使命，与建设社会主义现代化强国和世界科技强国的宏伟目标相比，还要做出更加艰苦的努力、进行更加扎实的奋斗。按照党中央、国务院的统一部署，科技部牵头启动2021—2035年国家中长期科技发展规划纲要的研究编制工作。“雄关漫道真如铁，而今迈步从头越”。我们将按照习近平总书记“抓战略、抓规划、抓政策、抓服务”的要求和关于科技工作“思路、政策、重点”的重要指示精神，坚持战略思维和系统思维，加强战略谋划和规划布局，积极组织推动新一轮国家中长期科技发展规划纲要和“十四五”国家科技规划的编制工作，努力描绘新时代我国科学技术事业发展的宏伟蓝图，支撑引领创新型国家和世界科技强国建设。

科技部党组成员、副部长 李萌

二○一八年十月

目 录

国民经济和社会发展第十个五年计划科技教育发展专项规划
（科技发展规划）

前言

世纪之交，经济全球化进程明显加快，科学技术发展迅猛，知识经济已见端倪，世界经济正在发生重大而深刻的变革，国际分工大规模重组，资源配置进一步在全球范围内展开，科技创新能力已成为国际竞争的主导因素。世界主要发达国家都在凭借其科技优势，利用科技创新即将出现重大突破的历史机遇，迅速抢占二十一世纪的科技制高点；发展中国家也在积极调整战略，加速科技发展，力争在未来国际政治经济格局中处于主动地位。在这场新的国际较量中，科技竞争力将成为决定国家前途和命运的重要因素，是推动经济发展、促进社会进步和维护国家安全的关键所在。

随着社会主义现代化建设第二步战略目标的实现，我国经济、社会和科技发展开始步入新阶段。“十五”期间是实施我国现代化建设第三步战略部署的关键时期，推动经济结构战略性调整和实现社会生产力质的飞跃成为新时期科技工作的主要任务。“十五”科技发展专项规划从国民经济、社会发展和国家安全的需求出发，按照科技自身发展的特点和规律，明确了我国科技发展的指导思想和战略方针，确定了“十五”期间科技工作的部署和重点任务，指出了科技体制改革的方向，提出了促进科技发展的支撑条件和保障措施，是规范政府科技工作和指导全社会科技活动的纲领性文件。制定并组织实施“十五”科技发展专项规划，对于落实科教兴国战略，提高科技创新能力，促进我国经济结构战略性调整，实现国家经济社会长期发展和保障国家安全具有重大意义。

一、形势与现状

在“科教兴国”战略的指导下，“九五”期间，我国科技发展为促进经济建设和社会发展做出了

根据1998年10月28日国家科教领导小组第二次会议的决定和“十五”专项规划编制的有关要求，1998年底科技部启动国家“十五”科技规划的研究工作，成立了由科技、经济和管理等方面专家组成的总体研究组和11个研究专题，形成近200万字的研究报告。2000年初，成立由国家计委、科技部、国家经贸委、教育部、国防科工委、财政部、人民银行、中国科学院、中国工程院、中国科协、国家自然科学基金委员会等部委、机构有关负责同志参加的“十五”科技规划起草领导小组和工作小组，于2000年6月完成规划的起草工作。从2000年7月到2001年5月，广泛征求各部门、地方意见，多次向党中央、国务院和中央“十五”规划建议起草小组进行汇报，经国家科教领导小组第六次会议原则通过，国务院同意，于2001年5月18日由国家计委、科技部正式发布。

突出贡献，科技自身实力得到了较大幅度的提高。农业科技方面，共培育出600多个新品种，单产增产10%左右，推广水稻旱育稀植和节水技术、ABT植物调节剂和小麦旱地全生育期地膜覆盖栽培等重大技术，有力地保障了“九五”期间我国粮食增产目标的实现。工业科技取得了若干重大技术突破，提升了我国重点产业技术水平。数字程控交换机、氧煤强化炼铁技术、镍氢电池、非晶材料等的产业化方面获得一系列重大成果；结合三峡工程、国民经济信息化、集成电路、秦山核电站二期等一系列国家重大建设工程，通过引进、消化吸收与创新，攻克了一批关键技术，掌握了若干重大成套技术装备的设计和制造技术；计算机辅助设计（CAD）、计算机集成制造系统（CIMS）等一批重大共性技术的推广应用，大幅提高了企业技术创新能力。创新药物、水资源利用和保护、小康住宅、夏商周断代工程等一批重大项目的实施，中国科技馆二期工程及一批科普设施的建设，为社会事业的发展做出了贡献。

在高技术研究及产业化方面，载人航天技术、运载火箭及卫星技术等航天高技术取得了重大突破；两系法杂交水稻、基因工程药物、转基因动植物、重大疾病的相关基因测序和诊断治疗等技术的突破，使我国生物技术总体水平接近发达国家；高清晰度电视、“神威”计算机、大尺寸单晶硅材料、皮肤干细胞再生技术等重大成就的取得，使我国在相应领域跃入世界先进行列。国防科技的发展为增强国防实力奠定了坚实基础，促进了国防工业的技术进步。在基础科学研究领域，人类基因测序、纳米碳管和纳米新材料、寒武纪生命大爆发研究、微机电系统研究、南海大洋钻探等方面取得了重大成果；表面科学、非线性科学、认知科学以及地球系统科学等新兴交叉学科得到迅速发展；中国大陆科学钻探工程、大天区面积多目标光纤光谱天文望远镜等八项国家重大科学工程的建设，为我国的基础科学研究创造了良好条件。

“九五”期间，我国科技体制改革取得了突破性进展，国家确定的科技体制改革阶段性目标基本实现。科技工作的战略重点正在转向国民经济建设主战场，企业科技力量得到进一步加强，242个国家级技术开发类研究院所已基本完成转制工作，多数科研机构的运作直接面向市场需求，知识创新工程试点取得初步成效，高校管理体制改革基本完成，科技资源得到了优化配置；民营科技企业迅速崛起，技术市场发展迅猛；宏观科技管理体制逐步完善，适应社会主义市场经济的新型科技体制初步形成，国家创新体系的建设正在逐步展开。

目前我国已经形成了比较完整的科学研究与技术开发体系，整体科技发展水平位居发展中国家前列。1999年，从事研究与发展（R&D）活动的科学家工程师达53.1万人年，其中企业占31.3%；全国研究与发展（R&D）活动经费678.9亿元，占国内生产总值的比重为0.83%，其中企业研究与发展活动经费占全国的48.3%；目前已建成国家级重点实验室217个（其中包括国防科技重点实验室60个）、国家工程中心188个，认定国家级企业技术中心294个；国际权威检索机构收录的我国科技论文数44536篇，本国居民的专利授权量92101件，其中发明专利3097件；高新技术产品出口额247亿美元；53个国家级高新技术开发区的技工贸总收入6774.8亿元，工业增加值1476.2亿元。

“十五”期间，我国的经济、社会和科技发展将面临新的机遇和挑战。提高国民经济整体素质，加速经济结构的战略性调整，将对科学技术的发展提出更高的要求；加快发展高新技术产业，加速用高新技术改造传统产业，确保新阶段农业持续发展，势必形成对先进技术的大量需求；推进企业改革，适应市场竞争要求企业建立和完善创新机制，不断提高企业技术创新能力；促进产业技术升级，必然要求较大规模的设备更新，需要加速引进技术的消化、吸收与创新。加入 WTO 以后，世界性产业结构调整和产业转移将为我国经济发展提供新的机遇，世界经济科技的一体化和若干突破性技术的出现，将为我国实现技术跨越式发展创造条件。国际政治和军事局势错综复杂，保障国家安全和领土完整对国防科技发展提出了更高、更紧迫的要求。然而，目前我国的科技能力尚不能满足国民经济、社会发展和国家安全的需求，特别是自主创新不足，可持续创新能力薄弱；体制、机制以及思想观念方面还存在许多不利于科技产业化发展的因素；科技投入不足，科技创新人才缺乏，科研基础设施落后，仍然制约着我国的科技发展，“技术瓶颈”将成为我国经济社会长期发展的重要制约因素。

因此，必须进一步落实邓小平同志“科学技术是第一生产力”的重要思想，全面实施“科教兴国”和“可持续发展”战略，紧密围绕现代化建设第三步战略部署和社会主义市场经济发展的要求，把以科技创新为先导促进生产力发展的质的飞跃，摆在经济建设的首要地位，以科技创新作为推动经济结构调整、促进经济社会发展的主要动力。

二、指导方针与发展目标

科技发展的经验表明，只有抓住科技发展不同历史时期的主要矛盾，实事求是地确定科技工作的指导方针，科技事业才能得到快速发展。

（一）指导方针与基本原则

“十五”及今后一段时期，我国科技工作要面向经济建设，围绕结构调整，按照有所为、有所不为，总体跟进、重点突破，发展高科技、实现产业化，提高科技持续创新能力、实现技术跨越式发展的指导方针（简称“创新、产业化”方针），力争在主要领域跟住世界先进水平，缩小差距；在有相对优势的部分领域，达到世界先进水平；在局部可跨越领域，实现突破。

遵照“创新、产业化”指导方针，“十五”科技发展必须坚持以下原则：

1. 突出国家目标。围绕经济结构战略性调整、可持续发展和国家安全的重大需求，确定科技发展重点，加强战略研究和宏观调控，统筹考虑近、中、远期目标，推进科技与经济的融合发展。

2. 坚持市场导向。充分发挥市场配置资源的基础性作用，运用市场竞争与合作机制提高科技活动的效率和效益，全面推进科技发展。

3. 实现技术跨越。在我国具有相对优势或战略必争的关键科技领域，精心组织，加强产学研联合，力争取得重大突破，实现技术发展的跨越。

4. 强化自主创新。坚持自主研究、开发与引进、消化、吸收相结合，切实加强基础研究，重视原始性创新，大幅增加科技投入，不断提高自主创新能力。

5. 加强军民结合。贯彻军民结合，平战结合的方针，增强国防科技自主发展能力，坚持寓军于民，大力发展军民两用技术，推进军民技术的双向转移，为国家安全和国民经济发展提供科技支撑。

6. 体现以人为本。充分发挥创新人才在科技发展中的核心作用，创造环境，优化机制，激发科技人员的创新精神和创业潜能。

7. 促进区域科技协调发展。以西部大开发为契机，推动区域科技合作和协调发展，不断提高全社会的科技创新能力。

（二）发展目标

我国科技发展的总体目标是：贯彻落实科教兴国战略，深化科技体制改革，初步建立适应社会主义市场经济体制和科技自身发展规律的国家创新体系；加速提高我国产业的国际竞争力，促进国民经济可持续发展，提高人民生活质量，增强综合国力和保障国家安全；大幅提高我国科技的总体水平和自主创新能力；全面提高全民族的科技素质。

“十五”期间，科技发展的目标是：

1. 产业技术水平和国际竞争力大幅提升。建立产业共性技术研究开发体系，在市场前景好、产业关联度大、对国民经济发展能够产生显著推动作用的关键技术领域，攻克一批具有自主知识产权的产业关键技术和共性技术；加强高技术产业发展的技术支撑，建设一批国际一流的高新技术产业开发区，培育一批具备参与国际竞争的大企业和企业集团，推动高新技术产业快速发展，使我国农业和工业、服务业主要领域的技术水平达到发达国家九十年代中期水平，部分领域进入世界先进行列。

2. 基础研究和战略高技术研究有所突破。集中力量在我国经济、社会发展和国家安全具有关键作用以及我国具有优势的重要领域取得重大突破，到 2005 年，力争在若干重要科学领域和战略高技术领域接近或达到世界前沿，取得一批有重大国际影响的开创性科研成果，为我国经济社会的长期发展奠定坚实的科技基础。

3. 为人口、资源、环境协调发展提供科技支撑。建立比较完善的社会发展科技工作体系，保护生态环境，提高人口素质，改善生存质量，提高资源利用效率，增强减灾防灾、社会保障与服务能力，促进各项社会事业及相关产业快速发展。

4. 全社会科技投入明显增长。到 2005 年，全社会研究与开发（R&D）经费占国内生产总值（GDP）的比例提高到 1.5% 以上，企业 R&D 经费投入占全社会 R&D 投入的比例超过 50%，高新技术企业 R&D 经费投入占年销售收入的 5% 以上。

5. 科技人才不断满足发展需求。培养和凝聚一批取得重大科学成就的国际知名学者，造就一批能够解决重大系统工程技术难题的高级专家和一大批适应市场竞争的科技创新人才。到 2005 年，全国从事 R&D 活动的科学家工程师全时人数达到 90 万人年。

6. 科技基础设施逐步完善。新建若干项具有国际水平的重大科学工程，建成一批国际一流的科研基地，明显改善科技基础条件和基础设施，实现资源共享，提高科技活动的保障能力。

三、战略部署与重点任务

“十五”期间，我国科技工作必须紧密围绕经济结构战略性调整这一核心任务，按照“创新、产业化”的指导方针，针对当前国民经济发展的紧迫需求和国家中、长期发展的战略需求，在“促进产业技术升级”和“提高科技持续创新能力”两个层面进行战略部署。一是以企业为技术创新主体，重点攻克产业发展的关键技术，推动高新技术产业发展，运用高新技术改造传统产业，促进产业技术升级和结构调整；二是充分发挥大学和科研院所的作用，大力开展战略高技术研究和原创性基础研究，提高科技持续创新能力，力争在有相对优势或战略必争的关键领域实现技术的跨越发展。

根据上述部署，“十五”期间科技发展的重点任务是：

（一）加强关键共性技术攻关，为经济结构战略性调整和可持续发展提供支撑

1. 加快产业技术升级

根据产业结构优化调整的迫切需求，以企业为技术创新主体，推进技术升级，加快开发能够推动结构升级和促进可持续发展的共性技术、关键技术和配套技术。把农业科技放在科技工作的首要位置，以农产品深加工为龙头，提高产前、产中、产后的技术水平，优化农业结构、提高农业质量和效益；实施“信息化带动工业化”的发展战略，运用以信息技术为代表的高新技术改造传统产业，大幅提升基础工业的技术水平，以装备制造业为突破口，重点解决产业升级所面临的重大共性和关键技术难点，加强应用技术的工程化研究，提高成套设备的技术含量和国产化水平；突破高新技术产业发展的核心技术，加快成果转化，促进科技型中小企业迅速成长，建设高新技术产业基地，推动高新技术产业发展，培育新的经济增长点。

——农业

重点实施农产品深加工与转化技术、节水农业技术、优质高产高效农作物新品种培育、动植物重大病虫害防治技术、农业信息化、农药创制、高效畜牧业、生态农业、高效设施农业技术等重大项目。加强适用先进技术的普及推广，提高信息、生物等高新技术在农业生产中的应用水平，建立队伍多元化、形式多样化的农业技术推广体系，积极开展农业标准化工作，培育农业技术市场，建设优质高效农产品示范基地。

——基础工业

装备制造业。重点实施 CAD、CAM、CIMS 等制造业信息化应用工程、数控机床、工业机器人、大型农业机械和工程建设机械、汽车综合制造技术及产品、电子产品制造技术及专用设备、精密测量测试技术及仪器仪表、高新技术改造装备制造业示范等重大项目，开展大型水电机组、大型乙烯、大型化肥、大型采掘等重大装备研制，以国际产业调整为契机，提高我国装备制造业技术创新能力，为我国逐步成为世界制造业重要基地提供支撑。

能源工业。围绕煤炭清洁利用、天然气开发利用、核能和可再生能源等技术进行开发并推进产业化，改善能源结构，提高利用效率，减少环境污染。重点实施洁净煤技术、燃料电池技术、可再生能

源产业化技术、先进高效发电技术与装备、全国电力联网技术、“西气东输”相关技术、节能技术及相关产品开发、核燃料循环关键技术等重大项目。

交通运输业。以发展综合交通运输体系为目标，围绕提高运输能力、效率和安全，进行技术开发并推进产业化。重点实施智能交通系统、集装箱多式联运系统及运输装卸成套设备、大型及高附加值船舶制造技术、电动汽车、高速轮轨技术、城市轨道交通技术、高速磁悬浮列车技术等重大项目，继续实施清洁汽车与清洁能源行动。

材料工业。围绕增加品种、提高质量、节能降耗组织攻关，研制经济发展和国防建设急需的关键材料、基础材料和关键器件。重点实施高精度薄板生产技术、高效节能短流程工艺技术、镁合金应用与开发、稀土应用、军工配套新材料、重要无机非金属材料、精细化工材料等重大项目。

轻纺工业。以提高产品档次和国际竞争力，增加出口创汇为目标，重点实施纺织品印染后整理技术、高仿真多功能差别化纤维生产技术、高效低污染造纸技术等重大项目。

——高新技术产业

重点推进信息、生物和新材料技术的开发及产业化，积极发展新能源、航空航天、海洋、环保等高新技术产业。重点攻克高速宽带网、大型应用软件、金融信息化、高性能对地观测卫星与应用、电子商务、网络教育、远程医疗等关键技术，加快国民经济信息化进程；加快生物技术在农业、医药和环保等重要领域的应用，推动相关产业的发展；重点拓展新材料在微电子、能源、医疗、化工、交通运输、农业、建材等领域的应用。

——高新技术产业园区

强化国家高新技术产业开发区创新创业的环境建设，加强科技创业园、各种类型的企业孵化器的创业服务体系建设，选择若干有条件的国家高新技术产业开发区，重点扶持，使其发展成为具有国际影响的科技工业园区和高新技术产品出口的重要基地，积极培育高新技术产业带。加强区域农业现代化研究与示范，建立若干不同类型的农业科技示范园区。

2. 促进社会发展

以可持续发展为着眼点，围绕我国人口、资源与环境等重大问题，选准切入点，突破一批关键技术，抓好试点示范工程。针对我国资源缺乏的状况，特别是水资源严重短缺的局面，加快研究资源合理开发、利用的相关技术和设备；针对我国环境污染严重、自然生态普遍恶化的现状，加强环保领域重大关键技术和环保设备的工程化、成套化研究开发，建立一批环保技术示范工程和产业化基地，带动环保产业的发展；以中药现代化为突破口，攻克中医药产业化关键技术，加强创新药物的研制与开发，带动医药及相关产业发展；以促进社会事业发展为目标，根据当前人民群众对人居环境、医疗卫生、文化教育、社会保健等生活质量方面的要求，加强社会公益性技术研究，开发先进、适用的技术和产品，改善人民的生活条件。

水资源。重点开展水资源综合配置与调控模式，农业、工业和城市节水技术及装备，污水资源化利用技术与设备，水资源评价及承载力，海水资源利用技术的研究开发，建立不同类型的科技示范工程和清洁生产示范。

医药卫生。重点实施中药现代化、创新药物研制、重大疾病防治、系列化的计划生育药具和技术、生物医学工程、生物技术新型疫苗和药物、生物反应器、人工组织器官工程等重大项目。

环境保护。重点攻克城市污染预防与治理、重点行业清洁生产、荒漠化控制与治理、环境监测和生态保护等关键技术，开发成套设备，提高我国环保科技产业水平。

矿产资源。重点实施国家紧缺战略性矿产资源、大型油气田等勘探、评价及开发技术等重大项目，提高资源利用效率，缓解资源对经济、社会发展的制约。

社会事业。加快教育信息化建设关键技术及产品的研究开发；发展和完善气象、水文、地震、地质、海洋等监测与减灾系统技术，以及重大灾害等突发事件的应急处置和救援技术；研究开发食品和环境以及危险性特种设备的安全监控技术；加强标准化和计量技术研究开发，开展对WTO/TBT规则、质量管理与评价方法研究，提高质量技术监督水平；加强城镇规划和建设的系统配套技术研究，推进我国城市化进程和小城镇建设；加强重大刑事犯罪活动防范与控制技术的研究；加强重点文物保护技术和中国文化探源研究；加快有关社会公共数据库、动植物资源库和数字图书馆建设关键技术研究。

3. 提高西部地区科技创新能力

按照党中央、国务院西部大开发的总体部署，依照科教先行的思路，积极实施“西部大开发科技行动”。把加强科技创新能力建设放在首位，充分发挥西部地区的科技潜力；以生态环境建设为中心，依靠科技进步，实现生态环境建设与区域经济发展和广大农牧民脱贫致富的有机结合；发挥西部地区的比较优势，重点实施节水、沙产业、林草产业、特色产业开发、信息技术应用和科技人才培训等示范工程，推动产业结构调整。以市场为导向，推动区域技术交流与合作，建立健全东西部技术对接信息网，促进技术、信息、人才等科技要素向西部地区的流动，实现东中西部在优势互补基础上的共同发展。

（二）增强科技持续创新能力，实现跨越式发展

1. 高技术研究与发展

结合世界高技术发展趋势和我国经济、社会长远发展的需要，着重研究解决事关国家中长期发展和安全的战略性和前沿性高技术问题，集中力量在有相对优势或战略必争的关键领域取得突破，在一些关系国家经济命脉和安全的高技术领域，提高自主创新能力，努力实现产业化。通过五到十年的努力，形成一批具有自主知识产权的重大高技术成果，力争在世界高技术领域占有一席之地，并在若干重要领域和关键产业实现技术发展阶段的跨越。

——信息技术

围绕计算机软硬件技术、通信技术、信息获取与处理技术、信息安全技术等方面，重点研究具有强大计算功能、推理功能、图像处理和自适应联网通信功能的新型计算机技术，基于网络环境的系统软件的核心技术和新型操作系统技术，中文信息处理环境技术，新一代信息网所需要的网路与交换技术，全光通信系统技术，宽带个人通信系统技术等。研究开发天地一体化的信息获取、处理技术，构

建我国的遥感地理信息系统。攻克信息保护、隐患发现、安全反应等关键技术。集中开发高性能计算机及其核心软件、高性能宽带信息网、超大规模集成电路、国家空间信息应用与服务体系等。力争到2010年在所选重点方向上达到当时的国际先进水平，为国家信息基础设施建设提供技术支撑。

——生物技术

围绕基因操作技术、生物信息技术等前沿技术，重点研究重要功能基因的分离、克隆、结构和功能，分子设计和药物筛选技术，生物芯片，分子遗传标记育种技术，微生物重组技术，农用生物制剂，控释专用复肥，精确农业技术等。集中解决农业、医药等领域中重大问题，大幅提高我国生物技术领域整体研究水平和开发能力，增加我国农业的科技含量，解决我国农业面临的紧迫问题，提高和改善人民的营养水平和健康保障水平。

——新材料技术

围绕光电子材料及器件技术、特种功能材料技术、高性能结构材料技术等方面，重点研究光电信息材料、纳米材料及加工等先进材料设计与制备技术。研究开发新型能量转换和储能材料、电磁波屏蔽及吸收材料、特种陶瓷材料、新型膜材料、智能材料、生物医用材料、环保材料、高温超导材料、轻质高强高韧高温耐蚀金属材料、碳/碳复合材料、陶瓷基复合材料、新型金属基复合材料、新型有机-无机复合材料、高性能工程塑料及高分子合金、生态建筑材料，集中开发高清晰度平板显示器及相关技术等。为支撑国家支柱产业和国防工业提供配套关键新材料，提高我国材料工业的技术创新和产品竞争能力。

——先进制造与自动化技术

围绕现代集成制造系统技术和机器人技术，重点研究在全球化敏捷制造环境下的产品开发与设计技术，系统集成与优化技术，现代管理技术，先进制造工艺与装备，攻克面向先进制造的基于机器人的制造单元及系统、特种机器人以及微机电系统等关键技术。攻克主导我国21世纪初制造业发展和升级的关键技术，为提高我国制造业的综合竞争能力和实现跨越发展做贡献。

——能源技术

围绕后续能源技术、洁净煤技术等方面，重点研究核能、生物质能、风能、地热能等后续能源技术，煤直接液化技术和非动力用气化技术等关键技术。集中开发整体煤气化联合循环发电技术及装备、核能快中子试验堆等。为实施能源多元化发展战略和改善能源生产与消费结构提供技术支撑，缓解我国日益严重的能源紧缺和环境污染的局面。

——资源环境技术

围绕海洋资源开发技术、海洋生物技术、海洋监测技术、环境污染防治技术等方面，重点研究海洋立体探测技术、陆坡深水（200～2000米）盆地油气、边际油田、天然气水合物及深海油气技术，海洋生物天然化合物的筛选、鉴定，活性物质的提取、生产和活性保护技术，自动化海洋观测仪器和平台技术，合成孔径声呐成像技术，超视距海洋动力和环境污染监测及预警技术，环境生物应用、受污染或退化环境修复和清洁生产等关键技术。形成我国环保和海洋高技术创新体系，使我国环境污染防治技术和海洋技术达到九十年代国际水平。

——航空航天技术

重点研究开发天地往返运输系统技术、天地一体化综合信息应用网络技术和大中型运输飞机系统技术；积极开展以月球探测为重点的深空探测和以载人航天为代表的空间站关键技术研究，保持和发展我国在国际上的航天技术优势，提高我国探索和利用空间资源的技术能力，加速提升我国航空关键技术水平，为国民经济建设和保障国家安全提供技术平台。

2. 基础研究

基础研究是科技与经济发展的源泉，是新技术、新发明的先导。“十五”期间，必须紧紧围绕国家战略需求和国际科学前沿，集中力量支持国民经济、社会发展和国家安全中重大科学问题的研究，加强应用基础研究，力争在基因组学、信息科学、纳米科学、生态科学、地球科学和空间科学等方面取得新进展；稳步推进学科建设，加强数学、物理、化学、天文等基础学科重点领域的前沿性、交叉性研究和积累；创造一个自由思考、追求真理、不断进取的环境，鼓励科学家进行探索性研究。不断培养高水平的人才队伍，增强我国基础研究的持续创新能力，努力攀登世界科学高峰，力争经过10 ~ 15年的努力，使我国进入世界科学中等强国行列，基本能够自主解决经济、社会发展和国家安全中的重要科学技术问题。

——重大科学问题

根据世界科技发展的最新动态和国家现代化建设的重大需求，开展前沿领域和多学科交叉的综合性研究，为解决国民经济和社会发展重大关键问题提供基础性、前瞻性、战略性的科学理论依据。

农业领域。重点开展农用动植物重要经济性状的分子生物学研究、动植物种质和基因资源发掘与有效利用、作物水分养分利用和抗逆性的生理基础、植物病虫害和动物疫病防治的生物学基础、农用资源高效利用和生态环境重建、食物安全等方面的研究。

能源领域。重点开展高效洁净能源动力系统、煤炭污染防治和化石能源高效洁净转化利用的新方法、可再生能源的高效转化及其能源系统、高效安全利用核能的新原理、新方法。

信息领域。重点开展新型计算机体系结构及其系统软件、大规模高速网络与信息安全、基于综合信息的人机交互、微光机电器件及其系统集成与算法、量子信息、光子技术等方面的研究。

材料领域。重点开展材料的先进合成、制备、加工新理论与新方法，材料组织结构与性能的设计理论及结构、性能控制，材料的环境行为与寿命行为周期评价等研究。

资源环境领域。重点开展大型矿产资源的评价、寻找的新理论和新方法，我国生态环境演变规律与调控机理，近海海洋系统生态环境演变，生物多样性保护及有效利用，城市环境污染形成机理与控制，重大自然灾害形成机理及预测方法，人类重大工程活动与自然环境相互作用及诱变灾害的机理、预测和防治，全球气候变化的区域预测理论等研究。

人口与健康领域。重点开展恶性肿瘤、心脑血管疾病及重要传染性疾病的发病机理、防治基础研究，重要病原微生物的致病机理研究，人类生殖、发育与衰老等生命活动的细胞和生物大分子的基础研究，胚胎干细胞与组织工程、重要疾病的功能基因组学和蛋白质组学研究，脑功能的多学科综合研究等。

——学科建设

遵循基础研究规律，根据国际科技发展总体趋势和国家社会经济发展的长远需求，对处于国际前沿的、活跃的学科领域予以积极扶持，对我国具有一定优势和特色的学科领域加大支持力度，以进一步调整、完善学科结构，建设具有我国特色又符合当代科学发展的基础研究学科体系。稳步推进基础学科和应用基础学科的发展，积极鼓励和支持新兴学科、边缘学科、交叉学科的发展，促进自然科学与社会科学的交叉和融合，推动管理科学的发展。重视发展哲学社会科学和人文科学，调整学科布局，加强对重大理论和实践问题的研究，推进学科建设和理论创新。

——探索性研究

鼓励科学家充分发挥想象力和创造力，自由探索未知世界，倡导发现新事实、新理论、新规律、新方法的活动，支持具备新思想、新方法以及可能产生新成果的基础理论研究；持续稳定地支持具有创新思想、掌握创新方法的优秀科研人员开展研究工作。

（三）提高国防科技自主创新能力，增强国防建设的科技支撑

“十五”期间，在中央确定的新时期军事战略方针指导下，国防科技发展要紧密围绕确保国家安全和国家领土完整的战略目标，重点提高我国国防科技的自主发展和创新能力，在未来高技术战争中取得技术制高点，提高我国武器装备的总体技术水平，加速推动国防装备的更新换代。在武器装备的关键技术领域和重大基础性技术领域，实现跨越式发展，为我国新一代国防装备的发展提供技术支撑。大力发展军民两用技术，优先发展具有较大潜在民用前景的高新技术，初步建立军民结合、寓军于民的国防科技研究开发的良性运行机制，实现国防科技与民用科技的双向转移和互动发展，促进国防科技工业新体系的形成。

（四）深化科技体制改革，建设国家创新体系

“十五”期间，科技体制改革的总体目标是进一步解放科技生产力，初步建立符合社会主义市场经济要求和科技自身发展规律，充满活力的国家创新体系，为科技生产力的更大发展奠定坚实的制度基础。科技体制改革的重点是优化科技力量布局，合理配置科技创新资源，进一步解决科技与经济脱节问题，解决科研领域内的部门所有和单位分割等问题，加强科技创新机构建设，以体制创新为动力，促进科技与经济、科技与教育、民用科技与国防科技的互动与合作，完善创新活动的运行机制，坚持集成创新，扩大科技对外开放与交流，保持创新活动与社会经济环境相协调。

“十五”期间，进一步加强科学研究体系、技术开发体系、科技服务体系建设，加强产学研联合，形成以企业为主体，科研机构、高校、中介服务机构和政府机构相互连动的创新网络及运行机制。继续推进科研机构改革，技术开发类科研机构在全部完成企业化转制的基础上，不断深化内部组织结构、人员结构和专业结构调整，以产权制度改革为重点，全面实现企业化运行机制，加快建立现代企业制

度。以人事制度和分配制度为重点，深化科研事业单位改革，抓紧建立并落实以社会保障、税收优惠和非营利组织建设为核心的体制改革配套政策。社会公益型科研机构按照分类改革原则，完成体制转轨的任务；中科院所属科研机构的改革按照“知识创新试点工程”的要求进行；主要侧重于社会科学领域的部门属科研机构，按照国家关于其他类型事业单位的改革部署进行改革。力争在“十五”期间基本建立起新型科技体制，为初步建立国家创新体系奠定基础。

——继续实施技术创新工程，推动企业成为技术进步和创新的主体。“十五”期间，以提高企业的技术创新能力与核心竞争力为目标，大力促进以技术开发中心为主要方式的企业技术创新体系建设，形成产学研联合的机制，推动大型企业和企业集团成为我国参与国际竞争的主要力量。建立为中小企业服务的技术创新支持系统，提高中小企业创新能力。把体制改革、加强管理与技术创新有机结合起来，完善技术创新机制，抓好一批技术创新试点企业，建设一批开放式的行业共性技术的开发基地和重大成套技术装备制造基地，加速科技成果向现实生产力的转化，促进产业技术升级。

——继续推进知识创新工程，发挥大学和科研机构的创新源作用。建立国家知识创新体系，推进知识创新工程。发挥大学和科研机构在培养优秀创新人才方面的作用，实施高层次创新人才工程，形成一支精干、高水平的骨干科技人员队伍。加强大学和科研机构的基础研究和高新技术研究，促进大学和科研机构的联合，形成一批具有国际影响的科学研究机构。采用多种形式的共建共管，在重点大学和科研机构组建一批行业性或区域性的科学研究基地。

全面推进知识创新工程试点工作。“十五”期间，要进一步加快中国科学院调整和改革的步伐，形成 80 个左右具有强大科技创新和国际竞争实力、充分自我发展能力的国家研究所，成为我国具有国际先进水平的知识创新、技术创新和高级科技创新人才的重要基地，成为促进我国高新技术产业发展的重要基地和源泉，成为国家重大科技决策思想的重要源泉，成为我国现代科学文明与创新文化的重要基地与源泉，努力成为我国在国际科学界的重要代表。

——加强中介服务体系建设。重点支持一批科技评估、技术咨询、成果推广、技术产权交易、技术经纪等为企业提供技术创新服务的、社会化的科技中介服务机构，提高从业人员素质和服务质量。加强高新技术创业服务中心、生产力促进中心、企业技术创新服务中心、行业技术协会、大学科技园及多种类型孵化器建设，提高孵化科技型小企业和培育科技企业家的能力；建立健全科技中介服务机构的法律政策框架。

——加强科研基地和基础条件建设。加强科研基地和科研设施的联合共建，在充分发挥现有科研基地作用的基础上，新建若干重大科学工程，重组和新建一部分国家重点实验室，在现代农业、生物、信息和环境资源等领域优选新建一批工程中心；提高科研仪器的国产化水平，促进科研仪器产业的发展，加强协作、资源共享，盘活科研仪器存量；研究建立基本量自然基准及量传体系，做好实验动物、化学试剂以及国家基础标准化工作；支持一批基本科学单位、参照物和术语的确立以及立典性工作，开展本底调查等长期积累性工作，建设一批国家重点野外试验台站，建设和维护国家基本科学数据中心、国家科技成果网站、国家数字化科技文献服务网站和国家重大科技进展信息库。

——扩大国际科技合作与交流。积极参与全球性、区域性国际大科学研究计划，优先支持由我国科学家提出的、我国有一定优势和特色的国际科学研究计划；制定国际科技合作专项计划，统筹安排国家级的战略性国际合作项目；开拓国际科技人才资源，特别是海外华人的智力资源；扶持一批有一定实力的国际科技合作基地；有选择地向海外开放国家级重大科技计划，支持国内研究机构与海外研究机构开展合作研究，鼓励外资企业在我国设立研究开发机构；大力扶持企业技术创新的国际化，促进企业在国际科技合作中发挥更重要的作用。

四、关键措施与支撑条件

（一）加强科技人才队伍建设

加强政府的宏观调控和政策引导，充分发挥市场机制对人力资源配置的基础性作用，建立人才激励、合作竞争的有效机制，完善人才合理流动的法律法规体系，鼓励科技人员创业创新；继续实施国家各类优秀人才计划，提高科技人才队伍整体素质，优化科技队伍结构，重点建设好技术创新、科学研究、科技企业家、科技管理、科技中介服务等几支队伍。

（二）加大国家和全社会的科技投入

充分利用市场机制，调动各方面的积极因素，大幅增加全社会科技投入。采取积极措施，鼓励企业增加研究开发资金，推动企业成为科技创新投入的主体，继续发挥科技型中小企业创新基金的引导作用；建立和完善新的投融资机制和激励机制，特别是适合高新技术产业发展的风险投资机制、保险机制、科技信贷机制和信用评估机制，使资本市场成为科技发展的强有力支撑；各级财政要切实加大科技投入。

中央财政大幅增加对战略高技术研究的投入，稳定增长对基础研究的投入，切实加强农业、社会公益性技术和产业共性技术攻关的投入，加强对科技基础性工作和科技基础设施建设的投入，加大对军民两用技术的研究投入，为我国科技发展与技术创新创造良好的条件与环境。

（三）完善科技计划管理

国家科技计划重点支持高技术研究与技术创新重大专项、基础研究、研究开发条件建设和科技产业化的环境建设；加强科技发展战略研究和技术预测工作，充分发挥中国科学院、中国工程院院士对国家重大科技决策的咨询作用；调整计划体系结构，改革计划管理方式，减少重复交叉，实现计划决策、管理和评价相对独立，建立健全竞争、监督和制约机制；全面实行课题制，积极推行科技项目招投标制，建立科学公正的科技评估制度，完善科技计划实施的法规体系。

（四）优化科技发展的政策环境

推动科技立法和加强现有科技法律法规的执行，制定有利于科技发展的财政政策、金融扶持政策，完善知识产权保护政策并加大知识产权的保护力度，改革和完善科技奖励制度，制定有利于创新创业的收入分配制度和鼓励创新人才成长的政策措施。不断改善科技人员的工作和生活条件，提高科技人员的待遇。

（五）加强科学技术普及工作

充分利用新闻出版、广播电视、国际互联网等公共媒体，弘扬科学精神，传播科学思想和科学方法，普及科学知识，推广实用技术；树立科学家、技术专家崇高的社会形象，使科技工作成为受人尊敬的职业；充分利用图书馆、科技馆、博物馆等基础设施，举办各种类型的科技活动；开放有关的国家实验室，接待青少年的参观与学习；建立优秀青少年与科学家各种沟通的渠道；鼓励全社会兴办与科普有关的公益性事业，多方筹措资金，新建一批科普基地；鼓励科普创作、科普展教品研制和科技书刊的出版；鼓励各方面专家学者走向社会，宣传科学知识；加强创新文化建设，营造鼓励科技创新的良好社会氛围。

科研条件建设“十五”发展纲要

科研条件是保障科技发展和社会进步的重要支撑系统和技术平台，是支撑科技活动的重要基础。科研条件有着丰富的内涵，包括大型科技设施及装备、科技文献及科技基础数据、科技规范和标准、生物种质资源及标本等各种硬件及软件。现代科研条件已成为促进高新技术发展的重要环节和科技创新的一部分，是衡量各国科技、经济和社会发展水平的基础和标志之一。

科研条件建设是国家“十五”科技发展计划的一项重要内容，是“十五”及今后一段时期科技工作的重要任务。根据国家“十五”科技发展重点专项的要求，制订本纲要。

一、形势与现状

（一）面临的形势

21 世纪世界经济发展的三个主要特征是知识经济、信息技术和全球经济一体化。这三个特征所依托的都是科学技术的飞速发展。我国即将加入世贸组织，进入实施现代化建设第三步战略的关键时期，面对新世纪世界经济发展的形势，国家制定了“提高科技持续创新能力，加强技术创新，发展高科技，实现产业化”的指导方针，旨在促进我国的产业升级和结构调整，增强国际竞争力。科研条件建设必须面对新形势，满足科技发展和创新的需要。

按照国家的科技战略部署，结合世界高技术发展和我国经济、社会长远发展的需要，“十五”期间，我国将在信息技术、生物技术、新材料技术、先进制造与自动化技术等事关国家中长期发展和安全战略性和前沿性高技术领域取得突破，在生命科学、农业、资源与环境、人口与健康等基础研究方面取得新进展。要在这些领域取得突破，形成一批具有自主知识产权的重大高技术成果，增强我国基础研究的持续创新能力，都依赖于先进的科研条件支撑与装备。

西部大开发是我国经济发展的重要战略转移，建立西部资源数据库和生态环境观测网络，是实施西部大开发的首要环节。

科技部，国科发财字〔2001〕298 号，2001 年 8 月 15 日。

加入WTO，是我国实行全方位对外开放，真正进入国际经济、技术、贸易大舞台的一次十分难得的机遇，但是，发达国家利用贸易技术壁垒，保护本国的利益，对我国计量、标准、检测等技术体系等提出了严峻的挑战。

（二）现状

“九五”期间，全面贯彻实施《科研条件发展“九五”计划和2010年长远目标纲要》及四个若干意见，我国科研条件建设基本实现了既定的发展目标和任务，为“十五”及今后我国科学技术发展奠定了基础。

1. 科研条件的资源共享体系初步建立

为充分发挥科学仪器装备资源的优势，促进科学仪器的社会化服务，初步打破了原来计划经济时期科研条件管理和使用上的条条框框，引入开放、共享、竞争、服务的新机制，在解决部门所有、条块分割、资源分散等问题上积累了新经验，盘活了科研条件存量。

采取中央和地方共同支持的方式，在北京、上海、沈阳等8个仪器数量较多、相对比较集中的城市，建立了大型科学仪器协作共用网，实现科学仪器的共建共享，科学仪器使用效益明显提高。已建和在建质谱、核磁、二次离子探针等6个国家大型科学仪器中心，支持重大基础科学研究。

加大了科技文献信息机构改革和投入力度，组建了新型虚拟式国家科技图书文献中心，在理、工、农、医四个领域外文文献订购总量大幅增长，加强了资源保障体系的建设，使科技文献保障能力和服务水平有了进一步提高。

2. 科研条件质量保证体系逐步规范

制定颁布了《实验动物质量管理办法》及其配套法规，修订了实验动物国家标准，启动了国家啮齿类实验动物种子中心，初步建立了全国实验动物质量监测体系，北京市率先对实验动物实施了立法管理，这些法规的制定和实施，使实验动物标准化、法制化管理和质量监督工作得到加强。

制定和颁布了化学试剂分类指南，并对其中的184种通用试剂实行了许可证制度，部分地区加强了化学试剂质量监测功能，使化学试剂的分类得到了规范，供应和质量明显改善。

3. 科研条件的社会化服务网络初步形成

科研条件社会化服务初见成效。各地区建立的科学仪器协作共用网，为当地的科研和企业技术开发等提供了有效的手段。科学器材连锁供应网在全国逐步形成。科学仪器改造升级和维护维修、实验室配套工程建设逐渐市场化。部分地区建立了仪器分析试剂及试验材料供应网络，电子商务正在筹建。一些科技信息机构利用现代化手段为全社会提供了丰富的网上科技信息资源。

4. 科研条件领域的自主创新和研发能力得到提高

科学仪器攻关，取得了一批技术创新成果并开始产业化。在攻关的带动和国家有关政策的推动下，部分量大面广仪器的性能指标已基本达到国外同类产品水平，品种逐渐增多，国产仪器的国内市场占有率已达27%，实现了比1995年翻一番的目标。

实验动物设施有了很大改善。“九五”末期，全国实验动物清洁级及SPF级设施分别占33%及

15% 以上。运用自然突变、人工诱发培育和转基因技术，开发成功了上百种人类疾病的动物模型。

21 世纪发达国家的科研条件正朝着社会化、数字化、网络化和全球化的方向发展。世界科技文献资源建设与服务进入数字化发展时期，科技基础数据信息的采集、加工、开发呈现集成化态势，科学仪器更新换代的速度不断加快，实验动物立法、福利和替代研究成为动物实验发展的方向和重点，科技名词和技术标准体系趋于国际统一和规范化。

“九五”期间取得的成绩只是为我国科研条件的发展奠定了一定基础，总体看来基础还比较薄弱，主要表现在以下几个方面：基础设施及装备难以满足现代科技发展的需要；资源分散、社会化程度低的状况还未得到根本改善；尚未形成良好的科研条件支撑环境。“十五”科研条件建设的任务更加艰巨。

二、指导思想与发展目标

（一）指导思想与基本原则

“十五”及今后一段时期，我国科研条件发展的指导思想是：围绕国家科技发展目标，以改革、创新为动力，以资源共享为中心，优化科研条件布局，合理配置资源，营造竞争、有序的发展环境，充分发挥科研条件的保障和支撑作用，更好地为科技、经济和社会发展服务。

根据上述指导思想，“十五”科研条件发展要遵循以下原则：

——科研条件的支持重点与科技发展的需求相结合。重点支持可能实现重大突破或具有一定国际竞争优势的学科领域和重要科研基地，提高对基础研究和高技术发展的支撑保障能力。

——政府调控与市场机制相结合。加强法律、法规建设，营造有利于资源共享的发展环境，充分发挥市场机制的调节作用，促进我国科研条件健康发展。

——科研条件计划与国家其他计划相结合。加强科研条件建设计划与国家科技攻关、“863”、基础研究等科技计划的相互支持和衔接，互动发展。

——科研条件工作与地方科技工作相结合。进一步加强国家计划与地方计划的有机结合，发挥地方对科研条件建设的积极性，推进区域创新体系建设。

——自主发展与国际合作相结合。注意引进、吸收国外先进技术和管理经验，使“十五”及今后发展有一个相对高的起点，推动我国科研条件实现跨越式发展。

（二）发展目标

1. 建立比较完整的科研条件体系

统筹规划，合理布局，逐步形成以大型科技设施及仪器设备、科技文献及科技基础数据、科技规范和标准、生物种质资源及标本等四大领域为主体的科研条件支撑保障平台。到“十五”末期，装备一批高水平的科研设施，保持科研基地装备的先进性，建成一批科技基础数据群和科研条件资源库，大力推进国家科技图书文献中心的建设与发展，建立与国际接轨的技术标准体系，在整体上使科研条件保障能力有较大提升。

2. 营造有序的市场竞争环境

推动科技资源整合及优化配置，利用现代信息技术，实现科研条件资源共享。建立、健全法律法规体系，规范科研条件工作，通过政策引导和宏观调控，建设高效、快捷、规范、竞争有序的科研条件服务体系。营造科研条件健康、有效运营和稳定发展的环境，逐步实现科研条件工作的法律化、标准化和制度化。

3. 增强科研条件自身发展能力

利用高新技术提升科学仪器产业技术水平，培育若干个科学仪器研究开发和产业化示范基地。建立实验动物资源开发和应用研究平台。通过对项目的连续支持，形成一支稳定的科研条件技术队伍，逐步增强自身发展和创新能力。

三、重点任务

（一）加强科研基础设施建设

1. 为增强我国基础研究的持续创新提供强有力的支撑

结合国家重点实验室的建设，在科学前沿领域、我国具有一定优势与特色的学科领域以及多学科交叉的综合性、探索性研究领域，有计划地装备高水平的科研设施，保持科研基地装备的先进性，提高和增强我国基础研究的持续创新能力和国际竞争力。

围绕国家重点科技发展计划，协调有关部门、地方，加强科研基地和大型科技设施的联合共建，新建若干个大型科研仪器设备中心，为国家科技发展提供强有力的支撑。

2. 加强资源整合，实现资源合理配置

通过部门与部门、部门与地方、地方与地方的协作共建，合理开发和利用现有的大型科研基础设施、工程实验装置和仪器设备，充分挖掘潜力，有效利用现有资源，优化、重组利用率低和低水平重复的科研设施，在充分发挥现有试点城市协作共用网基础上，进一步完善共享机制，推动形成以中心城市为核心的区域性资源共享网络。

3. 抓好科学仪器的改造升级和功能开发

继续加强科学仪器的改造升级和功能开发，支持和鼓励各部门、地方和有关单位对国外先进的科学仪器和设备的消化、吸收、创新和改造，提高我国科学仪器的研发和应用水平。

发挥中央和地方两个积极性，收集和汇总、宣传推广先进成熟的改造升级技术，提高现有装备的技术水平。

（二）以信息化推进科研条件的社会化服务进程

1. 推进科技文献信息事业的改革与发展

以国家科技图书文献中心建设为重点，逐步完善适应科技创新、经济建设和社会发展需求的国家科技文献信息资源保障体系，利用数字化技术逐步实现与国家图书馆、高校图书馆等各种文献信息资源保障系统的对接，共同推进我国数字图书馆的建设和发展，实现文献信息资源共享。集中力量扶持和培育一批高水平、高质量的核心学术期刊，提高国际知名度。

推动各地信息机构的改革，发挥自身优势，充分利用先进的信息技术和资源，多层次、多方位地为科技发展和经济建设提供支撑和服务。

2. 加快科技基础数据库体系的建设

推动建立我国科技基础数据库体系，在基础科学、资源环境科学、生命科学、技术科学等领域建成和运行一批对我国科技创新有重要影响的主体数据库。建设一批网上科技数据服务系统，基本实现国家科技计划项目数据的有效管理。

特别要发挥科研条件在西部大开发中的先导作用。配合西部大开发，针对西部地区科研基础设施落后的状况，加快西部地区资源数据库和生态环境观测网络的建设。

3. 注重对科学实物标本和种质资源的长期积累与保藏，建成一批生物种质资源库重点做好地球科学、生物、生命标本的整理、保藏，标准物质标样保存，农作物品种资源库（圃）的建设，动物资源、重大疾病细胞及重大古生物古人类化石标本等的收集保藏与利用。完成云南国家生物多样性种源库的一期建设，建成国家农作物、林木、畜禽、水产、农用微生物种质资源库及地域分布合理的中药材种源库。

4. 推动科研条件网络服务体系建设

抓好网络建设，实现科技基础数据、生物种质资源的网络化。推动全国统一、设施先进的科技数据、资料的数字化、网络化中心的建设，完善信息共享机制。在有条件的地区，积极推进科学仪器、化学试剂、实验动物等市场供应网络和社会化服务体系的建立。

（三）完善科研条件质量技术保证体系

1. 加强科学技术基础规范标准的研究工作

以与高技术发展相配套的技术标准体系和与提高人民生活质量相关的安全标准体系为切入点，在农产品及食品、信息的安全标准；生物、纳米材料、新能源及先进制造等高技术产业发展标准；环境监测标准、生物活性材料的生物安全性标准；国家标准物质、标准方法等方面加强研究、制订和修订工作。加强国家计量体系的研究与完善。

2. 建立和完善分析测试体系

通过收集、整理、比对分析测试方法和技术，建立覆盖国民经济各领域的、与国际接轨的分析测试方法、仪器的检定（校准）方法及标准物质信息资源库，面向全社会服务。支持科研、国民经济急需的分析测试新方法的研究，不断丰富、完善我国分析测试资源库。通过分析测试方法的规范和统一，提高我国科研、生产检测的整体质量和水平，为我国加入 WTO，打破贸易技术壁垒，提供强有力的技术支撑。

3. 全面推行实验动物法制化管理

加快政策法规建设，建立健全法制化管理体系，规范实验动物市场，营造竞争有序的市场环境。加强部门间的协调，发挥属地管理优势，健全执法队伍，加大执法力度，严格执行实验动物标准，全面贯彻实验动物许可证制度，在科研立项、成果鉴定、产品检验与监督管理中逐步实行实验动物一票否决制。推动建立与国际接轨的动物福利保障制度。

（四）加强科研条件基地和平台的建设

1. 加大研发力度，提升科学仪器整体技术水平和产业规模

以“十五”国家科技攻关——《科学仪器研制与开发》重大项目为龙头，发挥国家科学仪器工程技术研究中心的作用，重点攻克设计模块化、微分析技术、生物化学传感器、成像技术、联用技术、专用软件技术等关键共性技术，带动通用、专用等各类科学仪器的发展，提高科学仪器的设计、工艺、制造和国产化水平。加强中央与地方的协作，推动京津冀及上海、长春为中心的三大科学仪器研发和产业化基地的形成。力争到 2005 年，带动我国量大面广的国产分析仪器的市场占有率从“九五”末期的 27%，提高到 40% 以上，仪器出口实现翻一番的目标；形成一支持续创新能力较强、相对稳定的科学仪器研发和产业化队伍。

鼓励地方开展适合当地特点的科学仪器研究与开发，为增强我国的科技装备能力，扩大科学仪器的产业化规模做出贡献。

2. 建设若干个国家级科技基础数据中心

结合国家科技基础数据库体系的发展，选择具有大型主体数据库、队伍稳定、服务面较宽的信息中心或研究单位，使之利用已有的数据资源开展面向科研工作的信息服务，收集和管理国家相关科研项目的成果，建立稳定、安全的数据库和信息服务运行环境。建立和完善以 WDC-D、CODATA、中国科学数据库为主体的基础数据中心、中国地球科学数据等中心，并投入示范运行。

3. 建立实验动物支撑保障平台

结合相关学科和产业的发展需求，以“十五”国家科技攻关重点项目“国家遗传工程小鼠资源库的建立”为核心，初步建立国家遗传工程实验动物资源库。利用转基因技术、基因打靶技术等高技术手段，构建与国际标准一致的模型动物质量监控技术及资源开发平台，加大对我国人群疑难病、多发病的人类疾病动物模型的研究与利用。

加强实验动物种质资源的保护和利用。对我国小型猪等特有动物资源开展实验动物化研究，开发和培育实验动物新品种、品系。开展实验动物、环境设施及相关条件的质量监控技术研究，加强实验动物疾病的快速诊断及检测试剂的研究与开发。

四、保障措施

1. 加大投入和经费管理力度

“十五”期间，设立“研究开发条件建设计划”相应的专项资金，并逐年加大投入力度。编制和发布相应专项资金的管理办法，使经费管理纳入科学规范的轨道，全面实行“课题制”，建立科学公正的项目招投标制度、科技评估制度和财务监管体系。

在中央财政加大投入力度的同时，有关部门和地方要重视科研条件建设，采取相应措施，加大投入。扩大资金渠道，鼓励和吸引全社会，特别是企业通过创业投资基金、中小企业创新基金及证券市场等多种形式参与建设，为科研条件及其产业发展创造良好的投资环境。

2. 加强宏观管理和部门、地方的有机协调

加强对科研条件建设的领导和协调。根据国家科技发展需求，对我国的科研条件建设进行科学合理部署，针对我国各地区的不同情况，引导和推动地方科研条件的发展，逐步形成适应我国科技、经济和社会发展的新型科研条件发展格局。各地区、各部门要通力协作，增强全局观念，多层次、多渠道地加强对科研条件的支持。加强各部门和地方之间的协调，及时沟通信息，发动全社会参与科研条件建设，共同促进科研条件发展。

3. 建立健全法律、法规

从我国国情和科研条件实际出发，建立符合社会主义市场经济体制、有利于科研条件发展的创新的政策法规保障体系，使科研条件的发展与投入、机构与队伍、科技人员地位与作用等得到合理的保护和支持；建立健全相关科技成果与知识产权保护、质量监督、进出口及科技奖励等制度。规范市场行为，营造一个竞争有序的市场环境。

4. 凝聚一支精干、高效的队伍

各级领导和主管部门要进一步转变观念，提高认识，高度重视科研条件在吸引科技人才献身科技事业，在科技创新中的突出作用。在培养、考核、提职及生活待遇等方面采取切实可行的措施，凝聚一支精干高效的科研条件队伍；重视人才引进，通过重点项目、任务的实施，创造条件，吸引优秀人才从事科研条件工作；完善市场机制和人才竞争机制，促进人才合理有序流动。

5. 加强国际交流与合作

充分利用国际基础数据、科技信息、科技设施等可共享资源，加强国内外合作研究，在科学技术标准和规范的制订方面实现与国际接轨，增进国际学术交流，提高科研条件相关技术的学术和应用水平。

国家纳米科技发展纲要（2001—2010）

中共中央关于制定国民经济和社会发展第十个五年计划的建议提出："加强基础研究和应用基础研究，瞄准世界科学技术发展前沿，选择我国具有一定优势、对国民经济和社会发展有重大意义的研究领域，集中力量，重点突破，力争在基因组学、信息科学、纳米科学、生态科学和地球科学等方面取得新进展"。为发展纳米科技，加快实现产业化，制订我国纳米科技发展战略，指导未来5～10年纳米科技的研究与开发工作，部署"十五"期间纳米科技的工作重点，特制定本纲要。

一、机遇和挑战

纳米科技是指在纳米尺度（1～100nm）上研究物质的特性和相互作用，以及利用这些特性的科学和技术。它是在80年代末逐步发展起来的交叉、前沿学科领域。纳米科技将大大拓展和深化人们对客观世界的认识，使人们能够在原子、分子水平上制造材料及器件，导致信息、材料、能源、环境、医疗与卫生、生物与农业等领域的技术革命。纳米科技将对人类的生产和生活方式产生重大影响，促进传统产业的改造和升级，并可能带动下一次工业革命，成为21世纪经济的新增长点之一。

发达国家政府纷纷提出优先发展纳米科技的国家战略，制定专门计划，加大投入，推动纳米科技的发展，抢占21世纪的科技战略制高点。纳米科技的兴起，对我国提出了严峻的挑战，也为我国实现跨越式发展提供了难得的机遇。

"八五""九五"期间，我国在纳米科技领域开展了一些研究工作。目前已拥有一支比较精干的研究队伍，取得了一批研究成果，在纳米科技的若干领域基本与国际先进水平保持同步。但是，与发达国家相比，整体研究水平存在不小的差距。重要的原始性创新、应用开发和工程化不足；研究群体相对分散，缺乏整体布局；多学科交叉融合程度不够；实验设施落后，研究基础薄弱；信息交流少，经费投入不足。

制定和实施《国家纳米科技发展纲要》，就是要围绕国家发展目标对我国的纳米科技发展进行战略部署，统一规划，合理布局，加强协调，突出重点，集中优势力量突破关键技术，加速成果实用化

科技部、国家计委、教育部、中国科学院、国家自然科学基金委员会，国科发基字〔2001〕232号，2001年7月6日。

和产业化，从整体上推动我国纳米科技发展，增强未来科技和经济竞争力，为国民经济建设和社会发展服务。

二、指导思想和原则

纳米科技已成为国际高技术竞争的热点之一。发展纳米科技要根据我国发展现状和国际发展态势，着眼于国家长远发展，以提高我国科技持续创新能力，发展高科技，实现产业化为指导方针。坚持“有所为、有所不为，总体跟进、重点突破”。要采用新机制，充分调动科研人员积极性，在基础研究和高技术研究方面，努力探索，开拓创新；在应用发展方面，以纳米材料及其应用为主要近期目标，以发展纳米生物和医疗技术、纳米电子学和纳器件为主要中、长期目标。在纳米尺度的材料和器件的基本性质、基本方法和纳米技术及应用三个方面统筹兼顾，协调发展，组织优势力量，突破关键技术，取得自主知识产权。

“十五”期间的重点是：加强纳米科技的基础研究和应用基础研究；围绕国家发展目标，以市场需求为导向，加强应用技术开发，产学研结合推动纳米科技成果的产业化；加强基地建设，逐步形成国家纳米科技创新体系。

发展我国纳米科技应遵循以下基本原则：

1. 国家目标与市场需求相结合

围绕国家长远发展目标，着眼于今后经济发展和国家安全，对未来发展有重大影响的重要方向和领域进行部署；根据市场需求，利用纳米科技的阶段性成果为国民经济发展做出新贡献。

既要重视和加强与纳米科技相关的国家重点实验室、国家纳米科学中心、工程研究中心和产业化基地等研究开发基础设施的建设，又要正确发挥政府对纳米科技创新和成果商品化、产业化方向的引导和宏观调控作用，调动地方政府和企业的积极性，参与纳米科技研究开发与产业化工作。

2. 多学科交叉融合

纳米科技属多学科交叉的前沿研究领域，要动员和组织信息、物理、化学、生物、材料等学科的专家参与纳米科技的研究开发，抓好多学科在纳米科技方面的集成。发挥完全开放式的国家研究开发平台的作用，推动各研究部门之间的交流合作，实现软硬件资源共享，避免重复建设。应充分发挥优势单位的带头作用，充分利用先进的网络设施，在全国形成研究交流与合作网。

3. 注重知识产权，促进基础研究、技术发展和应用产业的有机结合

纳米科技的渗透性和应用性很强，一些基础研究的成果转化周期短，很快能够得到应用，呈现基础研究、应用研究和产业化并行发展的新特点。因此，必须增强竞争意识，基础研究原始性创新和技术创新并举，并把三者有机地结合起来，实现纳米科技的跨越发展。必须重视专利保护，以知识创新和技术创新为先导，获得自主知识产权，为培育新产业和改造传统产业提供技术源泉。

4. 科技创新与体制创新相结合

纳米科技工作要坚持科技创新与体制创新相结合。要在国家层次统一规划，协调部署，避免低水

平重复。各相关部门和相关科技计划要加强联合和集成，共同推动纳米科技的发展有关部门和地方政府要根据纲要确定的主要目标和任务，安排和部署相关工作。鼓励和引导企业等社会力量参与纳米科技的研究开发与产业化工作。

三、目标和任务

我国纳米科技的发展应在加强纳米尺度的材料和器件的基本性质、基本方法研究的同时，围绕材料和制备、计算机和信息系统、环境和能源、医疗与卫生、生物和农业、航天和航空以及国家安全等领域，组织研究开发，取得一批具有知识产权的科技成果，实现产业化，为增强国家竞争力奠定基础。

“十五”期间纳米科技的发展目标是：

1. 在纳米科学前沿取得重大进展，奠定发展基础

基础研究是科技发展的先导，是技术创新的源头。加强纳米科技基础研究对提高未来国家竞争力具有战略性意义。加强纳米科技源头创新，要以纳米电子学、纳米尺度的加工及组装技术、纳米生物和医学、纳米材料学等科学前沿的理论和方法学为重点，争取取得重大进展，获得具有自己特色的发现和发明创造。为我国纳米科技长远发展奠定坚实基础，还要建立和完善国际先进的国家纳米科学技术发展公用平台和重点实验室系统，加强纳米科技基础性工作，加强纳米科技信息网络和科研开发网络建设，构筑国家纳米科技创新体系。

2. 在纳米技术开发及其应用方面取得重大突破

在纳米材料的制备、纳米器件制造工艺及装备、微型计算机和信息系统、环境和能源、医疗与卫生、生物和农业、航天和航空以及国防建设领域，攻克一批重大关键技术，增强持续创新能力，取得一批对未来产业有重大影响的知识产权，为纳米科技成果的应用与产业化奠定技术基础。

3. 逐步形成精干的、具有交叉综合和持续创新能力的纳米科技骨干队伍

形成一支稳定的具有持续创新能力的纳米科技研究与开发骨干队伍，吸引多学科专家参与纳米科技的研究与开发。培养和引进懂科技、懂经营、懂管理的复合型人才，为纳米科技的产业化提供力量。

纳米科技发展的总体目标是：通过 5 ~ 10 年的努力，形成若干各具特色的、具有国际一流水平的纳米科技创新基地，基本完成我国纳米科技研究与开发创新体系建设，为长远发展奠定基础；大幅提高我国纳米科技创新能力，使我国在纳米科技领域的整体水平进入国际先进行列，并在若干方面具有竞争优势；一批纳米科技成果实用化或产业化，造就一批具有市场竞争力的纳米高科技骨干企业，促进经济跨越式发展。

我国纳米科技发展的主要任务是：①加强纳米科技前沿的基础研究和基础性工作；②突破一批纳米科技发展共性关键技术；③开拓纳米材料和器件的应用，培育相关产业；④建设国家纳米科技基础设施和研究开发基地；⑤形成高素质的纳米科技骨干队伍。

①加强纳米科技前沿的基础研究和基础性工作

探索纳米尺度下物理化学等特性的统一规律。高度重视纳米尺度的新现象、新效应、新概念、新

原理、新方法的研究与发现，开展纳米科技前瞻性、基础性、战略性研究，如研究新型纳器件，发明新的量子结构，发现新的量子效应。研究物质在纳米尺度上表现出的物理、化学和生物特性，研究单分子的特性和相互作用，为以原子、分子为起点，设计和构筑新的纳米结构、材料和器件，提供科学基础和理论准备。加强对纳米结构新的测试和表征方法的研究和探索，加深对纳米科技理论和方法的理解。建立纳米科技相关数据库。建立纳米测量国家基标准量值溯源体系，重视纳米技术相关标准的研究和制定，为纳米技术产业化打好技术基础。

②突破一批纳米科技发展共性关键技术

——纳米材料制备与加工技术

突破纳米材料低成本、环境友好、高稳定性的规模化制备与加工技术。研制轻质、高强材料，生物医用材料及纳米药物，多功能智能化材料。

——纳米器件的构筑和集成技术

实现稳定、可重复的原子操纵技术和自生长自组装技术；在超高密度存储器形成技术、纳米尺度的器件与系统集成、封装技术等方面获得重要进展。研制高集成度多功能智能化的纳器件，使之比现有系统的速度、存储密度、功耗有革命性突破。

——纳加工技术

将“自上而下”（Top Down）和“自下而上”（Bottom Up）两种纳加工技术方法相结合，利用微束加工和刻蚀技术、纳米周期组合的物理、化学和生物学方法，实现纳米尺度的光机电系统的加工和组装。

——纳米尺度的结构分析和性能测试技术

开发新型纳米尺度探测技术，并应用于相关领域。发展纳米尺度下，测定单分子和纳米结构的表征技术和测试手段、基于扫描探针显微术的谱学技术和三维结构测定技术、利用纳米生物传感器探测细胞内部生物化学反应的技术及分子模拟等。

——装备技术

重视纳米材料制造、加工和测试专用装备的自主研制与开发。

——国家安全

发展纳米高能燃料及其他高能火工品技术；突破特种用途纳米结构材料与涂料技术；发展综合应用纳米技术的传感器、控制与动作系统等微机电系统技术以及集成为微 / 纳型飞行器、微 / 纳卫星和特种用途平台的系统综合技术。

③开拓纳米材料和器件的应用，促进纳米科技成果转化

通过纳米技术向高科技领域渗透、交叉、融合，与传统技术相结合，进行技术创新，推动纳米科技成果的转化和应用。“十五”期间，重点发展纳米技术在新材料、计算机和信息系统、能源和环境、医疗与卫生、生物和农业以及传统产业等领域的应用。优先部署纳电子和计算机技术，高密度超大容量信息存储技术，数值化高亮度、高分辨显示器件中的纳米技术，新型传感器件中的纳米技术，纳机

械的设计和组装技术等。创造条件，使拥有自主知识产权的关键技术迅速转化为生产力。

发展对国民经济和国家安全有重大影响的纳米材料技术。在纳米结构材料方面，重点发展宇航、交通所需的高强、轻质、耐热材料；在纳米功能材料方面，重点发展信息、通信、医疗、卫生和环境等领域所需的新型纳米功能材料，要重视纳米材料制备与加工技术。利用我国富产天然资源，发展新型纳米结构和功能材料。发展纳米催化剂、清洁剂、助燃剂等，提高传统能源使用效率。重视发展用于空气净化和水污染治理的纳米技术。鼓励纳米技术与传统环境、能源技术交叉融合，提高传统能源使用效果，大幅降低污染物的排放。注意研究纳米技术对环境的负面影响。加强纳米科技在化工、建材、纺织和轻工等基础产业中的应用，带动传统产业的改造和产品的升级换代。促进纳米技术与生物技术、生物医学工程、传统医药技术交叉融合，发展纳米生物探测诊治技术及药物纳米化技术，研制高效缓释、靶向性纳米药物，提高疾病诊断、防治和研究水平。通过纳米技术与农业生物技术交叉融合，改良动植物的品种，提高抗病虫害能力和对环境的适应性，提高动植物的营养价值，提高农业产量。

“十五”期间，国家将进一步加大对纳米科技成果产业化的支持，培育高技术企业，建立产业化基地。通过企业化、市场化的运作机制，整合政府、大学、研究机构、企业等多方面资源，科学家、技术专家、管理专家、企业家和金融家相结合，技术、产业资本和金融资本相结合，创业机制和风险投资机制相结合，加速纳米技术对国民经济做出贡献。

④建设国家纳米科技基础设施和研究开发基地

按照竞争择优的原则，在现有国家重点实验室和有关研究基地中选定若干个并给予较大强度的支持，使其成为我国发展纳米科技的核心实验室。组建国家纳米科学中心，使之手段先进、装备一流，成为国家纳米技术测试中心、纳器件设计加工中心、纳米科技的研究发展中心。上述中心和核心实验室有机联结，形成网络。中心实行开放、流动、竞争、联合的运行机制，使之成为聚集优秀人才和多学科交叉集成的基地。条件成熟时，组建纳米技术及应用国家工程研究中心，加速纳米技术创新和纳米科技成果的产业化。工程中心建设采用产、学、研联合的方式组建，获取知识产权，开发实用技术和商品，形成研究开发、产业化紧密衔接的良好机制。鼓励建设纳米科技网站，营造纳米科技信息交流平台，促进信息资源共享。鼓励有条件的省市部门和企业以各种形式参与纳米科技发展，和国家联合共建实验室、工程研究中心等研发基地。

⑤形成高素质的纳米科技骨干队伍

纳米科技能否搞好，关键是人才。要以人为本，把纳米科技人才队伍建设放在突出位置。要把培养和凝聚纳米科技高层次创造性人才作为发展我国纳米科技的重要任务。要建立新的机制，营造良好的政策和社会环境，调动广大科研人员的积极性，激发科研人员创新、创业的热情。采取切实措施从国内外培养和引进人才。通过安排项目和建设基地，培养和锻炼一支具有综合交叉能力、懂科技、会经营、善管理的纳米科技帅才。

四、政策和措施

1. 加强对纳米科技研究与开发的领导和协调

成立“国家纳米科技指导协调委员会”，制定国家纳米科技发展规划，部署、指导和协调国家纳米科技工作。委员会由国家计委、国家经贸委、教育部、科技部、国防科工委、财政部、中国科学院、中国工程院、国家自然科学基金委员会、解放军总装备部等有关方面代表组成。委员会在科技部设秘书处，为委员会提供综合服务。有关具体工作在各部门的职能分工的框架下。

2. 实施国家纳米科技专项行动

按照本纲要确定的任务，整合现有相关资源和力量，在“十五”期间实施“国家纳米科技专项行动”，统一部署和协调国家纳米科技工作。专项行动在委员会指导下，由相关部门组织实施，国家自然科学基金、国家重点基础研究发展规划、国家高技术研究发展计划、国家科技攻关计划、知识创新工程、面向21世纪教育振兴行动计划等相关计划共同支持。在经费上优先保证，在管理上重点加强。

国家要加强对纳米科技发展的投入力度，加快国家级纳米科技中心基地建设，加紧组织实施纳米科技重大基础研究和高技术创新项目，重视引进和培养优秀人才。各有关部门和地方要根据本纲要确定的目标和任务，配合国家纳米科技专项行动的实施，部署和安排本部门的纳米科技研发工作。

3. 调动各方面积极性，营造有利于纳米科技发展的环境

建设好国家纳米科学中心和纳米技术及应用国家工程研究中心，鼓励地方联合共建。加强科技与经济的结合，鼓励企业早期介入纳米科技研究开发。国家对纳米科技成果转化和产业化实行政策倾斜，在国家火炬计划、新产品计划、中小企业技术创新基金、高技术产业发展项目计划、科技兴贸行动、技术改造等计划中予以重点保证。要建立和完善有利于纳米科技成果产业化的风险投入机制，鼓励有条件的地区逐步形成特色优势产业。

4. 加强知识产权保护，促进纳米科技创新

要强调纳米科技的原始创新，强化专利意识，重视知识产权保护。国家纳米科技专项行动实施中鼓励和资助专利申请，优先资助发明专利，重点支持国际专利。要建立和健全有利于纳米科技成果转化和产业发展的机制，理顺产权关系，保障科技人员权益。

5. 加强纳米科技人才培养

要重视培养高质量人才，适当引进国外优秀专家，以适应纳米科技快速发展的需要。要重视纳米科学技术普及工作，使全社会特别是中小学生能正确了解纳米科学技术常识。要从学校教育抓起，要重视纳米科技相关学科建设，择优设立有关纳米科技的专业，同时在物理、化学、生物、机械、电子学、计算机科学等专业内部设置有关纳米科技的新课程。重视和保障我国纳米科技的可持续发展。

6. 加强国内外学术交流和合作

在当前经济全球化大潮中，科技国际化趋势明显。在纳米科技的国际竞争中，我们要完整地把握纳米科技的发展现状和态势，积极开展国际交流和合作，发挥我国的优势，取长补短，扩大国际影响，使我国纳米科技总体上保持与国际先进水平同步并有自己的特色。

“十五”星火计划发展纲要

星火计划由党中央、国务院1986年批准实施。是依靠科技进步，振兴农村经济，普及科学技术，带动农民致富的指导性科技计划。为贯彻党的十五大和十五届五中全会精神，落实国务院颁布的《农业科技发展纲要》提出的各项任务，适应我国农业进入新阶段的新形势和新要求，特制订本《纲要》。

一、星火计划的历史性贡献

星火计划的实施，走出了一条依靠科技振兴农村经济的成功道路，取得了“有目共睹，有口皆碑”的成就，为我国的农业和农村经济发展做出了历史性贡献。正如江泽民总书记指出的，“星火计划是我国科技界的一个创举，是引导广大农民依靠科学战胜迷信、摆脱贫困、走向富裕的一次伟大实践。”

1.把大批先进适用技术带给亿万农民，促进了农业技术进步，为农村经济发展注入了新的动力和活力。星火计划率先将科学技术面向农村经济落到实处。通过将先进适用技术引入广大农村，为获得生产经营自主权，求技若渴的亿万农民提供了大量的致富手段。15年来，星火计划共实施示范项目十万多个，其中国家级项目一万多个，覆盖了全国85%以上的县（市），极大地促进了农村经济总量的增加和生产方式的转变。“九五”期间，累计创利2810多亿元，产生了巨大的经济和社会效益。

2.建立了一批星火技术密集区和区域性支柱产业，营造了科技与经济结合的良好环境，促进了区域经济的发展。15年来，星火计划通过145个国家级星火技术密集区和227个国家级星火区域性支柱产业的建设，培育了一批星火龙头企业，有力地促进了星火产业带的形成和区域经济的健康发展。初步形成了以产品促企业，以企业带产业，以产业兴区域经济的发展格局。

3.扶持了一批龙头企业，促进了乡镇企业的快速发展，推动了农村工业化进程。星火计划从加速科技进步，引导乡镇企业的发展入手，通过产品的开发、技术的改造、人才的培养等措施，为乡镇企业的成长与蓬勃发展提供了强有力的科技支撑，使乡镇企业发展成为农村经济新的增长点，加速了我国农村工业化和城镇化的发展。

4.普及了科学技术知识，提高了广大农民的科技文化素质，促进了农村两个文明建设。星火计

科技部，国科发农社字〔2001〕261号，2001年7月26日。

划从农村科技需求的实际出发，以先进适用技术和科学管理知识为重点，以提高农民素质，增强农民科技意识和依靠科技实现脱贫致富奔小康的能力为目标，共建立了5000多个培训基地，其中国家级培训基地42个，基本形成了从国家到省、地、县较为完善的星火培训网络体系。培训了农村星火技术人才6000多万名，培养了一批星火带头人和星火科技骨干，成为农村经济发展的生力军，为农村的两个文明建设做出了突出贡献。

5. 开展广泛的国际合作与交流，增强了星火企业的国际竞争能力，开拓了国际市场。15年来，星火计划广泛开展国际合作与交流，进行了星火走向世界的尝试，取得了一定成绩。从1990年中国星火首次走出国门以来，部分星火企业参与国际竞争的能力大幅增强，如2000年星火项目创节汇已经达到122.2亿美元。星火计划的巨大成就，为发展中国家做出了典范，引起了有关国家和国际组织的广泛关注，并产生了较为深远的国际影响。

二、面临的新形势与新要求

改革开放以来，我国农业和农村经济发生了巨大变化。主要农产品供求基本平稳、丰年有余，农村经济体制由计划经济向市场经济转变，我国农业取得了巨大的成就。从新世纪开始，我国农业和农村经济发展进入新的阶段，将步入全面建设小康社会时期。国家“十五”计划纲要明确提出，要始终把农业放在发展国民经济的首位，保证农业在提高整体效益的基础上持续、稳定发展，实现农民收入较快增长。因此，调整农业产业结构、增加农民收入已成为新阶段农村经济工作的首要任务，这对星火计划提出了新的更高的要求。

1. 针对农业和农村经济结构调整，增加农民收入，加入WTO的需求，迫切需要强化农村科技创新能力。当前农业的主要矛盾已由数量不足转变为品质不优、效益不高、市场不对路；农业整体效益低，农民增收缓慢，乡镇企业发展减缓和效益下降等问题更加突出；经济全球化和加入WTO对我国农业和乡镇企业的国际竞争力带来了严峻挑战。必须依靠科技，优化农业产业结构，推进农业产业化经营；切实提高以企业为主体的农村科技创新能力，以农产品加工业为重点，大力发展新型农村工业；提高农业整体技术水平，促进农民收入稳定快速增长。

2. 针对市场经济体制不断完善的需求，迫切需要营造科技产业化的良好环境。当前迅速变化的市场和信息不畅的矛盾，已经成为科技向农村快速扩散和科技产业化的瓶颈。必须以农村科技信息体系和网络建设为重点，营造科技、人才、资金、信息等流向农村的良好体制、机制和政策环境。

3. 针对实现区域经济、科技协调发展的需求，迫切需要加快中西部地区的科技进步。科技是加快中西部地区经济、社会持续发展的根本出路，要围绕西部大开发战略的中心任务，优化科技资源配置，快速提升西部地区科技支撑能力，促进西部地区依靠科技实现经济、社会、环境的全面协调发展。

4. 针对提高农村劳动者整体素质和农民生活质量不断提高的需求，迫切需要加快普及科学技术知识。农村的现代化有赖于农民的知识化。加快农村现代化进程，推动农村社会主义精神文明建设，必须以农村科技培训为重点，加快科学技术普及，大力提高农民素质。提高农民生活质量是全面建设小康社会的关键，必须依靠科技加快小城镇建设，不断改善农村生活环境。

5. 针对科技体制改革和科技创新的需求，迫切需要建立新型的星火计划管理体制和运行机制。随着金融、财税和科技体制改革的不断深化，原有星火计划的支撑条件和运行环境发生了较大变化。为实现新时期星火计划再上新台阶的目标，必须建立和完善与社会主义市场经济体制相适应的新型星火计划管理体制和运行机制。

6. 针对农业、农村、农民对星火科技的巨大需求，迫切需要星火计划再上新台阶。星火计划造福于亿万农民，在广大农村有很高的声望。广大农民期望星火计划有更新更大的发展，期待星火工作再上一个新台阶，增强星火计划实施力度，扩大覆盖区域，使贫困地区的农民走向小康，使已经实现小康的农民走向更加富裕。

三、指导思想和基本原则

1. 指导思想

星火计划的指导思想是：以党的十五大和十五届五中全会及全国农业科技大会精神为指导，坚持面向农业、农村和农民；坚持依靠技术创新和体制创新，促进农业和农村经济结构的战略性调整和农民增收致富；推动农业产业化、农村城镇化和农民知识化，加速农村小康建设和农业现代化进程。

2. 基本原则

“十五”星火计划工作要遵循以下原则：

一是继承和创新相结合。星火计划是一项依靠科技发展农村经济的长期工作，在过去 15 年中创造和积累了丰富的经验。“十五”期间，要继续高举星火旗帜，发扬“依靠科技、开拓创新、务实奉献、为民报国”的星火精神，要在继承的基础上，实现普及与提高相结合。根据新的形势和要求，丰富新的内涵，加强技术创新、管理创新和机制创新，提高自主创新能力，努力开创星火工作的新局面。

二是政府引导与全社会参与相结合。星火计划既要体现政府的宏观引导和调控作用，又要充分发挥社会各界的积极性，把依靠科技振兴农村经济变成全社会的共同行动。

三是统一规划与分类指导相结合。根据我国农村地区类型多样、地域性强、发展不平稳的特点，要充分发挥区域比较优势，在统一规划的基础上实行分类指导。要积极推动东部地区率先基本实现农业现代化，提高技术水平，鼓励参与国际竞争。要加大力度向中西部，特别是西部地区普及先进适用技术，提高农业整体效益，增加农民收入。

四是创造环境与重点示范相结合。星火计划要适应市场经济的需求，必须营造好农村科技发展的体制、政策和运行环境，优化市场经济条件下科技资源配置，建立新型的管理体系、投入体系、政策体系和信息服务体系。要突出重点，通过组织重大科技示范行动，推进农村经济的发展。

四、发展目标和重点任务

1. 发展目标

"十五"星火计划的总体目标是：通过扶持星火龙头企业，促进农村科技整体创新能力的提高；通过推广普及农村先进适用技术，促进农业产业结构调整、农业增效和农民增收；通过农业科技的环境建设，促进农村科技创新体系的形成；通过技术培训与示范，提高农民的科技文化素质和生活水平。

具体目标是：重点扶持100个国家级科技创新型星火龙头企业和100个外向型星火企业；推广普及5000项先进适用技术；建成通达基层的全国农村科技信息服务网和100个农村信息化科技示范县；建设20个跨地区的星火产业带、100个国家级星火技术密集区和30个小城镇建设示范镇；建设20个星火西进科技示范县；建立多层次星火梯级培训体系，培训3000万农民。

2. 重点任务

"十五"期间，星火计划工作要紧紧围绕增加农民收入和促进农业及农村经济全面、持续发展，加强农村先进适用技术的推广，加速科技成果转化，大力普及科学知识，营造有利于农村科技发展的良好环境。围绕农副产品加工、农村资源综合利用与环境保护、农业的高效种植和养殖、农用化工、农业机械与设备、农村建材和特色产业等领域，集成配套并推广5000项先进适用技术，提高星火计划的覆盖面和技术水平，使星火示范项目覆盖率达到全国90%的县（市），使我国农村生产力水平明显提高。要充分利用现有环境条件，动员社会各界力量，由国家组织并带动地方重点实施八大"星火科技燎原行动"。

第一，以农副产品加工为突破口，实施农业产业化科技行动。以扶持农副产品深加工业和特色产业发展为重点，提高资源的综合利用率。通过"公司+农户""订单农业"等多种产业化经营模式的发展，大幅提高农业整体效益，带动农民致富。"十五"期间，要组织实施300个星火重大农业产业化项目，加快产业的技术进步和升级，促进农业产业化经营，实现农产品的转化增值，使农产品深加工业和特色产业的发展成为新时期农业和农村经济发展新的增长点。

第二，以提高企业创新能力为目标，实施星火龙头企业创新行动。从加速企业技术进步入手，加强企业的技术创新与管理创新，健全企业技术创新机制，提高企业技术创新能力和管理水平，促进企业产品转型和产业升级，增加产品的科技含量，增强市场竞争力，壮大企业规模和实力，实现星火企业的健康、持续发展。要依托企业和企业群体，形成一批以农产品加工业为主体的新型产业，并通过创新型星火龙头企业带动全国星火企业实现产业升级。"十五"期间，重点扶持100个自主创新能力强、具有参与国际竞争能力的国家级星火龙头企业，建立研发中心。提高星火产品科技含量，创立一批星火名牌产品，授予一批星火企业星火商标使用权。各地也要重点扶持一批省级和地县级科技创新型星火龙头企业。

第三，以农村科技信息服务网建设为重点，实施农村信息化科技行动。按照市场需求，运用网络资源构建智能化农村科技信息平台，整合和开发利用信息资源，强化信息技术对农业和农村经济的渗透。建立农民技术服务体系、企业信息服务体系、星火计划管理服务体系三大农村信息服务体系，全面、有效、快捷地为农业生产者、经营者和管理者提供各种有价值的市场信息、科技信息和服务信息。“十五”期间，重点加强中国星火计划网站和全国农村科技信息服务网的建设，在全国选择10个省、20个地市、100个县进行示范，利用“村村通”和“科技110”等模式，推动“家庭上网工程”，加快信息进村入户，促进农业和农村信息化进程。

第四，以改善农村人居环境为目标，实施农村小城镇现代化建设示范行动。积极引导小城镇建设按照可持续发展的要求，科学规划、合理布局，逐步完善小城镇建设的技术体系、结构体系。支持开发一批适合小城镇使用的低成本节能绿色建材、低成本防污治污技术、环保技术设备等。促进农村建筑业、运输业、商业、金融、保险、信息等行业的发展，推动农村劳动力由第一产业向二、三产业转移。“十五”期间，结合星火技术密集区建设，选择30个规划科学、功能完善、符合可持续发展要求的小城镇进行示范，探索不同区域小城镇建设发展的模式，为全国小城镇健康发展提供示范样板。

第五，以提高农民素质为重点，实施农村人力资源开发行动。通过大力传播科技知识，弘扬科学精神，破除封建迷信，宣传科学思想，倡导科学的生产生活方式，提高广大劳动者的科学文化素质，推动广大农村社会主义精神文明建设。“十五”期间，重点加强各级星火培训基地建设，积极引导星火企业注重人才培训，使企业逐步成为农村人才培训的重要组成部分。充分利用已有的教学和培训设施，积极开发适合农村特点的远程信息传播、培训系统。完善从国家到省、地、县的梯级培训体系，系统培训3000万农民，重点培养一批星火企业家、星火技术人员和中高级管理人员。

第六，以可持续发展示范为重点，实施星火西进行动。紧紧围绕西部大开发战略，加强西部地区，特别是西部贫困地区的科技开发力度。通过星火计划项目的实施、星火西部科技示范基地的建设、东西部科技协作机制的建立等形式，大力推动星火西进，显著提高西部地区农民的科技文化素质，增强西部地区农民依靠科技实现脱贫致富的能力，改善西部地区特别是贫困地区的农民生产和生活环境，培育西部地区科技支撑能力，促进西部地区依靠科技实现经济、社会、环境的全面协调发展。“十五”期间，要注重以项目为纽带，以科技示范为手段，以科技示范基地为立足点，以西部农户脱贫致富和区域经济发展为目标，坚持东西合作、优势互补、互惠互利、共同发展的原则，在西部地区建设20个星火西进科技示范县，培育一批西部特色支柱产业。优化西部地区的经济和社会环境，建立合理、有效的科技协作机制，促进东西部的科技交流与合作。

第七，以技术集成和资源优化配置为重点，实施星火产业带建设行动。以科技进步为动力，通过科技规划、示范、技术转移、培训、信息传播和服务为一体的星火产业带和星火技术密集区建设，营造良好的创新环境，促进农业、农村经济与产业结构调整，大幅提高农业劳动生产率，推动农村整体经济水平和劳动者素质的提高，为地方经济的发展提供科技支撑和示范。“十五”期间，星火计划要加强对星火产业带和星火技术密集区建设的培育和支持力度。重点建设20个跨地区的星火产业带，建立100个星火技术密集区，300个区域性支柱产业。星火技术密集区和支柱产业建设要在农村工业化与城镇化过程中发挥更大的作用。

第八，以增强星火企业国际竞争力为目标，实施星火国际化行动。充分发挥星火计划具有较强国际影响的优势，建立政府引导、企业参与的星火科技走向国际的运行机制，使星火科技国际化成为我国技术、人才和劳务输出的一个重要渠道，成为增强星火企业出口创汇能力和国际竞争力的一个重要途径。“十五”期间，重点扶持100个星火外向型企业，在我国边境省（区）及东南亚、非洲、俄罗斯、南美等地区和国家建立星火国际化科技合作示范基地，在技术、人才和管理方面进行全面的星火科技推广和示范。同时，要重视引进、吸收和组织利用国外的先进技术、管理、人才和资本资源，促进星火计划的实施。

五、保障措施和支撑条件

1. 切实加强对星火计划工作的领导

各级政府要充分认识星火计划在农业和农村经济中的重要性，采取有效措施，切实抓好星火工作，并设立专门的机构负责组织、实施星火计划。“十五”期间，国家要加强对星火计划的宏观指导和环境建设，促进跨地区的交流和协作，组织实施具有跨地区影响的重大项目。各级地方政府与科技主管部门要重视星火计划政策环境建设，根据当地经济和社会发展的需求，积极组织开展星火计划工作，特别是县级科技部门要把星火计划作为重点任务来抓，做好科技成果推广和人才培训。

2. 加大对星火计划的投入力度

根据星火计划发展的需要，建立适应社会主义市场经济的多元化投融资体系。国家将进一步增加对星火计划专项经费的投入，地方各级政府也要相应加大对星火计划的投入力度和资金配套比例。加强国家各类科技计划与星火计划的协调与集成。农业科技成果转化基金要重点支持星火计划项目。要创造适应市场经济的投资环境，积极调动企业、金融系统和社会各界力量，特别是加强与银行的合作，探索运用多种融资方式，扩大融资渠道，利用多元化的资金支持星火计划。

3. 营造实施星火计划的良好环境

充分用好用足国家在科技成果转化等方面的优惠政策。制定国家级科技创新型星火龙头企业的认定办法，并允许国家级科技创新型星火龙头企业享受高新技术企业的优惠政策；鼓励发展农业和农村科技中介机构；在现有推广体系和农技推广队伍的基础上，进行科技成果转化的机制创新，进一步建立有效的激励机制，吸引大专院校、科研院所将科技成果带到农村，转化为生产力，鼓励科研机构和科技人员研究开发农村经济发展所急需的科技项目。对实施星火计划做出突出贡献的企业家、技术人员和管理人员等进行表彰奖励。各地方要结合本地实际情况，研究制定切实有效的地方性政策，以促进星火计划更好地实施。

4. 建立新型的星火计划运行机制

要适应社会主义市场经济发展的要求，坚持科技体制改革和创新，发挥市场机制的作用，充分调动科技人员、企业家和农民等社会力量的积极性。要进一步完善星火计划管理办法，建立科学化、程序化的决策机制，公平、公正、公开的项目管理机制，各级星火计划主管部门的工作绩效考核机制等，提高星火计划的管理效率，开创星火工作新局面。

“十五”科技扶贫发展纲要

缓解和消除贫困，是我国经济社会发展中一项长期的历史任务，是贫困地区广大群众根本利益的最终体现。依靠科技进步是加速我国贫困地区经济发展和有效解决农民贫困问题的强大动力。为明确“十五”期间科技扶贫工作的总体思路，指导新世纪科技扶贫工作更深入地开展，充分发挥全国科技力量在扶贫开发事业中的作用，推动我国扶贫事业的进程，特制定本《纲要》。

一、形势与要求

1. 改革开放20多年来，特别是实施《国家八七扶贫攻坚计划》以来，我国扶贫开发事业取得了举世瞩目的巨大成就。科技扶贫作为引导广大贫困农民依靠科技破除迷信、摆脱贫困、走向富裕的伟大实践，通过把科学知识、科学思想、科学精神、科学方法和适用技术送进山乡，送到千家万户，为完成到2000年年底基本解决全国农村贫困人口温饱问题的任务，实现我国现代化建设第二步战略目标做出了显著的贡献。

2. 21世纪初，中国扶贫开发任务仍然十分艰巨。当前尚存在少数未解决温饱问题的贫困人口，初步解决温饱问题的贫困人口极易返贫，已经解决温饱问题的贫困人口，标准还很低。摆脱贫困仍然是少数民族地区、革命老区、边疆地区和特困地区的首要任务。要充分认识扶贫开发的长期性、艰巨性和复杂性，继续坚定不移地把推动科技进步摆在贫困地区经济发展的突出位置，做好长期作战的思想准备。

3. 农村科技发展滞后、劳动者科技文化素质低仍然是制约贫困地区经济发展和农民脱贫致富的严重障碍。贫困地区自然条件恶劣，市场、技术信息闭塞，劳动者科技文化素质低，科技投入严重不足，科技发展基础脆弱，导致技术推广难度大，新技术、新品种的引进和转化速度慢，科技难以到村到户，贫困地区依靠科技实现自我发展的能力尚未形成。在我国农村经济已进入新的发展阶段和加入WTO的新形势下，科技扶贫工作面临更为严峻的挑战。

4. 加速科技进步是贫困地区经济发展的根本途径。贫困地区农民脱贫致富的实质，是从传统、

科技部、中国科学院、中国科协，国科发农社字〔2001〕389号，2001年10月10日。

落后的生产、生活方式向以科学技术为支撑的现代生产、生活方式的转变。为实现农村生产力水平质的飞跃和可持续发展，进而从根本上解决农民的贫困问题，贫困地区尤其需要加速现代科学技术向农村经济的全面渗透。科技部门和广大科技人员要适应时代要求，进一步解放思想，更新观念，通过技术创新和机制创新，为我国扶贫事业做出更大的贡献。

二、指导思想与主要目标

1.“十五”科技扶贫工作的指导思想是：坚持以邓小平理论和江泽民同志“三个代表”重要思想为指导，以改革开放和科技进步为动力，以农民增收、农业增效、农村发展为主攻目标，加快先进适用技术向贫困地区推广，加速适应社会主义市场经济和有利于科技进步的环境与机制建设，为全面建设小康社会和实现现代化做出新的贡献。

2.科技扶贫的主要目标是：通过增强农村贫困人口的科技文化素质，提高贫困地区技术创新与自我发展能力，加快解决贫困人口温饱问题，巩固温饱成果，尽快实现贫困地区经济、社会、生态的可持续发展，为达到小康水平提供科技支撑。

三、基本原则

1.坚持开发式扶贫原则。要通过技术创新、技术推广和技术应用，开发资源、发展生产，从而改善生产和生活条件，脱贫致富。

2.坚持以人为本，提高素质的原则。要坚持不断提高贫困地区农民的综合素质，特别是科技文化素质，增强他们接受和应用现代科技的能力，从而造就一批具有科技意识和创新精神的新一代农民。

3.坚持以调整结构，提高收入为核心的原则。要引导农民依靠科技开发当地资源，合理调整产业和产品结构，提高产品质量，注重经济效益，增强抵御自然风险和市场风险的能力，尽快提高贫困人口收入水平。

4.坚持示范带动，全面推广的原则。要针对不同类型贫困地区自然条件和社会经济特点，通过科技扶贫项目的实施，探索有效的科技扶贫模式；通过示范带动，在适宜区域进行推广，从而提高科技扶贫效率。

5.坚持可持续发展的原则。要在依靠科技，提高资源利用效率，保护和改善生态环境的前提下进行科技扶贫开发。

6.坚持合力扶贫和机制创新的原则。科技界要与各有关部门、地方政府以及其他扶贫力量相互合作，共同致力于扶贫开发，从而全面解决贫困问题。创新科技扶贫机制，将科技、人才、资金与国家扶贫开发任务和各地区扶贫开发重点有机结合，为科技有效长入贫困地区经济创造条件。

四、主要任务

1.加快科技成果在贫困地区的转化。要千方百计向贫困地区输送先进适用技术，通过技术推广，加快科技成果转化，培育特色产业和支柱产业，促进当地产业结构调整，保护与改善生态环境，增加农民收入。

2.推动贫困地区科技支撑能力建设。要在继续加强技术和人才引进的同时，着重帮助贫困地区解决经济社会发展中的关键技术问题；大力培养各类科技人才，培养具有科技意识和创新精神的企业家和农民；加强科研、教育和技术推广体系建设，逐步提高贫困地区科技创新能力。各级科技管理部门也要进一步加强自身建设，努力提高管理水平和服务质量。

3.促进贫困地区形成有利于科技进步的机制和环境。解放思想，更新观念，注重发挥市场在配置科技资源方面的基础性作用；广泛推行农科教三结合以及“公司＋基地＋农户”“协会＋农户”等成功机制与模式；深化改革，在组织机构、运行机制、政策保障、资金投入等方面大胆创新，积极培育贫困地区科技发展的内在动力机制。

五、工作重点

1.实施贫困乡村科技扶贫示范行动。在尚未解决温饱和初步解决温饱但不稳固的贫困地区，针对不同类型贫困地区特点，帮助其制定脱贫与发展规划。结合科技扶贫项目，通过参与式扶贫，建立科技扶贫示范区，在示范区集中进行贫困人口的科技素质培训，针对示范区生态环境保护与建设、生产发展、生活改善等方面需要，输送适用、高效技术，通过全方位技术推广与服务，根本改变示范区经济、社会、文化极度落后的面貌。利用科技扶贫示范区的示范带动作用，并结合其他科技扶贫项目，加快周边贫困地区的脱贫步伐。

2.实施科技型特色产业促进行动。根据资源优势、市场前景和技术水平，在不同贫困地区选择具有发展前景的特色产业，给予技术、信息等方面的支持，促进其发展壮大，从而带动当地经济发展，加快农民脱贫。所支持的产业应当具有环保、无公害特点，并对当地经济具有较强的带动作用；所支持的企业应采用产业化经营方式，并尽可能带动广大贫困人口。要积极为特色产业发展提供技术、培训人才、寻找市场，带领当地农民脱贫致富。

3.实施科技信息扶贫行动。选择若干贫困县试点进行信息化建设，打破封闭，推动贫困地区经济发展。通过建立覆盖全国的科技扶贫信息服务网络系统，为贫困地区特别是西部地区提供技术、产品、劳动力、资金等方面的信息服务；通过网络对农村干部、农民企业家、基层技术人员和贫困农户进行培训、技术推广。在满足各种信息需求的同时，提高他们的科技文化素质，增强科技、信息意识和创新精神，使贫困地区更快脱贫致富，走上可持续发展之路。

4.实施科技致富示范行动。有选择地在已经解决温饱问题、并具有一定发展基础和条件的贫困地区，实施科技致富示范行动。以技术创新为根本动力，以市场为导向，以产业结构调整为手段，综合开发当地经济资源，发展特色产业，帮助贫困地区改善基本生产和生活条件，切实提高农民收入，从而进一步巩固扶贫开发成果，实现贫困地区从温饱向小康的跨越。

5.实施科技培训和科学普及行动。针对贫困地区干部、群众科技素质低、科技意识弱的问题，动员、组织科技人员深入贫困乡村，通过实地指导、技术培训、媒体宣传等多种形式，向农民传授科技知识，帮助解决生产中遇到的技术问题；通过培训贫困地区干部与科技人员，增强他们的科技意识和创新能力，提高管理水平，从而促进当地科技水平提高，加快技术推广，最终使农民科技文化素质提高，技术创新意识增强。

六、保障措施

1.提高认识，加强领导，不断提高管理水平。科技扶贫作为我国扶贫开发的重要组成部分，需要社会各界的充分认识和积极支持，这是科技扶贫工作取得成功的前提条件。贫困地区各级政府要充分认识到科技进步在扶贫开发中的重要性和必要性，加强对科技扶贫工作的领导，促进科技扶贫事业发展。科技部门要进一步提高自身素质和科技扶贫管理水平，建立并稳定科技扶贫管理机构，壮大科技扶贫队伍；结合地方发展规划和科技扶贫需要，协助地方政府做好科技扶贫发展规划；充分发挥科技是第一生产力的作用，把科技扶贫纳入贫困地区经济与社会发展规划之中，纳入贫困地区贯彻落实国家扶贫开发的具体行动之中。

2.创造“协作集成、合力扶贫”的良好环境。全国科技界要积极行动起来，采取多种方式为国家扶贫开发和科技扶贫工作提供技术支撑和资金保证。科技部门要动员科技界的技术力量，加强与其他部门及地方政府的合作，多渠道筹集科技扶贫资金，共同在贫困地区进行扶贫开发，促进贫困地区经济、社会、文化全面发展，为尽快实现脱贫致富做出更大的贡献。

3.建立科技扶贫的激励机制和政策保障体系。围绕贫困地区经济发展、劳动者素质提高、贫困人口收入增加，积极创造科技扶贫的政策环境。地方政府要逐步建立起优秀科技人才选拔机制，引导企业建立合理的分配机制，创造良好的工作和生活条件，吸引、留住各类科技人才；加强产、学、研结合，创新协作机制，鼓励科研单位、中介机构与贫困地区建立合作关系，促进贫困地区经济发展；对科技扶贫中有突出贡献的单位和个人，特别是在扶贫第一线工作的科技人员、管理人员和企业家要给予适当奖励。

4.推进贫困地区农业社会化服务体系建设。建立健全贫困地区的农业社会化服务体系，不断拓宽服务领域，扩大服务内涵，通过技术推广与应用，促进贫困地区经济发展，从而加快脱贫致富的步伐。政府服务机构应当肩负起公益性、主导性服务的任务；引入市场机制，鼓励各种中介机构参与农业生产、经营和技术支持等形式多样的服务；要充分发挥各级、各类技术协会的作用，大力扶持民营企业和专业户的发展，围绕农业和区域性支柱产业，建立各种专业化服务网络，为当地企业和农户提供全程服务；鼓励农产品加工和销售等民营企业带领农户进入市场，提供各种服务，形成利益共享、风险共担的经营机制和组织形式。

5. 加大科技扶贫资金投入，健全资金管理和保障体系。积极争取和筹措科技扶贫资金，加大科技扶贫资金的支持力度，提高有限资金的利用效率。各级科技部门要将有关技术项目向贫困地区倾斜，积极争取社会资金用于科技扶贫；有条件的地方政府应积极创造条件设立科技扶贫专项基金，用于本地区的科技扶贫。科技扶贫资金管理制度要进行必要的改革，实行公开、公平、公正的招投标制度；建立健全资金与项目的监督与评估体系，资金提供者、管理者、使用者，尤其是受益贫困人口应参与对科技扶贫资金的使用与项目实施的监督。

6. 加强国际合作与交流。按照优势互补、互惠互利、长期合作、共同发展的原则，开展多层次、多渠道、多形式的国际科技扶贫合作。建立广泛的国际联系，积极争取各种国际资源参与科技扶贫活动；加强国际交流，吸收国外的先进技术和管理经验，提高科技扶贫工作的能力和水平。

“十五”西部科技培训纲要

根据中共中央组织部和国务院西部地区开发领导小组办公室关于进一步加强西部地区人才开发的有关精神和科技部《“十五”西部开发科技规划》关于西部地区科技培训工作的总体部署，“十五”期间，要把科技培训作为西部开发科教先行的重要举措，力争开好局、起好步，为全面提升西部领导干部和广大劳动者的科技素质打下坚实的基础。为整体推进“十五”期间西部科技培训工作，特制定本纲要。

一、形势与现状

近几十年来，新科技革命持续、广泛地展开，推动着社会生产力的飞跃发展。以信息技术和生命科学为核心的当代科学和高新技术突飞猛进。20 世纪 90 年代以来，初见端倪的知识经济更是为社会生产力的发展和人类的文明进步开辟了广阔空间。科学技术以前所未有的深度和广度影响着经济和社会的发展。科技进步已成为经济发展的决定性因素。面临正在发生深刻变化的国际、国内环境，确保西部大开发各项战略目标的实施，必须树立新的发展观，必须把西部地区的经济和社会发展真正转移到依靠科技进步和提高劳动者素质的轨道上来。

加快西部地区的科技进步，实现经济增长方式的根本性转变，人才是关键。长期以来，西部地区的经济和社会发展与东部地区相比，一直比较落后。深层次的原因是劳动力素质低，人才缺乏。主要表现在：科技人才总量不足，高层次科技人才紧缺，西部地区各类专业人才占全国人才总量的 20%，高级专业技术人才不到全国总量的 14%；科技产业化人才非常缺乏，公众整体科技素质低于东部地区。各级党政领导干部，特别是科技系统的管理干部，迫切需要提高自身的业务水平和管理能力，以适应经济全球化和科技的飞速进步带来的挑战。随着西部开发战略的深入实施，西部地区人才队伍建设中存在的许多与新形势新任务不适应的现象更加明显。因此，加强科技培训工作，提升广大干部和劳动者的科技素质，成为当前一项十分紧迫的任务。

目前，西部现有科技培训从规模上、质量上都难以满足西部地区经济和社会发展对各类人才的迫

科技部，国科发政字〔2001〕277 号，2001 年 8 月 5 日。

切需求。长期以来，经费投入严重不足，经费来源渠道少，一直是制约科技培训工作有效开展的主要因素。西部现有的科技培训基地设施普遍落后，高水平的师资严重缺乏，培训手段缺乏创新，现有基地与高等院校、研究机构缺乏紧密协作，资源共享程度不高。东西部地区共同开展科技培训的有效机制尚未建立起来，部门、地方的科技培训工作分散，缺乏集成等，都不同程度地制约着西部科技培训工作的开展。

针对西部科技培训工作中存在的问题和矛盾，“十五”期间，加强西部地区的科技培训工作，建设一支服务于西部开发的管理干部队伍、科技产业化人才队伍，不断提高广大干部和劳动者的科技素质，对于全面贯彻中共中央、国务院关于西部开发的各项方针政策，深入实施科教兴国战略和可持续发展战略，促进西部地区经济和社会的持续健康发展，都具有十分重要的意义。因此，必须在观念、体制、计划及其工作安排和措施上，切实把加强西部地区的科技培训工作，提升广大干部与劳动者的科技素质，作为推进西部科技进步的一项重大战略任务，从体制和机制上提供强有力的保证。

二、指导思想与基本原则

（一）指导思想

根据国务院关于西部大开发的总体部署，紧密配合西部开发科技工作的重点，以各级领导干部科技培训为龙头，推动科技培训走规模化、系统化的道路；积极采取新形势下开展科技培训的新思路和新机制，强化科技培训体制和机制建设，切实提高科技培训的质量；积极推动联合，强化东西合作和国际合作；加强协调集成，形成合力，共同推动西部科技培训工作的开展。

（二）基本原则

1. 质量第一。在根据不同对象和任务制订切实可行的培训规划和计划的基础上，精选培训内容，强化师资队伍建设，采用先进的教学方法，强化案例教学，加强对培训的管理和考核。

2. 因地制宜。培训要紧密结合西部地区经济、社会发展的需求，有计划、有重点地安排好学员和教学内容，做到学以致用，为解决实际问题服务。

3. 灵活多样。在教学方法上，采取授课与自学相结合，理论与实践相结合，课堂教学与实地考察相结合；在培训方式上，采取岗位培训与学位教育相结合，国内培训与国外培训相结合，多方协作开展培训。

4. 分类实施。根据西部的实际需要和不同情况，分层次、分类别、多渠道、多形式地开展科技培训，切实提高科技培训的针对性。

三、主要任务和目标

“十五”期间，西部科技培训要根据当前经济、科技发展的形势和不同层次领导干部和劳动者素质提高的实际需要，有重点、分层次地开展科技培训，遴选重点培训内容，力求突出时代特色，切实提高培训的针对性和效果。

（一）开展以地、县级领导干部为重点的科技培训

“十五”期间，西部科技培训工作要配合中央组织部《2001—2005年全国干部教育培训规划》的实施和国家关于西部地区人才开发的统一部署，以地、县级领导干部的科技培训为重点，积极开展各级领导干部的科技培训工作。培训重点内容包括当今科技最新进展、国内外经济发展趋势；我国宏观经济发展战略和科技发展战略；加入WTO对我国经济、科技发展的机遇和挑战；西部大开发战略部署与相关政策措施；依靠科技进步促进西部开发的战略选择；科技创新与我国经济结构的战略性调整等。通过培训，不断提高他们在新形势下领导本地区贯彻科教兴国和可持续发展战略，驾驭经济和社会发展的能力。“十五”期间，使西部每个地市的党政主要领导干部能够接受一次培训，累计培训800人次；完成西部地区县级党政主要领导干部3000人次培训，每个县重点培训2人。

（二）加强科技系统管理干部的培训

西部地区科技系统的广大管理干部在加强本地区科技进步进程中发挥着重要的作用。“十五”期间，要进一步加强对科技系统各级领导干部的培训工作。培训内容以科技、经济发展战略和先进的科技管理知识等为重点，包括国家科技发展规划、计划，重大科技政策、知识产权管理、科技项目管理、民营科技型企业的管理、科技园区的管理、市场经济的基本规律、可持续发展战略、市场经济条件下的政府宏观科技管理职能等。“十五”期间，使西部各省（区、市）科技厅（科委）的主要领导干部每年能够至少接受一次培训。

进一步加强对西部地、县科技主管部门领导干部的培训，培训内容要和“十五”期间西部开发各项重点工作紧密结合起来，既要有经济、科技宏观发展战略等知识的培训，又要贴近基层科技管理实际，根据培训学员所在地区的实际特点，有重点地进行生态环境建设、农业产业化与特色产业发展、县域科技进步理论与实践、节水农业、工农业信息化等方面知识的培训，强化案例教学，突出实效性和针对性。“十五”期间，每年培训1000人次，五年累计培训5000人次。

加强对西部地区高新区管理干部、科技外事干部和转制研究院所、科技企业家的培训。重点培训内容包括国内外高新技术产业化发展的最新进展、科技体制改革相关政策、区域科技创新的最新理论和实践、高新区和孵化器等方面的管理理论与实践、科技兴贸理论与实践、WTO与对外开放、国际科技合作理论与实践等。“十五”期间，累计培训1000人次。

加强对少数民族地区科技干部培训的倾斜支持，适当增加少数民族干部的培训人次，举办若干重点面向少数民族干部的专项培训班。

（三）加强科技培训基地建设

“十五”期间，要把科技培训基地建设作为推动西部科技培训向系统化、规模化发展的重要措施。

以西安、成都等科技教育优势明显地区为重点，立足已有基础，以项目和任务的带动，利用现有的基础和条件，优化、重组 5 ~ 7 个科技培训基地和若干培训网点，形成以基地为核心，不断向周边地区辐射的科技培训网络。要不断加强科技培训基地的自我发展能力建设，积极创造有利于基地良性发展的政策环境。进一步规范基地培训课程，健全培训机构设施，规范培训管理和考核，建立对基地培训工作的评价体系和相应的检查、监督与淘汰机制。

（四）充分利用先进信息技术开展科技培训

“十五”期间，要充分利用现有信息网络设施，开展西部远程科技培训试点，充分发挥各种媒体和网络远程教学等现代化手段在培训中的作用，提高科技培训的效率和覆盖面。充实完善科技培训资料库、专家库、信息库等。根据科技培训量大面广的特点，建立紧密的协作网，加强同科研院所、高校、企业和科技团体之间的合作，实现科技培训网上资源共享和优势互补，推动科技培训工作的有效实施。

（五）加强东西合作和国际合作

积极探索市场经济条件下东西合作共同开展科技培训的有效途径，逐步形成东西合作的良性机制。进一步加强东西部对接省区在科技培训方面的合作。以东部地区现有基地为依托，建立东西部地区合作开展科技培训的机制，定期组织西部地区的人员到基地进行不同形式、不同内容的培训。采取措施，鼓励东部的专家、管理人员和科技人员与西部进行具有针对性的、务实的交流。联合中国科学院、中国工程院和相关学术团体等单位，开展“专家院士讲师团”活动，组织知名专家学者到西部地区进行巡讲活动。

拓宽国际科技培训合作与交流渠道，加强与世界银行、联合国发展计划署、亚洲开发银行等国际组织和机构在科技培训网络建设、培训基地建设、专家引进等方面的合作，充分利用国内外的人才和资本资源。

（六）实施西部科普专项行动

科普专项计划进一步向西部地区倾斜。根据西部地区科技普及工作的需要，建设一批高水平的科普基地，有针对性地开展一些具有广泛影响和科普专项行动，弘扬科学精神，传播科学思想，普及科技知识，提高西部地区广大劳动者的科技素养，推动西部地区社会主义精神文明建设。“十五”期间，用藏、维、蒙、回、壮五种少数民族语言翻译 50 部科教电影和电视片，翻译出版 100 种科普图书，选择 100 部科教电影，在西部地区巡回放映 10000 场；建立西部科普示范县 20 个，建立和完善西部科普信息网，在没有科技馆的省会城市建设一座有一定规模和水平的科技馆。

（七）加强星火农村科技人才培训

“十五”期间，结合星火计划的实施，星火西部科技示范基地的建设，大力推动星火西进。积极引导西部地区星火企业注重人才培训，使企业逐步成为农村人才培训的重要组成部分。充分利用地方已有的教学和培训设施与基础，建立从县、地、省到国家梯级培训体系，培养一批星火科技专家和星火企业家，使他们成为提高农村科技整体水平的中坚力量；同时要培训大量农民技术骨干，使他们成为广大农牧民脱贫致富的带头人。

四、政策措施与支撑条件

（一）转变观念，高度重视西部科技培训工作

西部地区的各级科技主管部门要切实加强对本地区、本部门科技培训工作的领导，认真研究新形势下开展科技培训的新思路和新机制，在科技培训基地建设、东西合作、组织管理、政策保障等方面提供全方位的支持。各地区要根据自身实际情况，抓紧研究制定本地区科技培训的规划，力求突出特色，并纳入本地区“十五”科技发展规划中，精心实施，逐步推进，确保西部科技培训工作向规范化、制度化方向发展。

（二）拓宽科技培训融资渠道，不断加强对西部科技培训的投入

“十五”期间，进一步增加中央及地方财政对西部科技培训的投入。在西部科技专项中每年安排一定比例的经费用于科技培训工作，并逐年增加。同时，要积极拓宽融资渠道，鼓励企业及其他社会资金等加强对科技培训的投入。积极吸引国际资金参与西部科技培训工作，逐步形成多元化的科技培训融资方式。

（三）加强科技培训教材编撰工作

根据西部地区不同层次、不同方面科技培训的需要，会同有关部门和专家，组织编撰针对性强、适用面广的系列科技培训教材。教材的编写要树立精品意识，充分考虑到不同类型学员知识结构的特点，在内容设计上突出创新，力求反映时代特色。不定期地开展向西部重点贫困地区赠送培训教材和光盘活动。

（四）加强西部科技培训师资队伍建设

高质量的师资队伍，是不断提高科技培训质量的重要保证。“十五”期间，要根据西部各地区的实际需要，加强科技培训师资队伍建设，选聘部分有实际工作经验和教学能力的专家，担任基地的专职或兼职教师，建立一支高质量的培训讲师队伍。加强对西部培训基地的教师的培训，定期安排基地教师到东部高等学校进修，切实提高现有教师的素质。

（五）加强协调集成，形成合力

落实国际关于西部地区人才开发规划的统一部署，重点做好地、县级领导干部和科技系统干部

培训工作；根据国务院西部地区开发领导小组办公室关于西部地区人才培训的总体安排，开展灵活多样的各类人才的科技培训；加强与中国科学院、中国工程院、中国科协、教育部等部门的协调，充分发挥科研院所、高等院校和学术团体专家学者集中的优势，共同开展一些具有较大影响的科技培训活动。同时，进一步加强部内关于科技培训工作的协调集成，形成合力，共同推进西部科技培训工作的开展。

国家高新技术产业开发区“十五”和2010年发展规划纲要

一、形势与任务

在新的世纪里，智力资源的富集、优化和开发将会成为经济发展和社会进步越来越重要的推动力量。我国必须抓住机遇，迎头赶上，努力发展高新技术产业。

20世纪在科技产业化方面最重要的创举是兴办科技工业园区，这种产业发展与科技活动的结合，解决了科技与经济脱离的难题，使人类的发现或发明能够畅通地转移到产业领域，实现其经济和社会效益。

当前，鉴于科技园区在国家创新体系建设的核心地位，加速其规划与发展，已成为各国发展战略中的重要措施。

（一）取得的成绩和面临的形势

我国高新区自1991年建立以来，已取得了重大经济、社会效益，充分显示了高新区的优越性。

1. 超常的发展速度。按53个国家高新区统计，2000年技工贸总收入达到9209亿元，是1991年的105倍，平均增长率为67.8%；是1995年6倍，平均增长率为43.2%。

2. 巨大的经济效益。2000年利税总额是1991年的88.8倍，1995年的6倍，达到1057亿元 。人均工业产值为31.6万元，是1991年的5.1倍，1995年的2倍，是2000年全国平均值的10倍多。

3. 突出的社会效益。在高新区内创造了251万个就业岗位，拉动区外就业人数为直接就业人数的5倍。高新区工业增加值占所在城市的比重迅速提高。1999年，苏州占46%、吉林39%、绵阳31%、北京27%、南京27%、西安22%、武汉21%、深圳11%，有效地改变着当地的产业结构。

4. 大批高新技术企业迅速成长。至2000年年底，共有高新技术企业达2.1万家，其中，技工贸

科技部，国科发高字〔2001〕343号，2001年9月12日。

总收入亿元以上的达 1252 家，过 10 亿元的 143 家，百亿元以上的 6 家。联想、四通、北大方正和深圳华为等为代表的著名高技术企业在高新区迅速崛起。

5. 开发了大量高新技术产品。区内具有自主知识产权的高新技术产品份额达 70% 以上，近 6000 项省部级以上科技项目在高新区实现产业化，许多高技术产品出口国外，参与国际竞争。2000 年出口创汇 186 亿美元，是 1991 年的 103 倍，1995 年的 6.3 倍。

6. 聚集了大批科技产业化人才。至 2000 年年底，高新区内大专以上科技人员 83 万人，其中工程师以上 40.8 万名，硕士近 5.2 万名，博士 9000 多名，吸引留学归国人员 9700 名。

7. 形成了科技创新和产业化发展的良好环境。高新区的建立，全面推进和深化了科教体制、经济体制和行政管理制度的改革，全方位推进产权制度、分配制度、劳动人事制度、社会保障制度的改革和现代企业制度的建立，为高新技术产业的发展提供了良好环境和条件 。

随着近 200 家高新技术创业服务中心、大学科技园、留学人员创业园、软件科技园、专业技术孵化器、国际企业孵化器、国有企业孵化器、博士创业园等创业孵化机构的建立，为科技成果转化和科技人员创业提供了良好的创新创业的环境和条件。2000 年，131 家创业服务中心具有 272 万平方米孵化场地，设立孵化基金 7.4 亿元，在孵企业 7693 家，累计毕业企业 2770 家，为社会创造了 17.7 万个就业岗位。

目前，国内外风险投资机构都把高新区作为项目投资的重点选择区。据不完全统计，共有 39 个省市建立科技创新及产业化投资机构约 100 个，其中以科技项目为主要投资对象的风险投资公司约 40 家，注册资本金额达 40 多亿元，已投资 122 家高新技术企业，投入金额超过 12 亿元，另外还有约 11 亿元以上的投资意向。截至 1999 年 8 月，除国家科技型中小企业基金外，还有 8 个省市建立了科技中小企业创新基金，拥有资金约 3.5 亿元。

绝大多数高新区和创业孵化机构在互联网上都建有网页和电子信箱；全国性的政府网站已经开通；北京、上海、天津、江苏建立了孵化器工作网络；西部、北方、国际企业孵化器建立了协作网络；西安、上海、北京的网络企业孵化器即将进入实质性运营。通过因特网进行孵化和服务将为我国科技产业化的发展在更大的空间和更深的层次上提供良好环境和优质服务。

深圳和苏州高新区首批通过了 ISO14000 环境管理认证，为国内外高新技术企业提供了国际水平的硬环境和公益服务。

国家高新区所取得的成绩是在党中央、国务院宏观指导下，通过市场机制实现的。新千年进入知识经济时代，我国面临加入 WTO 及迎接经济全球化的挑战，也面临着发展的新机遇。调整产业结构和完善经济运行机制，是在经济全球化和科技飞速发展新趋势下，提高我国经济竞争力的必然选择，是解决我国社会发展深层次问题，提高经济发展水平，实现持续发展的根本性措施。加快科技进步是促进国民经济结构战略性调整的关键环节。高新区的建设与发展，已经成为加快科技产业化步伐，实现产业结构调整的重要基地。

（二）“十五”期间高新区发展的主要任务

目前，多数国家高新区基本上完成了初创时期的主要任务，建立了适合高新技术产业发展的管理体制与市场推进机制，奠定了产业发展基础，实现了原始资本的积累，为在新形势下推动高新区进一步发展创造了良好条件。

高新区发展存在的问题：①创新创业环境建设需进一步完善，技术创新能力有待进一步提高；②特色产业不突出，企业规模偏小，市场覆盖为区域性；③国际化水平较低；④发展不平衡，有效竞争机制尚在形成之中；⑤辐射带动能力还没有充分发挥，对传统产业改造所做贡献还不够大。

“十五”期间，高新区的发展将进入创新建设时期。这一时期的主要任务是：①强化高新区科技创新、创业环境建设，建立创业孵化体系和公共创新服务体系；②努力抓好科技创业园的建设，扶持多种类型的科技创业孵化机构，吸引大批科技创业人才进园创业，大幅提升高新区的自主创新能力和水平；③在现有产业发展基础上，各高新区应根据当地条件，集中力量扶持一两个在全国有影响的高新技术产业，形成特色主导产业；④提高国际化水平，按照国际规范建设高新区，扶持出口型高新技术企业和产品，增强国际化发展能力；⑤突出示范，分类指导，有条件的地方要办好高新技术产业带，全面提升高新区的整体发展质量和辐射带动能力，为经济结构战略性调整做出更大贡献。

二、指导思想与发展原则

本规划以科教兴国战略和可持续发展战略为前提，以实现局部跨越式突破、带动全局发展为主要指导思想，提出以下若干具体发展原则。

（一）把握发展方向，坚持市场导向

从国家中长期发展战略需求出发，坚持超前构想、科学规划。贯彻落实《中共中央、国务院关于加强技术创新，发展高科技，实现产业化的决定》。坚持政策调控市场，市场引导产业发展的方针。

（二）突出示范，带动全局

在全面规划、合理布局的前提下，适当集中资源，培育若干有代表性的示范高新区，形成国际竞争力，并引导和带动全国高新区发展。

（三）形成特色主导产业

各高新区应在政策和市场的引导下，形成一两个有特色的、有市场竞争力的主导产业。集中力量培养本地区的核心发展能力，成为本地高新技术产业发展的主导力量。

（四）点、线、面渐次推进

以高新区（点）、产业带（线）、密集区（面）的渐次推进方式，充分发挥高新区示范引导和辐

射带动功能，形成依托东部发展优势，推进西部高新技术产业纵深发展，全面推动我国产业结构的优化调整，带动全国经济的持续快速发展。

（五）坚持中央指导，依靠地方推动

中央从宏观政策和专项资金上对全国高新区进行指导和支持。主要依靠地方政策和民间力量推动高新区的发展，使中央和地方两个积极性得以充分和协调发挥。

三、战略方针与目标

（一）战略方针

“十五”期间至2010年，国家高新区发展的战略方针采取“强化创新能力，发挥两个积极性，抓好示范引导，实现渐次推进”的方针。

1. 在强化市场机制条件下，发挥集中力量办大事的优势，依靠国家和地方力量办好示范高新区：中关村科技园区具有全国的影响力，具备世界级科技资源，将以国际一流水平加速建设。上海、深圳、西安和杨凌高新区作为不同类型、不同地区高新区的杰出代表和西部农业高新技术产业发展的核心基地，将以国际水平的高新区加以建设。其中上海作为生物和信息产业发展和传统产业改造基地；深圳作为香港与内地高技术产业发展的纽带、国际融资窗口和南方信息产业基地；西安和杨凌作为西部大开发的技术创新基地和农业高新技术产业发展基地，力争在“十五”期间达到国际水平，2010年达到国际一流水平；有关省市政府要抓好武汉、天津、沈阳、南京、苏州、青岛、杭州、广州、重庆、成都等区域性高新技术产业示范区，在中央宏观政策指导和专项资金支持下，加大改革力度，创造良好环境，提高办区质量，以国际科技工业园区的标准进行建设，带动周边高新区的发展，实现国家高新区整体发展质量的大幅提高。

2. “十五”期间，在原有创业中心、高新区、产业带发展战略构想的基础上，创业中心将扩展提升为科技创业园，成为科技创新创业基地；高新区作为高新技术产业化基地；产业带将成为高新技术产业辐射区和传统产业改造基地，从而在更大范围内解放和发展科技生产力，带动产业结构的优化调整，有条件的省、地区可以进行产业带建设试点。

“十五”期间，待条件成熟时将全面推动高新技术产业带的建设，主要有以下地区：京津石产业带、沈大高速公路产业带、齐鲁火炬产业带、关中产业带、中原产业带、沈哈高速公路产业带、江苏沿江产业带、杭嘉湖产业带、湖北沿江产业带、湖南潇湘产业带、成德绵（渝）产业带、珠江三角洲产业带、闽南高科技走廊、环北部湾产业带等十余个产业带。

2010年以后，随着高新区、产业带的发展，将逐步形成我国高新技术产业发展的四大密集区。

环渤海高新技术产业密集区：以北京中关村科技园区为中心，依托京津石、沈大高速路、齐鲁火炬、沈哈高速公路产业带；

沿长江高新技术产业密集区：以上海高新区为中心，依托长江三角洲（江苏沿江、浙江杭嘉湖产业带）、湖北沿江、湖南潇湘、四川成德绵（渝）产业带；

东南沿海高新技术产业密集区：以深圳高新区为中心，依托珠江三角洲、福建闽南高科技走廊、广西环北部湾产业带；

沿欧亚路桥高新技术产业密集区：以西安、杨凌高新区为中心，依托关中、中原产业带，沿欧亚路桥延伸，东接齐鲁产业带，南接长江三角洲产业带。

实施西部大开发战略将有力地促进四大密集区的形成，将使东西部优势互补，构成我国高新技术产业纵深配置发展的格局，将对迎接加入WTO的挑战，进军国际市场产生深刻长远影响。

（二）发展目标

1. "十五"发展具体目标是：在高新区完善体系、优化功能、促进产业发展基础上，国家高新区技工贸总收入将保持在平均年增长30%的速度，2005年将达到3万5000亿元，工业产值3万亿元，工业增加值8000亿元，税收1500亿元，出口创汇600亿美元；创造就业岗位500万个，人均产值60万元；亿元以上的高新技术企业达到3000家以上，50亿元以上的高新技术企业达到200家以上，百亿元以上高新技术企业20家；将北京中关村科技园区、上海高新区、深圳高新区、西安和杨凌高新区建设成为具有国际水平和具有强力示范、带动作用，能够代表中国形象的科技工业园区；各种类型的企业孵化机构达到500家以上，争取1000家；在孵企业3万家，累计毕业企业6000家。

2. 2010年的发展目标是：国家高新区的建设日臻成熟，创业和产业发展环境良好，创新体系和整体功能齐备，自主创新和发展能力强劲，拥有独特的创业文化氛围，基本完成创新建设阶段的主要任务，全面实施高新区、产业带和密集区的发展战略，若干具有国际一流水平和一批具有国际水平的科技工业园区将脱颖而出，10余个高新技术产业开发带将蓬勃发展，4个高新技术产业密集区将初显轮廓，基本实现高新区点、线、面的纵深战略发展，形成我国高新技术产业的强大实力和国际竞争力，从整体上优化我国的产业结构，经济总量将占到我国工业增加值、出口创汇的20%以上，为解决就业、保持社会稳定、融入经济全球化发展做出重大贡献。

四、措施与步骤

（一）强化调控机制

强化高新区宏观调控机制是高新区发展的重要措施。

1. 应提高对高新区战略地位的认识，将高新区作为国家技术创新体系的核心、调整国家产业结构和实施西部大开发战略的关键措施予以统筹规划并将高新区发展规划列入国家"十五"总体规划之中，以国家意志强化规划调控的力度。

2. 按分类指导、层次推进的原则，作为重点示范，以北京为主，中央支持为辅，推进中关村科技园区的发展；依靠地方结合国家支持推动上海、深圳、西安和杨凌 4 个示范高新区的建设；各有关省市政府抓好当地示范高新区的建设，在国家宏观政策和专项资金的支持下，推动高新区的发展。

3. 由科技部完善高新区的资源调控、政策调控与考核措施，形成动态管理和竞争发展机制。

（二）优化园区体制

1. 强化高新区管理制度创新，依靠地方政府，深化体制改革，处理好区域行政管理与园区管理之间的关系，建立有利于科技创新创业、符合高技术产业发展的园区管理制度。

2. 建立科技产业化创新体系，在加速创办各种类型企业孵化机构和为中小科技企业服务的中介服务机构的基础上，建立以企业孵化服务机构为核心、创业资本市场和信息网络为主要组成部分的高新区创业孵化体系，并以此为基础，建立以官、产、学、研、资、介、贸诸方面相互融通，有机结合的公共创新服务体系。

3. 扩大高新区改革自主权，加大在产权制度、分配制度、劳动人事制度、社会保障制度、行政管理制度、建立以人为本的现代企业制度的改革力度，按高技术产业发展和市场运行规律，完善高新区的发展机制。

4. 推动高新区企业制度改革，通过产权制度和激励与约束机制建设，增强企业技术创新的内在动力，促进高新技术企业实现规范化、现代化、规模化、国际化的发展。

（三）完善政策措施

完善政策法规体系是实现高新区发展目标的根本保证。

为使高新区的产业发展站在同一的国际竞争起跑线上，应制定税收、信贷、基建、进出口等优惠政策。

1. 税收优惠政策。高新区内各类企业孵化机构一律免征各种税收。在孵企业三年内所上缴的各项税收全部返还孵化机构，用于增加孵化资金。

对软件、归国创业等科技人才提高个人收入调节税起征点，降低留学人员回国创办企业注册资金的底线。

制定风险投资机构的税收优惠政策，鼓励民间资本向高新技术产业投资。

2. 资金信贷优惠政策。将高新区基本建设，特别是信息网络工程建设纳入国债项目计划；由政策性银行安排高新区开发、生产、建设专项资金；允许外资银行全面进入高新区，并逐步开展人民币业务。

3. 基本建设优惠政策。高新区基本建设项目按统一规划安排建设，优先纳入当地固定资产投入规模；高新技术企业仪器设备可加大折旧率。

4. 进出口优惠政策。高新区要进一步加强高新技术产品出口基地建设和研究建立实行特别优惠政策的出口工业园，促进高新技术产业国际化的发展。

5. 其他优惠政策。国家示范园区和 APEC 科技工业园区享有独立的外事审批权、侨居和外籍人士居留审批权。国家高新区享有省级外商投资项目审批权和土地征占审批权。为鼓励科技创业，留学人员、大学生等在高新区内创办科技企业可适当放宽工商注册限额。

（四）实施步骤

“十五”计划期间为突出示范，创新建设阶段。

这一阶段以5个示范高新区的建设为主要引导。加强科技创业园、创新体系、主导产业 、政策法规和基础设施的建设，使之形成良好的创新创业环境，优化功能、提高质量，具备特色，带动全国高新区的发展。

第十一个五年计划期间作为“十五”计划的延续，5个示范高新区进入规范化、规模化、国际化发展，各省、市示范高新区取得长足进展。在系统评估高新区发展状况的基础上，适时探索高新技术、产业带发展的作用机制与调控模式，实现我国高新技术产业的纵深和全面发展。

国家大学科技园“十五”发展规划纲要

为贯彻落实党的十五届五中全会精神和《中共中央、国务院关于加强技术创新，发展高科技，实现产业化的决定》，深入实施科教兴国战略，明确“十五”期间国家大学科技园的发展目标、指导思想和重点任务，指导和促进我国大学科技园持续快速健康发展，根据《国民经济和社会发展第十个五年计划科技教育发展专项规划》所确定的有关任务，制订本规划纲要。

一、形势与抉择

今后五到十年，我国国民经济和社会发展将处于以经济结构战略性调整和产业升级为主要特征的关键历史时期，既面临着知识经济所带来的良好发展机遇，也面临着加入世界贸易组织后激烈国际竞争的严峻挑战。江泽民总书记最近在庆祝清华大学建校90周年的讲话中指出：“大学应该成为科教兴国的强大生力军。要继续提高高等教育的质量，加快高等教育事业的发展，努力在全国建设若干所具有世界先进水平的一流大学。”他特别强调：“一流大学应该站在国际学术的最前沿，紧密结合先进生产力的发展要求，依托多学科的交叉优势，努力进行理论创新、制度创新、科技创新，特别要抓好科技的源头创新，并推动科技成果加速转化为现实生产力。”在新的历史条件下，积极兴办大学科技园，把高等学校的人才和技术优势转化为产业和经济优势，既是党中央提出的重要任务，也是推动科技成果转化和高新技术产业化、提高我国技术创新能力和国际竞争力的客观要求。

1. 兴办大学科技园是加速高新技术产业化的重要战略举措

当今世界，知识和技术的更新速度日益加快，科技成果商品化、产业化的周期大大缩短，科技创新将成为未来经济和社会发展的主导力量，智力资源将是推动社会生产力发展最重要的要素资源，各国综合国力的竞争，将更加突出地表现为知识创新、技术创新和高新技术产业化的竞争。

我国高等学校凝聚了大量高层次人才，是我国科技事业的重要力量。随着科技、教育体制改革的

科技部、教育部，国科发高字〔2001〕184号，2001年6月6日。

深化和知识经济的发展，高等学校在我国研究开发体系中的地位与作用越来越重要。据初步估算，"九五"期间高等学校承担了1/2左右的国家基础性研究项目，1/3左右的国家863高技术研究项目，1/4左右的国家科技攻关项目，取得了一大批研究成果，为我国科技事业发展做出了重要贡献，同时也为发展高新技术产业提供了良好的基础。但是，由于受思想观念和客观环境的制约，蕴藏在高等学校中的智力优势远未得到充分发挥，成果转化渠道不畅，产业化发展未取得应有的效果。

依托高校学科齐全、人才荟萃、成果累累、信息通畅的优势兴办大学科技园，为科技人才创新创业提供平台，促进高等学校丰富的智力资源与其他社会资源的优化组合，是为国内外实践证明了的推动高新技术成果转化的有效途径。因此，积极创造条件大力兴办大学科技园，把蕴藏在高等学校中的智力资源激活、解放出来，变人才和技术优势为产业和经济优势，对于加速我国高新技术产业发展、培育新的经济生长点、提高综合国力和国际竞争力，具有重要战略意义。

2. 兴办大学科技园是高校自身改革和发展的重要方向

高等学校是科教兴国的强大生力军，大学的教学、科研工作与社会经济发展紧密结合，是时代发展的客观需要，是大学改革和发展的重要方向，是大学教育功能在新形势下的一种延伸，是我国研究型大学向世界一流大学迈进的必然要求。大学科技园是大学教学、科研与社会经济发展结合的窗口。在大学科技园内，高校的科技成果不断得到转化，流向企业，拉动高校科研和市场的结合，使高校教学、科研和社会经济发展形成良性循环。同时，大学科技园为创新创业人才的培养和成长提供了实践基地，高校师生通过参与园区创新活动，使理论和实践相结合，既丰富了高校的教学内容，提高了教学和科研水平，又会促进和带动学科建设。因此，兴办大学科技园是深化科技和教育体制改革、推动科技、教育与经济结合的重要措施。

3. 我国大学科技园建设和发展已经具备一定基础

大学科技园是以研究型大学或大学群体为依托，利用大学的人才、技术、信息、实验设备、文化氛围等综合资源优势，通过包括风险投资在内的多元化投资渠道，在政府政策引导和支持下，在大学附近区域建立的从事技术创新和企业孵化活动的高科技园。它是高校技术创新的基地、高新技术企业孵化的基地、创新创业人才聚集和培育的基地、高新技术产业辐射催化的基地。

结合具体国情，借鉴国外经验，我国在建设大学科技园方面进行了十多年的探索和实践，特别是1999年科技部、教育部组织开展国家大学科技园建设试点以后，全国大学科技园发展取得了显著成效，呈现良好发展势头，已经成为各类创新要素资源汇集、融合的新的聚焦点。据2001年年初对其中22个大学科技园的初步统计，它们所依托的高校67所，共投入资金170.65亿元，其中吸引社会资金约130亿元，高校和地方投入约40亿元，两部资助的引导资金仅1500万元；科技园通过盘活校内及周边的现有建筑，已投入使用的孵化场地近100万平方米，在建的近160万平方米；现已入驻企业2778家，其中新注册的1763家，有459家即将育成出园；这些企业的从业人员68407人，开发的具有自主知识产权的新产品4813个，其中国家重点新产品2191个，申请各类专利9184项，其中已授权专利3482项；2000年园内企业实现销售收入257亿元，比1999年的134亿元增长

92%。大学科技园建设，不仅大大激发了高校科技力量投身发展高科技、实现产业化大业的积极性，为转化科技成果、发展高新技术产业、促进经济结构调整和持续健康发展增添了新的活力，而且也为深化高等学校科技、教育体制改革，培养适应新经济发展要求的复合型人才提供了新鲜经验。更为重要的是，国家大学科技园试点工作所积累的经验，为“十五”期间我国大学科技园大发展奠定了良好的工作基础。

二、指导思想、建设目标和发展原则

我国大学科技园虽然取得了较快发展，但在总体上还处于发展的初期阶段。“十五”期间，是我国经济和社会大发展的重要时期，是实现经济结构战略性调整的重要时期，也是社会主义市场经济体制进一步完善、对外开放进一步扩大的重要时期。要充分利用日益良好的社会环境条件，抓住机遇，促进大学科技园在“十五”期间取得新的更大发展，为实现“十五”国民经济和社会发展目标做出积极贡献。

1. 指导思想

“十五”期间我国大学科技园发展的指导思想是：以党的十五届五中全会精神为指导，认真贯彻落实中央《决定》，深入实施科教兴国战略，以市场为导向，以营造环境为重点， 以技术和制度创新为保证，把大学科技园建设成为高新技术企业的孵化基地，创新创业人才的培养基地，高等学校服务经济建设的窗口和技术创新的示范基地，为发展我国高新技术产业做出积极贡献。

2. 建设目标

“十五”期间我国大学科技园发展的总体目标是：统筹规划，突出重点，集中力量办好一批功能健全、管理规范的国家大学科技园，使之成为国家技术创新体系中重要的组成部分和发展我国高新技术产业最活跃的创新源；培育一批具有自主知识产权、有较强市场竞争力的高新技术企业（集团），培养一大批复合型创新人才和科技企业家；建立起完善的全国大学科技园组织网络和信息服务网络。同时在有条件的大中城市建设一批具有区域特色的地方大学科技园。

具体发展目标是：

——主要依靠地方和社会力量，在保证质量的前提下，再建设一批大学科技园，其中服务功能健全、管理运行规范、具有示范作用的国家大学科技园达到50个左右，少数要争取成为在国际上有重要影响的大学科技园；

——大学科技园五年孵化高新技术企业5000家左右，其中在信息、生物、新材料等重点高新技术领域，争取培育出50家左右具有较强国际竞争力的高新技术企业或企业集团，形成一批具有自主知识产权的高新技术产品并在国内外占有一定市场；

——培养和凝聚一批高素质的科技企业家和创新创业人才，形成一支高水平、专业化的大学科技园管理和服务人才队伍。

3. 发展原则

“十五”期间是我国大学科技园大发展的时期，也是打基础的关键时期，关系到我国大学科技园未来发展的全局。因此，在工作中应坚持以下原则：

一是要坚持统筹规划，合理布局。要从国家中长期发展战略需求出发，坚持科学规划，统筹安排，合理布局，把大学科技园建设与国家高新技术产业发展结合起来，与区域经济发展结合起来，通过与现有资源条件的优势互补，实现共同发展。

二是要坚持因地制宜，多种模式发展。要结合不同地区的实际情况，因地制宜，探索多种办园模式。大学科技园既可以办成综合性的，也可以办成专业性的；既可以一校多园，也可以多校一园；既可以与国内企业合办，也可以与国外企业合办。

三是要坚持从实际出发，量力而行。要在全面规划、合理布局的前提下，适当集中资源，培育若干有代表性的示范性国家大学科技园，带动全国大学科技园发展。

四是要坚持技术创新与体制创新并重，按市场规律办大学科技园。要以精简高效为目标建立大学科技园的管理体制和运作模式，逐步形成自我发展能力和良性循环机制。要充分尊重创业者、技术人员、管理人员和服务人员的创造性劳动，正确处理分配关系，积极探索新的分配机制和分配形式，充分调动各类创新创业人员的积极性。

五是要发挥政府、高校和社会等多方面的积极性。要在各级政府宏观引导和政策扶持下，明确界定大学科技园的发展方向和功能定位，努力从政策、资金、基础设施等方面创造良好的发展环境。大学要充分开放信息、研究设施、图书资料等资源，鼓励师生到科技园创业。要大力吸引社会力量参与投资和建设，努力把大学科技园建成人才、技术、资本、管理和服务等各类要素资源汇集、融合的良好舞台。

三、重点建设内容

“十五”期间我国大学科技园建设的重点任务是：围绕转化科技成果、孵化高新技术企业、培养高素质人才的需要，努力做好发展规划，加快基础设施建设，强化体制、机制创新，健全支撑服务功能，建立多元化投融资渠道，完善信息服务网络和组织网络，为实现总体发展目标创造条件。

1. 做好发展规划，加速基础设施建设

大学科技园建设和发展要统筹规划，量力而行，分步实施。要把大学科技园建设纳入地方经济和社会发展规划，明确大学科技园的发展目标、功能定位、重点任务、扶持政策和组织实施措施。既要做好大学科技园空间布局规划，也要做好重点培育和发展的技术领域规划 。

要充分挖掘高校自身资源，并积极利用社会资金，加快大学科技园基础设施建设，形成包括孵化场地、通信网络等在内的功能配套、设备齐全的基础设施，为科技人员创新创业提供良好的硬件环境。

2. 建立良好的管理体制和运行机制

良好的管理体制和运行机制是保障大学科技园健康、高效运行和发展的基础。大学科技园要根据

“精简、高效、服务”的原则，因地制宜地设立园区管理机构，建立起适应市场经济规律、有利于“官、产、学、研、金、介、贸”结合的管理体制。大学科技园和依托大学要坚持按经济规律办事，以产权为纽带，以市场为导向，以技术创新为中心，把学校的人才、技术优势与社会资源结合起来，实现校企之间的紧密合作。

要在大学科技园内进行制度创新。根据现代企业制度的基本要求，培育高新技术企业。要通过产权制度和分配制度的改革，建立产权激励机制，完善知识产权保护制度。通过制度创新激励技术创新，增强创新创业的内在动力，促进高新技术企业不断发展壮大。

3. 营造良好的创新创业环境

要建立完备的支撑服务体系，构建创业平台，整合服务资源，为创新创业者提供全过程全方位服务。大学科技园要吸引咨询公司、策划公司、产品设计公司、会计事务所、律师事务所、金融机构、资产评估中心、测试中心、人才培训中心、信息网络中心、技术交易中心等服务机构入园，为园内企业提供优质服务。要吸引高水平的研究开发机构入园，并在园内集聚一些大型高科技企业集团和众多的高科技小企业，达到数百家企业以上的规模，以加快园区聚集效应和创新网络的形成。

努力营造有利于创新创业的人文环境。要弘扬创新创业精神，促进大学文化和企业文化的融合，努力营造标新立异、兼收并蓄、勇于创新、坚忍不拔、容忍失败、尊重个性、团结协作和宽松自由的创新创业氛围。

4. 建立大学科技园孵化器，培育高技术企业，培养创新创业人才

孵化和培育高新技术企业是大学科技园最基本的功能。大学科技园建设初期，首先要加强高新技术企业孵化器建设。要根据依托高校技术和人才的优势和特点，建立综合型、专业型等各种不同形式的孵化器，完善孵化功能，为创新创业者提供良好的空间环境和服务条件，实现全程化、多方位的服务，使高科技企业顺利渡过初创期，提高孵化成功率。

科技型中小企业是大学科技园中最具成长性和最有活力的因素。大学科技园要发挥靠近创新源头的优势，创造有利条件，吸引包括毕业生、在职教师、在校学生和归国留学人员在内的各类创业者到园内创办科技企业。

孵化高新技术企业的过程也是培养创新创业人才的过程。要通过企业孵化和市场经济实践，使大批有作为的科技企业家和发明家在大学科技园里不断涌现出来。要注重培育具有创新精神和创新能力，懂经营、善管理、掌握现代科技知识的复合型人才。

5. 建立风险投资机制

要通过多元化的投融资渠道，建立风险投资机制。要逐步建立创业孵化种子资金，并加强与金融、投资机构的合作，建立健全包括创业投资、科技型中小企业创新基金、创业孵化资金、担保资金等为内容的创业资本市场，为孵化和培育科技企业提供投融资服务。要积极吸引社会企业向园内技术创新项目和高科技小企业投资，把风险投资公司引入科技园，并为风险资本公司运营和发展创造良好条件。同时，积极利用国内外股票市场和产权交易市场融通资金，逐步建立具有中国特色的创业投资机制。

6. 加强信息服务网络和组织网络建设

推动大学科技园信息服务网络建设，是“十五”期间我国大学科技园建设的重要任务。要利用先进的信息网络技术，建立起为创业者和高科技中小企业提供信息服务的平台，为推动产学研结合提供一个高效、便捷的信息通道。同时，积极筹备建立全国大学科技园协会，加强大学科技园之间的合作与交流，并与国际上的同类组织建立合作渠道。

四、相关措施

“十五”期间，科技部、教育部将积极协调相关方面，进一步采取措施加强对大学科技园工作的指导和支持，加大政策扶持力度，鼓励各大学科技园通过技术和制度创新，激发师生创新创业的积极性、创造性，积极借鉴国外大学科技园的成功经验，从理论和实践上探索一条适应我国国情的大学科技园发展之路。

1. 加强宏观指导

大学科技园是国家技术创新体系的重要组成部分，是我国高新技术产业化环境建设的重要内容。要把大学科技园建设纳入国家“十五”科技发展规划和面向 21 世纪教育振兴行动计划，以国家意志强化宏观指导和调控，加大扶持力度。

科技部、教育部将加强对大学科技园工作的指导，并根据《国家大学科技园管理试行办法》和考核指标体系，按照“因地制宜，分类指导，定期评估，优上劣下”的原则，对国家大学科技园实行动态管理，促进大学科技园建设与发展逐步走向规范化和制度化。

加强大学科技园发展战略研究，动态跟踪园区发展，及时提出推动大学科技园发展的政策建议，力争从国家层面上出台一个加快大学科技园建设发展的政策，推动国家有关部门尽快启动二板市场，争取国家大学科技园企业优先上市。

2. 加大政策扶持力度

要依靠各级政府，深入落实中央《决定》精神，切实把大学科技园建设和发展纳入经济和社会发展计划，在年度预算中安排经费，加大投入，支持大学科技园重点建设项目，在建设用地、激励政策等方面对大学科技园给予优惠和支持。

各级科技、教育行政部门要为大学科技园建设和发展提供专项支持，支持大学科技园孵化器建设和技术创新项目。

国家和地方建立的科技型中小企业技术创新基金要积极扶持大学科技园的技术创新项目。“十五”期间，国家每年将投入一定经费支持国家大学科技园发展。

3. 深化高校体制改革，鼓励师生创新创业

高等学校通过深化改革，向大学科技园充分开放人才、技术、实验设施、文化氛围等综合资源，以产权为纽带，通过市场运作把学校的人才、技术优势与其他社会资源结合起来。

要建立产权激励机制，通过股份、期权等分配方式，激发师生创新创业的积极性、创造性，将集

体利益与个人利益结合起来，形成一种创业致富、创业成才为荣的文化氛围。

4.加强国际合作

以官方和民间等各种渠道，推动我国大学科技园与世界著名大学科技园的合作，吸收国外成功的管理经验，引进国外风险投资资金，并探索与国外共建大学科技园。组织大学科技园管理人员到国外考察、培训，提高管理人员的业务素质和管理水平。

中国科技企业孵化器“十五”期间发展纲要

科技企业孵化器作为专门的科技产业化服务机构，在将科技资源迅速、高效地转变为社会生产力，培育中小科技企业成功创业和迅速成长，加速地区和国家产业结构调整，发展高新技术产业，改造传统产业，创造新的就业机会等方面已经显现出其独特的功能与潜力，正在成为各国政府推动经济持续发展，保持社会安定与进步的重要手段。企业孵化器在世界上出现50年来，总量已近3000家，主要集中在美、欧等发达国家和部分转型国家。科技企业孵化器为世界新技术革命的产生与发展，为新经济的出现与繁荣做出了历史性的重要贡献。科技企业孵化器的发展状况已经成为判断一个国家和地区产业发展活力和潜力的重要标志。

我国的科技企业孵化器自1987年创办以来，在党中央、国务院以及各级政府的关心与支持下，在火炬计划的引导下，实现了快速发展。在高新技术创业服务中心的基础上，涌现了专业孵化器、大学科技园、留学人员创业园、软件创业园、国企创业孵化器、国际企业孵化器等多种类型，初步营造了科技创业环境，整合了科技产业化资源，融合了科教与经济发展体系，完善了社会主义市场经济发展体制。

为推动我国科技企业孵化器事业持续健康发展，按照《国民经济和社会发展第十个五年计划纲要》的精神，并根据“十五”科技发展纲要和科技部产业化环境建设的要求，制定本纲要。

一、发展现状与趋势

目前，全国共有科技企业孵化器250余家，其中经科技部批准认定的国家创业中心51家，火炬软件基地19家；经科技部、教育部、人事部共同批准认定的留学人员创业园21家；经科技部、教育部共同认定的大学科技园22家。据2000年对131家创业中心的统计，孵化场地总面积达272.1万平方米，正在孵化的企业7693家，累计毕业企业2770家，在孵企业和毕业企业的年技工贸总收

科技部，国科发火字〔2001〕237号，2001年7月15日。

入实现 535.7 亿元，创造直接就业机会 30.6 万个。

近来，在科技资源相对密集的中心城市，出现了创办科技企业孵化器的热潮。在投资主体方面，除政府外，高等院校、科研院所、企业、投资机构和外资机构等也开始兴办孵化器 。孵化器与风险投资融合，与科技产业化相关机构结合成为趋势。孵化器的管理与服务不断趋于市场化、国际化。一个发展形式多样化，投资主体多元化，管理服务网络化、市场化、国际化的孵化器发展局面正在形成。科技企业孵化器在实践中探索出一条市场经济条件下促进科技产业化发展的道路，为我国高新技术产业的发展做出了重要贡献，赢得了国内外专家的高度评价和赞扬。

面对形势发展的需求，我国科技企业孵化器还存在一些有待解决的问题，主要有：缺少国家对孵化器的扶持与引导政策；孵化器的数量和质量尚不能满足经济与科技发展的需求； 管理人员素质有待提高；基础设施和孵化功能还有待完善等。这些问题在“十五”期间需要采取有效措施，认真加以解决。

二、发展指导思想与目标

我国作为一个迅速发展中的大国，在相当长的一个历史时期内，东西部之间的发展差距，智力密集、工业基础雄厚的中心城市与中小城市之间的基础性差别仍将存在。我国面临着改造传统产业、完善现代工业体系的艰巨任务和发展高技术产业、建立知识经济体系的迫切需求。在科技发展方面，我国既要集中力量在某些重大科技领域取得突破，实现跨越式发展，又要在引进国外先进技术的基础上不断创新，紧紧跟上世界发展的步伐。在我国的出口产品构成中，资源型、传统和劳动密集型产品仍占主要地位。我国加入 WTO 以后，传统产业和部分弱小的科技企业将受到巨大冲击，就业问题将再次成为社会不稳定的重要因素。

我国的科技产业化发展，不仅要着力推动重大原始性科技创新的商品化、产业化和国际化，又要注重在引入先进技术基础上进行创新和产业化发展。科技企业孵化器作为科技产业化的基础性服务机构，面临着巨大的社会需求，肩负着重要的历史责任。

当前，我国科技企业孵化器的发展处于从经典型的综合性孵化器向现代多种类型的专业孵化器发展的转型时期；由政府单一投资建立的社会公益性孵化器将扩展到政府、大学、研发机构、企业、投资机构独立或合作建立的社会公益性、非营利性或盈利性孵化器共存的多元化发展时期；由单独依靠科技资源转化向依托科技资源与产业资源优化重组相结合的方式转变；由在高新区内建立向以高新区为基地辐射到任何有条件地方的范围发展；由只建立单纯的孵化机构向建立以孵化器为核心，以网络为手段、吸引创业资本、相关中介服务机构和研发机构共同参与的科技创新孵育体系过渡。

“十五”期间，科技企业孵化器的创建和发展，要在坚持政府主导的同时，发挥市场配置社会资源的基础性作用。第一，要加强对孵化器建设的分类指导、层次推进和规范运作。第二，要鼓励多元投资，多种运营，体制和机制创新，在数量上有一个大的发展。第三，要拓展孵化器的服务领域，提高孵化器的管理、服务水平，实现孵化器发展质量的跨越。第四，孵化器的创建，要根据创业者和市场需求，充分利用已有设施，避免社会资源浪费。

我国科技企业孵化器的诞生与发展得益于高新区良好的产业发展环境。目前孵化器的主体仍然根植于高新区。“十五”期间，我国孵化器的发展要本着服务于科技创业、发展高新技术产业和改造传统产业的基本原则，向更广阔的空间、更丰富的层面延展。要以高新区新建区为主要依托，将孵化器建设延伸到科技资源的所在地，传统产业的密集区和改革开放的第一线，为我国科技产业化发展、产业结构调整、新经济的成长与社会稳定做出应有的贡献 。

“十五”期间是科技企业孵化器实现全面、快速发展的关键时期。要发挥孵化器对科技创业企业的集聚功能，全面提升在孵企业的创新能力，形成若干有代表性的科技创新孵育体系。在 2005 年以前，全国各类科技企业孵化器数量要超过 500 家，孵化场地总面积将达到 500 万平方米以上，其中 70% 以上完成信息网络建设，孵化基金总额 10 亿元以上，逐步形成职业化管理队伍，当年在孵企业 20000 家以上，毕业企业累计 8000 家以上，聚集一批高水平的创业人才，转化一批国家级科研成果，孵化一批国际水平的高新技术企业，培育一批高素质的科技型企业家。为我国科技成果的转化、科研院所的改革、中小科技企业的发展、出口产品和产业结构的优化调整、传统产业的改造、就业机会的增加和国民经济的持续稳定增长做出重要贡献。

三、主要任务与措施

1. 提高认识，加强领导

各级政府、省市科委要充分认识到科技企业孵化器在国民经济发展中的基础性作用，要积极倡导、大力扶持其建设与发展，使我国孵化器数量有一个大的提高，以满足国民经济发展的需求。在科研院所体制改革过程中，要特别注意发挥孵化器的特殊作用，有条件的院所可直接转办科技企业孵化器。地方政府要把孵化器建设作为推动地方经济发展的重要手段，以政府为主导，大力兴办科技企业孵化器。国家高新区必须把孵化器建设作为高新区发展的重要措施，下功夫办好。

“十五”期间，科技部将进一步加强对全国科技企业孵化器工作的指导和支持，突出重点，抓好示范，并会同国务院有关部门制定科技企业孵化器的国家扶持政策；设立孵化器建设引导资金和合作基金，推动全国孵化器的健康发展。

2. 大力发展多种类型的科技企业孵化器

要根据当地资源、产业发展方向和市场需求，积极创办专业孵化器，提高我国科技企业孵化器的发展质量。在科技资源相对分散，经济发展相对滞后的地区，要坚持以政府为主导创办孵化器，在政策和资金上给予更加有力的支持。在中心城市和高新区发展较好的地区，要在政府主导的基础上，充分发挥市场配置资源的作用，鼓励有条件的国内外机构、企业创办各种类型的孵化器，推进孵化器的多样化、多元化和网络化、国际化发展。各地要因地制宜地选择孵化器的发展模式，防止盲目跟随和攀比。

各省（自治区）、市科委，高新区和当地政府要特别支持有条件的大学、研究机构、国有企业创建孵化器。有条件的地方应与大学、科研机构、企业合作，组建符合当地产业发展需求的专业孵化器，为当地高新技术特色产业的发展培育一批具有国际竞争能力的高新技术企业群体。

要积极探索建立国内外孵化器紧密合作的“哑铃”式国际企业孵化器的发展方式。在办好国内孵化器的基础上，积极探索以合作方式建立海外孵化基地，将整合科技产业化资源的触角伸展到国际领域。

3. 完善服务功能，提高孵化质量

科技企业孵化器要通过全方位的服务来营造适于科创企业迅速成长的环境：要为在孵企业提供足够的创业场地、高速信息网络、全天候的物业服务和良好的生态环境；要有对在孵企业的优惠政策、风险资本的引导政策和中介服务机构的扶持政策；要具备孵化资金（种子资金）、信贷担保基金或科技型中小企业创新基金、产权交易和上市渠道，并注重引入商业投融资机构；要能够提供国内外最新科技和产业信息、人力资源与市场信息，开展各种交流 、会展活动；要实现与大学、科研院所、投融资、经济技术咨询、市场中介、人力资源、财务、法律事务和商业策划等机构的连接或引入；要注重创业文化与氛围的营造，鼓励在孵企业建立现代企业文化，鼓励在孵企业之间非正式交流，开展弘扬创业精神，培育创业意识，烘托创业氛围的活动，提高创业者政治与社会地位，使政府与社会各界了解、关注和支持科技创业；孵化器要应在孵企业的要求做好各种培训、交流与合作的服务。

不同类型的孵化器要加强自身的特色服务：专业孵化器要有专业化的创业设施、政策和服务；留学人员创业园和国际企业孵化器要提供与国际接轨的工商注册、多次往返、方便居留、子女入学和生活服务等跨国创业所需要的服务；国企创业孵化器要针对国企及传统企业的特点，突出科技创新、创业意识的培养，现代企业制度的建立和创业者权益的保护等服务和措施；大学科技创业园要根据大学生创业的特点，加强商业策划、企业诊断、管理培训与人力资源配备等服务，使创业者顺利完成企业初创过程。

全方位的服务和良好创业环境的建立，不仅需要孵化器自身的努力，更主要的是发挥市场配置资源的作用和争取政府部门的支持。要充分借用国内外中介服务机构的力量，为在孵企业提供全方位的高质量服务。

4. 集成科技产业化资源，建立科技创新孵化体系

以高新区的产业发展环境为依托，以各类科技企业孵化机构为核心，以市场规则和政府支持为主导，以大学、科研院所、大型国有企业为资源，以孵化资金、创业投资为支撑，以中介咨询服务机构和各类要素市场为媒介，以信息网络和投融资网络为纽带，以科创企业为服务对象，整合科技产业化所必需的各种资源，构建市场经济条件下的科技创新孵育体系是办好科技企业孵化器，加快科技产业化进程和推动高新技术企业快速发展的战略性措施。以 官、产、学、研、资、介、贸诸方面互利发展为基础的科技创新孵育体系的建立是对我国社会主义市场经济体制的重要补充，有利于科技体系与产业体系的融合，将为科创企业的快速成长提供从未有过的创业环境和发展条件，将从根本上奠定科

技产业和新经济在我国发展的基础，将大大缩短我国产业结构调整和经济转型的周期，从而使国民经济更加快速、持续和健康的发展。各地政府、省市科委和高新区要充分认识科技创新孵育体系的重要作用，积极探索，大胆试办，以取得良好成效。

5. 探索孵化体制创新，建立高素质管理队伍

理念创新、制度创新、科技创新是科技企业孵化器健康发展的不竭动力。孵化器发展的过程本身就是不断创新的过程。不同阶段的孵化器发展，都会面临创新问题。随着国内外形势已经和即将发生的深刻变化，孵化器的建设与发展面临着新一轮的改革。随着孵化器向专业化、多元化、网络化和国际化方向的迅速发展，特别是风险资本的介入，孵化器由公益性机构向非盈利性甚至盈利性机构的转变不但是可能的，而且为大幅提高孵化器的孵化质量和服务水平所必需的。发展基础较好的孵化器应当大胆！探索孵化体制与机制的创新，以适应形势发展的需要。

孵化器质量的优劣和服务水平的高低，关键在于管理队伍和带头人，从根本上取决于孵化器的管理体制和运营机制。合格的孵化器负责人应当熟悉科技研发，懂得投融资业务，拥有企业管理的实践经验，具备改革创新服务的意识，对孵化器事业的发展充满信心和历史责任感。合格的孵化器管理队伍应根据孵化器类型由专业化的高素质人才组成并逐步实现职业化，具备职业道德、服务意识和团队精神。孵化器主体投资和管理机构应大胆放权，特别要赋予孵化器体制与机制改革、人事、财务、运营的权益，选好负责人，建立市场化的激励与约束机制，把握孵化器发展方向。各地政府、科委和高新区要抓好孵化器体制、机制的创新，提高孵化器的质量，推动其健康发展。

6. 注重风险投资与中介服务机构的引入

科技风险投资因科技创业应运而生。风险投资由于对科创企业具有在商业策划、管理、迅速发展上的强大提升作用，使孵化器与风险投资的结合构成“双赢”战略。孵化器对创业者的“聚集”和对科创企业“种子期”的资金注入，使风险资本寻求投资对象的成本和风险降低。风险资本的后续跟进，使科创企业获得了充足的发展资金、管理经验和上市渠道，提高了孵化器的孵化质量和孵化效率。因此，孵化器要高度重视风险投资的引入，提高自身的孵化能力。

科技企业孵化器不可能也不应当“包揽”所有的孵化服务，大量的孵化服务应当借助于社会上相应的中介服务机构完成。孵化器应当按照市场规则，精心挑选信誉好、服务质量高的中介服务机构建立紧密型合作关系，为在孵企业降低中介服务的门槛，提供专业化的服务。中介服务机构通过与孵化器的合作，既获得了长期、稳定的客户群体，也扩大了自身的生存与发展空间。孵化器对中介服务机构的引入将产生“优势互补，双方受益，共同发展”的良好效果。

7. 注重以大学、科研院所为依托

科技企业孵化器是科技资源的转换器。社会上的科技资源大多来源于大学和科研机构。孵化器要特别注重与科技资源的聚集地建立相互依存、共同发展的紧密关系，将孵化功能延伸到大学和科研院所，与其共建科技企业孵化器；方便科技人员创业，提高科研成果的转化率，在研发机构和高新区形成梯级孵化关系。

科技企业孵化器要充分利用大学和科研院所科技资源条件，为在孵企业提供优质、方便的科研信息、设施和培训服务，推动在孵企业与研发机构建立产业化合作关系，为在孵企业创造更加完善的创业条件。

8. 加强孵化器与境外企业孵化机构的合作

科技企业孵化器是世界经济技术发展的重要组成部分。我国孵化器建设要认真借鉴国外创办企业孵化器的成功经验，借助境外孵化机构的服务，完善自身的孵化功能，提高服务质量和国际化服务水平。开展与境外企业孵化机构的合作是国际企业孵化器和留学人员创业园走国际化发展道路的关键。

国际企业孵化器具备两个方面的基本功能：一是为国内科技外向型企业提供跨国服务和海外扶助，提高其进入别国市场能力；二是为境外有兴趣进入中国发展的中小科技企业提供本地化服务和扶助，以提高其在中国生存与发展的能力。为实现上述功能，国际企业孵化器自身首先要实现国际化运营与跨国发展。“十五”期间，科技部将重点扶持若干在海外建立扶助基地的孵化器建设。有条件的国际企业孵化器建设试点单位和留学人员创业园应根据在孵企业的需求，努力发展与境外企业孵化机构的紧密型合作，尝试以人员互派，股权互换的方式建立海外扶助基地，实现国际企业孵化器的国际化运营与跨国发展。

9. 正确评估和引导孵化器的健康发展

科技企业孵化器是特殊的科技产业化服务机构，其服务对象是科技创业者和中小型科技企业，其产出是高质量、成长性好的中小科技企业和企业家群体。虽然孵化器实行企业化管理或经营，但其性质并不是一般生产性企业或物业管理公司。无论社会公益性、非营利性或盈利性孵化器都不是依靠自身产生直接的经济效益，而是通过培育高质量科技企业，通过企业上市融资，通过优质的有偿服务来实现其经济和社会效益。各级主管部门切忌用压指标的办法将孵化器逼向物业管理公司或“孵而不化”的状况，偏离正确方向，阻碍科技产业化进程。

各级科委和高新区要根据孵化器性质正确进行引导、考核和评估工作，以孵化功能的完善、服务水平的提高、创业成功率、入驻企业的优劣、在孵企业的成长速度、毕业企业的质量和水平、科技资源的聚集与转化、创业资本的吸引与使用、在孵和毕业企业对孵化器的评价以及孵化器对当地科技产业化发展、传统产业改造和产业结构调整、创造就业机会等方面的贡献来衡量孵化器发展的优劣。科技部将研究制定科技企业孵化器考核指标体系，以引导全国孵化器的健康发展。

10. 加强交流与合作，开创孵化器发展的新局面

“十五”期间将是我国科技企业孵化器的大规模发展时期，科技部将制定专门培训计划，加强孵化器管理人员的培训并加强孵化器之间、省市之间和国内外同行之间的交流与合作，鼓励建立省、市孵化器网络，地区孵化器网络以及全国性的各类孵化器网络，积极参与和举办国际孵化器的交流与合作活动。在中国高新区协会创业中心专业委员会的基础上，适时建立中国科技企业孵化器协会，以民间的方式推进孵化器的培训、交流与合作。

各地在孵化器的发展过程中，要深入研究问题，及时总结经验，广泛开展交流与合作，有计划地培训孵化器的管理干部。科技部将编制《科技企业孵化器手册》以指导各地孵化器的规范发展。各省（自治区）市科委、高新区要抓好重点孵化器的建设，发挥其示范、带动作用。各地孵化器要在总结经验的基础上勇于开拓、持续创新、不断取得新的进展，开创我国科技企业孵化器发展的新局面。

可持续发展科技纲要
（2001—2010 年）

为了促进科教兴国和可持续发展战略的实施，保障我国第三步战略目标的顺利实现，根据《国民经济和社会发展第十个五年计划纲要》和《国民经济和社会发展第十个五年计划科技教育发展专项规划（科技发展规划）》，以及未来十年我国可持续发展面临的人口、资源、环境等重大问题，特制定《可持续发展科技纲要》。

本《纲要》是一个指导性的纲领性文件，指导全国范围内可持续发展科技工作。

一、背景

（一）科学技术已成为推动各国可持续发展的强大动力

自 1992 年联合国制定《21 世纪议程》以来，世界各国都在采取行动，促进可持续发展战略的实施，实现可持续发展已成为世界各国共同追求的目标。2002 年 8 月联合国将召开"可持续发展世界首脑会议"，进一步探讨促进全球可持续发展的行动和措施，充分表明了国际社会和各国政府对可持续发展的强烈关注。为了保证人与自然的协调发展，维护生态平衡，改善人类生存环境，缓解人口增长的压力，提高人民的生活质量，满足 21 世纪经济、社会发展的需求，世界各国都把发展科学技术作为实现可持续发展的重大措施。

科学技术的迅猛发展，极大地推动了各国可持续发展战略的实施，特别是信息技术、生物技术、新材料技术、新能源和再生能源技术、先进制造技术、航天航空技术、海洋技术以及环保技术的发展为缓解资源短缺、抑制环境恶化、改善人类健康状况、实现社会经济和环境的协调发展提供了有效的技术途径。

1994 年我国在世界上率先制定了《中国 21 世纪议程—中国人口、环境与发展白皮书》，在推动

科技部，国科发农社字〔2002〕269 号，2002 年 8 月 2 日。

《中国21世纪议程》和可持续发展战略的实施中，科技发挥了巨大作用。围绕人口、资源、环境等可持续发展领域的一些重大问题开展了前瞻性、战略性研究，为各级政府战略决策提供了科学依据；通过一系列技术政策的制订，提高了政府宏观管理的能力；在一批影响我国可持续发展的重大关键技术方面取得重要突破，解决了一些可持续发展的重大问题；科技成果转化工作得到大大加强，促进了可持续发展相关产业的迅速发展，并成为国民经济新的增长点；形成了各具特色的区域可持续发展模式；初步形成了一支可持续发展科研队伍，为我国可持续发展科技工作奠定了基础。

（二）我国可持续发展需要更加有力的科技支持和保证

未来10年，我国可持续发展将面临一系列的严峻挑战，既要处理好人口、资源、环境等领域长期积累的问题，又要解决在发展过程中出现的新问题。如何更好地发挥科学技术的作用，为推动我国可持续发展提供更加有力的支撑和保证，是科技工作面临的中心任务。

1. 庞大的人口数量、资源短缺、生态环境恶化仍然制约可持续发展的实施。影响我国可持续发展的诸多矛盾并没有得到根本性的缓解，人口、资源和环境等领域面临的各种重大问题和挑战依然存在。人口数量、老龄化问题以及各种重大疾病严重威胁着人民的健康和生活质量。油气等战略性矿产资源短缺将直接影响到国家的安全，水资源危机将直接威胁到中华民族的未来生存；而资源开发利用中存在的综合利用率低、生产效率低、能耗高以及资源的不合理利用等问题依然存在。生态环境的透支日益严重，水土流失和土地荒漠化面积不断扩大，水污染、大气污染和固体废弃物污染日益严重，生物多样性锐减，自然灾害频繁发生。

进入新的世纪，我国顺利实现了第二步战略目标，全面进入小康社会，社会主义市场经济体制不断发展和完善，我国的社会、经济结构和社会形态发生了巨大的变化，我国的可持续发展将遇到一系列新问题和新矛盾，解决这些新问题和新矛盾需要依靠科技进步。

2. 经济全球化和全球环境问题使我国面临新的挑战。经济全球化的趋势明显加强，我国加入WTO后将更深地融入一体化的全球经济中，这既为我国的战略性经济结构调整和技术进步提供了难得的机遇，也使我国的传统产业面临巨大的竞争压力，使我国的环境保护面临新的挑战。环境问题的国际影响日益显著，环境问题越来越多地与全球政治、经济、贸易、外交等问题交织在一起，逐步成为影响一个国家长期发展的重要因素，同样将对我国的可持续发展产生重大而深远的影响。经济全球化和全球环境问题构成了新世纪我国可持续发展事业十分重要的国际背景，意味着我国可持续发展战略的实施将面临比以往更加复杂的外部环境和外部约束，只有大力推动科技进步，才能有效克服这些外部约束，保证我国可持续发展的顺利实施。

3. 技术创新不足、创新体系不健全已制约可持续发展的实施。当今世界各国之间的竞争归根到底是科学技术的竞争，创新能力则是科学技术竞争的核心。我国科学技术创新能力尤其是原始创新能力不足的状况日益突出和尖锐，已经成为影响我国科学技术发展乃至可持续发展的重大问题。因此，加强技术创新，推进国家可持续发展技术创新体系的建设，是促进我国可持续发展战略实施的当务之急。

二、指导方针、原则和发展目标

人口、资源、环境工作关系到我国经济和社会的安全，关系到我国人民生活质量的提高，关系到中华民族的生存和发展。人口众多、资源相对短缺和生态环境脆弱的现实国情，决定了我国实施可持续发展战略是一项长期、艰巨的任务，必须依靠科技进步，把经济发展与人口、资源、环境工作紧密结合，统筹安排，协调推进。

（一）指导方针

可持续发展科技工作要以“三个代表”重要思想为指导，以解决人口、资源、环境重大问题为出发点，以提高人民的生活质量为主线，以科技创新和体制创新为动力，为可持续发展提供强有力科学技术支撑，全面推进经济、社会与环境的协调发展（简称“创新、协调发展”方针）。

（二）原则

遵照“创新、协调发展”指导方针，可持续发展科技工作根据自身的特点，必须遵循以下原则：

1. 国家目标与市场需求相结合。可持续发展科技工作要从国家目标出发，解决可持续发展中的重大科技问题，以政府投入为主体，加强宏观调控，充分发挥政府的主导作用；同时要调动社会各界的积极性，运用市场机制，围绕市场需求开发先进适用的技术，推动产业发展。

2. 总体规划与分类指导相结合。根据我国不同地区的发展特点，在总体规划的基础上，实行分类指导，各地要选准切入点，积极开展符合区域特点的可持续发展科技工作，促进区域经济、社会与环境的协调发展。

3. 关键技术突破与技术集成相结合。要围绕制约发展的重大关键技术，集中力量重点突破，实现技术跨越；在此基础上，加强高技术与适用技术的有效集成，提高解决问题的技术能力。

4. 自主创新与国际合作相结合。要大力提高可持续发展科技的自主创新能力，充分利用国际社会对可持续发展重视的有利时机，积极引进、消化、吸收国外先进技术，加强国际科技合作。

（三）发展目标

我国可持续发展科技工作到 2005 年目标是：突破一批人口、资源、环境领域的重大关键技术，初步具备以自主创新为主解决可持续发展重大问题的科技能力；建立一批可持续发展技术示范基地、示范区和可持续发展实验区；培育与可持续发展相关的新兴产业；初步建成与可持续发展相适应的可持续发展科技创新体系，提高我国可持续发展的科技创新能力；培育一支高素质、结构合理的科研和管理队伍，全面提高我国可持续发展决策的科技水平与决策能力。

我国可持续发展科技工作到 2010 的总目标是：建成与可持续发展相适应的科技创新体系；具备以自主创新为主解决可持续发展重大问题的科技能力；建立和完善与可持续发展相关的技术标准与产业技术体系；形成高素质、结构合理的科研和管理队伍；全面推动我国可持续发展战略的实施，为我国第三步战略目标的实现提供技术支撑。

三、重点任务与领域

根据当前以及未来十年我国经济与社会发展的现状和发展目标以及我国可持续发展战略实施的要求，可持续发展科技工作重点围绕提高人民生活质量和自身素质、合理开发和利用资源、建设和保护生态环境以及促进相关产业发展，开展科学研究、技术开发和相关科技活动，以全面推动我国经济、社会与人口、资源、环境的协调发展。

（一）重点任务

1.加强可持续发展战略研究，为国家可持续发展决策服务。围绕未来十年我国可持续发展面临的人口、资源、环境等重大问题，开展前瞻性、战略性研究，为党中央、国务院和各级政府部门决策提供科学依据。重点开展可持续发展相关法律、法规、政策以及指标体系研究；国家和区域资源开发、环境保护、人口与健康等发展战略研究；水资源、矿产资源和粮食安全保障研究；全球环境问题及对策研究。

2.集中研究开发一批对可持续发展有重大影响的关键技术，提高可持续发展技术水平和能力。围绕对人口、资源、环境等方面发展有重大影响的关键技术，集中力量开展研究，形成具有自主知识产权的技术系列和技术系统，提高我国可持续发展的技术支撑能力，参与国际竞争。重点开展生殖健康与节育、重大疾病控制、环境与健康、食品安全等技术；水资源合理开发利用与保护、矿产资源勘探开发及综合利用、新能源和清洁能源等技术；海洋监测与预报、海洋资源开发与保护等技术；环境污染监测与控制、清洁生产、生态环境整治等技术；灾害监测、预报和防灾减灾技术；小城镇建设等研究。

3.加强可持续发展领域的科技示范工作，探索不同的发展模式。科技示范工作主要从区域发展、社区发展和科技综合示范三个层次展开。选择不同生态环境和资源赋存类型的区域，进行合理开发资源和保护生态环境的示范，提高区域可持续发展能力，引导当地群众脱贫致富；选择一批具有典型性、代表性的城镇，办好国家和地方两级可持续发展实验区，探索推进地方可持续发展的模式；抓住经济增长方式转变和产业结构调整带来的机遇，实施综合示范工程，通过先进实用技术优化组合和综合集成，建立一批可持续发展相关技术综合示范点和产业化基地。

4.加强基础研究和基础性工作，提高可持续发展科技能力建设。围绕人口、资源、环境等领域的重大科学问题，开展多学科交叉的综合性研究；加强可持续发展学科建设；加强人口与健康、资源与环境、社会安全、城镇建设等科学数据的收集积累、监测网络、数据库和有关可持续发展相关信息系统建设，实现信息共享和有效利用；做好有关种质资源、科学标本的收集、整理、保存工作；积极开展可持续发展领域的技术政策和标准研究，补充完善可持续发展领域相关的国家标准；建立可持续发展科技相关工程技术研究中心、重点实验室、研究开发基地等。

5.加速可持续发展科技成果的产业化，推动相关产业的发展。以科技为先导推动医药卫生、资源、环保、海洋等领域产业结构调整，加大科技成果的推广应用力度，用高技术和先进适用技术改造提升传统产业，由原来注重数量向注重质量和效益方向转变；重点推动中医药产业、创新药物产业化、环保设备国产化、生态产业、资源综合利用产业、海洋产业的发展；培育一批新兴产业的发展。

6. 深化科技体制改革，建立可持续发展创新体系。进一步加强科学研究体系、技术开发体系、科技服务体系建设，加强产学研联合，形成以科研机构、高校、中介服务机构、企业和政府相互连动的可持续发展创新体系和运行机制。推动可持续发展领域科研体制改革，按照分类改革原则，整合现有科技资源，创造有利于发展的环境。

（二）重点领域

1. 人口数量控制。积极开展人口与计划生育领域的科研和技术创新，以适合广大农村人口的节育技术为突破口，加强新型避孕节育方法研究，提高节育新技术的应用率和效果；研究开发高水平、系列化的计划生育药具和技术以及节育技术不良反应监测技术；研究出生缺陷的产前筛选和诊断技术以及提高儿童生活质量的优育技术等。

2. 健康与重大疾病的防治。开展心脑血管病、恶性肿瘤、糖尿病、传染性疾病等重大疾病的综合防治技术研究；开展制药关键技术、新剂型及相关标准研究，建设创新药物研究开发技术平台，加快自主知识产权的创新药物的开发；提高中药质量控制水平，加快中医药现代化、国际化进程；结合重大疾病的综合防治研究，开发常用、重大医疗设备及介入治疗器具；积极开展环境内分泌干扰物的污染现状以及与健康影响的研究；研究长期低浓度接触有机物对健康的影响，开发有害有机污染物综合治理新技术；室内空气有毒物质污染及防治对策研究等。

3. 食品安全。开展食品监测和评估研究，研究制定适应 WTO 规则的对策；开展农药和兽药残留检测方法和技术、生物毒素和中毒控制常见毒物快速测定技术等急需的快速筛检方法研究；研究建立我国主要化学污染物和致病微生物的食品安全标准体系和进出口食品安全检测与管理预警系统；研究建立适合我国国情的 HACCP 实施指南；开展综合示范研究，以初步建立我国食品安全技术保障体系。

4. 水资源安全保障。重点开展水资源的合理配置、保护、调控及管理体系研究；重大调水工程的战略和关键技术研究；开发安全饮用水保障供给技术、工业和农业节水技术、空中水资源人工调控技术、污水资源化利用技术、雨洪利用技术、受污染水体修复技术等，为我国水安全保障提供强有力的技术支撑。

5. 油气资源安全保障。重点开展油气资源评价研究；开发高精度综合评价和复杂油田评价技术、隐蔽油气藏综合识别技术、非均质复杂油气藏的测井技术、优质高效钻井技术、大型油田稳产技术、稠油油藏和低渗透油藏开发技术；天然气开发技术和煤层气开发技术，提高我国油气资源的探明程度和油气采收率，为我国油气安全保障提供有力技术支撑。

6. 战略矿产资源安全保障。重点开展固体矿产资源保障程度分析研究；开发矿产资源综合勘查与评价技术；深部和复杂矿采矿技术与装备；低品位与难选冶矿有效利用技术与装备；大型矿产资源基地和我国优势矿产资源综合利用技术；低污染、低能耗、短流程强化冶炼技术；高附加值产品制备技术；矿山固体废弃物资源化利用技术和环境保护技术；非金属矿的高效利用技术；煤的高效生产和选煤技术与装备；盐湖资源的综合利用和深加工技术；提高我国矿产资源对国民经济的保障程度和资源的综合利用水平。

7. 海洋监测与资源开发利用。重点开展海洋环境监测技术、海洋环境预报技术、海洋信息技术、海洋生物技术、海水养殖技术、海洋活性物质开发利用技术、海水淡化、海水直接利用以及海水化学资源利用技术、海洋滩涂开发技术、海洋油气高效勘探开发技术、深海资源勘探开发技术、河口海岸带治理与开发技术、海洋工程技术、海洋设施监测与修复技术以及海洋环境保护技术，提高海洋资源的开发水平和对海洋环境的保护能力，促进海洋经济的发展。

8. 清洁能源与再生能源。围绕煤炭清洁利用，开发先进适用技术；研究燃料电池技术；开发农村小水电利用技术，加速农村生物质能利用技术的更新换代；发展沼气技术，太阳能利用技术、风能利用技术，地热直接利用和发电技术，潮汐能发电技术的试验和研究；加快氢能制取、贮存和利用装置的开发步伐，取得技术上的突破。

9. 环境污染控制与生态综合治理。重点发展和完善主要环境污染物监测技术和设备；特殊污染物的监测技术和设备；烟气脱硫技术与设备；机动车污染控制技术；城市污水处理成套技术与装备；开展城市生活垃圾处理处置及资源化利用技术与装备；特殊危险废物以及废旧家电的处理处置技术；低能耗高性能环境友好材料开发技术；化工、冶金、轻工等行业清洁生产工艺技术；生态环境监测技术研究，开展生态系统的评估研究；开发水土保持技术、防沙治沙技术、受污染土壤修复技术、脆弱生态地区的综合整治技术以及矿山复垦技术研究；加强生物入侵防治技术研究；为改善环境质量提供技术保障，促进环保产业的发展。

10. 减灾防灾。重点开展自然灾害监测新技术和监测仪器设备研究，加强高技术在灾害监测领域的应用，进一步完善自然灾害监测系统；发展新一代预报技术，提高灾害预报的准确率、预报时效；发展自然灾害应急管理技术，建立信息决策支持系统；研究城市及基础设施的安全、风险评价和检测方法；针对火灾、危险品的化学泄漏、重大中毒、工业事故等人为灾害的特点，研究应急处置和救援技术；重大危险源检测与监控技术、治理技术以及城市“生命线工程”的安全技术研究；研究开发成套的救灾技术与装备，提高我国抗灾救灾的技术水平；研究建立综合性的风险评估技术体系，初步建立灾害快速评估和应急管理技术系统；加强综合减灾的科技示范。

11. 城市与小城镇建设。研究开发城市基础设施建设所需的关键技术；开发小城镇建设中所需的关键技术；开发市政设施优化运营管理技术、市政设施的服务与管理信息化技术、小城镇基础设施优化管理技术。

12. 全球环境问题。重点分析全球气候变化、生物多样性、臭氧层保护等国际公约对我国国民经济与社会发展相关领域的影响，开展有关重大科学问题研究，加强相关的基础性工作，研究提出履约的技术措施和对策，研究制定我国相关领域发展方向、产业布局与应采取的调整措施和对策。

四、支撑条件与措施

（一）加强领导，强化《纲要》的落实，共同推动可持续发展科技工作

1. 各地区、各部门要进一步提高对可持续发展以及科技促进可持续发展的认识，切实将可持续发展科技工作作为政府的一项非常重要的工作来抓。要加强对《纲要》实施的落实，要明确本地区、本部门可持续发展科技工作的归口管理机构，加强综合协调，提高服务水平。要尝试建立可持续发展科技工作的考核指标，逐步建立对各级领导干部有关可持续发展方面的考核机制。

2. 为了促进《纲要》的实施，科技部将制定相应的科技计划，实施一批重大科技行动；各地区要根据本纲要的基本原则与目标，结合当地具体情况和问题，制定地方可持续发展科技计划，并将其纳入地方科技计划以及本地区国民经济和社会发展计划、规划加以实施。各部门要根据行业特点，制定行业可持续发展的科技发展规划和计划，推动行业的科技进步。

3. 各地区、各部门要建立不同层次的可持续发展专家咨询机制。对当地国民经济和社会发展计划、规划的制订以及重大工程建设等，积极开展跨学科、跨领域、跨部门的专家咨询；对于新技术研究开发、引进技术的推广应用，要针对当地环境资源条件，开展多学科专家咨询。努力形成各行各业的可持续发展科学、综合决策机制。

（二）建立有效的保障机制，增加对可持续发展科技的投入

1. 政府的投入是可持续发展科技工作的主要投入渠道，尤其对于影响到当地长远发展的可持续发展科技项目，政府要全力投入。各级政府要在增加科技投入的同时，加大可持续发展科技投入在科技投入中所占的比重。各级政府应积极创造条件，设立专项资金，用于支持可持续发展科技事业。

2. 加强科技与金融及资本市场的结合。各级政府科技计划项目的实施要注重和资本市场的有机结合，吸引资本市场向相关的科技产业化项目倾斜。尽快建立和完善科技风险投资机制，适时建立风险投资基金。

3. 积极尝试新的运行机制，多渠道、多层次筹措资金，积极吸引社会各界和企业参与可持续发展科技事业。

（三）营造良好环境，加强不同层次的人才培养和队伍建设

1. 创造公平、宽松的学术环境，建立人才激励、合作竞争的有效机制，培养学科、结构合理的人才队伍。要通过重大科研项目实施带动科技人才培养，使优秀人才特别是青年优秀人才脱颖而出。重点建设好技术创新、科学研究、科技企业家、科技管理、科技中介服务等队伍。

2. 按照“支持留学、鼓励回国、来去自由”的方针，积极采取切实措施，多种形式鼓励与吸引海外优秀人才回国工作或以其他形式为祖国建设服务。

3. 充分利用现有的教育系统和大众宣传媒介，建立形式多样的培训中心，持续地开展教育、培训

和科普活动，以提高公众的可持续发展意识。

（四）深化科研体制改革，建立可持续发展科技创新体系

要根据国家科技体制改革大的方针和总体部署，积极稳妥地推进可持续发展相关科研机构的体制改革，逐步形成一支适应市场经济和可持续发展科技工作特点，高效和有创新能力的科研机构和人才队伍。“十五”期间，要加快对公益类科研院所改革的进程，加大投入力度，在现有改革试点的基础上，扩大改革的范围；加强对可持续领域工程技术研究中心、重点实验室、监测站网等基础性工作的建设和管理；要大力发展可持续发展科技咨询服务机构，形成新的产业。

（五）建立高效、协调的可持续发展科技管理体系与监督制度

1. 要充分发挥部门、地方积极性，加强部门、行业、地方间的集成与联合、协调与配合，使研究开发与技术推广、企业技术改造、重点工程建设、重大技术引进消化吸收等有机地结合起来，形成国家、部门、地方与企业四个层次相互联系、各有侧重的科技管理体系。

2. 建立“开放、流动、竞争、协作”的运行机制。坚持“公开、公正、公平”的原则，实行重大科技项目招投标制；改革国家计划项目的经费管理制度，全面实行课题制；建立科学的科技评估制度，积极扶持独立的中介科技评估机构，逐步建立科研项目承担单位的信用制度，以推进可持续发展科技管理工作的科学化、制度化和法制化。

（六）扩大对外开放，加强国际合作

1. 可持续发展已成为国际社会普遍关注的重大事业，已成为国际合作的热点。要充分利用这一有利的时机，通过广泛宣传，拓宽国际合作渠道，争取国际援助，广泛吸引外资，推动可持续发展科技工作。

2. 积极参与全球性、区域性资源环境等科学领域的国际合作计划，使我国在这些领域前沿占有一席之地。

国家中长期科学和技术发展规划纲要（2006—2020年）

党的十六大从全面建设小康社会、加快推进社会主义现代化建设的全局出发，要求制定国家科学和技术长远发展规划，国务院据此制定本纲要。

一、序言

新中国成立特别是改革开放以来，我国社会主义现代化建设取得了举世瞩目的伟大成就。同时，必须清醒地看到，我国正处于并将长期处于社会主义初级阶段。全面建设小康社会，既面临难得的历史机遇，又面临一系列严峻的挑战。经济增长过度依赖能源资源消耗，环境污染严重；经济结构不合理，农业基础薄弱，高技术产业和现代服务业发展滞后；自主创新能力较弱，企业核心竞争力不强，经济效益有待提高。在扩大劳动就业、理顺分配关系、提供健康保障和确保国家安全等方面，有诸多困难和问题亟待解决。从国际上看，我国也将长期面临发达国家在经济、科技等方面占有优势的巨大压力。为了抓住机遇、迎接挑战，我们需要进行多方面的努力，包括统筹全局发展，深化体制改革，健全民主法制，加强社会管理等。与此同时，我们比以往任何时候都更加需要紧紧依靠科技进步和创新，带动生产力质的飞跃，推动经济社会的全面、协调、可持续发展。

科学技术是第一生产力，是先进生产力的集中体现和主要标志。进入21世纪，新科技革命迅猛发展，正孕育着新的重大突破，将深刻地改变经济和社会的面貌。信息科学和技术发展方兴未艾，依然是经济持续增长的主导力量；生命科学和生物技术迅猛发展，将为改善和提高人类生活质量发挥关键作用；能源科学和技术重新升温，为解决世界性的能源与环境问题开辟新的途径；纳米科学和技术新突破接踵而至，将带来深刻的技术革命。基础研究的重大突破，为技术和经济发展展现了新的前景。科学技术应用转化的速度不断加快，造就新的追赶和跨越机会。因此，我们要站在时代的前列，以世界眼光，迎接新科技革命带来的机遇和挑战。纵观全球，许多国家都把强化科技创新作为国家战略，把科技投资作为战略性投资，大幅增加科技投入，并超前部署和发展前沿技术及战略产业，实施重大科技计划，

国务院，国发〔2006〕6号，2006年2月7日。

着力增强国家创新能力和国际竞争力。面对国际新形势，我们必须增强责任感和紧迫感，更加自觉、更加坚定地把科技进步作为经济社会发展的首要推动力量，把提高自主创新能力作为调整经济结构、转变增长方式、提高国家竞争力的中心环节，把建设创新型国家作为面向未来的重大战略选择。

新中国成立50多年来，经过几代人艰苦卓绝的持续奋斗，我国科技事业取得了令人鼓舞的巨大成就。以“两弹一星”、载人航天、杂交水稻、陆相成油理论与应用、高性能计算机等为标志的一大批重大科技成就，极大地增强了我国的综合国力，提高了我国的国际地位，振奋了我们的民族精神。同时，还必须认识到，同发达国家相比，我国科学技术总体水平还有较大差距，主要表现为：关键技术自给率低，发明专利数量少；在一些地区特别是中西部农村，技术水平仍比较落后；科学研究质量不够高，优秀拔尖人才比较匮乏；同时，科技投入不足，体制机制还存在不少弊端。目前，我国虽然是一个经济大国，但还不是一个经济强国，一个根本原因就在于创新能力薄弱。

进入21世纪，我国作为一个发展中大国，加快科学技术发展、缩小与发达国家的差距，还需要较长时期的艰苦努力，同时也有着诸多有利条件。一是我国经济持续快速增长和社会进步，对科技发展提出巨大需求，也为科技发展奠定了坚实基础。二是我国已经建立起比较完备的学科体系，拥有丰富的人才资源，部分重要领域的研究开发能力已跻身世界先进行列，具备科学技术大发展的基础和能力。三是坚持对外开放，日趋活跃的国际科技交流与合作，使我们能分享新科技革命成果。四是坚持社会主义制度，能够把集中力量办大事的政治优势和发挥市场机制有效配置资源的基础性作用结合起来，为科技事业的繁荣发展提供重要的制度保证。五是中华民族拥有五千年的文明史，中华文化博大精深、兼容并蓄，更有利于形成独特的创新文化。只要我们增强民族自信心，贯彻落实科学发展观，深入实施科教兴国战略和人才强国战略，奋起直追、迎头赶上，经过15年乃至更长时间坚韧不拔的艰苦奋斗，就一定能够创造出无愧于时代的辉煌科技成就。

二、指导方针、发展目标和总体部署

1. 指导方针

本世纪头20年，是我国经济社会发展的重要战略机遇期，也是科学技术发展的重要战略机遇期。要以邓小平理论、“三个代表”重要思想为指导，贯彻落实科学发展观，全面实施科教兴国战略和人才强国战略，立足国情，以人为本，深化改革，扩大开放，推动我国科技事业的蓬勃发展，为实现全面建设小康社会目标、构建社会主义和谐社会提供强有力的科技支撑。

今后15年，科技工作的指导方针是：自主创新，重点跨越，支撑发展，引领未来。自主创新，就是从增强国家创新能力出发，加强原始创新、集成创新和引进消化吸收再创新。重点跨越，就是坚持有所为、有所不为，选择具有一定基础和优势、关系国计民生和国家安全的关键领域，集中力量、重点突破，实现跨越式发展。支撑发展，就是从现实的紧迫需求出发，着力突破重大关键、共性技术，支撑经济社会的持续协调发展。引领未来，就是着眼长远，超前部署前沿技术和基础研究，创造新的市场需求，培育新兴产业，引领未来经济社会的发展。这一方针是我国半个多世纪科技发展实践经验的概括总结，是面向未来、实现中华民族伟大复兴的重要抉择。

要把提高自主创新能力摆在全部科技工作的突出位置。党和政府历来重视和倡导自主创新。在对外开放条件下推进社会主义现代化建设，必须认真学习和充分借鉴人类一切优秀文明成果。改革开放20多年来，我国引进了大量技术和装备，对提高产业技术水平、促进经济发展起到了重要作用。但是，必须清醒地看到，只引进而不注重技术的消化吸收和再创新，势必削弱自主研究开发的能力，拉大与世界先进水平的差距。事实告诉我们，在关系国民经济命脉和国家安全的关键领域，真正的核心技术是买不来的。我国要在激烈的国际竞争中掌握主动权，就必须提高自主创新能力，在若干重要领域掌握一批核心技术，拥有一批自主知识产权，造就一批具有国际竞争力的企业。总之，必须把提高自主创新能力作为国家战略，贯彻到现代化建设的各个方面，贯彻到各个产业、行业和地区，大幅提高国家竞争力。

科技人才是提高自主创新能力的关键所在。要把创造良好环境和条件，培养和凝聚各类科技人才特别是优秀拔尖人才，充分调动广大科技人员的积极性和创造性，作为科技工作的首要任务，努力开创人才辈出、人尽其才、才尽其用的良好局面，努力建设一支与经济社会发展和国防建设相适应的规模宏大、结构合理的高素质科技人才队伍，为我国科学技术发展提供充分的人才支撑和智力保证。

2. 发展目标

到2020年，我国科学技术发展的总体目标是：自主创新能力显著增强，科技促进经济社会发展和保障国家安全的能力显著增强，为全面建设小康社会提供强有力的支撑；基础科学和前沿技术研究综合实力显著增强，取得一批在世界具有重大影响的科学技术成果，进入创新型国家行列，为在本世纪中叶成为世界科技强国奠定基础。

经过15年的努力，在我国科学技术的若干重要方面实现以下目标：一是掌握一批事关国家竞争力的装备制造业和信息产业核心技术，制造业和信息产业技术水平进入世界先进行列。二是农业科技整体实力进入世界前列，促进农业综合生产能力的提高，有效保障国家食物安全。三是能源开发、节能技术和清洁能源技术取得突破，促进能源结构优化，主要工业产品单位能耗指标达到或接近世界先进水平。四是在重点行业和重点城市建立循环经济的技术发展模式，为建设资源节约型和环境友好型社会提供科技支持。五是重大疾病防治水平显著提高，艾滋病、肝炎等重大疾病得到遏制，新药创制和关键医疗器械研制取得突破，具备产业发展的技术能力。六是国防科技基本满足现代武器装备自主研制和信息化建设的需要，为维护国家安全提供保障。七是涌现出一批具有世界水平的科学家和研究团队，在科学发展的主流方向上取得一批具有重大影响的创新成果，信息、生物、材料和航天等领域的前沿技术达到世界先进水平。八是建成若干世界一流的科研院所和大学以及具有国际竞争力的企业研究开发机构，形成比较完善的中国特色国家创新体系。

到2020年，全社会研究开发投入占国内生产总值的比重提高到2.5%以上，力争科技进步贡献率达到60%以上，对外技术依存度降低到30%以下，本国人发明专利年度授权量和国际科学论文被引用数均进入世界前5位。

3. 总体部署

未来 15 年，我国科学技术发展的总体部署：一是立足于我国国情和需求，确定若干重点领域，突破一批重大关键技术，全面提升科技支撑能力。本纲要确定 11 个国民经济和社会发展的重点领域，并从中选择任务明确、有可能在近期获得技术突破的68项优先主题进行重点安排。二是瞄准国家目标，实施若干重大专项，实现跨越式发展，填补空白。本纲要共安排 16 个重大专项。三是应对未来挑战，超前部署前沿技术和基础研究，提高持续创新能力，引领经济社会发展。本纲要重点安排 8 个技术领域的 27 项前沿技术，18 个基础科学问题，并提出实施 4 个重大科学研究计划。四是深化体制改革，完善政策措施，增加科技投入，加强人才队伍建设，推进国家创新体系建设，为我国进入创新型国家行列提供可靠保障。

根据全面建设小康社会的紧迫需求、世界科技发展趋势和我国国力，必须把握科技发展的战略重点。一是把发展能源、水资源和环境保护技术放在优先位置，下决心解决制约经济社会发展的重大瓶颈问题。二是抓住未来若干年内信息技术更新换代和新材料技术迅猛发展的难得机遇，把获取装备制造业和信息产业核心技术的自主知识产权，作为提高我国产业竞争力的突破口。三是把生物技术作为未来高技术产业迎头赶上的重点，加强生物技术在农业、工业、人口与健康等领域的应用。四是加快发展空天和海洋技术。五是加强基础科学和前沿技术研究，特别是交叉学科的研究。

三、重点领域及其优先主题

我国科学和技术的发展，要在统筹安排、整体推进的基础上，对重点领域及其优先主题进行规划和布局，为解决经济社会发展中的紧迫问题提供全面有力支撑。

重点领域，是指在国民经济、社会发展和国防安全中重点发展、亟待科技提供支撑的产业和行业。优先主题，是指在重点领域中亟须发展、任务明确、技术基础较好、近期能够突破的技术群。确定优先主题的原则：一是有利于突破瓶颈制约，提高经济持续发展能力。二是有利于掌握关键技术和共性技术，提高产业的核心竞争力。三是有利于解决重大公益性科技问题，提高公共服务能力。四是有利于发展军民两用技术，提高国家安全保障能力。

1. 能源

能源在国民经济中具有特别重要的战略地位。我国目前能源供需矛盾尖锐，结构不合理；能源利用效率低；一次能源消费以煤为主，化石能的大量消费造成严重的环境污染。今后 15 年，满足持续快速增长的能源需求和能源的清洁高效利用，对能源科技发展提出重大挑战。

发展思路：①坚持节能优先，降低能耗。攻克主要耗能领域的节能关键技术，积极发展建筑节能技术，大力提高一次能源利用效率和终端用能效率。②推进能源结构多元化，增加能源供应。在提高油气开发利用及水电技术水平的同时，大力发展核能技术，形成核电系统技术自主开发能力。风能、太阳能、生物质能等可再生能源技术取得突破并实现规模化应用。③促进煤炭的清洁高效利用，降低环境污染。大力发展煤炭清洁、高效、安全开发和利用技术，并力争达到国际先进水平。

④加强对能源装备引进技术的消化、吸收和再创新。攻克先进煤电、核电等重大装备制造核心技术。⑤提高能源区域优化配置的技术能力。重点开发安全可靠的先进电力输配技术，实现大容量、远距离、高效率的电力输配。

优先主题：

（1）工业节能

重点研究开发冶金、化工等流程工业和交通运输业等主要高耗能领域的节能技术与装备，机电产品节能技术，高效节能、长寿命的半导体照明产品，能源梯级综合利用技术。

（2）煤的清洁高效开发利用、液化及多联产

重点研究开发煤炭高效开采技术及配套装备，重型燃气轮机，整体煤气化联合循环（IGCC），高参数超超临界机组，超临界大型循环流化床等高效发电技术与装备，大力开发煤液化以及煤气化、煤化工等转化技术，以煤气化为基础的多联产系统技术，燃煤污染物综合控制和利用的技术与装备等。

（3）复杂地质油气资源勘探开发利用

重点开发复杂环境与岩性地层类油气资源勘探技术，大规模低品位油气资源高效开发技术，大幅提高老油田采收率的技术，深层油气资源勘探开采技术。

（4）可再生能源低成本规模化开发利用

重点研究开发大型风力发电设备，沿海与陆地风电场和西部风能资源密集区建设技术与装备，高性价比太阳光伏电池及利用技术，太阳能热发电技术，太阳能建筑一体化技术，生物质能和地热能等开发利用技术。

（5）超大规模输配电和电网安全保障

重点研究开发大容量远距离直流输电技术和特高压交流输电技术与装备，间歇式电源并网及输配技术，电能质量监测与控制技术，大规模互联电网的安全保障技术，西电东输工程中的重大关键技术，电网调度自动化技术，高效配电和供电管理信息技术和系统。

2. 水和矿产资源

水和矿产等资源是经济和社会可持续发展的重要物质基础。我国水和矿产等资源严重紧缺；资源综合利用率低，矿山资源综合利用率、农业灌溉水利用率远低于世界先进水平；资源勘探地质条件复杂，难度不断加大。亟须大力加强资源勘探、开发利用技术研究，提高资源利用率。

发展思路：①坚持资源节约优先。重点研究农业高效节水和城市水循环利用技术，发展跨流域调水、雨洪利用和海水淡化等水资源开发技术。②突破复杂地质条件限制，扩大现有资源储量。重点研究地质成矿规律，发展矿山深边部评价与高效勘探技术、青藏高原等复杂条件矿产快速勘查技术，努力发现一批大型后备资源基地，增加资源供给量；开发矿产资源高效开采和综合利用技术，提高水和矿产资源综合利用率。③积极开发利用非传统资源。攻克煤层气和海洋矿产等新型资源开发利用关键技术，提高新型资源利用技术的研究开发能力。④加强资源勘探开发装备的创新。积极开发高精度勘探与钻井设备、大型矿山机械、海洋开发平台等技术，使资源勘探开发重大装备达到国际先进水平。

优先主题：

（6）水资源优化配置与综合开发利用

重点研究开发大气水、地表水、土壤水和地下水的转化机制和优化配置技术，污水、雨洪资源化利用技术，人工增雨技术，长江、黄河等重大江河综合治理及南水北调等跨流域重大水利工程治理开发的关键技术等。

（7）综合节水

重点研究开发工业用水循环利用技术和节水型生产工艺；开发灌溉节水、旱作节水与生物节水综合配套技术，重点突破精量灌溉技术、智能化农业用水管理技术及设备；加强生活节水技术及器具开发。

（8）海水淡化

重点研究开发海水预处理技术，核能耦合和电水联产热法、膜法低成本淡化技术及关键材料，浓盐水综合利用技术等；开发可规模化应用的海水淡化热能设备、海水淡化装备和多联体耦合关键设备。

（9）资源勘探增储

重点研究矿产资源成矿规律和预测技术，发展航空地球物理勘查技术，开发三维高分辨率地震、高精度地磁以及地球化学等快速、综合和大深度勘探技术。

（10）矿产资源高效开发利用

重点研究深层和复杂矿体采矿技术及无废开采综合技术，开发高效自动化选冶新工艺和大型装备，发展低品位与复杂难处理资源高效利用技术、矿产资源综合利用技术。

（11）海洋资源高效开发利用

重点研究开发浅海隐蔽油气藏勘探技术和稠油油田提高采收率综合技术，开发海洋生物资源保护和高效利用技术，发展海水直接利用技术和海水化学资源综合利用技术。

（12）综合资源区划

重点研究水土资源与农业生产、生态与环境保护的综合优化配置技术，开展针对我国水土资源区域空间分布匹配的多变量、大区域资源配置优化分析技术，建立不同区域水土资源优化发展的技术预测决策模型。

3. 环境

改善生态与环境是事关经济社会可持续发展和人民生活质量提高的重大问题。我国环境污染严重；生态系统退化加剧；污染物无害化处理能力低；全球环境问题已成为国际社会关注的焦点，亟待提高我国参与全球环境变化合作能力。在要求整体环境状况有所好转的前提下实现经济的持续快速增长，对环境科技创新提出重大战略需求。

发展思路：①引导和支撑循环经济发展。大力开发重污染行业清洁生产集成技术，强化废弃物减量化、资源化利用与安全处置，加强发展循环经济的共性技术研究。②实施区域环境综合治理。开展流域水环境和区域大气环境污染的综合治理、典型生态功能退化区综合整治的技术集成与示范，开发饮用水安全保障技术以及生态和环境监测与预警技术，大幅提高改善环境质量的科技支撑能力。③促进环保产业发展。重点研究适合我国国情的重大环保装备及仪器设备，加大国产环保产品市场占有率，提高环保装备技术水平。④积极参与国际环境合作。加强全球环境公约履约对策与气候变化科学不确定性及其影响研究，开发全球环境变化监测和温室气体减排技术，提升应对环境变化及履约能力。

优先主题：

（13）综合治污与废弃物循环利用

重点开发区域环境质量监测预警技术，突破城市群大气污染控制等关键技术，开发非常规污染物控制技术，废弃物等资源化利用技术，重污染行业清洁生产集成技术，建立发展循环经济的技术示范模式。

（14）生态脆弱区域生态系统功能的恢复重建

重点开发岩溶地区、青藏高原、长江黄河中上游、黄土高原、荒漠及荒漠化地区、农牧交错带和矿产开采区等典型生态脆弱区生态系统的动态监测技术，草原退化与鼠害防治技术，退化生态系统恢复与重建技术，三峡工程、青藏铁路等重大工程沿线和复杂矿区生态保护及恢复技术，建立不同类型生态系统功能恢复和持续改善的技术支持模式，构建生态系统功能综合评估及技术评价体系。

（15）海洋生态与环境保护

重点开发海洋生态与环境监测技术和设备，加强海洋生态与环境保护技术研究，发展近海海域生态与环境保护、修复及海上突发事件应急处理技术，开发高精度海洋动态环境数值预报技术。

（16）全球环境变化监测与对策

重点研究开发大尺度环境变化准确监测技术，主要行业二氧化碳、甲烷等温室气体的排放控制与处置利用技术，生物固碳技术及固碳工程技术，以及开展气候变化、生物多样性保护、臭氧层保护、持久性有机污染物控制等对策研究。

4. 农业

农业是国民经济的基础。我国自然资源的硬约束不断增强，人均耕地、水资源量明显低于世界平均水平；粮食、棉花等主要农产品的需求呈刚性增长，农业增产、农民增收和农产品竞争力增强的压力将长期存在；农业结构不合理、产业化发展水平及农产品附加值低；生态与环境状况依然严峻，严重制约农业的可持续发展；食物安全、生态安全问题突出。我国的基本国情及面临的严峻挑战，决定了必须把科技进步作为解决“三农”问题的一项根本措施，大力提高农业科技水平，加大先进适用技术推广力度，突破资源约束，持续提高农业综合生产能力，加快建设现代农业的步伐。

发展思路：①以高新技术带动常规农业技术升级，持续提高农业综合生产能力。重点开展生物技术应用研究，加强农业技术集成和配套，突破主要农作物育种和高效生产、畜牧水产育种及健康养殖和疫病控制关键技术，发展农业多种经营和复合经营，在确保持续增加产量的同时，提高农产品质量。②延长农业产业链，带动农业产业化水平和农业综合效益的全面提高。重点发展农产品精深加工、产后减损和绿色供应链产业化关键技术，开发农产品加工先进技术装备及安全监测技术，发展以健康食品为主导的农产品加工业和现代流通业，拓展农民增收空间。③综合开发农林生态技术，保障农林生态安全。重点开发环保型肥料、农药创制技术及精准作业技术装备，发展农林剩余物资源化利用技术，以及农业环境综合整治技术，促进农业新兴产业发展，提高农林生态环境质量。④积极发展工厂化农业，提高农业劳动生产率。重点研究农业环境调控、超高产高效栽培等设施农业技术，开发现代多功能复式农业机械，加快农业信息技术集成应用。

优先主题：

（17）种质资源发掘、保存和创新与新品种定向培育

重点研究开发主要农作物、林草、畜禽与水产优良种质资源发掘与构建技术，种质资源分子评价技术，动植物分子育种技术和定向杂交育种技术，规模化制种、繁育技术和种子综合加工技术。

（18）畜禽水产健康养殖与疫病防控

重点研究开发安全优质高效饲料和规模化健康养殖技术及设施，创制高效特异性疫苗、高效安全型兽药及器械，开发动物疫病及动物源性人畜共患病的流行病学预警监测、检疫诊断、免疫防治、区域净化与根除技术，突破近海滩涂、浅海水域养殖和淡水养殖技术，发展远洋渔业和海上贮藏加工技术与设备。

（19）农产品精深加工与现代储运

重点研究开发主要农产品和农林特产资源精深及清洁生态型加工技术与设备，粮油产后减损及绿色储运技术与设施，鲜活农产品保鲜与物流配送及相应的冷链运输系统技术。

（20）农林生物质综合开发利用

重点研究开发高效、低成本、大规模农林生物质的培育、收集与转化关键技术，沼气、固化与液化燃料等生物质能以及生物基新材料和化工产品等生产关键技术，农村垃圾和污水资源化利用技术，开发具有自主知识产权的沼气电站设备、生物基新材料装备等。

（21）农林生态安全与现代林业

重点研究开发农林生态系统构建技术，林草生态系统综合调控技术，森林与草原火灾、农林病虫害特别是外来生物入侵等生态灾害及气象灾害的监测与防治技术，生态型林产经济可持续经营技术，人工草地高效建植技术和优质草生产技术，开发环保型竹木基复合材料技术。

（22）环保型肥料、农药创制和生态农业

重点研究开发环保型肥料、农药创制关键技术，专用复（混）型缓释、控释肥料及施肥技术与相关设备，综合、高效、持久、安全的有害生物综合防治技术，建立有害生物检测预警及防范外来有害生物入侵体系；发展以提高土壤肥力，减少土壤污染、水土流失和退化草场功能恢复为主的生态农业技术。

（23）多功能农业装备与设施

重点研究开发适合我国农业特点的多功能作业关键装备，经济型农林动力机械，定位变量作业智能机械和健康养殖设施技术与装备，保护性耕作机械和技术，温室设施及配套技术装备。

（24）农业精准作业与信息化

重点研究开发动植物生长和生态环境信息数字化采集技术，实时土壤水肥光热探测技术，精准作业和管理技术系统，农村远程数字化、可视化信息服务技术及设备，农林生态系统监测技术及虚拟农业技术。

（25）现代奶业

重点研究开发优质种公牛培育与奶牛胚胎产业化快繁技术，奶牛专用饲料、牧草种植与高效利用、疾病防治及规模化饲养管理技术，开发奶制品深加工技术与设备。

5.制造业

制造业是国民经济的主要支柱。我国是世界制造大国，但还不是制造强国；制造技术基础薄弱，创新能力不强；产品以低端为主；制造过程资源、能源消耗大，污染严重。

发展思路：①提高装备设计、制造和集成能力。以促进企业技术创新为突破口，通过技术攻关，基本实现高档数控机床、工作母机、重大成套技术装备、关键材料与关键零部件的自主设计制造。②积极发展绿色制造。加快相关技术在材料与产品开发设计、加工制造、销售服务及回收利用等产品全生命周期中的应用，形成高效、节能、环保和可循环的新型制造工艺。制造业资源消耗、环境负荷水平进入国际先进行列。③用高新技术改造和提升制造业。大力推进制造业信息化，积极发展基础原材料，大幅提高产品档次、技术含量和附加值，全面提升制造业整体技术水平。

优先主题：

（26）基础件和通用部件

重点研究开发重大装备所需的关键基础件和通用部件的设计、制造和批量生产的关键技术，开发大型及特殊零部件成形及加工技术、通用部件设计制造技术和高精度检测仪器。

（27）数字化和智能化设计制造

重点研究数字化设计制造集成技术，建立若干行业的产品数字化和智能化设计制造平台。开发面向产品全生命周期的、网络环境下的数字化、智能化创新设计方法及技术，计算机辅助工程分析与工艺设计技术，设计、制造和管理的集成技术。

（28）流程工业的绿色化、自动化及装备

重点研究开发绿色流程制造技术，高效清洁并充分利用资源的工艺、流程和设备，相应的工艺流程放大技术，基于生态工业概念的系统集成和自动化技术，流程工业需要的传感器、智能化检测控制技术、装备和调控系统。开发大型裂解炉技术、大型蒸汽裂解乙烯生产成套技术及装备，大型化肥生产节能工艺流程与装备。

（29）可循环钢铁流程工艺与装备

重点研究开发以熔融还原和资源优化利用为基础，集产品制造、能源转换和社会废弃物再资源化三大功能于一体的新一代可循环钢铁流程，作为循环经济的典型示范。开发二次资源循环利用技术，冶金过程煤气发电和低热值蒸汽梯级利用技术，高效率、低成本洁净钢生产技术，非粘连煤炼焦技术，大型板材连铸机、连轧机组的集成设计、制造和系统耦合技术等。

（30）大型海洋工程技术与装备

（31）基础原材料

重点研究开发满足国民经济基础产业发展需求的高性能复合材料及大型、超大型复合结构部件的制备技术，高性能工程塑料，轻质高强金属和无机非金属结构材料，高纯材料，稀土材料，石油化工、精细化工及催化、分离材料，轻纺材料及应用技术，具有环保和健康功能的绿色材料。

（32）新一代信息功能材料及器件

（33）军工配套关键材料及工程化

6. 交通运输业

交通运输是国民经济的命脉。当前，我国主要运输装备及核心技术水平与世界先进水平存在较大差距；运输供给能力不足；综合交通体系建设滞后，各种交通方式缺乏综合协调；交通能源消耗与环境污染问题严峻。全面建设小康社会对交通运输提出更高要求，交通科技面临重大战略需求。

发展思路：①提高飞机、汽车、船舶、轨道交通装备等的自主创新能力。②以提供顺畅、便捷的人性化交通运输服务为核心，加强统筹规划，发展交通系统信息化和智能化技术，安全高速的交通运输技术，提高运网能力和运输效率，实现交通信息共享和各种交通方式的有效衔接，提升交通运营管理的技术水平，发展综合交通运输。③促进交通运输向节能、环保和更加安全的方向发展，交通运输安全保障、资源节约与环境保护等方面的关键技术取得重大突破并得到广泛应用。④围绕国家重大交通基础设施建设，突破建设和养护关键技术，提高建设质量，降低全寿命成本。

优先主题：

（34）交通运输基础设施建设与养护技术及装备

重点研究开发轨道交通、跨海湾通道、离岸深水港、大型航空港、大型桥梁和隧道、综合立体交通枢纽、深海油气管线等高难度交通运输基础设施建设和养护关键技术及装备。

（35）高速轨道交通系统

重点研究开发高速轨道交通控制和调速系统、车辆制造、线路建设和系统集成等关键技术，形成系统成套技术。开展工程化运行试验，掌握运行控制、线路建设和系统集成技术。

（36）低能耗与新能源汽车

重点研究开发混合动力汽车、替代燃料汽车和燃料电池汽车整车设计、集成和制造技术，动力系统集成与控制技术，汽车计算平台技术，高效低排放内燃机、燃料电池发动机、动力蓄电池、驱动电机等关键部件技术，新能源汽车实验测试及基础设施技术等。

（37）高效运输技术与装备

重点研究开发重载列车、大马力机车、特种重型车辆、城市轨道交通、大型高技术船舶、大型远洋渔业船舶以及海洋科考船等，低空多用途通用航空飞行器、高黏原油及多相流管道输送系统等新型运载工具。

（38）智能交通管理系统

重点开发综合交通运输信息平台和信息资源共享技术，现代物流技术，城市交通管理系统、汽车智能技术和新一代空中交通管理系统。

（39）交通运输安全与应急保障

重点开发交通事故预防预警、应急处理技术，开发运输工具主动与被动安全技术，交通运输事故再现技术，交通应急反应系统和快速搜救等技术。

7. 信息产业及现代服务业

发展信息产业和现代服务业是推进新型工业化的关键。国民经济与社会信息化和现代服务业的迅猛发展，对信息技术发展提出了更高的要求。

发展思路：①突破制约信息产业发展的核心技术，掌握集成电路及关键元器件、大型软件、高性能计算、宽带无线移动通信、下一代网络等核心技术，提高自主开发能力和整体技术水平。②加强信息技术产品的集成创新，提高设计制造水平，重点解决信息技术产品的可扩展性、易用性和低成本问题，培育新技术和新业务，提高信息产业竞争力。③以应用需求为导向，重视和加强集成创新，开发支撑和带动现代服务业发展的技术和关键产品，促进传统产业的改造和技术升级。④以发展高可信网络为重点，开发网络信息安全技术及相关产品，建立信息安全技术保障体系，具备防范各种信息安全突发事件的技术能力。

优先主题：

（40）现代服务业信息支撑技术及大型应用软件

重点研究开发金融、物流、网络教育、传媒、医疗、旅游、电子政务和电子商务等现代服务业领域发展所需的高可信网络软件平台及大型应用支撑软件、中间件、嵌入式软件、网格计算平台与基础设施，软件系统集成等关键技术，提供整体解决方案。

（41）下一代网络关键技术与服务

重点开发高性能的核心网络设备与传输设备、接入设备，以及在可扩展、安全、移动、服务质量、运营管理等方面的关键技术，建立可信的网络管理体系，开发智能终端和家庭网络等设备和系统，支持多媒体、网络计算等宽带、安全、泛在的多种新业务与应用。

（42）高效能可信计算机

重点开发具有先进概念的计算方法和理论，发展以新概念为基础的、具有每秒千万亿次以上浮点运算能力和高效可信的超级计算机系统、新一代服务器系统，开发新体系结构、海量存储、系统容错等关键技术。

（43）传感器网络及智能信息处理

重点开发多种新型传感器及先进条码自动识别、射频标签、基于多种传感信息的智能化信息处理技术，发展低成本的传感器网络和实时信息处理系统，提供更方便、功能更强大的信息服务平台和环境。

（44）数字媒体内容平台

重点开发面向文化娱乐消费市场和广播电视事业，以视、音频信息服务为主体的数字媒体内容处理关键技术，开发易于交互和交换、具有版权保护功能和便于管理的现代传媒信息综合内容平台。

（45）高清晰度大屏幕平板显示

重点发展高清晰度大屏幕显示产品，开发有机发光显示、场致发射显示、激光显示等各种平板和投影显示技术，建立平板显示材料与器件产业链。

（46）面向核心应用的信息安全

重点研究开发国家基础信息网络和重要信息系统中的安全保障技术，开发复杂大系统下的网络生存、主动实时防护、安全存储、网络病毒防范、恶意攻击防范、网络信任体系与新的密码技术等。

8. 人口与健康

稳定低生育水平，提高出生人口素质，有效防治重大疾病，是建设和谐社会的必然要求。控制人口数量，提高人口质量和全民健康水平，迫切需要科技提供强有力支撑。

发展思路：①控制人口出生数量，提高出生人口质量。重点发展生育监测、生殖健康等关键技术，开发系列生殖医药、器械和保健产品，为人口数量控制在15亿以内、出生缺陷率低于3%提供有效科技保障。②疾病防治重心前移，坚持预防为主、促进健康和防治疾病结合。研究预防和早期诊断关键技术，显著提高重大疾病诊断和防治能力。③加强中医药继承和创新，推进中医药现代化和国际化。以中医药理论传承和发展为基础，通过技术创新与多学科融合，丰富和发展中医药理论，构建适合中医药特点的技术方法和标准规范体系，提高临床疗效，促进中医药产业的健康发展。④研制重大新药和先进医疗设备。攻克新药、大型医疗器械、医用材料和释药系统创制关键技术，加快建立并完善国家医药创制技术平台，推进重大新药和医疗器械的自主创新。

优先主题：

（47）安全避孕节育与出生缺陷防治

重点开发安全、有效避孕节育新技术和产品以及兼顾预防性传播疾病的节育新技术，高效无创出生缺陷早期筛查、检测及诊断技术，遗传疾病生物治疗技术等。

（48）心脑血管病、肿瘤等重大非传染疾病防治

重点研究开发心脑血管病、肿瘤等重大疾病早期预警和诊断、疾病危险因素早期干预等关键技术，研究规范化、个性化和综合治疗关键技术与方案。

（49）城乡社区常见多发病防治

重点研究开发常见病和多发病的监控、预防、诊疗和康复技术，小型诊疗和移动式医疗服务装备，远程诊疗和技术服务系统。

（50）中医药传承与创新发展

重点开展中医基础理论创新及中医经验传承与挖掘，研究中医药诊疗、评价技术与标准，发展现代中药研究开发和生产制造技术，有效保护和合理利用中药资源，加强中医药知识产权保护研究和国际合作平台建设。

（51）先进医疗设备与生物医用材料

重点开发新型治疗和常规诊疗设备，数字化医疗技术、个体化医疗工程技术及设备，研究纳米生

物药物释放系统和组织工程等技术，开发人体组织器官替代等新型生物医用材料。

9. 城镇化与城市发展

我国已进入快速城镇化时期。实现城镇化和城市协调发展，对科技提出迫切需求。

发展思路：①以城镇区域科学规划为重点，促进城乡合理布局和科学发展。发展现代城镇区域规划关键技术及动态监控技术，实现城镇发展规划与区域经济规划的有机结合、与区域资源环境承载能力的相互协调。②以节能和节水为先导，发展资源节约型城市。突破城市综合节能和新能源合理开发利用技术，开发资源节约型、高耐久性绿色建材，提高城市资源和能源利用效率。③加强信息技术应用，提高城市综合管理水平。开发城市数字一体化管理技术，建立城市高效、多功能、一体化综合管理技术体系。④发展城市生态人居环境和绿色建筑。发展城市污水、垃圾等废弃物无害化处理和资源化利用技术，开发城市居住区和室内环境改善技术，显著提高城市人居环境质量。

优先主题：

（52）城镇区域规划与动态监测

重点研究开发各类区域城镇空间布局规划和系统设计技术，城镇区域基础设施和公共服务设施规划设计、一体化配置与共享技术，城镇区域规划与人口、资源、环境、经济发展互动模拟预测和动态监测等技术。

（53）城市功能提升与空间节约利用

重点研究开发城市综合交通、城市公交优先智能管理、市政基础设施、防灾减灾等综合功能提升技术，城市“热岛”效应形成机制与人工调控技术，土地勘测和资源节约利用技术，城市发展和空间形态变化模拟预测技术，城市地下空间开发利用技术等。

（54）建筑节能与绿色建筑

重点研究开发绿色建筑设计技术，建筑节能技术与设备，可再生能源装置与建筑一体化应用技术，精致建造和绿色建筑施工技术与装备，节能建材与绿色建材，建筑节能技术标准。

（55）城市生态居住环境质量保障

重点研究开发室内污染物监测与净化技术，发展城市环境生态调控技术，城市垃圾资源化利用技术，城市水循环利用技术与设备，城市与城镇群污染防控技术，居住区最小排放集成技术，生态居住区智能化管理技术。

（56）城市信息平台

重点研究开发城市网络化基础信息共享技术，城市基础数据获取与更新技术，城市多元数据整合与挖掘技术，城市多维建模与模拟技术，城市动态监测与应用关键技术，城市网络信息共享标准规范，城市应急和联动服务关键技术。

10. 公共安全

公共安全是国家安全和社会稳定的基石。我国公共安全面临严峻挑战，对科技提出重大战略需求。

发展思路：①加强对突发公共事件快速反应和应急处置的技术支持。以信息、智能化技术应用为先导，发展国家公共安全多功能、一体化应急保障技术，形成科学预测、有效防控与高效应急的公共安全技术体系。②提高早期发现与防范能力。重点研究煤矿等生产事故、突发社会安全事件和自然灾害、核安全及生物安全等的监测、预警、预防技术。③增强应急救护综合能力。重点研究煤矿灾害、重大火灾、突发性重大自然灾害、危险化学品泄漏、群体性中毒等应急救援技术。④加快公共安全装备现代化。开发保障生产安全、食品安全、生物安全及社会安全等公共安全重大装备和系列防护产品，促进相关产业快速发展。

优先主题：

（57）国家公共安全应急信息平台

重点研究全方位无障碍危险源探测监测、精确定位和信息获取技术，多尺度动态信息分析处理和优化决策技术，国家一体化公共安全应急决策指挥平台集成技术等，构建国家公共安全早期监测、快速预警与高效处置一体化应急决策指挥平台。

（58）重大生产事故预警与救援

重点研究开发矿井瓦斯、突水、动力性灾害预警与防控技术，开发燃烧、爆炸、毒物泄漏等重大工业事故防控与救援技术及相关设备。

（59）食品安全与出入境检验检疫

重点研究食品安全和出入境检验检疫风险评估、污染物溯源、安全标准制定、有效监测检测等关键技术，开发食物污染防控智能化技术和高通量检验检疫安全监控技术。

（60）突发公共事件防范与快速处置

重点研究开发个体生物特征识别、物证溯源、快速筛查与证实技术以及模拟预测技术，远程定位跟踪、实时监控、隔物辨识与快速处置技术及装备，高层和地下建筑消防技术与设备，爆炸物、毒品等违禁品与核生化恐怖源的远程探测技术与装备，以及现场处置防护技术与装备。

（61）生物安全保障

重点研究快速、灵敏、特异监测与探测技术，化学毒剂在体内代谢产物检测技术，新型高效消毒剂和快速消毒技术，滤毒防护技术，危险传播媒介鉴别与防治技术，生物入侵防控技术，用于应对突发生物事件的疫苗及免疫佐剂、抗毒素与药物等。

（62）重大自然灾害监测与防御

重点研究开发地震、台风、暴雨、洪水、地质灾害等监测、预警和应急处置关键技术，森林火灾、溃坝、决堤险情等重大灾害的监测预警技术以及重大自然灾害综合风险分析评估技术。

11. 国防

四、重大专项

历史上，我国以“两弹一星”、载人航天、杂交水稻等为代表的若干重大项目的实施，对整体提升综合国力起到了至关重要的作用。美国、欧洲、日本、韩国等都把围绕国家目标组织实施重大专项计划作为提高国家竞争力的重要措施。

本纲要在重点领域中确定一批优先主题的同时，围绕国家目标，进一步突出重点，筛选出若干重大战略产品、关键共性技术或重大工程作为重大专项，充分发挥社会主义制度集中力量办大事的优势和市场机制的作用，力争取得突破，努力实现以科技发展的局部跃升带动生产力的跨越发展，并填补国家战略空白。确定重大专项的基本原则：一是紧密结合经济社会发展的重大需求，培育能形成具有核心自主知识产权、对企业自主创新能力的提高具有重大推动作用的战略性产业；二是突出对产业竞争力整体提升具有全局性影响、带动性强的关键共性技术；三是解决制约经济社会发展的重大瓶颈问题；四是体现军民结合、寓军于民，对保障国家安全和增强综合国力具有重大战略意义；五是切合我国国情，国力能够承受。根据上述原则，围绕发展高新技术产业、促进传统产业升级、解决国民经济发展瓶颈问题、提高人民健康水平和保障国家安全等方面，确定了一批重大专项。重大专项的实施，根据国家发展需要和实施条件的成熟程度，逐项论证启动。同时，根据国家战略需求和发展形势的变化，对重大专项进行动态调整，分步实施。对于以战略产品为目标的重大专项，要充分发挥企业在研究开发和投入中的主体作用，以重大装备的研究开发作为企业技术创新的切入点，更有效地利用市场机制配置科技资源，国家的引导性投入主要用于关键核心技术的攻关。

重大专项是为了实现国家目标，通过核心技术突破和资源集成，在一定时限内完成的重大战略产品、关键共性技术和重大工程，是我国科技发展的重中之重。《规划纲要》确定了核心电子器件、高端通用芯片及基础软件，极大规模集成电路制造技术及成套工艺，新一代宽带无线移动通信，高档数控机床与基础制造技术，大型油气田及煤层气开发，大型先进压水堆及高温气冷堆核电站，水体污染控制与治理，转基因生物新品种培育，重大新药创制，艾滋病和病毒性肝炎等重大传染病防治，大型飞机，高分辨率对地观测系统，载人航天与探月工程等16个重大专项，涉及信息、生物等战略产业领域，能源资源环境和人民健康等重大紧迫问题，以及军民两用技术和国防技术。

五、前沿技术

前沿技术是指高技术领域中具有前瞻性、先导性和探索性的重大技术，是未来高技术更新换代和新兴产业发展的重要基础，是国家高技术创新能力的综合体现。选择前沿技术的主要原则：一是代表世界高技术前沿的发展方向。二是对国家未来新兴产业的形成和发展具有引领作用。三是有利于产业技术的更新换代，实现跨越发展。四是具备较好的人才队伍和研究开发基础。根据以上原则，要超前部署一批前沿技术，发挥科技引领未来发展的先导作用，提高我国高技术的研究开发能力和产业的国际竞争力。

1. 生物技术

生物技术和生命科学将成为21世纪引发新科技革命的重要推动力量，基因组学和蛋白质组学研究正在引领生物技术向系统化研究方向发展。基因组序列测定与基因结构分析已转向功能基因组研究以及功能基因的发现和应用；药物及动植物品种的分子定向设计与构建已成为种质和药物研究的重要方向；生物芯片、干细胞和组织工程等前沿技术研究与应用，孕育着诊断、治疗及再生医学的重大突破。必须在功能基因组、蛋白质组、干细胞与治疗性克隆、组织工程、生物催化与转化技术等方面取得关键性突破。

前沿技术：

（1）靶标发现技术

靶标的发现对发展创新药物、生物诊断和生物治疗技术具有重要意义。重点研究生理和病理过程中关键基因功能及其调控网络的规模化识别，突破疾病相关基因的功能识别、表达调控及靶标筛查和确证技术，“从基因到药物”的新药创制技术。

（2）动植物品种与药物分子设计技术

动植物品种与药物分子设计是基于生物大分子三维结构的分子对接、分子模拟以及分子设计技术。重点研究蛋白质与细胞动态过程生物信息分析、整合、模拟技术，动植物品种与药物虚拟设计技术，动植物品种生长与药物代谢工程模拟技术，计算机辅助组合化合物库设计、合成和筛选等技术。

（3）基因操作和蛋白质工程技术

基因操作技术是基因资源利用的关键技术。蛋白质工程是高效利用基因产物的重要途径。重点研究基因的高效表达及其调控技术、染色体结构与定位整合技术、编码蛋白基因的人工设计与改造技术、蛋白质肽链的修饰及改构技术、蛋白质结构解析技术、蛋白质规模化分离纯化技术。

（4）基于干细胞的人体组织工程技术

干细胞技术可在体外培养干细胞，定向诱导分化为各种组织细胞供临床所需，也可在体外构建出人体器官，用于替代与修复性治疗。重点研究治疗性克隆技术，干细胞体外建系和定向诱导技术，人体结构组织体外构建与规模化生产技术，人体多细胞复杂结构组织构建与缺损修复技术和生物制造技术。

（5）新一代工业生物技术

生物催化和生物转化是新一代工业生物技术的主体。重点研究功能菌株大规模筛选技术，生物催化剂定向改造技术，规模化工业生产的生物催化技术系统，清洁转化介质创制技术及工业化成套转化技术。

2. 信息技术

信息技术将继续向高性能、低成本、普适计算和智能化等主要方向发展，寻求新的计算与处理方式和物理实现是未来信息技术领域面临的重大挑战。纳米科技、生物技术与认知科学等多学科的交叉融合，将促进基于生物特征的、以图像和自然语言理解为基础的“以人为中心”的信息技术发展，推动多领域的创新。重点研究低成本的自组织网络，个性化的智能机器人和人机交互系统、高柔性免受攻击的数据网络和先进的信息安全系统。

前沿技术：

（6）智能感知技术

重点研究基于生物特征、以自然语言和动态图像的理解为基础的“以人为中心”的智能信息处理和控制技术，中文信息处理；研究生物特征识别、智能交通等相关领域的系统技术。

（7）自组织网络技术

重点研究自组织移动网、自组织计算网、自组织存储网、自组织传感器网等技术，低成本的实时信息处理系统、多传感信息融合技术、个性化人机交互界面技术，以及高柔性免受攻击的数据网络和先进的信息安全系统；研究自组织智能系统和个人智能系统。

（8）虚拟现实技术

重点研究电子学、心理学、控制学、计算机图形学、数据库设计、实时分布系统和多媒体技术等多学科融合的技术，研究医学、娱乐、艺术与教育、军事及工业制造管理等多个相关领域的虚拟现实技术和系统。

3. 新材料技术

新材料技术将向材料的结构功能复合化、功能材料智能化、材料与器件集成化、制备和使用过程绿色化发展。突破现代材料设计、评价、表征与先进制备加工技术，在纳米科学研究的基础上发展纳米材料与器件，开发超导材料、智能材料、能源材料等特种功能材料，开发超级结构材料、新一代光电信息材料等新材料。

前沿技术：

（9）智能材料与结构技术

智能材料与智能结构是集传感、控制、驱动（执行）等功能于一体的机敏或智能结构系统。重点研究智能材料制备加工技术，智能结构的设计与制备技术，关键设备装置的监控与失效控制技术等。

（10）高温超导技术

重点研究新型高温超导材料及制备技术，超导电缆、超导电机、高效超导电力器件；研究超导生物医学器件、高温超导滤波器、高温超导无损检测装置和扫描磁显微镜等灵敏探测器件。

（11）高效能源材料技术

重点研究太阳能电池相关材料及其关键技术、燃料电池关键材料技术、高容量储氢材料技术、高效二次电池材料及关键技术、超级电容器关键材料及制备技术，发展高效能量转换与储能材料体系。

4. 先进制造技术

先进制造技术将向信息化、极限化和绿色化的方向发展，成为未来制造业赖以生存的基础和可持续发展的关键。重点突破极端制造、系统集成和协同技术、智能制造与应用技术、成套装备与系统的设计验证技术、基于高可靠性的大型复杂系统和装备的系统设计技术。

前沿技术：

（12）极端制造技术

极端制造是指在极端条件或环境下，制造极端尺度（特大或特小尺度）或极高功能的器件和功能系统。重点研究微纳机电系统、微纳制造、超精密制造、巨系统制造和强场制造相关的设计、制造工艺和检测技术。

（13）智能服务机器人

智能服务机器人是在非结构环境下为人类提供必要服务的多种高技术集成的智能化装备。以服务机器人和危险作业机器人应用需求为重点，研究设计方法、制造工艺、智能控制和应用系统集成等共性基础技术。

（14）重大产品和重大设施寿命预测技术

重大产品和重大设施寿命预测技术是提高运行可靠性、安全性、可维护性的关键技术。研究零部件材料的成分设计及成形加工的预测控制和优化技术，基于知识的成形制造过程建模与仿真技术，制造过程在线检测与评估技术，零部件寿命预测技术，重大产品、复杂系统和重大设施的可靠性、安全性和寿命预测技术。

5.先进能源技术

未来能源技术发展的主要方向是经济、高效、清洁利用和新型能源开发。第四代核能系统、先进核燃料循环以及聚变能等技术的开发越来越受到关注；氢作为可从多种途径获取的理想能源载体，将为能源的清洁利用带来新的变革；具有清洁、灵活特征的燃料电池动力和分布式供能系统，将为终端能源利用提供新的重要形式。重点研究规模化的氢能利用和分布式供能系统，先进核能及核燃料循环技术，开发高效、清洁和二氧化碳近零排放的化石能源开发利用技术，低成本、高效率的可再生能源新技术。

前沿技术：

（15）氢能及燃料电池技术

重点研究高效低成本的化石能源和可再生能源制氢技术，经济高效氢储存和输配技术，燃料电池基础关键部件制备和电堆集成技术，燃料电池发电及车用动力系统集成技术，形成氢能和燃料电池技术规范与标准。

（16）分布式供能技术

分布式供能系统是为终端用户提供灵活、节能型的综合能源服务的重要途径。重点突破基于化石能源的微小型燃气轮机及新型热力循环等终端的能源转换技术、储能技术、热电冷系统综合技术，形成基于可再生能源和化石能源互补、微小型燃气轮机与燃料电池混合的分布式终端能源供给系统。

（17）快中子堆技术

快中子堆是由快中子引起原子核裂变链式反应，并可实现核燃料增殖的核反应堆，能够使铀资源得到充分利用，还能处理热堆核电站生产的长寿命放射性废弃物。研究并掌握快堆设计及核心技术，相关核燃料和结构材料技术，突破钠循环等关键技术，建成65MW实验快堆，实现临界及并网发电。

（18）磁约束核聚变

以参加国际热核聚变实验反应堆的建设和研究为契机，重点研究大型超导磁体技术、微波加热和驱动技术、中性束注入加热技术、包层技术、氚的大规模实时分离提纯技术、偏滤器技术、数值模拟、等离子体控制和诊断技术、示范堆所需关键材料技术，以及深化高温等离子体物理研究和某些以能源为目标的非托克马克途径的探索研究。

6.海洋技术

重视发展多功能、多参数和作业长期化的海洋综合开发技术，以提高深海作业的综合技术能力。

重点研究开发天然气水合物勘探开发技术、大洋金属矿产资源海底集输技术、现场高效提取技术和大型海洋工程技术。

前沿技术：

（19）海洋环境立体监测技术

海洋环境立体监测技术是在空中、岸站、水面、水中对海洋环境要素进行同步监测的技术。重点研究海洋遥感技术、声学探测技术、浮标技术、岸基远程雷达技术，发展海洋信息处理与应用技术。

（20）大洋海底多参数快速探测技术

大洋海底多参数快速探测技术是对海底地球物理、地球化学、生物化学等特征的多参量进行同步探测并实现实时信息传输的技术。重点研究异常环境条件下的传感器技术，传感器自动标定技术，海底信息传输技术等。

（21）天然气水合物开发技术

天然气水合物是蕴藏于海洋深水底和地下的碳氢化合物。重点研究天然气水合物的勘探理论与开发技术，天然气水合物地球物理与地球化学勘探和评价技术，突破天然气水合物钻井技术和安全开采技术。

（22）深海作业技术

深海作业技术是支撑深海海底工程作业和矿产开采的水下技术。重点研究大深度水下运载技术，生命维持系统技术，高比能量动力装置技术，高保真采样和信息远程传输技术，深海作业装备制造技术和深海空间站技术。

7. 激光技术

8. 空天技术

六、基础研究

基础研究以深刻认识自然现象、揭示自然规律，获取新知识、新原理、新方法和培养高素质创新人才等为基本使命，是高新技术发展的重要源泉，是培育创新人才的摇篮，是建设先进文化的基础，是未来科学和技术发展的内在动力。发展基础研究要坚持服务国家目标与鼓励自由探索相结合，遵循科学发展的规律，重视科学家的探索精神，突出科学的长远价值，稳定支持，超前部署，并根据科学发展的新动向，进行动态调整。本纲要从学科发展、科学前沿问题、面向国家重大战略需求的基础研究、重大科学研究计划四个方面进行部署。

1. 学科发展

根据基础研究厚积薄发、探索性强、进展往往难以预测的特点，对基础学科进行全面布局，突出学科交叉、融合与渗透，培育新的学科生长点。通过长期、深厚的学术研究积累，促进原始创新能力的提升，促进多学科协调发展。

（1）基础学科

重视基本理论和学科建设，全面协调地发展数学、物理学、化学、天文学、地球科学、生物学等基础学科。

（2）交叉学科和新兴学科

基础学科之间、基础学科与应用学科、科学与技术、自然科学与人文社会科学的交叉与融合，往往导致重大科学发现和新兴学科的产生，是科学研究中最活跃的部分之一，要给予高度关注和重点部署。

2. 科学前沿问题

微观与宇观的统一，还原论与整体论的结合，多学科的相互交叉，数学等基础科学向各领域的渗透，先进技术和手段的运用，是当代科学发展前沿的主要特征，孕育着科学上的重大突破，使人类对客观世界的认识不断地超越和深化。遴选科学前沿问题的原则为：对基础科学发展具有带动作用，具有良好基础，能充分体现我国优势与特色，有利于大幅提升我国基础科学的国际地位。

（1）生命过程的定量研究和系统整合

主要研究方向：基因语言及调控，功能基因组学，模式生物学，表观遗传学及非编码核糖核酸，生命体结构功能及其调控网络，生命体重构，生物信息学，计算生物学，系统生物学，极端环境中的生命特征，生命起源和演化，系统发育与进化生物学等。

（2）凝聚态物质与新效应

主要研究方向：强关联体系、软凝聚态物质，新量子特性凝聚态物质与新效应，自相似协同生长、巨开放系统和复杂系统问题，玻色—爱因斯坦凝聚，超流超导机制，极端条件下凝聚态物质的结构相变、电子结构和多种原激发过程等。

（3）物质深层次结构和宇宙大尺度物理学规律

主要研究方向：微观和宇观尺度以及高能、高密、超高压、超强磁场等极端状态下的物质结构与物理规律，探索统一所有物理规律的理论，粒子物理学前沿基本问题，暗物质和暗能量的本质，宇宙的起源和演化，黑洞及各种天体和结构的形成及演化，太阳活动对地球环境和灾害的影响及其预报等。

（4）核心数学及其在交叉领域的应用

主要研究方向：核心数学中的重大问题，数学与其他学科相互交叉及在科学研究和实际应用中产生的新的数学问题，如离散问题、随机问题、量子问题以及大量非线性问题中的数学理论和方法等。

（5）地球系统过程与资源、环境和灾害效应

主要研究方向：地球系统各圈层（大气圈、水圈、生物圈、地壳、地幔、地核）的相互作用，地球深部钻探，地球系统中的物理、化学、生物过程及其资源、环境与灾害效应，海陆相成藏理论，地基、海基、空基、天基地球观测与探测系统及地球模拟系统，地球系统科学理论等。

（6）新物质创造与转化的化学过程

主要研究方向：新的特定结构功能分子、凝聚态和聚集态分子功能体系的设计、可控合成、制备和转化，环境友好的新化学体系的建立，不同时空尺度物质形成与转化过程以及在生命过程和生态环

境等复杂体系中的化学本质、性能与结构的关系和转化规律等。

（7）脑科学与认知科学

主要研究方向：脑功能的细胞和分子机理，脑重大疾病的发生发展机理，脑发育、可塑性与人类智力的关系，学习记忆和思维等脑高级认知功能的过程及其神经基础，脑信息表达与脑式信息处理系统，人脑与计算机对话等。

（8）科学实验与观测方法、技术和设备的创新

主要研究方向：具有动态、适时、无损、灵敏、高分辨等特征的生命科学检测、成像、分析与操纵方法，物质组成、功能和结构信息获取新分析及表征技术，地球科学与空间科学研究中新观测手段和信息获取新方法等。

3. 面向国家重大战略需求的基础研究

以知识为基础的社会对科学发展提出了强烈需求，综合国力的竞争已前移到基础研究，而且愈加激烈。我国作为快速发展中的国家，更要强调基础研究服务于国家目标，通过基础研究解决未来发展中的关键、瓶颈问题。遴选研究方向的原则为：对国家经济社会发展和国家安全具有战略性、全局性和长远性意义；虽暂时还薄弱，但对发展具有关键性作用；能有力带动基础科学和技术科学的结合，引领未来高新技术发展。

（1）人类健康与疾病的生物学基础

重点研究重大疾病发生发展过程及其干预的分子与细胞基础，神经、免疫、内分泌系统在健康与重大疾病发生发展中的作用，病原体传播、变异规律和致病机制，药物在分子、细胞与整体调节水平上的作用机理，环境对生理过程的干扰，中医药学理论体系等。

（2）农业生物遗传改良和农业可持续发展中的科学问题

重点研究重要农业生物基因和功能基因组及相关“组”学，生物多样性与新品种培育的遗传学基础，植物抗逆性及水分养分和光能高效利用机理，农业生物与生态环境的相互作用，农业生物安全与主要病虫害控制原理等。

（3）人类活动对地球系统的影响机制

重点研究资源勘探与开发过程的灾害风险预测，重点流域大规模人类活动的生态影响、适应性和区域生态安全，重要生态系统能量物质循环规律与调控，生物多样性保育模式，土地利用与土地覆被变化，流域、区域需水规律与生态平衡，环境污染形成机理与控制原理，海洋资源可持续利用与海洋生态环境保护等。

（4）全球变化与区域响应

重点研究全球气候变化对中国的影响，大尺度水文循环对全球变化的响应以及全球变化对区域水资源的影响，人类活动与季风系统的相互作用，海—陆—气相互作用与亚洲季风系统变异及其预测，中国近海—陆地生态系统碳循环过程，青藏高原和极地对全球变化的响应及其气候和环境效应，气候系统模式的建立及其模拟和预测，温室效应的机理，气溶胶形成、演变机制及对气候变化的影响及控

制等。

（5）复杂系统、灾变形成及其预测控制

重点研究工程、自然和社会经济复杂系统中微观机理与宏观现象之间的关系，复杂系统中结构形成的机理和演变规律、结构与系统行为的关系，复杂系统运动规律，系统突变及其调控等，研究复杂系统不同尺度行为间的相关性，发展复杂系统的理论与方法等。

（6）能源可持续发展中的关键科学问题

重点研究化石能源高效洁净利用与转化的物理化学基础，高性能热功转换及高效节能储能中的关键科学问题，可再生能源规模化利用原理和新途径，电网安全稳定和经济运行理论，大规模核能基本技术和氢能技术的科学基础等。

（7）材料设计与制备的新原理与新方法

重点研究基础材料改性优化的理化基础、相变和组织控制机制、复合强韧化原理，新材料的物理化学性质，人工结构化和小尺度化、多功能集成化等物理新机制、新效应和新材料设计，材料制备新原理、新工艺以及结构、性能表征新原理，材料服役与环境的相互作用、性能演变、失效机制及寿命预测原理等。

（8）极端环境条件下制造的科学基础

重点研究深层次物质与能量交互作用规律，高密度能量和物质的微尺度输运，微结构形态的精确表达与计量，制造体成形、成性与系统集成的尺度效应和界面科学，复杂制造系统平稳运动的确定性与制造体的唯一性规律等。

（9）航空航天重大力学问题

重点研究高超声速推进系统及超高速碰撞力学问题，多维动力系统及复杂运动控制理论，可压缩湍流理论，高温气体热力学，磁流体及等离子体动力学，微流体与微系统动力学，新材料结构力学等。

（10）支撑信息技术发展的科学基础

重点研究新算法与软件基础理论，虚拟计算环境的机理，海量信息处理及知识挖掘的理论与方法，人机交互理论，网络安全与可信可控的信息安全理论等。

4. 重大科学研究计划

根据世界科学发展趋势和我国重大战略需求，选择能引领未来发展，对科学和技术发展有很强带动作用，可促进我国持续创新能力迅速提高，同时具有优秀创新团队的研究方向，重点部署四项重大科学研究计划。这些方向的突破，可显著提升我国的国际竞争力，大力促进可持续发展，实现重点跨越。

（1）蛋白质研究

蛋白质是最主要的生命活动载体和功能执行者。对蛋白质复杂多样的结构功能、相互作用和动态变化的深入研究，将在分子、细胞和生物体等多个层次上全面揭示生命现象的本质，是后基因组时代的主要任务。同时，蛋白质科学研究成果将催生一系列新的生物技术，带动医药、农业和绿色产业的发展，引领未来生物经济。因此，蛋白质科学是目前发达国家激烈争夺的生命科学制高点。

重点研究重要生物体系的转录组学、蛋白质组学、代谢组学、结构生物学、蛋白质生物学功能及其相互作用、蛋白质相关的计算生物学与系统生物学，蛋白质研究的方法学，相关应用基础研究等。

（2）量子调控研究

以微电子为基础的信息技术将达到物理极限，对信息科技发展提出了严峻的挑战，人类必须寻求新出路，而以量子效应为基础的新的信息手段初露端倪，并正在成为发达国家激烈竞争的焦点。量子调控就是探索新的量子现象，发展量子信息学、关联电子学、量子通信、受限小量子体系及人工带隙系统，构建未来信息技术理论基础，具有明显的前瞻性，有可能在 20 ~ 30 年后对人类社会经济发展产生难以估量的影响。

重点研究量子通信的载体和调控原理及方法，量子计算，电荷—自旋—相位—轨道等关联规律以及新的量子调控方法，受限小量子体系的新量子效应，人工带隙材料的宏观量子效应，量子调控表征和测量的新原理和新技术基础等。

（3）纳米研究

物质在纳米尺度下表现出的奇异现象和规律将改变相关理论的现有框架，使人们对物质世界的认识进入到崭新的阶段，孕育着新的技术革命，给材料、信息、绿色制造、生物和医学等领域带来极大的发展空间。纳米科技已成为许多国家提升核心竞争力的战略选择，也是我国有望实现跨越式发展的领域之一。

重点研究纳米材料的可控制备、自组装和功能化，纳米材料的结构、优异特性及其调控机制，纳加工与集成原理，概念性和原理性纳器件，纳电子学，纳米生物学和纳米医学，分子聚集体和生物分子的光、电、磁学性质及信息传递，单分子行为与操纵，分子机器的设计组装与调控，纳米尺度表征与度量学，纳米材料和纳米技术在能源、环境、信息、医药等领域的应用。

（4）发育与生殖研究

动物克隆、干细胞等一系列举世瞩目的成就为生命科学与医学的未来发展带来了重大的机遇。然而这些成果大多还不能直接造福于人类，主要原因是对生殖与发育过程及其机理缺乏系统深入的认识。我国人口增长量大，出生缺陷多，移植器官严重短缺，老龄化高峰即将到来，迫切需要生殖与发育科学理论的突破和技术创新。

重点研究干细胞增殖、分化和调控，生殖细胞发生、成熟与受精，胚胎发育的调控机制，体细胞去分化和动物克隆机理，人体生殖功能的衰退与退行性病变的机制，辅助生殖与干细胞技术的安全和伦理等。

七、科技体制改革与国家创新体系建设

改革开放以来，我国科技体制改革紧紧围绕促进科技与经济结合，以加强科技创新、促进科技成果转化和产业化为目标，以调整结构、转换机制为重点，采取了一系列重大改革措施，取得了重要突破和实质性进展。同时，必须清楚地看到，我国现行科技体制与社会主义市场经济体制以及经济、科

技大发展的要求，还存在着诸多不相适应之处。一是企业尚未真正成为技术创新的主体，自主创新能力不强。二是各方面科技力量自成体系、分散重复，整体运行效率不高，社会公益领域科技创新能力尤其薄弱。三是科技宏观管理各自为政，科技资源配置方式、评价制度等不能适应科技发展新形势和政府职能转变的要求。四是激励优秀人才、鼓励创新创业的机制还不完善。这些问题严重制约了国家整体创新能力的提高。

深化科技体制改革的指导思想是：以服务国家目标和调动广大科技人员的积极性和创造性为出发点，以促进全社会科技资源高效配置和综合集成为重点，以建立企业为主体、产学研结合的技术创新体系为突破口，全面推进中国特色国家创新体系建设，大幅提高国家自主创新能力。

当前和今后一个时期，科技体制改革的重点任务是：

1. 支持鼓励企业成为技术创新主体

市场竞争是技术创新的重要动力，技术创新是企业提高竞争力的根本途径。随着改革开放的深入，我国企业在技术创新中发挥着越来越重要的作用。要进一步创造条件、优化环境、深化改革，切实增强企业技术创新的动力和活力。一要发挥经济、科技政策的导向作用，使企业成为研究开发投入的主体。加快完善统一、开放、竞争、有序的市场经济环境，通过财税、金融等政策，引导企业增加研究开发投入，推动企业特别是大企业建立研究开发机构。依托具有较强研究开发和技术辐射能力的转制科研机构或大企业，集成高等院校、科研院所等相关力量，组建国家工程实验室和行业工程中心。鼓励企业与高等院校、科研院所建立各类技术创新联合组织，增强技术创新能力。二要改革科技计划支持方式，支持企业承担国家研究开发任务。国家科技计划要更多地反映企业重大科技需求，更多地吸纳企业参与。在具有明确市场应用前景的领域，建立企业牵头组织、高等院校和科研院所共同参与实施的有效机制。三要完善技术转移机制，促进企业的技术集成与应用。建立健全知识产权激励机制和知识产权交易制度。大力发展为企业服务的各类科技中介服务机构，促进企业之间、企业与高等院校和科研院所之间的知识流动和技术转移。国家重点实验室、工程（技术研究）中心要向企业扩大开放。四要加快现代企业制度建设，增强企业技术创新的内在动力。把技术创新能力作为国有企业考核的重要指标，把技术要素参与分配作为高新技术企业产权制度改革的重要内容。坚持应用开发类科研机构企业化转制的方向，深化企业化转制科研机构产权制度等方面的改革，形成完善的管理体制和合理、有效的激励机制，使之在高新技术产业化和行业技术创新中发挥骨干作用。五要营造良好创新环境，扶持中小企业的技术创新活动。中小企业特别是科技型中小企业是富有创新活力但承受创新风险能力较弱的企业群体。要为中小企业创造更为有利的政策环境，在市场准入、反不正当竞争等方面，起草和制定有利于中小企业发展的相关法律、政策；积极发展支持中小企业的科技投融资体系和创业风险投资机制；加快科技中介服务机构建设，为中小企业技术创新提供服务。

2. 深化科研机构改革，建立现代科研院所制度

从事基础研究、前沿技术研究和社会公益研究的科研机构，是我国科技创新的重要力量。建设一支稳定服务于国家目标、献身科技事业的高水平研究队伍，是发展我国科学技术事业的希望所在。经

过多年的结构调整和人才分流等改革，我国已经形成了一批精干的科研机构，国家要给予稳定支持。充分发挥这些科研机构的重要作用，必须以提高创新能力为目标，以健全机制为重点，进一步深化管理体制改革，加快建设“职责明确、评价科学、开放有序、管理规范”的现代科研院所制度。一要按照国家赋予的职责定位加强科研机构建设。要切实改变目前部分科研机构职责定位不清、力量分散、创新能力不强的局面，优化资源配置，集中力量形成优势学科领域和研究基地。社会公益类科研机构要发挥行业技术优势，提高科技创新和服务能力，解决社会发展重大科技问题；基础科学、前沿技术科研机构要发挥学科优势，提高研究水平，取得理论创新和技术突破，解决重大科学技术问题。二要建立稳定支持科研机构创新活动的科技投入机制。学科和队伍建设、重大创新成果是长期持续努力的结果。对从事基础研究、前沿技术研究和社会公益研究的科研机构，国家财政给予相对稳定支持。根据科研机构的不同情况，提高人均事业经费标准，支持需要长期积累的学科建设、基础性工作和队伍建设。三要建立有利于科研机构原始创新的运行机制。自主选题研究对科研机构提高原始创新能力、培养人才队伍非常重要。加强对科研机构开展自主选题研究的支持。完善科研院所长负责制，进一步扩大科研院所在科技经费、人事制度等方面的决策自主权，提高科研机构内部创新活动的协调集成能力。四要建立科研机构整体创新能力评价制度。建立科学合理的综合评价体系，在科研成果质量、人才队伍建设、管理运行机制等方面对科研机构整体创新能力进行综合评价，促进科研机构提高管理水平和创新能力。五要建立科研机构开放合作的有效机制。实行固定人员与流动人员相结合的用人制度。全面实行聘用制和岗位管理，面向全社会公开招聘科研和管理人才。通过建立有效机制，促进科研院所与企业和大学之间多种形式的联合，促进知识流动、人才培养和科技资源共享。

大学是我国培养高层次创新人才的重要基地，是我国基础研究和高技术领域原始创新的主力军之一，是解决国民经济重大科技问题、实现技术转移、成果转化的生力军。加快建设一批高水平大学，特别是一批世界知名的高水平研究型大学，是我国加速科技创新、建设国家创新体系的需要。我国已经形成了一批规模适当、学科综合和人才汇聚的高水平大学，要充分发挥其在科技创新方面的重要作用。积极支持大学在基础研究、前沿技术研究、社会公益研究等领域的原始创新。鼓励、推动大学与企业和科研院所进行全面合作，加大为国家、区域和行业发展服务的力度。加快大学重点学科和科技创新平台建设。培养和汇聚一批具有国际领先水平的学科带头人，建设一支学风优良、富有创新精神和国际竞争力的高校教师队伍。进一步加快大学内部管理体制的改革步伐。优化大学内部的教育结构和科技组织结构，创新运行机制和管理制度，建立科学合理的综合评价体系，建立有利于提高创新人才培养质量和创新能力，人尽其才、人才辈出的运行机制。积极探索建立具有中国特色的现代大学制度。

3. 推进科技管理体制改革

针对当前我国科技宏观管理中存在的突出问题，推进科技管理体制改革，重点是健全国家科技决策机制，努力消除体制机制性障碍，加强部门之间、地方之间、部门与地方之间、军民之间的统筹协调，切实提高整合科技资源、组织重大科技活动的能力。一要建立健全国家科技决策机制。完善国家重大科技决策议事程序，形成规范的咨询和决策机制。强化国家对科技发展的总体部署和宏观管理，加强对重大科技政策制定、重大科技计划实施和科技基础设施建设的统筹。二要建立健全国家科技宏观协调机制。确立科技政策作为国家公共政策的基础地位，按照有利于促进科技创新、增强自主创新能力的目标，形成国家科技政策与经济政策协调互动的政策体系。建立部门之间统筹配置科技资源的协调机制。加快国家科技行政管理部门职能转变，推进依法行政，提高宏观管理能力和服务水平。改进计划管理方式，充分发挥部门、地方在计划管理和项目实施管理中的作用。三要改革科技评审与评估制度。科技项目的评审要体现公正、公平、公开和鼓励创新的原则，为各类人才特别是青年人才的脱颖而出创造条件。重大项目评审要体现国家目标。完善同行专家评审机制，建立评审专家信用制度，建立国际同行专家参与评议的机制，加强对评审过程的监督，扩大评审活动的公开化程度和被评审人的知情范围。对创新性强的小项目、非共识项目以及学科交叉项目给予特别关注和支持，注重对科技人员和团队素质、能力和研究水平的评价，鼓励原始创新。建立国家重大科技计划、知识创新工程、自然科学基金资助计划等实施情况的独立评估制度。四要改革科技成果评价和奖励制度。要根据科技创新活动的不同特点，按照公开公正、科学规范、精简高效的原则，完善科研评价制度和指标体系，改变评价过多过繁的现象，避免急功近利和短期行为。面向市场的应用研究和试验开发等创新活动，以获得自主知识产权及其对产业竞争力的贡献为评价重点；公益科研活动以满足公众需求和产生的社会效益为评价重点；基础研究和前沿科学探索以科学意义和学术价值为评价重点。建立适应不同性质科技工作的人才评价体系。改革国家科技奖励制度，减少奖励数量和奖励层次，突出政府科技奖励的重点，在实行对项目奖励的同时，注重对人才的奖励。鼓励和规范社会力量设奖。

4. 全面推进中国特色国家创新体系建设

深化科技体制改革的目标是推进和完善国家创新体系建设。国家创新体系是以政府为主导、充分发挥市场配置资源的基础性作用、各类科技创新主体紧密联系和有效互动的社会系统。现阶段，中国特色国家创新体系建设重点：一是建设以企业为主体、产学研结合的技术创新体系，并将其作为全面推进国家创新体系建设的突破口。只有以企业为主体，才能坚持技术创新的市场导向，有效整合产学研的力量，切实增强国家竞争力。只有产学研结合，才能更有效配置科技资源，激发科研机构的创新活力，并使企业获得持续创新的能力。必须在大幅提高企业自身技术创新能力的同时，建立科研院所与高等院校积极围绕企业技术创新需求服务、产学研多种形式结合的新机制。二是建设科学研究与高等教育有机结合的知识创新体系。以建立开放、流动、竞争、协作的运行机制为中心，促进科研院所之间、科研院所与高等院校之间的结合和资源集成。加强社会公益科研体系建设。发展研究型大学。努力形成一批高水平的、资源共享的基础科学和前沿技术研究基地。三是建设军民结合、寓军于民的国防科技创新体系。从宏观管理、发展战略和计划、研究开发活动、科技产业化等多个方面，促进军民科技的紧密结合，加强军民两用技术的开发，形成全国优秀科技力量服务国防科技创新、国防科技成果迅速向民用转化的良好格局。四是建设各具特色和优势的区域创新体系。充分结合区域经济和社会发展的特色和优势，统筹规划区域创新体系和创新能力建设。深化地方科技体制改革。促进中央与地方科技力量的有机结合。发挥高等院校、科研院所和国家高新技术产业开发区在区域创新体系中的重要作用，增强科技创新对区域经济社会发展的支撑力度。加强中、西部区域科技发展能力建设。切实加强县（市）等基层科技体系建设。五是建设社会化、网络化的科技中介服务体系。针对科技中介服务行业规模小、功能单一、服务能力薄弱等突出问题，大力培育和发展各类科技中介服务机构。充分发挥高等院校、科研院所和各类社团在科技中介服务中的重要作用。引导科技中介服务机构向专业化、规模化和规范化方向发展。

八、若干重要政策和措施

为确保本纲要各项任务的落实，不仅要解决体制和机制问题，还必须制定和完善更加有效的政策与措施。所有政策和措施都必须有利于增强自主创新能力，有利于激发科技人员的积极性和创造性，有利于充分利用国内外科技资源，有利于科技支撑和引领经济社会的发展。本纲要确定的科技政策和措施，是针对当前主要矛盾和突出问题而制定的，随着形势发展和本纲要实施进展情况，将不断加以丰富和完善。

1. 实施激励企业技术创新的财税政策

鼓励企业增加研究开发投入，增强技术创新能力。加快实施消费型增值税，将企业购置的设备已征税款纳入增值税抵扣范围。在进一步落实国家关于促进技术创新、加速科技成果转化以及设备更新等各项税收优惠政策的基础上，积极鼓励和支持企业开发新产品、新工艺和新技术，加大企业研究开发投入的税前扣除等激励政策的力度，实施促进高新技术企业发展的税收优惠政策。结合企业所得税和企业财务制度改革，鼓励企业建立技术研究开发专项资金制度。允许企业加速研究开发仪器设备的折旧。对购买先进科学研究仪器和设备给予必要税收扶持政策。加大对企业设立海外研究开发机构的外汇和融资支持力度，提供对外投资便利和优质服务。

全面贯彻落实《中华人民共和国中小企业促进法》，支持创办各种性质的中小企业，充分发挥中小企业技术创新的活力。鼓励和支持中小企业采取联合出资、共同委托等方式进行合作研究开发，对加快创新成果转化给予政策扶持。制定扶持中小企业技术创新的税收优惠政策。

2. 加强对引进技术的消化、吸收和再创新

完善和调整国家产业技术政策，加强对引进技术的消化、吸收和再创新。制定鼓励自主创新、限制盲目重复引进的政策。

通过调整政府投资结构和重点，设立专项资金，用于支持引进技术的消化、吸收和再创新，支持重大技术装备研制和重大产业关键共性技术的研究开发。采取积极政策措施，多渠道增加投入，支持以企业为主体、产学研联合开展引进技术的消化、吸收和再创新。

把国家重大建设工程作为提升自主创新能力的重要载体。通过国家重大建设工程的实施，消化吸收一批先进技术，攻克一批事关国家战略利益的关键技术，研制一批具有自主知识产权的重大装备和关键产品。

3. 实施促进自主创新的政府采购

制定《中华人民共和国政府采购法》实施细则，鼓励和保护自主创新。建立政府采购自主创新产品协调机制。对国内企业开发的具有自主知识产权的重要高新技术装备和产品，政府实施首购政策。对企业采购国产高新技术设备提供政策支持。通过政府采购，支持形成技术标准。

4. 实施知识产权战略和技术标准战略

保护知识产权，维护权利人利益，不仅是我国完善市场经济体制、促进自主创新的需要，也是树立国际信用、开展国际合作的需要。要进一步完善国家知识产权制度，营造尊重和保护知识产权的法治环境，促进全社会知识产权意识和国家知识产权管理水平的提高，加大知识产权保护力度，依法严厉打击侵犯知识产权的各种行为。同时，要建立对企业并购、技术交易等重大经济活动知识产权特别审查机制，避免自主知识产权流失。防止滥用知识产权而对正常的市场竞争机制造成不正当的限制，阻碍科技创新和科技成果的推广应用。将知识产权管理纳入科技管理全过程，充分利用知识产权制度提高我国科技创新水平。强化科技人员和科技管理人员的知识产权意识，推动企业、科研院所、高等院校重视和加强知识产权管理。充分发挥行业协会在保护知识产权方面的重要作用。建立健全有利于知识产权保护的从业资格制度和社会信用制度。

根据国家战略需求和产业发展要求，以形成自主知识产权为目标，产生一批对经济、社会和科技等发展具有重大意义的发明创造。组织以企业为主体的产学研联合攻关，并在专利申请、标准制定、国际贸易和合作等方面予以支持。

将形成技术标准作为国家科技计划的重要目标。政府主管部门、行业协会等要加强对重要技术标准制定的指导协调，并优先采用。推动技术法规和技术标准体系建设，促使标准制定与科研、开发、设计、制造相结合，保证标准的先进性和效能性。引导产、学、研各方面共同推进国家重要技术标准的研究、制定及优先采用。积极参与国际标准的制定，推动我国技术标准成为国际标准。加强技术性贸易措施体系建设。

5. 实施促进创新创业的金融政策

建立和完善创业风险投资机制，起草和制定促进创业风险投资健康发展的法律法规及相关政策。积极推进创业板市场建设，建立加速科技产业化的多层次资本市场体系。鼓励有条件的高科技企业在国内主板和中小企业板上市。努力为高科技中小企业在海外上市创造便利条件。为高科技创业风险投资企业跨境资金运作创造更加宽松的金融、外汇政策环境。在国家高新技术产业开发区内，开展对未上市高新技术企业股权流通的试点工作。逐步建立技术产权交易市场。探索以政府财政资金为引导，政策性金融、商业性金融资金投入为主的方式，采取积极措施，促进更多资本进入创业风险投资市场。建立全国性的科技创业风险投资行业自律组织。鼓励金融机构对国家重大科技产业化项目、科技成果转化项目等给予优惠的信贷支持，建立健全鼓励中小企业技术创新的知识产权信用担保制度和其他信用担保制度，为中小企业融资创造良好条件。搭建多种形式的科技金融合作平台，政府引导各类金融机构和民间资金参与科技开发。鼓励金融机构改善和加强对高新技术企业，特别是对科技型中小企业的金融服务。鼓励保险公司加大产品和服务创新力度，为科技创新提供全面的风险保障。

6. 加速高新技术产业化和先进适用技术的推广

把推进高新技术产业化作为调整经济结构、转变经济增长方式的一个重点。积极发展对经济增长有突破性重大带动作用的高新技术产业。

优化高新技术产业化环境。继续加强国家高新技术产业开发区等产业化基地建设。制定有利于促进国家高新技术产业开发区发展并带动周边地区发展的政策。构建技术交流与技术交易信息平台，对国家大学科技园、科技企业孵化基地、生产力促进中心、技术转移中心等科技中介服务机构开展的技术开发与服务活动给予政策扶持。

加大对农业技术推广的支持力度。建立面向农村推广先进适用技术的新机制。把农业科技推广成就作为科技奖励的重要内容，建立农业技术推广人员的职业资格认证制度，激励科技人员以多种形式深入农业生产第一线开展技术推广活动。设立农业科技成果转化和推广专项资金，促进农村先进适用技术的推广，支持农村各类人才的技术革新和发明创造。国家对农业科技推广实行分类指导，分类支持，鼓励和支持多种模式的、社会化的农业技术推广组织的发展，建立多元化的农业技术推广体系。

支持面向行业的关键、共性技术的推广应用。制定有效的政策措施，支持产业竞争前技术的研究开发和推广应用，重点加大电子信息、生物、制造业信息化、新材料、环保、节能等关键技术的推广应用，促进传统产业的改造升级。加强技术工程化平台、产业化示范基地和中间试验基地建设。

7. 完善军民结合、寓军于民的机制

加强军民结合的统筹和协调。改革军民分离的科技管理体制，建立军民结合的新的科技管理体制。鼓励军口科研机构承担民用科技任务；国防研究开发工作向民口科研机构和企业开放；扩大军品采购向民口科研机构和企业采购的范围。改革相关管理体制和制度，保障非军工科研企事业单位平等参与军事装备科研和生产的竞争。建立军民结合、军民共用的科技基础条件平台。

建立适应国防科研和军民两用科研活动特点的新机制。统筹部署和协调军民基础研究，加强军民高技术研究开发力量的集成，建立军民有效互动的协作机制，实现军用产品与民用产品研制生产的协调，促进军民科技各环节的有机结合。

8. 扩大国际和地区科技合作与交流

增强国家自主创新能力，必须充分利用对外开放的有利条件，扩大多种形式的国际和地区科技合作与交流。

鼓励科研院所、高等院校与海外研究开发机构建立联合实验室或研究开发中心。支持在双边、多边科技合作协议框架下，实施国际合作项目。建立内地与港、澳、台的科技合作机制，加强沟通与交流。

支持我国企业“走出去”。扩大高新技术及其产品的出口，鼓励和支持企业在海外设立研究开发机构或产业化基地。

积极主动参与国际大科学工程和国际学术组织。支持我国科学家和科研机构参与或牵头组织国际和区域性大科学工程。建立培训制度，提高我国科学家参与国际学术交流的能力，支持我国科学家在重要国际学术组织中担任领导职务。鼓励跨国公司在华设立研究开发机构。提供优惠条件，在我国设立重要的国际学术组织或办事机构。

9. 提高全民族科学文化素质，营造有利于科技创新的社会环境

实施全民科学素质行动计划。以促进人的全面发展为目标，提高全民科学文化素质。在全社会大力弘扬科学精神，宣传科学思想，推广科学方法，普及科学知识。加强农村科普工作，逐步建立提高农民技术和职业技能的培训体系。组织开展多种形式和系统性的校内外科学探索和科学体验活动，加强创新教育，培养青少年创新意识和能力。加强各级干部和公务员的科技培训。

加强国家科普能力建设。合理布局并切实加强科普场馆建设，提高科普场馆运营质量。建立科研院所、大学定期向社会公众开放制度。在科技计划项目实施中加强与公众沟通交流。繁荣科普创作，打造优秀科普品牌。鼓励著名科学家及其他专家学者参与科普创作。制定重大科普作品选题规划，扶持原创性科普作品。在高校设立科技传播专业，加强对科普的基础性理论研究，培养专业化科普人才。

建立科普事业的良性运行机制。加强政府部门、社会团体、大型企业等各方面的优势集成，促进科技界、教育界和大众媒体之间的协作。鼓励经营性科普文化产业发展，放宽民间和海外资金发展科普产业的准入限制，制定优惠政策，形成科普事业的多元化投入机制。推进公益性科普事业体制与机制改革，激发活力，提高服务意识，增强可持续发展能力。

九、科技投入与科技基础条件平台

科技投入和科技基础条件平台，是科技创新的物质基础，是科技持续发展的重要前提和根本保障。今天的科技投入，就是对未来国家竞争力的投资。改革开放以来，我国科技投入不断增长，但与我国科技事业的大发展和全面建设小康社会的重大需求相比，与发达国家和新兴工业化国家相比，我国科技投入的总量和强度仍显不足，投入结构不尽合理，科技基础条件薄弱。当今发达国家和新兴工业化国家，都把增加科技投入作为提高国家竞争力的战略举措。我国必须审时度势，从增强国家自主创新能力和核心竞争力出发，大幅增加科技投入，加强科技基础条件平台建设，为完成本纲要提出的各项重大任务提供必要的保障。

1. 建立多元化、多渠道的科技投入体系

充分发挥政府在投入中的引导作用，通过财政直接投入、税收优惠等多种财政投入方式，增强政府投入调动全社会科技资源配置的能力。国家财政投入主要用于支持市场机制不能有效解决的基础研究、前沿技术研究、社会公益研究、重大共性关键技术研究等公共科技活动，并引导企业和全社会的科技投入。中央和地方各级政府要按照《中华人民共和国科学技术进步法》的要求，在编制年初预算和预算执行中的超收分配时，都要体现法定增长的要求，保证科技经费的增长幅度明显高于财政经常性收入的增长幅度，逐步提高国家财政性科技投入占国内生产总值的比例。要结合国家财力情况，统

筹安排规划实施所需经费，切实保障重大专项的顺利实施。国家继续加强对重大科技基础设施建设的投入，在中央和地方建设投资中作为重点予以支持。在政府增加科技投入的同时，强化企业科技投入主体的地位。总之，通过多方面的努力，使我国全社会研究开发投入占国内生产总值的比例逐年提高，到 2010 年达到 2%，到 2020 年达到 2.5%以上。

2. 调整和优化投入结构，提高科技经费使用效益

加强对基础研究、前沿技术研究、社会公益研究以及科技基础条件和科学技术普及的支持。合理安排科研机构（基地）正常运转经费、科研项目经费、科技基础条件经费等的比例，加大对基础研究和社会公益类科研机构的稳定投入力度，将科普经费列入同级财政预算，逐步提高科普投入水平。建立和完善适应科学研究规律和科技工作特点的科技经费管理制度，按照国家预算管理的规定，提高财政资金使用的规范性、安全性和有效性。提高国家科技计划管理的公开性、透明度和公正性，逐步建立财政科技经费的预算绩效评价体系，建立健全相应的评估和监督管理机制。

3. 加强科技基础条件平台建设

科技基础条件平台是在信息、网络等技术支撑下，由研究实验基地、大型科学设施和仪器装备、科学数据与信息、自然科技资源等组成，通过有效配置和共享，服务于全社会科技创新的支撑体系。科技基础条件平台建设重点是：

国家研究实验基地。根据国家重大战略需求，在新兴前沿交叉领域和具有我国特色和优势的领域，主要依托国家科研院所和研究型大学，建设若干队伍强、水平高、学科综合交叉的国家实验室和其他科学研究实验基地。加强国家重点实验室建设，不断提高其运行和管理的整体水平。构建国家野外科学观测研究台站网络体系。

大型科学工程和设施。重视科学仪器与设备对科学研究的作用，加强科学仪器设备及检测技术的自主研究开发。建设若干大型科学工程和基础设施，包括在高性能计算、大型空气动力研究试验和极端条件下进行科学实验等方面的大科学工程或大型基础设施。推进大型科学仪器、设备、设施的共享与建设，逐步形成全国性的共享网络。

科学数据与信息平台。充分利用现代信息技术手段，建设基于科技条件资源信息化的数字科技平台，促进科学数据与文献资源的共享，构建网络科研环境，面向全社会提供服务，推动科学研究手段、方式的变革。

自然科技资源服务平台。建立完备的植物、动物种质资源，微生物菌种和人类遗传资源，以及实验材料，标本、岩矿化石等自然科技资源保护与利用体系。

国家标准、计量和检测技术体系。研究制定高精确度和高稳定性的计量基标准和标准物质体系，以及重点领域的技术标准，完善检测实验室体系、认证认可体系及技术性贸易措施体系。

4. 建立科技基础条件平台的共享机制

建立有效的共享制度和机制是科技基础条件平台建设取得成效的关键和前提。根据“整合、共享、完善、提高”的原则，借鉴国外成功经验，制定各类科技资源的标准规范，建立促进科技资源共享的

政策法规体系。针对不同类型科技条件资源的特点，采用灵活多样的共享模式，打破当前条块分割、相互封闭、重复分散的格局。

十、人才队伍建设

科技创新，人才为本。人才资源已成为最重要的战略资源。要实施人才强国战略，切实加强科技人才队伍建设，为实施本纲要提供人才保障。

1. 加快培养造就一批具有世界前沿水平的高级专家

要依托重大科研和建设项目、重点学科和科研基地以及国际学术交流与合作项目，加大学科带头人的培养力度，积极推进创新团队建设。注重发现和培养一批战略科学家、科技管理专家。对核心技术领域的高级专家要实行特殊政策。进一步破除科学研究中的论资排辈和急功近利现象，抓紧培养造就一批中青年高级专家。改进和完善职称制度、院士制度、政府特殊津贴制度、博士后制度等高层次人才制度，进一步形成培养选拔高级专家的制度体系，使大批优秀拔尖人才得以脱颖而出。

2. 充分发挥教育在创新人才培养中的重要作用

加强科技创新与人才培养的有机结合，鼓励科研院所与高等院校合作培养研究型人才。支持研究生参与或承担科研项目，鼓励本科生投入科研工作，在创新实践中培养他们的探索兴趣和科学精神。高等院校要适应国家科技发展战略和市场对创新人才的需求，及时合理地设置一些交叉学科、新兴学科并调整专业结构。加强职业教育、继续教育与培训，培养适应经济社会发展需求的各类实用技术专业人才。要深化中小学教学内容和方法的改革，全面推进素质教育，提高科学文化素养。

3. 支持企业培养和吸引科技人才

国家鼓励企业聘用高层次科技人才和培养优秀科技人才，并给予政策支持。鼓励和引导科研院所和高等院校的科技人员进入市场创新创业。允许高等院校和科研院所的科技人员到企业兼职进行技术开发。引导高等院校毕业生到企业就业。鼓励企业与高等院校和科研院所共同培养技术人才。多方式、多渠道培养企业高层次工程技术人才。允许国有高新技术企业对技术骨干和管理骨干实施期权等激励政策，探索建立知识、技术、管理等要素参与分配的具体办法。支持企业吸引和招聘外籍科学家和工程师。

4. 加大吸引留学和海外高层次人才工作力度

制定和实施吸引优秀留学人才回国工作和为国服务计划，重点吸引高层次人才和紧缺人才。采取多种方式，建立符合留学人员特点的引才机制。加大对高层次留学人才回国的资助力度。大力加强留学人员创业基地建设。健全留学人才为国服务的政策措施。加大高层次创新人才公开招聘力度。实验室主任、重点科研机构学术带头人以及其他高级科研岗位，逐步实行海内外公开招聘。实行有吸引力的政策措施，吸引海外高层次优秀科技人才和团队来华工作。

5. 构建有利于创新人才成长的文化环境

倡导拼搏进取、自觉奉献的爱国精神，求真务实、勇于创新的科学精神，团结协作、淡泊名利的团队精神。提倡理性怀疑和批判，尊重个性，宽容失败，倡导学术自由和民主，鼓励敢于探索、勇于冒尖，大胆提出新的理论和学说。激发创新思维，活跃学术气氛，努力形成宽松和谐、健康向上的创新文化氛围。加强科研职业道德建设，遏制科学技术研究中的浮躁风气和学术不良风气。

实施国家中长期科学和技术发展规划纲要，涉及面广、时间跨度大、要求很高，要加强组织领导和统筹协调，采取切实有效措施，确保各项任务的落实。一是加强本纲要与“十一五”国民经济和社会发展规划的衔接。为增强纲要的可操作性，当前要将纲要的有关内容按照轻重缓急，做好与“十一五”国民经济和社会发展规划紧密结合，包括优先主题、重大专项、前沿技术、基础研究、基础条件平台建设和科技体制改革等，从中遴选出需要立即起步或在“十一五”期间亟须解决的重点任务，抓紧在“十一五”国民经济和社会发展规划中做出具体安排和部署。二是制定若干配套政策。纲要确定的发展目标、重点任务及政策措施，是带有方向性和指导性的，需要制定若干切实可行、操作性强的配套政策。包括支持企业成为技术创新主体的政策，促进对引进技术消化、吸收和再创新的政策，激励自主创新的政府采购政策，加大科技投入、提高资金使用效益的政策，深化科技体制改革、推进国家创新体系建设的政策，加速高新技术产业化的政策，加强科技人才队伍建设的政策，促进军民结合、寓军于民的政策等。上述政策要责成有关部门牵头、相关部门参加，在充分调查研究的基础上，使科技政策与产业、金融、财税等经济政策相互协调、紧密结合，并抓紧出台实施。三是建立纲要实施的动态调整机制。鉴于世界科学技术发展迅猛，国内经济社会发展不断变化，要在经济社会分析、技术预测和定期评估的基础上，建立纲要实施的动态调整机制。纲要确定的发展目标和重点任务，要根据国内外科技发展的新趋势、新突破和我国经济社会发展的新需求，进行及时的、必要的调整，有的要充实加强，有的要适当调整。四是加强对纲要实施的组织领导。要在党中央、国务院的统一领导下，充分发挥各地方、各部门、各社会团体的积极性和主动性，大力协同，共同推动纲要的组织实施。特别是国家科技管理部门、发展改革部门、财政部门等综合管理部门要紧密配合，切实负起责任，加强具体指导。各省、自治区、直辖市要结合本地实际，贯彻落实纲要。

本纲要的实施，关系全面建设小康社会目标的实现，关系社会主义现代化建设的成功，关系中华民族的伟大复兴。让我们在以胡锦涛同志为总书记的党中央领导下，以邓小平理论和“三个代表”重要思想为指导，坚定信心，奋发图强，为建设创新型国家，实现我国科学和技术发展的宏伟蓝图而奋斗！

国家“十一五”科学技术发展规划

“十一五”是我国全面落实科学发展观，把增强自主创新能力作为国家战略，加快经济增长方式转变，推进产业结构优化升级，为全面建设小康社会奠定基础的关键时期，是贯彻党的十六届五中全会和全国科学技术大会精神，实施《国家中长期科学和技术发展规划纲要（2006—2020年）》（以下简称《纲要》）的开局阶段。“十一五”科技工作要围绕经济社会发展的迫切需求，根据《纲要》确定的各项任务和要求，明确未来五年的发展思路、目标和重点，大力推进科技进步和创新，为建设创新型国家奠定坚实基础。

一、形势与需求

进入21世纪，经济全球化进程明显加快，世界新科技革命发展的势头更加迅猛，一系列新的重大科学发现和技术发明，正在以更快的速度转化为现实生产力，深刻改变着经济社会的面貌。科学技术推动经济发展、促进社会进步和维护国家安全的主导作用更加凸显，以科技创新为基础的国际竞争更加激烈。世界主要国家都把科技创新作为重要的国家战略，把科技投入作为战略性投入，把发展战略技术及产业作为实现跨越的重要突破口。面对世界科技发展的新形势和日趋激烈的国际竞争，未来五年我国必须切实将科学技术置于国家发展的优先地位，大力推进自主创新，努力建设创新型国家，赢得发展的主动权。

“十五”期间，针对国民经济、社会发展和国家安全的需求，我国科技工作按照“创新、产业化”的指导方针，在提高科技持续创新能力和促进产业技术升级两个层面进行战略部署，深化科技体制改革，实施“人才、专利和技术标准”三大战略，围绕国家战略目标成功组织实施了12个重大专项，取得了一批以“神六”载人航天飞船、超级杂交稻、高性能计算机、SARS疫苗、量子纠缠等为标志的重大科技成就，拥有了一批在农业、工业领域具有重要支撑作用的自主知识产权，推动了一批高技术产业集群的迅速崛起，造就了一批具有自主创新能力的知名企业。到2005年，R&D投入占GDP的比例达到1.3%，从事R&D活动人员全时当量达到120万人年，科技论文产出居世界第5位，来

科技部，国科发计字〔2006〕392号，2006年5月14日。

自国内的发明专利申请数量达 9.3 万件，授权量达 2.1 万件。回顾过去，我国“十五”期间确定的科技发展目标、战略部署和各项任务基本完成，初步形成了具有中国特色的科技发展总体格局，全社会科技水平显著提高，综合国力和国际竞争力显著增强，科技进步与创新为经济社会发展和改善人民生活提供了有力的支撑。

未来五年是战略机遇与矛盾凸显并存的关键时期，是立足科学发展，着力自主创新，完善体制机制，促进社会和谐的关键时期。我国要坚定不移地以科学发展观统领经济社会发展全局，坚持以人为本，转变发展观念，创新发展模式，提高发展质量，把经济社会发展转入全面协调可持续发展的轨道。从国民经济和社会发展的战略全局看，我国比以往任何时候都更加迫切地需要坚实的科学基础和有力的技术支撑。保持国民经济平稳较快的增长，建设资源节约型、环境友好型社会，必须依靠科技进步加快经济增长方式转变；参与日趋激烈的产业国际竞争，提高以自主知识产权为核心的竞争能力，必须依靠先进技术加快产业结构优化升级；培育新兴产业，催生新的增长点，引领未来发展，必须依靠科技在一些新兴领域和前沿领域实现重点突破；促进城乡区域协调发展，建设社会主义新农村，提高人民生活质量，必须依靠社会公益技术进步大幅提高公共科技的供给能力；保障国家安全和维护社会安定，必须依靠技术创新显著提高保障国防和公共安全的能力。

目前，我国科技的总体水平同世界先进水平相比仍有较大差距，同我国经济社会发展的要求还有许多不相适应的地方，主要表现为科学研究实力不强，优秀拔尖人才比较缺乏，科技投入不足，科学技术发展还存在着一些体制、机制性障碍，特别是自主创新能力不足已成为制约国家经济社会持续发展的重要因素。

本世纪头 20 年是我国科技发展的重要战略机遇期，“十一五”时期尤为关键。建设创新型国家必须突出创新主线，深化体制改革，营造良好环境，切实把提高自主创新能力摆在全国科技工作的首要位置，加快调整科学技术的发展思路和工作部署，推进我国经济增长方式从资源依赖型向创新驱动型转变，推动经济社会发展转入科学的发展轨道。

二、思路和目标

“十一五”科技工作要深入贯彻《中共中央、国务院关于实施科技规划纲要，增强自主创新能力的决定》，全面启动《纲要》的各项部署和重点任务，切实加强与“十一五”国民经济社会发展部署的衔接，明确科技发展的总体思路和目标。

1. 总体思路

以邓小平理论和“三个代表”重要思想为指导，全面落实科学发展观，大力实施科教兴国战略和人才强国战略，坚持“自主创新，重点跨越，支撑发展，引领未来”的指导方针，把自主创新作为主线，将组织实施重大专项作为战略突破点，大幅提升科技供给能力，充分发挥科技对经济社会发展的支撑与引领作用；以构建企业为主体，市场为导向，产学研相结合的技术创新体系为突破口，深化科技体制改革，加大政策实施力度，全面推进国家创新体系建设，形成有利于推动自主创新的良好环境，为实现全面建设小康社会目标，构建社会主义和谐社会提供强有力的科技支撑。要力争实现五个方面的重大突破：

——突破约束经济社会发展的重大技术瓶颈。攻克一批关键共性技术，组织实施一批重大专项，带动技术创新和社会生产力的跨越。

——突破制约我国科技持续创新能力的薄弱环节。超前部署前沿技术，稳定支持基础研究，加强科技基础条件平台建设，夯实科技发展基础。

——突破限制自主创新的体制、机制性障碍。深化科技体制改革，强化企业在技术创新中的主体地位，构建以企业为主体、市场为导向、产学研相结合的技术创新体系，全面推进国家创新体系建设，形成结构合理、全面协调的体制格局。

——突破阻碍自主创新的政策束缚。制定和完善政策措施，加大实施力度，加强经济政策和科技政策的协调，形成激励自主创新的政策体系。

——突破不利于自主创新的社会文化环境制约。发展创新文化，培育全社会的创新精神，营造支持自主创新的文化氛围，加强科学技术普及，提高全民科学素养，创造有利于人才辈出的良好环境。

“十一五”科技工作要以科学发展观为统领，围绕需要处理好的一些重大关系，坚持“六个统筹”的基本原则：

——统筹科技创新和制度创新。把加快发展科技生产力作为根本出发点，以制度创新作为推动科技创新的主要杠杆，建设有中国特色的国家创新体系。充分发挥市场配置资源的基础性作用，广泛调动各方面的积极性，提高全社会科技资源的利用效率。

——统筹科技创新全过程。稳定支持和超前部署基础研究，特别要注重加强应用开发研究，促进科技成果的转化、推广和扩散，加速科技产业化进程。

——统筹项目、人才、基地的安排。调整科技投入结构，要从支持项目为主，逐步转向统筹项目、人才和基地，全面兼顾、突出重点，加大对人才和基地的支持力度，把人才培养和基地建设作为项目论证和考核的重要指标，实现从技术突破的单一目标向提高科技持续创新能力的综合目标转变，促进项目、人才、基地有机结合。

——统筹安排工业、农业与社会发展领域的科技创新活动。调整各领域的经费比例，重点加强农业和社会公益类研究的投入力度，体现和谐发展、科学发展的要求。

——统筹区域科技发展。把区域科技和地方科技作为国家整体科技工作的重要组成部分，分类指导，重点部署，优化科技资源布局，促进中央与地方科技力量的有机结合，显著提高区域创新能力。

——统筹军民科技资源。加强军民结合，寓军于民，大力发展军民两用技术，建立健全科技资源共享、军民互动合作的协调机制。

2. 战略目标

根据《纲要》确定的未来 15 年我国科学技术发展的总体目标，“十一五”期间，要基本建立适应社会主义市场经济体制、符合科技发展规律的国家创新体系，形成合理的科学技术发展布局，力争在若干重点领域取得重大突破和跨越发展，R&D 投入占 GDP 的比例达到 2%，使我国成为自主创新能力较强的科技大国，为进入创新型国家行列奠定基础。

根据“十一五”科技和经济社会发展的要求，着重提升五个方面的自主创新能力：

一是面向国民经济重大需求，加强能源、资源、环境领域的关键技术创新，提升解决瓶颈制约的突破能力。突破节能关键技术，为实现单位国内生产总值能耗降低 20% 的目标提供支撑；在若干重点行业和地区建立循环经济技术示范模式，提高资源综合利用效率；基本控制环境污染，初步遏制生态恶化的趋势。

二是以获取自主知识产权为重点，加强产业技术创新，显著提升农业、工业、服务业等重点产业的核心竞争能力。增加农业科技含量，提高农业生产效益，确保粮食综合生产能力达到年产 5 亿吨左右；掌握一批事关国家竞争力的装备制造业核心技术，高技术产业增加值占制造业增加值的比重超过 18%；明显提高信息技术水平，不断增加服务业的技术含量，促进现代服务业发展。

三是加强多种技术的综合集成，提升人口健康、公共安全和城镇化与城市发展等社会公益领域的科技服务能力。重点攻克重大疾病防治和新药创制的关键技术，提高人口健康水平；突破重大灾害和事故的防范和应急处理技术，为单位国内生产总值生产安全事故死亡率下降 35% 奠定技术基础；突破建筑工程和基础设施建设技术，促进城镇化和城乡统筹协调发展。

四是适应国防现代化和应对非传统安全的新要求，提高国家安全保障能力。强化国家安全领域的关键技术创新，为提高应对非传统安全的能力提供支撑。

五是超前部署基础研究和前沿技术研究，提升科技持续创新能力。在基础研究和前沿技术领域取得一批重大创新成果，国际科学论文被引用数进入世界前 10 位，本国人发明专利年度授权量进入世界前 15 位。建成若干世界一流的科研院所、研究型大学以及具有国际竞争力的企业研究开发机构，拥有一批具有世界水平的科学家和研究团队。

为实现“进入创新型国家行列”的中长期科技发展目标，“十一五”要奠定三个方面的基础：

一是进一步完善中国特色国家创新体系，为建设创新型国家奠定科技体制基础。以建立企业为主体、产学研相结合的技术创新体系为突破口，加快形成技术创新、知识创新、国防科技创新、区域创新、科技中介服务等有机结合、相互促进的国家创新体系。

二是初步建成满足科技创新需求的科技基础设施与条件平台，为建设创新型国家奠定科技条件基础。重点建设一批世界一流的基础性、公益性和战略性科研基地，形成比较完善的共享机制和相应的技术服务体系，提高科技资源使用效率。

三是造就一支规模大、素质高的创新人才队伍，为建设创新型国家奠定科技人才基础。科技人力资源总量达到 5000 万以上，显著提高从业人员中科学家、工程师的比例，每万名劳动人口中从事 R&D 活动的科学家和工程师全时当量达到 14 人年；加强科学普及工作，强化科普能力建设，大幅提高劳动者技能和全民科学素质。

专栏 1 “十一五”科技发展的主要指标

指标	2010 年目标
全社会 R&D 投入 /GDP	2%
对外技术依存度	40% 以下
国际科学论文被引用数	世界前 10 位
本国人发明专利年度授权量	世界前 15 位
科技进步对经济增长的贡献率	45% 以上
高技术产业增加值 / 制造业增加值	18%
科技人力资源总量	5000 万人
科技活动人员总量	700 万人
从事 R&D 活动的科学家和工程师全时当量	130 万人年

三、重点任务

根据《纲要》的总体任务，“十一五”期间，我国科技工作将重点在“发挥科技支撑与引领作用”和“加强科技创新能力与制度建设”两个方面进行战略部署：要集中力量组织实施一批重大专项，加强关键技术攻关，超前部署前沿技术，稳定支持基础研究，支撑和引领经济社会持续发展；要加强科技创新的基础能力建设，进一步深化科技体制改革，完善自主创新的体制机制，为科技持续发展提供制度保障和良好环境。

1. 瞄准战略目标，实施重大专项

发展思路：按照重大专项实施的基础和条件，成熟一个，启动一个。要加强重大专项实施的统一领导和组织协调，在国家科教领导小组统一领导下，成立相应的实施领导和管理机构。落实《纲要》的总体部署，注重与国家重大工程的结合，与国家科技计划的安排协调互动。充分发挥市场配置资源的基础性作用，在确保中央财政投入的同时，形成多元化的投入机制，突出企业在技术创新中的主体作用，对于具有明确产品和工程目标的专项任务，主要由企业牵头实施。建立责权统一的责任机制，按照谁牵头谁负责的原则，加强监督，确保实效。集成各方面的力量和资源，广泛调动科技界、企业界、经济界等各方面的积极性，突破事关国计民生和国家安全的重大关键技术，着力培育具有自主知识产权的战略产业，有效提升我国核心竞争力和国际地位。

阶段目标：全面启动《纲要》重大专项，重点组织实施一批国民经济和社会发展急需的、基础较好的重大专项，攻克一批具有全局性、带动性的重大关键技术，开发一批世界先进水平的重大战略产品和技术系统，培育一批战略性产业和具有国际竞争力的企业；建设几项标志性工程，提高我国的国际地位，增强民族自信心和自豪感。

围绕国家发展的重大战略需求，“十一五”期间重大专项重点实施的内容和目标分别是：

核心电子器件、高端通用芯片及基础软件产品。重点研究开发微波毫米波器件、高端通用芯片、操作系统、数据库管理系统和中间件为核心的基础软件产品，提高计算机和网络应用、国家安全等领域整机系统产品和基础软件产品的自主知识产权拥有量和自主品牌的市场占有率。

极大规模集成电路制造装备及成套工艺。重点实现 90 纳米制造装备产品化，若干关键技术和元部件国产化；研究开发出 65 纳米制造装备样机；突破 45 纳米以下若干关键技术，攻克若干项极大规模集成电路制造核心技术、共性技术，初步建立我国集成电路制造产业创新体系。

新一代宽带无线移动通信网。研制具有海量通信能力的新一代宽带蜂窝移动通信系统、低成本广泛覆盖的宽带无线通信接入系统、近短距离无线互联系统与传感器网络，掌握关键技术，显著提高我国在国际主流技术标准所涉及的知识产权占有比例，加大科技成果的商业应用，形成超过 1000 亿元的产值。

高档数控机床与基础制造装备。重点研究 2 ~ 3 种大型、高精度数控母机；开发航空、航天、船舶、汽车、能源设备等行业需要的关键高精密数控机床与基础装备；突破一批数控机床基础技术和关键共性技术，建立数控装备研发平台和人才培养基地，促进中高档数控机床发展。

大型油气田及煤层气开发。重点研究西部复杂地质条件下油气、煤层气和深海油气资源的高精度地震勘探和开采技术，提高成套技术与装备的自主设计和制造能力，使石油和天然气资源探明率分别提高 10% 和 20%，石油采收率提高到 40% ~ 45%。

大型先进压水堆及高温气冷堆核电站。依托国家重点工程建设，加强引进技术消化吸收再创新与自主研究开发的有机结合。突破第三代先进压水堆核电关键技术，完成标准设计，并开始建造首台商用示范机组；完成高温气冷堆核电厂关键技术攻关，建设具有自主知识产权的 20 万千瓦级高温气冷堆核电厂示范工程。

水体污染的控制与治理。选择不同类典型流域，开展流域水生态功能区划，研究流域水污染控制、湖泊富营养化防治和水环境生态修复关键技术，突破饮用水源保护和饮用水深度处理及输送技术，开发安全饮用水保障集成技术和水质水量优化调配技术，建立适合国情的水体污染监测、控制与水环境质量改善技术体系。

转基因生物新品种培育。重点研究功能基因克隆与验证、规模化转基因操作、生物安全评价三大核心技术，建立和完善优异种质创新、新品种培育和规模化制种三大技术平台，获得功能验证的新基因 1000 个以上；建立我国转基因生物育种体系，培育转基因农作物新品种（系）100 ~ 150 个，转基因动物新品种（材料）30 个以上。

重大新药创制。重点研究化学药和生物药新靶标识别和确证、新药设计，以及药物大规模高效筛选、药效与安全性评价、制备和成药性预测关键技术，开发疗效可靠、质量稳定的中药新药，研制 30 ~ 40 个具有知识产权和市场竞争力的新药，完善新药创制与中药现代化技术平台，初步形成支撑我国药业发展的新药创制技术体系。

艾滋病和病毒性肝炎等重大传染病防治。重点突破新型疫苗与治疗药物创制等关键技术，自主研制 40 种高效特异性诊断试剂、15 种疫苗及药物，研究制定科学规范的中、西医及其结合的防治方案，建立 10 个与发达国家水平相当的防治技术平台，初步构建有效防控艾滋病、肝炎的技术体系。

大型飞机。以当代大型飞机关键技术需求为牵引，开展关键技术预研和论证。以国产大型飞机的系统集成、动力系统和试验系统的设计、开发和制造为重点，突破核心关键技术，为研制大型客机做好技术储备。

高分辨率对地观测系统。重点发展基于卫星、飞机和平流层飞艇的高分辨率先进观测系统；形成时空协调、全天候、全天时的对地观测系统；建立对地观测数据中心等地面支撑和运行系统，提高我国空间数据自给率，形成空间信息产业链。

载人航天与探月工程。突破航天员出舱活动以及空间飞行器交会对接等重大技术，建立具有一定应用规模的短期有人照料、长期在轨自主飞行的空间实验室。探月工程从绕月探测起步，研制月球探测卫星，突破月球探测的关键技术，为全面开展探月工程奠定基础。

2. 面向紧迫需求，攻克关键技术

发展思路：立足于当前国民经济和社会发展的紧迫需求，把能源、资源、环境、农业、信息、健康等关键领域的重大技术开发放在突出位置，加强公益技术和产业共性技术的研发，注重以重大产品和支柱产业为中心的集成创新和应用，结合重大工程建设和重大装备开发，强化集成创新和引进消化吸收再创新，不断提高我国主要行业和产业的自主研发能力。

阶段目标：突破能源高效开发利用的技术瓶颈，攻克资源开采、综合利用和生态环境治理关键技术，明显提高资源和能源的综合利用效率，初步缓解制约经济社会发展的资源环境问题；大幅提升农业科技总体水平，为粮食单产增长 10% 以上、农产品加工转化能力提高到 40% 以上提供支撑；材料、制造、信息等产业若干关键技术和核心技术取得重大突破，促进高技术产业健康快速发展，高技术产品出口额占世界高技术产品出口额的比重超过 8%；突破人口健康、公共安全、城镇化等领域的关键技术，确保社会公益领域的科技水平全面提升。

（1）优先发展能源、资源与环境保护技术

针对我国能源、资源的有限性，大规模环境破坏的不可逆性，以及解决这些问题的紧迫性，把能源、资源和环境保护技术放在优先位置。坚持节能优先，努力推进能源开发、利用的多元化，增加能源供应，缓解近期国家能源的供需矛盾；提高水、油气和矿产等战略性资源勘探、开发、利用的技术水平，扩大现有资源储量；进一步加强生态保护与治理的技术研发与示范，强化废弃物资源化利用，积极发展环保产业技术，促进生态环境质量的改善。

突破清洁、可靠、经济的能源供给与使用技术，保障国家能源安全。重点攻克工业、建筑、交通领域节能关键技术；开发和利用清洁能源技术及煤的多联产技术，掌握先进的洁净煤发电技术、煤炭转化技术和污染物控制与温室气体减排技术；突破水能、风力发电、生物质液体燃料、太阳能光伏发电等可再生能源利用的关键技术，实现低成本、规模化及产业化利用；掌握特高压输电和电网安全关键技术，提高电网输电容量、效率和安全运行水平。组织实施建筑节能关键技术研究与示范、大功率风电机组研制与示范、±800 千伏直流 /1000 千伏交流特高压输变电技术与装备等重大项目。

专栏 2　能源领域的重大项目

建筑节能关键技术研究与示范。重点研究建筑节能优化设计集成技术、大型公共建筑节能技术、太阳能等可再生能源利用技术，以及开发系列化、成套化建筑节能系统设备，实现新建建筑总能耗降低 50% 以上，新建建筑采暖能耗降低 60% ～ 65%，住宅和中小型公共建筑用电量降低 40%，大型公共建筑用电量降低 60%。

大功率风电机组研制与示范。研制 2 ～ 3 兆瓦风电机组，建设近海试验风电场，形成海上风电技术。攻克 2 兆瓦以下风电机组产业化关键技术，实现产业化。形成大型风力发电机组检测认证体系。

±800 千伏直流 /1000 千伏交流特高压输变电技术与装备。通过对特高压交直流输电理论和试验研究，掌握特高压输电的关键技术、研究试验方法，促进大电网技术和输变电设备制造技术进步。

坚持节约优先、增储增效，提高资源安全供给能力。重点开发节水技术、海水淡化技术、重大调水工程配套技术、提高油田采收率技术、大型油气田高效勘探技术以及复杂油气藏和煤层气高效开采技术；开展大型矿产资源基地勘查与评价，开发危机矿山接替资源勘查技术、复杂矿产资源高效开发利用技术及煤炭清洁安全采选技术。组织实施中西部大型矿产基地综合勘查技术与示范、复杂金属矿采选冶关键技术与装备、大型海水淡化及综合利用技术研究与示范等重大项目。

专栏 3　资源领域的重大项目

中西部大型矿产基地综合勘查技术与示范。掌握三江地区等十大中西部重点成矿带的成矿规律，开发并集成适合中西部不同地形条件的地、物、化、遥综合勘查技术系列，提交大型矿床远景靶区 25 ～ 30 处，可供商业勘查的铜、铁、铅、锌等大型找矿基地 10 ～ 15 处，探明一批铜、铁、铅、锌和金等资源的储量。

复杂金属矿采选冶关键技术与装备。攻克 20 项复杂难处理矿采选冶关键技术，开发一批大型采选冶成套设备，使我国复杂矿采矿损失率和开采成本降低 20% ～ 30% 和 15% ～ 20%，资源综合利用率提高 8% ～ 10%，生产能耗降低 10% ～ 15%，扩大可利用金属资源量 15 ～ 20 亿吨。

大型海水淡化及综合利用技术研究与示范。开发 5 万吨 / 日低温多效蒸馏海水淡化、单套 1 万吨 / 日反渗透海水淡化和日产淡水 10 万吨级核能淡化技术与装备，建立示范工程；发展 10 万吨 / 时级海水循环冷却成套技术与装备和生活用海水利用技术以及海水资源综合利用技术。

引导与支撑循环经济发展，建立环境友好型社会。重点加强循环经济技术体系的研发，建立 10 种促进循环经济发展的技术模式；开展生活垃圾处理与资源化及环境管理支撑技术研究；开发退化生态区生态系统以及重大工程沿线生态综合整治技术，建立 15 个不同类型示范工程；研究预测未来全球环境变化的发展趋势和影响，研究制定适应和减缓全球环境变化的技术对策。组织实施清洁生产与循环经济关键技术研究及示范、典型脆弱生态系统重建技术及示范等重大项目。

专栏 4　环境领域的重大项目

清洁生产与循环经济关键技术研究及示范。重点突破 15 ～ 20 项发展循环经济的共性技术、重污染行业清洁生产关键技术和工艺以及绿色产业链构建技术，突破 30 项固体废弃物安全处理处置与资源化关键技术，开发 50 个大宗工业废弃物利用的高附加值产品，选择 5 ～ 7 个典型工业园区进行生态工业示范。

典型脆弱生态系统重建技术及示范。针对典型脆弱生态区存在的突出生态问题，开发 15 ～ 20 项脆弱生态系统综合治理技术与模式，进行脆弱生态系统重建技术集成与示范，加强技术和模式推广；建立生态环境基础数据库和信息平台，实现数据共享。

（2）加强产业关键共性技术攻关

加强高新技术的应用和传统产业的改造升级，提升传统产业的技术水平。大力发展农业高新技术，带动传统农业技术升级，推动现代农业发展和社会主义新农村建设；推进制造业信息化，以装备制造为突破口，提升制造业自主设计、制造和集成能力；积极发展绿色制造，开发若干新型制造工艺和重大材料与产品，带动传统材料产业的改造与升级；以交通运输的节能、环保、快速、安全和高效为重点，掌握现代运输装备的核心技术，形成重大交通装备的自主创新能力；突破信息领域的核心技术，以及支撑现代服务业发展的关键技术，切实提高信息产业与现代服务业的自主创新能力和核心竞争力。

加快农业技术全面升级，持续提高农业综合生产能力。重点开发种质资源发掘、保存和创新与新品种定向培育，以及畜禽水产健康养殖与疫病防控技术；发展农产品精深加工与现代储运、现代奶业；开发新型肥料研制与高效施用技术，加强农业优质高产高效安全技术研究；发展能源作物生产与绿色燃料制备技术；研究农林生态安全保障技术以及高效发展技术，开发农业灾害预防与调控技术、农业节水技术开发与设备研制、生态农业技术与模式。组织实施农林生物质工程、农林动植物育种工程、粮食丰产科技工程、食品加工关键技术研究与产业化、农药创制工程、奶业关键技术研究与示范、禽流感等重大动物疫病综合防控技术研究、林业生态建设关键技术研究与示范等重大项目。

专栏 5　农业领域的重大项目

农林生物质工程。开发生物塑料、生物可降解地膜等生物质材料，以及突破农林能源植物培育技术，发展和建立 10 ~ 20 个适合我国农村条件的生物质能源示范基地。

农林动植物育种工程。培育 650 ~ 700 个优质多抗高产农林动植物新品种（系），获得品种保护权 200 ~ 300 个，新品种平均增产 10% ~ 15%。建立良种繁育基地 180 ~ 200 个。

粮食丰产科技工程。以水稻、小麦、玉米、大豆、马铃薯、油菜六大作物为主攻目标，重点研究农作物不同熟制周年单产超 1500 千克技术模式以及配套管理技术；研究粮食重大病虫草害防治技术、粮食产后储运减损增效等关键技术。累计示范面积达到 5 亿亩以上，平均单产提高 10% 以上。

食品加工关键技术研究与产业化。重点围绕粮油、果蔬、畜禽、水产等量大面广的农产品，开发建立 50 条农产品加工产业化示范线，开发 50 ~ 60 项深加工新技术、新工艺；研发农产品加工大型单体装备，获得 100 ~ 120 项国内发明专利和新型实用专利。

农药创制工程。突破新化合物优化设计、高效合成、高通量筛选等农药创制环节关键技术，完善农药安全性评价与质量评价 GLP 体系，推动我国首批 5 个以上环境友好型农药新品种的产业化，形成每年创制 2 个新农药的能力。

奶业关键技术研究与示范。重点加强胚胎工程技术的研究，逐步健全我国奶牛良种繁育体系，奶牛良种覆盖率提高到 50%；研制 20 项奶业生产、加工综合配套技术和新产品，建立规模化、集约化奶牛生态养殖模式。

禽流感等重大动物疫病综合防控技术研究。加强口蹄疫、禽流感、疯牛病等重大外来疫病的快速诊断、检测，新发人畜共患病检测等关键技术研究；研制与开发出 5 种疫病预防疫苗制品，8 ~ 10 种疫病诊断试剂盒，以及 5 ~ 6 种动物专用新兽药和兽药新剂型。

林业生态建设关键技术研究与示范。突破林业生态建设关键技术瓶颈，建立实用技术及模式 20 ~ 30 个、示范样板 8 ~ 10 个，提出适合我国自然及社会经济条件的林业生态工程动态监测与效益评价技术。

以高新技术的集成创新为核心，大幅提高我国制造业竞争能力。重点突破新一代智能控制系统、数字化仪器仪表、数字化、智能化设计制造及加工生产应用技术；研究开发精密测量技术与装置、大型关键能源装备、重大成套高技术设备、大型海洋工程装备及航空、汽车、纺织、轻工、工程机械、农机、医疗医药等行业急需的重大成套装备；加强关键基础件和通用部件设计制造技术、大型铸锻件加工技术、微纳加工及产品技术研究，突破流程工业绿色化技术，开展制造业信息集成共享和服务平台建设，加强其在主要行业的技术集成和应用。组织实施制造业信息化工程、绿色制造关键技术与装备等重大项目。

专栏6　制造业领域的重大项目

制造业信息化工程。开展以创新设计、敏捷制造和协同管理为主要内容的制造业信息化集成应用与示范；开展面向制造业产业链协作和区域制造资源共享的中小企业集群信息化公共服务平台示范应用，支持一批自主知识产权的制造业信息化技术与产品的客户化与集成应用开发和推广，建成20个信息化软件产品产业化基地，培育一批系统集成商和信息化中介服务机构。

绿色制造关键技术与装备。建立绿色制造模式库和实施方法库，研究绿色基础材料及其制备技术、清洁生产与绿色制造技术、材料的高性能化技术、再资源化技术和再制造技术，制定若干项规范和标准，形成若干高效、节能、环保和可循环的新型制造工艺。并实施一批绿色制造示范工程。

加强材料领域技术攻关，推动材料工业结构调整和产业升级。重点研究开发材料清洁生产技术、高效低耗制备技术、材料与生态环境协调技术，加强在材料设计、制备与加工、应用及回收等产品全生命周期中的技术集成与应用，形成高效、节能、环保和可循环的新型制造工艺；开发轻质高强金属和无机非金属结构材料，新型高分子材料，高性能复合材料及复合结构部件制备技术，稀土材料，石油化工材料，精细化工材料，催化及膜分离材料，建筑材料，轻纺材料；发展综合性能高，资源消耗少，环境负荷低的重大材料产品及相关工艺技术。组织实施可循环钢铁流程工艺与装备、全氟离子膜工程技术研究等重大项目。

专栏7　材料领域的重大项目

可循环钢铁流程工艺与装备。研究高效化生产高品质板带钢材的工艺技术与装备、钢铁企业的二次资源与能源的循环利用技术、熔融还原炼铁和过程煤气的能源转换技术，自主创新集成我国新一代可循环钢铁制造流程。

全氟离子膜工程技术研究。以全氟离子交换树脂工程技术与连续离子膜复合技术为主干，解决电解技术、织网技术、涂层材料等核心技术，生产出符合我国氯碱工业需求的全氟离子膜产品；开展全氟树脂在氢燃料电池膜电极、高等级电缆中产业化应用技术研究。

发展综合交通运输技术，提高交通装备的自主创新能力。重点研究开发重大交通运输基础设施建设与养护技术及装备制造技术；发展轨道交通、船舶等自主品牌的运输装备以及高效运输技术与装备，突破高速磁悬浮车辆、高速轮轨等关键技术，掌握船舶核心技术；加强交通运输安全与应急保障技术研究，开发大城市以及铁路、水运、高速公路、军事等领域的交通运输智能服务与管理系统。组织实施智能交通技术集成应用示范、新一代空中交通管理系统、高速磁悬浮交通等重大项目。

专栏 8 交通领域的重大项目

智能交通技术集成应用示范。研究开发特大型城市铁路、水运、高速公路、军事交通运输智能应用系统，建立多方式交通信息服务与管理系统，实现交通信息服务的个性化，交通控制的可视化，运输组织的智能化和一体化。

新一代空中交通管理系统。重点开展基于性能的航空导航，基于数据链与精确定位的航空综合监视，空管运行协同控制，民航空管新型服务平台等四大关键技术族的研究；建立先进航空卫星导航、通信、监视及空管运行协同控制核心系统；建立和完善配套的管治方法、运行标准和程序；实施新一代空管系统运行技术验证工程。

高速磁悬浮交通。自主研发并掌握高速（500km/h）磁浮交通系统的车辆悬浮导向与车载控制技术、牵引供电控制技术、运行控制技术和系统集成等核心技术，建设磁浮列车高速试验运行环境（30 公里试验线）。

抢占信息产业发展的战略制高点，大幅提高现代服务业的技术含量。在信息领域，重点研究开发高性能 CPU 和面向网络通信、信息家电、信息安全和工业控制的系统芯片；研究新一代网络与通信关键技术、传感器网络与智能信息处理技术以及新型开放式架构核心路由器、服务器和低成本网络信息终端；发展以中文为主的多语言信息处理技术、国家重要信息系统集成关键技术、空间信息处理和应用技术及多模兼容导航定位终端。在现代服务业领域，重点研究开发现代服务业共性技术与领域应用重大关键技术，形成具有自主知识产权的现代服务标准、规范和模式，在商务平台服务、空间信息服务、现代物流平台、数字媒体服务、数字教育服务、协同医疗服务、数字城市、文物保护、新闻出版、旅游服务、就业培训和社会保障等有代表性的应用领域，开发一批应用支撑的共性关键技术。组织实施现代服务业关键技术及应用示范、国家电子政务关键技术及应用示范等重大项目。

专栏 9 信息产业及现代服务业领域的重大项目

现代服务业关键技术及应用示范。突破现代服务业系统集成关键技术，建立现代服务业共性及应用服务技术支撑体系，创建一批具有自主知识产权和国际竞争力的服务标准、规范，推动现代化的服务模式与运营机制的建立，在电子商务与物流、数字媒体、数字教育、数字区域协同服务、数字医疗协同服务、数字城市、数字旅游、专业化第三方服务等方面实施一批应用示范工程，培育一批现代服务龙头示范企业，促进传统服务业升级与现代服务业发展。

国家电子政务关键技术及应用示范。突破跨系统应用整合的分布式属性授权、资源整合等技术瓶颈，重点解决跨部门统一信任体系和面向服务的协同办公、并联审批系统集成平台的关键技术问题，增强国家宏观管理和决策指挥能力、部门间的协同工作能力，提高行政效率和执政能力，带动具有自主知识产权的软硬件产品的应用。

（3）加强社会发展领域的公益性技术研究

把人口健康、公共安全、城镇化与城市发展领域的科技创新置于科学技术发展的重要地位，为加快提升我国社会发展的综合水平、构建社会主义和谐社会提供技术支撑。攻克避孕节育、优生优育、重大疾病防治、中医药现代化等关键技术，全面提高人口素质，保障国民健康。围绕生产、食品、社会和生物安全问题，突破制约公共安全的关键技术，建立国家公共安全应急技术体系，提升国家应对公共安全灾害事故与突发公共事件能力。依靠科技创新突破制约城镇化与城市发展的瓶颈，建立资源节约、环境友好和居住适宜的新型城镇，促进城镇化与城市可持续发展。

开发重大疾病防治技术，提升国民健康水平。重点开发安全、有效的避孕节育新技术和出生缺陷监测、筛查技术与产品；开展艾滋病、肝炎、肺结核、血吸虫、恶性肿瘤等重大疾病防治技术研究；

加强研究和开发适合城乡社区人群的常见多发病、地方病、职业病的预防、诊断、治疗、康复技术和产品；培育药物重大创新品种，研制先进医疗设备与生物医用材料，加快国家医药创制技术平台建设；加强中医传承方法、辩证体系研究以及基于现代技术的中医药诊疗、评价技术标准与方法研究；开展中医药防治重大、疑难疾病研究、中药资源可持续利用与中药产业发展关键技术以及中医药国际化示范研究。组织实施心脑肺血管疾病防治研究，常见恶性肿瘤预防、早诊及综合治疗研究，重大数字化医疗设备关键技术及产品开发，重大出生缺陷筛查和遗传病研究，重大疑难疾病中医综合治疗研究等重大项目。

专栏 10　人口与健康领域重大项目

心脑肺血管疾病防治研究。研制 8 ~ 10 项心脑肺血管病早期预防及临床救治新技术和 4 ~ 8 项心脑肺血管病综合治疗规范化方案；提出对代谢综合征进行综合监测及控制的有效方案；实现年均降低心血管病死亡率 2%。

常见恶性肿瘤预防、早诊及综合治疗研究。研制 10 ~ 15 项恶性肿瘤预防、早诊、治疗关键技术、产品和综合方案，使 2 ~ 3 种肿瘤发病率下降 10% 以上，3 ~ 5 种肿瘤高危人群的早诊率提高 20% 以上，3 ~ 5 种肿瘤患者的 5 年生存率提高 5% 以上。

重大数字化医疗设备关键技术及产品开发。突破数字化、微创等 15 ~ 20 项关键技术或核心工艺技术；开发 10 ~ 15 个常规装备产品及核心部件，30 种数字化影像诊治设备及人体功能状态监测分析仪器；争取 3 ~ 5 个具有知识产权的专利产品进入国际市场；培育一批具有较强自主创新能力的骨干企业。

重大出生缺陷筛查和遗传病的防治研究。建立我国常见重大出生缺陷筛查和遗传病综合优化干预模式，提高结构异常、功能异常、发育缺陷等重大出生缺陷的筛查、诊断和治疗技术水平，使我国重大出生缺陷率降低 30%。

重大疑难疾病中医综合治疗研究。制定 8 ~ 10 种具有中医药疗效优势和特点的重大疑难疾病诊疗方案，筛选、提供一批特色突出，效果肯定，适宜推广的中医临床实用诊疗技术。

提高对突发事件的应急处理能力，确保公共安全。重点开发煤矿、非煤矿山、火灾爆炸、危险化学品、核安全、生命线工程和特种设备等的监控预警、治理与应急救援技术；开展标准、风险评估研究，开发食品危害物快速有效监测、检测技术以及食品安全技术的应用示范；开发信息化、智能化刑侦技术，反恐和突发事件预警、控制、处置技术研究；开展出入境检验检疫关键技术研究；开发突发性自然灾害监测预警技术、生物入侵防控技术。组织实施国家公共安全应急技术保障工程、食品安全关键技术等重大项目。

专栏 11　公共安全领域重大项目

国家公共安全应急技术保障工程。重点研究应急平台的信息互通、数据共享、联动响应和安全保障技术，开发国家突发公共事件应急总平台、典型行业应急平台和典型省地市级应急平台的技术方案。研究各类灾害事故多尺度动态模拟实验与数值计算技术，综合应急救援技术，以及移动应急指挥车和移动应急救援车等，使我国的公共安全总体应急能力接近世界发达国家水平。

食品安全关键技术。重点开展食源性疾病与食品污染的危险性分析，加强农产品生产过程中的食品安全控制技术研究，进一步完善食品安全综合监测、溯源和快速预警系统。建立我国食品中病原微生物、农药和兽药残留、化学污染物、生物毒素、食品添加剂等食品危害物的分析平台，建设 2 ~ 3 个食品危害物风险评估中心 / 基地；完成 150 ~ 200 项国家检测方法和标准的制订工作，研制 25 ~ 30 种标准物质；建立 5 ~ 10 个综合示范区。

发展节约与循环技术，建设节约型社区和现代城镇。重点发展城镇区域规划和土地利用、社区与住宅建设、综合功能提升及城镇动态监测监控技术，城镇综合节水、空间开发与高效利用、基础设施建设与高效运行及信息化平台技术，节能、节材和废弃物循环利用技术，现代建筑设计与施工技术，居住区和室内环境改善技术，以及推进重大建筑工程装备的自主创新。组织实施城镇人居环境改善与保障关键技术研究、村镇空间规划和土地利用关键技术研究、村镇小康住宅关键技术研究与示范等重大项目。

专栏 12　城镇化与城市发展领域重大项目

城镇人居环境改善与保障关键技术研究。突破城镇人居环境的热岛效应、交通噪音、居住区水环境、建筑施工及拆除污染的控制与改善技术，使热岛效应降低 20%，交通噪声降低 40%，建筑施工及拆除污染降低 30%；攻克建筑室内环境中的空气环境质量、热湿环境改善与噪声、辐射、化学、生物污染控制技术，使室内环境污染水平降低 30%；开发城镇人居环境规划设计、监测评估、控制保障等关键技术，建设 20 项城镇人居环境示范工程。

村镇空间规划和土地利用关键技术研究。重点研究村镇空间规划设计标准与规范、村镇规划设计集成技术、基础设施与社会公共服务设施规划技术、村镇用地动态检测与监控技术、村镇土地节约 / 集约利用与优化配置技术、村镇土地利用评价与预警技术、村镇污染地与废弃物修复技术等。

村镇小康住宅关键技术研究与示范。重点研究村镇住宅性能评价技术、村镇住宅设计与施工技术、村镇住宅室内环境监控技术、新材料 / 新能源应用技术、住区管理技术等，全面提升村镇住宅的使用功能和环境质量，建设一批村镇小康住宅示范工程。

（4）积极推进高新技术产业化与先进适用技术推广

以建设高新技术产业基地和创造有利于高新技术产业发展的环境为核心，以发展产业创新集群为重点，充分发挥国家高新区在高新技术产业化中的作用，加大对火炬计划和星火计划的支持力度，强化先进适用技术推广，深入实施科技兴贸战略，促进高新技术成果商品化、产业化、国际化。

加快建设高新技术产业化基地。以培育有国际竞争力的高新技术企业和产业集群为目标，大力推进国家高新区二次创业，加强园区自主创新的评估和引导，促进软件园、特色产业基地建设；鼓励各类产学研、技术联盟组织的形成和发展；立足于国家高新区内已有基础和优势领域，支持建立若干开放式的国家重点实验室、重大科技基础设施和专业化的共性技术服务平台。通过扎实的工作，力争使高新技术产业化基地成为增强自主创新能力的载体、带动区域经济结构调整的引擎、高新技术企业参与国际竞争的服务平台、抢占世界高新技术产业制高点的前沿阵地。

加强高新技术产业化环境建设。继续加大对高新技术创业服务中心、专业孵化器、生产力促进中心、国家大学科技园等的支持力度，探索风险投资与孵化器紧密结合的发展模式，逐步建立和完善高新技术创新创业服务体系。建立健全统一、开放、竞争、有序的现代技术市场体系，加强科技成果信息供需公布和服务平台建设，为技术成果供需双方提供有效信息服务。积极探索科技成果限期转化的模式和科技成果转化专项资金的实施机制，加大科技型中小企业技术创新基金的支持力度，优化以创新集群为核心的创新创业环境。

专栏 13　高新技术产业化基地与环境建设重点任务

国家高新区。总数控制在 60 个以内，计划建立 30 个左右服务于产业集群或产业链的专业化共性技术服务平台、开放式实验室等。

生产力促进中心。总数达到 2000 家左右，服务企业数量超过 20 万家，协助 10 万家中小企业进入国际工业分包网络。

国家大学科技园。总数控制在 80 家以内，培育 200 家具有较强国际竞争力的高新技术企业，申请专利达到 10000 件以上。

科技企业孵化器。总数达到 1000 家，孵化场地总面积 2500 万平方米以上，绝大多数具备完善的技术基础设施和信息网络，当年在孵企业 5 万家以上，毕业企业累计 1.5 万家以上。

产业化基地。总数达到 300 个，实现销售收入 2 万亿元，工业增加值 4000 亿元，税收 1000 亿元。

加强高新技术成果转化。积极发挥国家工程中心、企业技术中心、中试与产业化示范基地在中间试验和技术工程化中的作用，大幅提高我国重点行业和领域的技术集成工程配套能力和科技成果转化能力。在高新技术产业化领域重点发展下一代网络、新一代数字移动通信系统、集成电路设计与制造、大型软件、数字电视和网络信息家电、电子地图、光电子与激光、生物工程和新型药物、可再生能源、节能技术与装备、新型洁净能源汽车、高性能计算机等。重点支持行业共性技术和先进适用技术和先进制造工艺等科技成果在全行业的推广应用。

强化社会主义新农村建设关键技术开发和农业科技成果转化推广。以加快社会主义新农村建设为宗旨，充分发挥星火计划的作用，重点支持新产品、新技术、新工艺的开发与推广，促进农业科技成果尽快转化为现实生产力；发挥国家农业科技成果转化资金的引导作用，加快国家农业科技园区建设，建设高水平现代农业技术成果转化和产业化示范基地，继续加大农村先进适用技术的推广和应用，积极培育和扶持有竞争力的科技型龙头企业，促进农村特色和优势产业发展，增加农民收入；大力发展农村信息化，完善新型农村科技服务体系。强化现代农村社区技术集成应用，开展新农村建设科技示范。

专栏 14　农业先进适用技术推广重点任务

新农村建设科技促进行动。包括发展现代农业，培育新兴产业，建设农村社区，推进城镇化，壮大科技型企业，完善新型农村科技服务体系，培育新型农民和优化科技人才队伍，开展试点示范。引导建设 300 个新农村建设科技示范村，200 个新农村建设科技示范乡镇，100 个新农村建设科技示范县。

星火富民工程。建设 10 个国家星火产业带和 100 个国家级星火技术密集区，培育 50 个农村区域科技成果转化中心，培育 100 家创新型龙头企业，转化 5000 项农村先进适用技术，建立覆盖全国的星火 110 科技信息共享和服务平台。发展 50 个国家级星火培训基地和 3000 家星火学校，培训农民 5000 万人次以上。

农业科技成果转化。重点支持新产品、新技术、新工艺的开发与推广，熟化和示范应用 2000 项最新农业科技成果，形成 100 个国家农业科技成果转化促进中心。

国家农业科技园区。试点总数达到 80 ~ 100 个，认定 30 ~ 50 个国家级农业科技园区，转化、示范和应用农业新技术成果 2000 项，形成国家级农业科技成果转化中心 20 个。

3. 把握未来发展，超前部署前沿技术和基础研究

发展思路：把握世界科学技术发展趋势，着眼长远发展，加强基础研究和前沿技术研究，优化学科布局，重点开展国家战略需求的基础研究，组织前沿技术研究开发，统筹部署技术的系统集成和应用，着力建设国际一流的研究基地和人才队伍，显著提升原始创新能力，培育新兴产业，引领未来发展。

阶段目标：“十一五”期间，大幅提高基础研究投入经费，重点发展一批新兴交叉学科，完成4个重大科学研究计划的启动和部署工作，解决一批国民经济和社会发展中的关键科学问题；在航天技术领域保持我国的相对优势，在信息、生物、新材料和海洋等战略必争领域赢得主动权，力争在国家未来发展的重大需求和前沿技术的结合点上取得一批达到世界先进水平的原始性创新成果，形成一批代表世界先进水平的技术系统和产品。

（1）超前部署前沿技术研究

“十一五”期间，以国家战略需求为导向，以提升自主创新能力为重点，选择生物和医药技术、信息技术、新材料技术、先进制造技术、先进能源技术、海洋技术、资源环境技术、现代农业技术、现代交通技术、地球观测与导航技术等作为超前部署的重点，坚持战略性、前沿性和前瞻性，力求突破核心技术，引领高技术产业与新兴产业发展。

生物和医药技术。以现代生物高技术为突破口，发展基因组和蛋白质组技术、干细胞技术、生物纳米技术、疫苗和抗体制备技术、转基因技术等；以肿瘤、心脑肺血管和糖尿病、肝病和老年病为重点，加强生物技术与临床资源的有机结合，突破若干重大疾病预防和诊治的关键技术；以医药、食品和工业发酵为突破口，强化生物技术向产业的应用辐射。重点研究基因操作和蛋白质工程技术、新一代工业生物技术、生物信息与生物计算技术。组织实施疫苗与抗体工程、干细胞与组织工程、功能基因组与蛋白质组、重大疾病的分子分型和个体化诊疗等重大项目。

信息技术。掌握部分可与发达国家“相互交换或转让”的技术，发展微电子与光电子技术、先进网络技术、先进传感技术、宽带无线移动通信等技术，推动以我为主的相关国际标准的制定，进入全球信息技术的“供应链”并在重要环节形成竞争优势。重点研究智能感知与先进计算技术、自组织网络与通信技术、虚拟现实技术、信息安全技术。组织实施高性能计算机及网格服务环境、新一代高可信互联网等重大项目。

新材料技术。按照材料结构功能复合化、功能材料智能化、材料与器件集成化、制备和使用过程绿色化的发展趋势，突破现代材料设计、评价、表征与先进制备加工技术，重点研究智能材料设计与先进制备技术、高温超导和高效能源材料技术、纳米材料与器件、光电信息与特种功能材料、高性能结构材料。组织实施半导体照明工程、新一代平板显示技术、军工配套关键材料及工程化技术重大项目。

先进制造技术。瞄准先进制造技术发展的前沿，从提高设计、制造和集成能力入手，研究先进制造的关键技术、单元产品与集成系统，发展节能、降耗、环保、高效制造业，提升我国先进制造技术水平。重点研究极端制造技术、智能机器人技术、重大产品和重大设施寿命预测技术、现代制造集成技术。组织实施射频标签（RFID）技术与应用重大项目。

先进能源技术。大力开发节能和煤炭高效利用、转化技术，积极发展新能源和可再生能源技术，掌握核能、氢能开发与利用技术。重点研究氢能与燃料电池技术、高效节能与分布式供能技术、洁净煤技术、可再生能源技术。组织实施以煤气化为基础的多联产示范工程、快中子实验堆、重型燃气轮机创新工程、生物质能源等重大项目。

海洋技术。以维护国家海洋主权与权益、促进海洋开发与保护为主线，深化浅海，开拓深远海。研究近海边际油田、深水油气田、天然气水合物和大洋海底资源勘探开发的关键技术，研制相关重大装备，具备200海里经济专属区及西太平洋立体综合监测与监控的技术能力，研制50个海洋创新药物与海洋生物制品等高附加值产品，建立10个海洋高技术平台。重点研究海洋环境立体监测技术、深海探测与作业技术、海洋油气勘探开发技术、海洋生物资源开发利用技术。组织实施南海深水油气资源勘探开发关键技术和装备、天然气水合物勘探开发关键技术、深海空间站工程关键技术重大项目。

资源环境技术。围绕扩大战略性矿产资源储量和提高资源利用率，按照“增加储量，高效开发，综合防治，改善环境”的原则，重点突破100项资源与环境关键技术，形成深部及复杂条件下油气和固体矿产资源高效勘探开发的技术能力，建立区域环境污染控制技术体系及综合防治模式。重点研究矿产资源高效勘查与开发技术、复杂油气资源勘探开发技术、环境污染治理新技术、环境监测及环境风险评价技术。组织实施先进钻井技术与装备、航空地球物理勘探技术系统、重点城市群大气复合污染综合防治与技术集成示范重大项目。

现代农业技术。加强农业生物技术、农业信息技术、农业智能化技术和现代食品生物工程技术等前沿技术创新，显著增强我国在农业高技术领域的自主创新能力和国际竞争力。重点研究动植物品种分子设计、数字农业技术、现代食品生物工程技术、农产品生境控制与质量分子检测技术。组织实施主要农业动植物功能基因组、农业生物药物创制、精准农业技术与装备、海水养殖种子工程重大项目。

现代交通技术。发展综合交通智能化技术，实现综合交通运输服务、组织和控制的个性化、智能化和可视化；掌握汽车设计与制造的核心技术，实现自主品牌产品产业化；突破交通运输节能、环保和安全关键技术，增强交通运输安全保障能力，提高运网能力和运输效率。重点研究综合交通运输系统与安全技术、重大交通基础设施核心技术。组织实施节能与新能源汽车重大项目。

地球观测与导航技术。围绕国家综合地球观测系统、自主卫星导航系统、月球探测、载人航天等重大工程以及行业重大应用需求，突破一批核心技术，建立若干国家级应用节点的地球观测网格体系，形成若干重大应用示范系统，大幅提高国产空间信息处理软件和导航定位终端产品的市场占有率。重点研究新型遥感器、地球空间信息系统技术、高精度无缝导航定位技术。

（2）稳定支持基础研究

坚持服务国家目标与鼓励自由探索相结合的原则，按照“求真探源，人才为本；发展基地，营造环境；双力驱动，重点突破”的发展思路，进一步完善学科布局，在新兴交叉学科和科学前沿取得重大突破；在世界科学发展的主流方向和具有我国优势、特色的基础研究领域，取得一批在国际上产生重大影响的原始性创新成果，大幅提升我国在国际科学界的地位；实施蛋白质研究、量子调控研究、纳米科学技术研究、发育与生殖研究四个重大科学研究计划，提高我国原始创新能力。

学科发展和科学前沿重大问题。在全面部署数学、物理、化学、天文学、地球科学、生物科学等基础学科的基础上，培育和支持新兴交叉学科，促进学科全面协调发展；选择一批重大科学前沿问题开展研究。优先部署生命过程的定量研究与系统整合，凝聚态物质与新效应，物质深层次结构和宇宙大尺度物理学规律，核心数学及其在交叉领域的应用，地球系统过程与资源、环境和灾害效应，新物质创造与转化的化学过程，脑科学与认知科学，科学实验与观测方法、技术和设备的创新等方向的重点课题。

专栏 15　科学前沿重大问题

生命过程的定量研究与系统整合。重点开展遗传信息的表达与调控，表观遗传学，系统生物学，系统发育与进化生物学，生物信息学等研究，建立和完善系统生物学研究平台和模式生物平台。

凝聚态物质与新效应。围绕强关联体系、软凝聚态物质、极端条件下凝聚态物质等方面，加强新材料、新现象、新效应、新理论的研究，力争取得重大突破。

物质深层次结构和宇宙大尺度物理学规律。主要研究粒子物理学前沿基本问题，暗物质与暗能量的本质，微观和宇观尺度以及高能、高密、超高压、超强磁场等极端状态下的物质结构与物理规律，宇宙的起源和演化等。

核心数学及其在交叉领域的应用。重点研究核心数学中的重大问题，研究数学与物理学、生命科学、信息科学、工程科学、经济与金融等学科相互交叉而产生的重要数学问题，如离散问题、随机问题、量子问题、算法问题以及大量非线性现象中的数学理论和方法等。

地球系统过程与资源、环境和灾害效应。建立陆基、海基、空基、天基地球观测与探测系统和共享的地球系统数据库，提高污染监测和归趋模拟能力以及对重大灾害的预报能力，在大陆动力学、地球各圈层相互作用等方向取得重大进展。

新物质创造与转化的化学过程。发展物质合成、制备与转化的新策略、新方法，实现功能分子、凝聚态和聚集态分子功能体系的设计、可控合成、制备与转化，发展环境友好的新方法、新反应与新路线、新催化剂与新试剂。

脑科学与认知科学。重点研究脑功能的细胞和分子机理，脑重大疾病的发生发展机理，脑发育、可塑性与人类智力的关系，脑的智力发育过程和机制，学习记忆等脑高级认知功能的过程及其神经基础等。

科学实验与观测方法、技术和设备的创新。重点研究生命科学中动态、实时、原位、无损地高灵敏的检测、分析和成像方法和技术；物质组成、结构及性能的空间、时间高分辨实时、原位观测和表征的新方法；地球科学和空间科学研究中新观测手段和信息获取的新方法。

国家重大战略需求的基础研究领域。围绕农业、能源、信息、资源环境、人口与健康、材料、综合交叉和重要科学前沿等领域的战略需求，重点部署人类健康与疾病的基础研究，农业生物遗传改良和农业可持续发展中的基础科学问题，人类活动对地球系统的影响机制，全球变化及其区域响应，复杂系统、灾变形成及其预测调控，能源可持续发展中的关键科学问题，基础材料改性优化、新材料设计探索及其服役失效机理研究，极端环境条件下制造的科学基础，航空航天的重大基础科学问题，支持信息技术发展的科学基础等方面的研究。

专栏 16 国家重大战略需求的基础研究领域

农业领域。重点研究农业生物功能基因组学，生物多样性与新品种培育的遗传学基础，农业生物灾害预测、控制与生物安全，农业资源高效利用与生态保护及修复、农产品营养品质与农产品安全的基础科学问题，农业可持续发展中的环境和生态问题等。

能源领域。重点研究化石能源高效洁净利用与转化，新能源和可再生能源大规模经济利用，大规模利用核能，提高能源利用效率，巨型互联电网安全性，氢能规模无污染制备、输运和存储等方面的关键科学问题。

信息领域。开展微纳集成电路与光电子器件，高性能计算与高可信软件，泛在、可控的下一代信息网络，海量信息存储与处理的理论和方法，人机交互理论，信息安全理论等方面研究，为信息技术的发展和应用提供新理论和新方法。

资源环境领域。重点开展水循环与水资源高效利用，战略性矿产资源和化石能源成矿（藏）规律研究，以及勘探开发和集约利用的新理论与新方法，土地利用与土地覆被变化规律，大规模人类活动的生态影响和区域生态安全，环境质量演变和污染控制，全球变化及其区域响应和适应，中国近海及海洋生态环境演变和海洋安全等研究。

人口与健康领域。重点开展人体生理和病理过程分子与细胞机制，神经、免疫、内分泌系统在健康与疾病发生发展中的作用，药物作用机理等研究。设置重大传染病和中医理论专项，加强病原体传播变异规律与致病机制和中医理论研究。

材料领域。重点研究基础材料改性优化，新材料的理化性质，围绕低维化、人工结构化、集成化、智能化等新物理构架探索、设计和制备新材料，材料成型、加工的新原理与新方法，材料表征与测量，材料服役行为及与环境的相互作用等。

综合交叉领域。重点研究极端环境条件制造的科学基础，复杂系统灾变形成及其预测控制，城市化进程中的生态环境、交通物流和社会公共安全相关科学问题，典型地区行业循环经济系统结构与功能，空间探测等多领域交叉重大科学问题。

重要科学前沿。重点支持经过科学基金培育可望取得重大突破的科学前沿研究，基于重大科学工程开展的科学前沿研究，基于重大国际合作计划开展的科学前沿研究，需要重点部署的前瞻性基础研究。

重大科学研究计划。蛋白质研究要在蛋白组学、蛋白质结构与功能研究、蛋白质研究新技术方法领域取得重大突破；量子调控研究要在与量子调控有关的量子现象的基本理论方面取得突破，在实验室初步实现基于这些现象的新量子调制技术；纳米科学技术研究要建立有中国特色的纳米材料、纳米器件、纳米生物和医学研究体系，形成若干个在国际上有带头作用的研究团队；发育与生殖研究要逐步建立以人类为主的含非人灵长类的胚胎干细胞库，建立胚胎干细胞定向分化模型，在生殖健康、组织工程和动物克隆等方面实现重大突破。

专栏 17 重大科学研究计划

蛋白质研究。围绕基本生命活动机制、人类重大疾病产生机理与防治、重要生物性状调控机理，重点部署蛋白质组、基于模式生物的蛋白质功能和系统生物学、蛋白质研究方法学研究。凝聚一批海内外优秀人才，组建若干蛋白质科学领域国家级研究基地，形成我国蛋白质科学研究网络；在重要蛋白质结构解析和功能研究，人类肝脏蛋白质组研究，重要生物功能蛋白质表达与调控的分子机制等方面取得重大突破。

量子调控研究。探索全新的量子现象，发展量子信息学、关联电子学、量子通信、受限小量子体系及人工带隙系统，重点研究量子通信的载体和调控原理及方法，量子计算，电荷—自旋—相位—轨道等关联规律以及新的量子调控方法，受限小量子体系的新量子效应，人工带隙材料的宏观量子效应，量子调控表征和测量的新原理和新技术基础。在与量子调控有关的量子现象的基本理论方面取得突破，在实验室初步实现基于这些现象的新量子调控技术。

纳米科学技术研究。重点研究纳米材料的可控制备、自组装和功能化，纳米材料的结构、优异特性及其调控机制，纳加工与集成原理，概念性和原理性纳器件，纳电子学，纳米生物和医学，分子聚集体和生物分子的光、电、磁学性质及信息传递，单分子行为与操纵，分子机器，纳米表征度量学等。建立有中国特色的纳米材料、纳米器件、纳米生物和医学研究体系，形成若干个在国际上有带头作用的研究群体。研究开发纳米材料及器件的设计与制造技术，纳米级的互补型金属氧化物半导体（CMOS）器件，纳米药物载体，纳米能源转换材料、环境净化材料和信息存储材料。

发育与生殖研究。开展生殖发育过程细胞分化与去分化、组织器官诱导形成和功能建立及机体衰老指令等重大科学问题研究。重点研究干细胞增殖、分化和调控，生殖细胞发生、成熟与受精，胚胎发育的调控机制，体细胞去分化和动物克隆机理，人体生殖功能的衰退与退行性病变的机制，辅助生殖与干细胞技术的安全和伦理等。建立以人类为主体的含非人灵长类的胚胎干细胞库，建立胚胎干细胞定向分化模型，在体细胞去分化和重获全能性、干细胞定向有序诱导分化，生殖健康，组织工程和动物克隆等方面实现重大突破。

4. 强化共享机制，建设科技基础设施与条件平台

发展思路：以资源整合、优化配置为主线，共享为核心，按照项目、基地、人才统筹安排的原则，加强科技基础性工作、科技基础设施与条件平台建设。将平台建设作为国家主体科技计划，根据各类创新活动的需要，按照不同类型科技基础条件资源的特点和发展规律，采取灵活多样的整合方式和共享模式，实现科技基础条件资源高效利用，为推进全社会创新活动提供稳定支撑。

阶段目标：到 2010 年，重点建设一批高水平的国家实验室，国家重点实验室总数达到 250 个左右，建设若干大型科学工程或基础设施；搭建由大型科学仪器设备共享平台、科学数据共享平台、科技文献共享平台、自然科技资源共享平台、网络科技环境共享平台、科技成果转化公共服务共享平台等为主体框架的国家科技基础条件平台，建立与平台建设和管理相适应的政策法规和制度规范，初步形成以共享为核心的制度框架，推动建立一批全国性的科学研究共享网络。

（1）加强国家研究实验基地建设

面向国家重大战略需求，根据《纲要》提出的目标和任务，在新兴和交叉学科方面填补空白，建设若干学科交叉、综合集成、机制创新的国家实验室。加强国家重点实验室建设，进一步完善实验室布局，不断提高运行和管理水平。在生态环境、材料环境腐蚀、地球物理等领域加强国家野外科学观测研究站建设，构建国家野外研究站网络体系。加强国家工程中心、中试与产业化示范基地建设。完善“开放、流动、联合、竞争”的基地运行机制，形成布局合理、装备先进、共建共享、流动开放、高效运行的国家研究实验基地体系。

（2）加强重大科技基础设施建设

建设若干为多学科研究服务并具有强大支撑能力的重大科技基础设施，加强整合，推动共享，提高科学基础设施的综合使用效益。着眼于国家经济社会全面、协调、可持续发展和国家安全对科技进步的重大需求，面向国际科学技术前沿，在我国具有相对竞争优势，以及国家现代化建设需要的战略性技术领域，重点加强高性能计算、大型空气动力研究试验、散裂中子源、强磁场装置、大型天文望远镜、海洋科学综合考察船、航空遥感系统、结冰风洞、大陆构造环境监测网络、重大工程材料结构服役安全研究评价设施、子午工程、地下资源与地震预测极低频电磁探测网、蛋白质科学研究设施和农业生物安全研究设施等方面的大科学工程或基础设施建设。

（3）加强科技基础条件平台建设

充分利用现代信息技术手段，加强科学数据平台、科技文献平台、自然科技资源平台和网络科技环境平台建设，构建网络化科技资源共享体系，提高科技资源网络化共享和利用效率。加强科技成果转化公共服务平台建设，完善科技成果信息服务体系和公益与行业共性技术转化体系。加强重点领域的技术标准研究和认证认可关键技术研究，推动国家标准、计量和检测技术体系建设。

专栏 18　科技基础条件平台建设重点任务

大型科学仪器设备共享平台。对全国大型科学仪器设备资源进行信息整合，形成全国性的共享网络；发挥中心城市的辐射作用，推动区域大型科学仪器设备协作公用网建设；在资源环境、生命科学等领域，新建一批国家大型科学仪器中心，加强国家及分析测试中心建设。重点完善长度、力学等计量领域的计量基准、社会公用计量标准，建立完善计量基准标准共享服务平台。

科学数据平台。建设 10 余个国家科学数据共享中心和 11 个科学数据共享网络。

科技文献平台。外文科技期刊总量达到 30000 种以上，外文科技期刊网上资源种类占国际主要刊物的 50% 以上；专利文献收藏数量占全世界出版专利文献总量的比例由目前的 80% 左右提高到 90% 以上。

自然科技资源平台。实现约 45 万份植物种质资源实物、10 万株微生物菌种、15 万份人类遗传资源、1000 万号生物标本和 1100 多万份（号）自然科技信息的整合和共享。建成细胞株（系）近 1000 种，容量超过 5000 份，符合国际标准的国家实验细胞库。

网络科技环境平台。建成统一的平台应用服务系统，实现与全国科技信息服务网的互联与对接；开发便捷的网络协同研究工具软件包，形成网络协同研究公共支撑系统；形成全国科技信息资源加工处理、共享利用体系；建立县（市）科技信息服务平台试点示范。

科技成果转化公共服务平台。构建基本覆盖全国主要行业和区域的科技成果转化信息共享服务网络，促进科技成果转化信息服务深入到基层中小企业和农村。每年建立 10 个左右公益与共性技术转化中心。

5. 实施人才战略，加强科技队伍建设

发展思路：深入实施人才强国战略，把科技人力资源作为最重要战略资源，紧紧抓住培养、吸引和用好人才三个环节，不断创新科技人才工作体制机制，营造有利于创新人才成长的良好环境；完善适合我国科技发展需要的人才结构，培养和造就一大批富有创新精神的科技人才，为提升国家竞争力、推动我国科技进步和经济社会发展提供人才保证和智力支持。

阶段目标：到 2010 年，初步建立有利于创新人才涌现与成长的体制机制和重视人才、支持人才和关爱人才的环境与氛围；形成一支与国家科技发展相适应的、高素质科技人才队伍，我国科技活动人员总量达到 700 万人以上，其中科学家和工程师为 400 万人；从事 R&D 活动的科学家和工程师全时当量达到 130 万人年。

（1）营造有利于创新人才成长的良好环境

加强科技创新与人才培养的有机结合，建立若干科研机构、高校与企业紧密合作的创新型人才培养基地。全面推进科研事业单位实行聘用制和岗位管理制度，完善和规范科技人员薪酬制度。健全和完善吸引留学人才回国和参与科技工作的相关政策与措施。改善科技人员的科研和工作条件，提高科技计划中人员费的支持比例，鼓励和规范科技人才的流动与交流。建立以能力为导向的科学的科技人才评价机制，改革科技奖励制度。

（2）培养和造就多层次、高素质的科技人才队伍

实施国家高层次人才培养计划，利用五年左右的时间在《纲要》确定的重点领域培养和引进一批国家急需的高级科技人才。配合重大专项实施，制定相关领域人才培养使用专项计划。制定促进项目、基地与人才队伍建设相结合的具体措施，在国家重大科研和工程项目、重点学科和重点基地中列支专项经费用于培养人才，支持青年创新人才、跨学科复合人才以及“小人物”的成长，高度关注“非共识项目”。加大对企业科技人才队伍建设的支持，研究制定鼓励和引导企业吸引优秀人才和开展人才合作交流的具体措施。加强实验技师等科研技能型人才的培养和培训。加大相关科技计划对农村科技人才培养的投入，为建设社会主义新农村提供实用技术人才。制定优惠政策，引导、鼓励科技人才到民营企业、贫困地区、边远地区和民族地区工作。加强科技管理人员的培训工作，提高科技管理能力和水平。

6. 营造有利环境，加强科学普及和创新文化建设

发展思路：以提高公众科学素质和促进人的全面发展为目标，大力提升全社会的科普能力，形成大力弘扬科学精神，宣传科学思想，推广科学方法，普及科学知识的社会氛围；积极发展创新文化，弘扬以改革创新为核心的时代精神，增强创新意识，为科技发展创造良好的社会文化环境。

阶段性目标：形成多渠道、多元化兴办科普的局面，建成一批高水平的大中型科普场馆，促进科学技术普及有较大发展，公民科学素质明显提高，达到世界主要发达国家20世纪80年代末水平。初步建成创新文化研究和普及的基础平台，在科技界形成和确立良好的道德风范和价值准则，在科技队伍中树立创新价值观、普及创新精神。

（1）加强科学技术普及

加强对科学技术普及工作的领导，充分发挥科普工作联席会议制度的作用，加强政府、社会团体和企业等各方面的优势集成，促进科技界、教育界和大众传媒之间的协作，动员全社会力量参与，建立科普事业良性运行机制。研究制定《科普法实施细则》和促进科普事业发展的一系列配套政策。积极推进全民科学素质行动计划，重点加强面向未成年人、广大农民、城市劳动者和各级领导干部的科普工作。政府持续增加财政投入，加强政策引导，吸引各类社会资金向科普事业投入。实施科普能力建设工程，促进科普创作和科普作品出版，加强科普理论研究和多层次专业科普人才培养，重点加大对中西部和民族地区科普基础设施投入的支持力度。继续办好科技活动周、文化科技卫生“三下乡”等科普活动。推进科技计划项目科普工作，逐步建立科普监测评价体系，加强宏观引导。

（2）发展创新文化

坚持解放思想、实事求是、与时俱进，发扬我国的传统文化优势，大力发展创新文化，充分发挥科技评价和科技奖励在推动自主创新中的导向作用，在全社会培育创新意识、倡导创新精神，完善创新机制，大力提倡敢为人先、敢冒风险的精神，鼓励科研人员创新创业。大力倡导敢于创新、勇于竞争、宽容失败、追求成功的精神，为科技创新提供良好的社会环境和文化氛围。

专栏 19　全民科学素质行动计划重点任务

科学素质是公民素质的重要组成部分。2006 年 2 月，国务院发布了《全民科学素质行动计划纲要（2006—2010—2020）》，旨在全面推动我国公民科学素质建设，通过发展科学技术教育、传播与普及，尽快使全民科学素质在整体上有大幅提高，实现到本世纪中叶我国成年公民具备基本科学素质的长远目标。

"全民科学素质行动计划纲要"将以当前影响全民族科学文化素质水平提升的重点人群和关键环节为着力点，积极开展四大行动计划：一是实施未成年人科学素质行动，通过提高学校科学教育质量，开展多种形式的科普活动，增强中小学生对科学技术的兴趣和爱好，培养创新精神和实践能力；二是实施农民科学素质行动，提高农民获取科技知识和依靠科技脱贫致富、发展生产和改善生活质量的能力，提高农村富余劳动力向非农产业和城镇转移就业的能力，建设"生产发展、生活宽裕、乡风文明、村容整洁、管理民主"的社会主义新农村；三是实施城镇劳动人口科学素质行动，提高二、三产业从业人员的学习能力、职业技能和技术创新能力，提高进城务工人员的职业技能水平和适应城市生活的能力，为走新型工业化道路和发展现代服务业提供人力资源支撑；四是实施领导干部和公务员科学素质行动，弘扬科学精神，提倡科学态度，讲究科学方法，增强科学决策和科学管理的能力。通过《全民科学素质行动计划纲要》的组织与实施，将会促进我国科学技术教育、传播与普及的快速发展，形成比较完善的公民科学素质建设的组织实施、基础设施、条件保障、监测评估等体系，公民科学素质在整体上有大幅提高。

7. 突出企业主体，全面推进中国特色国家创新体系建设

发展思路：以建设企业为主体、市场为导向、产学研结合的技术创新体系为突破口，坚持"明确定位，优化结构，完善机制，提升能力"的原则，进一步深化科技体制改革，全面推进国家创新体系建设。重点实施"技术创新引导工程"，采取若干重大措施，激励企业成为创新主体。切实加强区域和地方科技工作，有效整合中央、地方科技资源，形成中央、地方科技联动，各区域科技协调发展局面。

阶段目标：培育一批具有自主知识产权、自主品牌和持续创新能力的创新型企业；在主要产业部门和大中型企业建立一批工程中心和国家工程实验室；支持形成一批产学研战略联盟。紧密结合国家区域发展战略，构建各具特色、优势互补的区域科技创新体系，带动形成一批具有区域优势和地方特色的产业集群。进一步扩大建立和完善现代科研院所制度。初步形成适应市场经济体制和科技发展规律且有效互动的国家创新体系基本框架。

（1）建设以企业为主体的技术创新体系

积极发挥经济和科技政策的导向作用，激励和引导企业真正成为研究开发投入的主体、技术创新活动的主体和创新成果应用的主体。调整国家科技计划实施机制，加大国家科技计划对企业技术创新的支持。建立与企业的信息沟通机制，国家有关科技计划要充分反映企业、产业发展的需求，项目评审要更多地吸纳企业同行参与。鼓励企业参与国家科技计划项目的实施，对重大专项和科技计划中有产业化前景的重大项目，优先支持有条件的企业集团、企业联盟牵头承担，或由企业与高校、科研院所联合承担，建立以企业为主体，产学研结合的项目实施新机制。

实施"技术创新引导工程"，支持企业建立和完善各类研发机构，特别是鼓励大型企业或主要行业的龙头企业建立企业技术中心，打造企业技术创新和产业化平台，努力形成一批集研究开发、设计、制造于一体，具有国际竞争力的大型骨干企业。开展创新型企业试点，促进形成一批有特色的创新企业集群。吸引海外高层次人才回国创办高新技术企业。鼓励外资企业在我国设立研发中心，加强合作研究。鼓励企业与科研院所、高等院校联合，加强工程实验室、工程中心、企业技术中心、产业技术

联盟建设，加大现有研究开发基地与企业的结合，建立企业自主创新的基础支撑平台，并着重建立面向企业开放和共享的有效机制，整合科技资源为企业技术创新服务。

完善符合市场经济特点的技术转移体系，将技术转移作为科技计划和公共科技资源配置的重要内容，促进企业与高等院校和科研院所之间的知识流动和技术转移。创造各类企业公平竞争的制度环境，打破行业和市场垄断，重视和发挥民营科技企业在自主创新，发展高新技术产业中的生力军作用。国家有关计划要加大对科技型中小企业的支持力度，建立适应中小型企业创新需要的投融资机制，建立和完善支持中小企业技术创新的信息、技术交易、产业化服务的平台，营造扶持中小企业技术创新的良好环境。深化技术开发类科研机构企业化转制改革，鼓励和支持其在行业共性关键技术研究开发和应用推广中发挥骨干作用，推进国家工程技术创新基地建设和发展。

专栏 20　技术创新引导工程

为落实中共中央、国务院关于加强自主创新的要求，促进企业成为技术创新主体，提升企业核心竞争力，科技部联合国资委、全国总工会等有关部门启动“技术创新引导工程”。

基本宗旨：促进企业成为技术创新的主体，提升企业的核心竞争力，增强国家的自主创新能力，为建设创新型国家提供有力支撑。

主要目标：引导形成拥有自主知识产权、自主品牌和持续创新能力的创新型企业；引导建立以企业为主体、市场为导向、产学研紧密结合的技术创新体系；引导增强战略产业的原始性创新能力和重点领域的集成创新能力。

重要任务：开展创新型企业试点工作，引导和支持若干重点领域形成产学研战略联盟，优化资源配置，加大对企业技术创新的引导，加强企业研究开发机构和产业化基地建设，加强面向技术创新的公共服务平台建设，激励广大职工为企业技术创新建功立业。

（2）建设科学研究与高等教育有机结合的知识创新体系

深化科研体制改革，明确不同类型科研机构的职责定位。以建立开放、流动、竞争、协作的运行机制为重点，探索实行理事会制度，完善所长负责制，扩大科研院所的管理自主权，健全科研管理制度规范，建立现代科研院所制度。推进社会公益类科研机构分类改革，提高改革验收后人均事业费标准，完善管理和运行机制，形成一批稳定服务于国家目标的高水平公益科研基地。实施中科院知识创新工程三期项目，在基础研究和战略高技术的若干重要领域形成一批具有国际一流水平的研究所。深化高校科研管理体制改革，加强科技创新与人才培养的结合，建设一批高水平的研究型大学。以国家目标和产业需求为导向，进一步推动科研院所、高等学校和企业在科技创新和人才培养方面的合作，促进资源共享，提高原始创新能力和科技成果转化能力。根据国家重大需求，填补研究领域空白，建设一批高水平国家研究基地。探索建立对基础研究、前沿高技术研究和社会公益类研究相对稳定的支持方式。研究建立以财政支持为主的科研机构创新绩效的评价指标体系和定期评价机制，将评价结果作为调整财政资助强度的重要依据。

（3）建设军民结合、寓军于民的国防科技创新体系

深化国防科研体制改革，以促进军民科技资源统筹配置、有效共享为重点，建设军民结合、寓军于民的国防科技创新体系。加大军民科技发展战略和科技政策的协调力度，以组织实施重大专项为突

破口，统筹军民科技计划，加大民口企业和科研机构参与国防科技计划的力度，促进军民科技从基础研究、应用研究开发、产品设计制造到技术和产品采购各环节的有机衔接。加强军民两用技术研发，促进军用和民用科技的双向转移以及军民两用技术的产业化。加强军民科技资源的有效集成，建立军民科技基础设施和条件平台有效配置、合理共享的机制。加快国防科研院所体制改革，推进有条件的国防科研机构的企业化转制，探索促进军民科研结合的管理模式，促进军民创新人才的有序流动和优化组合。

（4）建设各具特色和优势的区域创新体系

根据综合协调，分类指导，注重特色，发挥优势的原则，以促进中央与地方科技力量的有机结合，推动区域紧密合作与互动，促进区域内科技资源的合理配置和高效利用为重点，围绕区域和地方经济与社会发展需求，建设各具特色和优势的区域创新体系，全面提高区域科技能力。加强区域科技规划工作，发挥中央财政配置资源的引导作用，统筹区域科技资源，形成合理的区域科技发展布局。东部地区加强高技术的研发和基地建设，大力推动我国自主创新能力和产业技术的提升与跨越，形成具有国际竞争优势的产业；中部地区充分发挥区域综合优势，重点提升农业、能源等支柱产业和新兴产业的技术水平；西部地区综合应用多种科学技术手段，保护和治理生态环境，合理开发优势资源，发展区域特色产业，形成区域创新和新经济增长极；东北地区加强高新技术改造传统产业，积极开拓新兴产业，振兴东北老工业基地。通过重大项目引导，促进跨区域的创新合作和创新联盟建设。发挥高等院校、科研机构和国家高新技术产业开发区在区域科技创新中的引领作用和区域知识扩散中的辐射作用；积极推进科技创新型试点市工作，强化区域中心城市对区域创新活动的带动作用和对区域科技资源的凝聚作用。

要加强对地方科技工作的指导，强化地方科技管理部门的职责。集成中央和地方的科技资源，形成中央和地方联动的机制，支持有条件的地方组织实施国家重大科技项目。地方科技工作要以提升自主创新能力，加强科技成果转化和产业化为重点，加快先进适用技术推广应用，促进地方优势和特色产业发展与社会进步。深入实施科技富民强县行动计划，加强对县（市）科技信息平台等科技基础条件建设的支持力度，增强县（市）科技服务和支撑能力，健全县（市）科技机构，推动基层科技队伍的建设。

（5）建设社会化、网络化的科技中介服务体系

按照政府推动与市场调节相结合，发展与规范相结合，全面推进与分类指导相结合，专业化分工与网络化协作相结合的原则，以促进科技成果转化和加强创新服务为重点，建设社会化、网络化的科技中介服务体系。制定出台支持科技中介机构发展的税收政策，建立有利于各类科技中介机构发展的运行机制和政策法规环境。鼓励多种所有制投资主体参与科技中介服务活动，充分发挥高等院校、科研机构和各类社团在科技中介服务中的重要作用。把依靠中介机构完善管理和服务，作为转变政府职能的重要内容，对科技中介服务能够承担的工作，积极委托有条件的科技中介机构组织实施。通过任务委托等方式，培育骨干科技中介机构，发挥示范带动作用。大力开展培训工作，提高科技中介机构

从业人员的业务水平和素质。加强行业协会建设，充分发挥行业协会在推动技术创新中的服务和协调功能。加强先进适用技术推广应用，加快农业技术推广体系改革和创新，鼓励各类农科教机构和社会力量参与多元化的农业技术推广服务。

8. 加强科技创新，维护国防安全（略）

四、保障措施

围绕《纲要》和“十一五”科技发展部署，制定各项保障措施，加大实施力度，切实形成有利于自主创新的新体制和新机制。

1. 加强组织领导和统筹协调

建立一把手抓第一生产力的工作机制和组织机制，各级党委和政府应加强对科技工作的领导，并把提高自主创新能力的成效作为落实科学发展观和正确政绩观的重要内容，强化政府的科技宏观管理能力。充分发挥各地方、各部门、各社会团体的积极性和主动性，大力协同，共同推动《纲要》的组织实施。

建立经济政策与科技政策的部际协调机制，强化科技进步与经济发展的相互促进。建立财政部门会同科技部门编制财政科技预算的会商和协调制度，加强对科技投入的统筹管理。建立促进军民科技资源统筹配置的联席会议制度与军品市场准入机制，加强军民科技计划的衔接与协调。建立政府采购自主创新产品的工作协调机制。建立引进技术消化吸收和再创新的协调机制，加强对技术引进和消化吸收再创新工作的管理和引导。通过建立与实施这些统筹协调机制，充分实现创新资源的优化配置与创新活动的相互促进。

2. 大幅增加科技投入

大幅增加财政科技投入，强化科技投入增长的保障机制。确保各级政府在年初预算分配和财政超收分配中，财政科技投入增长幅度达到法定增长的要求。2006 年中央财政科技投入实现大幅增长，在此基础上，“十一五”期间财政科技投入增幅明显高于财政经常性收入增幅。国家统筹安排资金确保《纲要》重大专项的顺利实施。

调整财政科技投入结构，加强对非竞争性科技创新活动的支持力度，合理安排经费比例，加大对基础研究、社会公益性研究、前沿高技术研究、科技基础条件建设的支持，引导地方和行业部门加大科技投入，重点解决国家、行业和区域经济社会发展中的重大科技问题。

创新财政科技投入机制，综合运用财政拨款、基金、贴息、担保等多种方式吸引社会资金向创新投入；建立和完善多元化、多渠道的科技投入体系。深入推动创业风险投资事业发展和促进自主创新的多层次资本市场建设，政府引导金融机构加大对高新技术产业的投入力度。在法律法规和有关监管规定许可的前提下，支持保险公司投资创业风险投资企业。加大对地方的科技转移支付，通过资金支持、政策引导、创新机制等方式，促进地方科技和经济发展。

完善财政科技投入管理机制，建立适应新形势的科技经费监督管理和绩效评估体系，提高财政科技经费的使用效率。

3. 落实促进自主创新的各项激励政策

加大《纲要》及其配套政策的实施力度，抓紧制定并落实有关实施细则。要深入实施促进企业成为技术创新主体的有关财税、金融、政府采购等政策。加大企业研究开发投入的税前抵扣力度，允许企业加速研究开发仪器设备的折旧，加快实施消费型增值税。积极探索政府资金和各类金融资本有机结合支持自主创新的方式，鼓励和引导政策性金融和商业金融对自主创新的支持，改善对科技型中小企业的金融服务。实施激励自主创新的政府采购政策，建立财政性资金采购自主创新产品的制度，改进政府采购评审方法，给予自主创新产品优先待遇，建立激励自主创新的政府首购和订购制度。促进引进技术消化吸收再创新政策，加强对技术引进和消化吸收再创新的管理，对企业消化吸收再创新给予政策支持。

4. 深入实施知识产权和技术标准战略

有效利用知识产权制度和技术标准提升我国产业国际竞争力。完善国家知识产权法律法规，建立健全知识产权保护体系，加强知识产权保护执法，防止知识产权滥用。建立重大经济活动的知识产权特别审查机制，完善相关制度及程序。国家科技计划和各类创新基金对所支持项目在国外取得自主知识产权的相关费用，按规定经批准后给予适当补助。

强化科技创新的知识产权目标导向，对事关综合国力和国际竞争力的重大科技领域、重要高新科技产业和国民经济重点行业，以掌握核心技术及其知识产权为主要目标，在国家层次上组织实施专利战略，编制必须掌握自主知识产权的关键技术和重要产品目录，通过科技计划和建设投入给予重点支持。

加强各类创新主体的知识产权管理能力建设，针对科研管理人员、研究开发人员的不同需求，相应开展知识产权知识培训、战略管理培训和实务辅导，培养一批既懂技术又懂知识产权的科技管理队伍，提高科研机构、高科技企业和其他创新主体的知识产权保护、管理水平。

完善知识产权公共服务体系，支持建立知识产权信息服务平台，实现知识产权管理服务与科技创新活动的有机结合；通过国家科技计划、重大产业化项目和建设投资等方式支持科研机构、大学与相关企业在若干重点行业和技术领域建立知识产权战略联盟，形成联盟成员优势互补、协同配套、风险共担、权益共享的运作机制。

推动形成以我为主的技术标准，支持企业参与国际技术标准制定，对推动我国技术标准成为国际标准的企业给予补助。将形成技术标准作为国家科技计划的重要目标。加强技术性贸易措施体系建设。

5. 形成新型对外科技合作机制

“十一五”时期，国际科技合作工作要以增强自主创新能力、提高科技竞争力为核心，树立全球战略意识，凝练合作重点，加强统筹协调，提升合作层次，充分利用全球科技资源，贯彻落实《纲要》的各项任务，为经济建设、科技发展和国家的总体外交服务。逐步形成“以我为主，互利共赢；为我所用，支撑创新；政府引导，多方参与；统筹集成，突出重点”的国际科技合作新态势。

积极参与国际大科学、大工程计划，鼓励并支持我国科学家和科研机构参与或牵头组织国际和区域性的大科学工程，充分利用国际大科学计划和大工程平台，分享世界最新研究成果。从《纲要》实施实际需求出发，有针对性地支持、聘请一批高水平的海外专家和优秀科技人才团队来华从事合作研究、学术交流、技术培训或工作任职。探索建立长效的人员交流机制，变一般性人员交流为有效提升自主创新能力的高水平的人才合作交流。

完善国际科技合作计划体系，打造我国对外科技合作平台。与国家重大科技计划，国家重点实验室，国家工程中心，教育部 211、985 工程，中国科学院知识创新工程等相结合，依托有优势的大学、研究院所和企业与国外合作建立一批高水平的国际科技合作研发中心和基地；利用国家高新区、大学科技园、海外科技园，建立一批国际科技合作示范园区和示范服务机构。

充分发挥政府在国际科技合作中的引导作用，拓展合作渠道，形成政府搭台，企业、大学、科研机构等主体作用充分发挥的国际科技合作格局。重点支持有助于解决科学技术瓶颈难题，有助于利用国外资源，有助于实现企业“走出去”战略的国际科技合作。紧密结合双边、多边政府间科技合作工作，支持“传统药物国际研究”“伽利略”“国际热核聚变实验反应堆”等一批大科学国际合作项目，完善政府间科技合作模式。加强内地与港、澳、台的科技合作。

建立和完善国际科技合作协调机制、专家咨询机制、“自上而下”立项管理和评估机制，加强对国际科技合作工作的宏观调控和政策引导。建立一支专业化的国际科技合作管理队伍。

6. 完善科技法律法规体系

建立和完善新时期促进科学技术发展，推进全社会科技进步的科技法律制度体系。积极推进《科学技术进步法》的修订，深入开展促进科技资源共享，支持科技中介机构与科研机构发展，加强科学技术普及，扶植生物技术等新兴科学技术研究开发活动等的法律制度研究。鼓励各地方结合实际开展各具特色的立法实践，切实加强科技法律法规的宣传培训和贯彻实施工作。

7. 推进科技计划管理改革

以提高自主创新能力和促进公正公开为核心，深化科技计划管理体制改革，构建 “权责明确，定位清晰，结构合理，运行高效”的国家科技计划体系和“公正、公开、规范、高效”的科技计划管理体系。

调整和完善科技计划结构，形成由重大专项和基本科技计划组成，与《纲要》任务相衔接的科技计划体系。基本科技计划是国家科技计划的主要形式和内容，包括基础研究计划、国家支撑计划、高技术研究发展计划、科技基础条件平台建设计划、政策引导类计划等。基础研究计划突出原始创新，主要定位分别为自由探索性基础研究和国家目标导向的战略性基础研究；国家支撑计划突出公益技术研究和产业关键共性技术开发；高技术研究发展计划（863 计划）突出战略性、前沿性和前瞻性，重点加强前沿技术研究开发；科技基础条件平台建设计划突出资源共享，为提高科技持续创新能力提供支撑；政策引导类计划突出企业技术创新。

加强科技计划管理改革，创新管理机制，促进分类管理，根据各类科技计划的定位和功能，围绕国家目标、科学前沿、市场需求等确定国家科技计划的目标导向。加大科技计划对企业技术创新的支持，增强企业参与科技计划的力度。加强科技计划的项目实施与能力建设有机衔接，完善科技项目实施中的知识产权管理，建立有利于自主创新的科技评价体系。构建统一的国家科技计划管理信息平台，保证管理的公开、公正与透明，提高科技资源的配置效率。完善专家管理机制，建立科技统计、技术预测、第三方独立评估、信用管理等制度。建立目标管理和问效问责制，加强对计划实施全过程的监督和绩效评估。

8. 建立有效的规划实施机制

建立健全规划实施协调机制。发挥“十一五”规划对未来五年我国科技发展的指导性作用，加强规划与计划的衔接。根据“十一五”规划确定的总体思路、战略目标和重点任务，结合国民经济社会发展计划的总体部署，制定和实施各项国家科技计划。各行业、地方从各自的发展实际出发，制定相应的科技计划。国家科技主管部门根据部门、行业、区域特点，加强对部门、行业和区域科技计划的协调和分类指导。

建立健全技术预测机制。进一步把握科学技术发展的新趋势和新特点，跟踪已纳入“十一五”规划的科技领域和重大项目的新变化，为科技规划的滚动实施和动态调整提供决策依据。建立健全技术预测制度，促进技术预测规范化；建全技术预测机构，建设技术预测队伍，广泛吸收社会科学领域、产业界和科研管理部门专家参与技术预测；完善技术预测方法，保证技术预测工作的稳定性和持续性。

建立规范的评估监督与动态调整机制。建立健全独立与规范的评估和监督机构，定期评估规划的实施情况，监督重大项目的执行情况。制定和完善适应各类科技活动特点的评估指标体系，充分发挥评估指标在规划实施中的导向作用。规范评估和监督程序，完善评估和监督机制。提高评估和监督的公开性与透明度，加强与公众的交流与沟通，建立必要的公示制度和公众参与制度，定期公布评估报告。加强评估工作的法制化建设。建立动态调整机制。根据科学技术的新进展和社会需求的新变化，对规划做出必要的调整。

国家自主创新基础能力建设“十一五”规划

自主创新基础能力建设是国家创新体系建设的重要组成部分，是保障和促进全社会创新活动、培养和凝聚高层次人才、建设创新型国家的必要物质技术基础，是国家基础设施建设的重要内容，是由国家重大科技基础设施、实验室体系、工程中心、企业技术中心等构成的国家自主创新支撑体系。为贯彻落实《国家中长期科学和技术发展规划纲要（2006—2020 年）》（国发〔2005〕44 号，以下简称《科技规划纲要》）和《国民经济和社会发展第十一个五年规划纲要》，围绕建设创新型国家的总体目标，系统构建国家自主创新支撑体系，明确政府工作的重点和引导社会投入的方向，提出营造创新环境、完善体制机制的政策措施，制定本规划。

一、面临形势

“十五”期间，我国自主创新基础能力建设步伐进一步加快，为不断提高国家竞争力、突破经济建设中的重大技术瓶颈、保障国家安全和社会进步做出了重要贡献。构建了相对完整的基础研究体系，相继建设了一批重大科学工程、国家科学中心、国家实验室，显著改善了基础研究设施与实验条件，提升了我国基础科学和前沿高技术领域的原始创新能力，部分科技前沿领域在国际上占据了一席之地。强化了产业技术创新能力，企业技术创新和科技投入的主体地位逐步确立，转制科研院所经济实力、技术创新能力和市场适应能力明显增强，产学研合作日益扩展和深化；国家工程中心等创新能力建设计划的实施，有力地支撑了产业技术进步和产业结构优化升级。加快了创新支撑条件和服务基础设施建设，科技资源的整合和开放共享取得新进展，技术转移中心、科技企业孵化基地、生产力促进中心等技术创新服务机构的重要作用日益凸显，有效提升了创新效率和水平，促进了科研成果的推广应用。同时，我国经济实力的不断增强和科技体制改革的进一步深化，也为自主创新能力的提升奠定了坚实的物质基础、创造了良好的体制机制环境。

国务院办公厅，国办发〔2007〕7 号，2007 年 1 月 23 日。

当前，我国自主创新基础能力建设还存在一些亟待解决的问题。主要表现在：国家自主创新支撑体系的统筹规划和科学布局有待加强；科学、健全、高效的建设、运行、管理机制亟须完善，公共科技设施的开放共享和产业研发设施建设中如何充分发挥市场机制的作用问题有待进一步解决；产业共性技术供给能力相对薄弱，企业的自主创新能力仍显不足，企业创新主体的作用有待进一步发挥。面对国际竞争更加激烈、科技发展日新月异的形势和经济、社会发展与国防建设的迫切需求，总体上看，我国自主创新基础能力建设还不适应建设创新型国家的要求，不适应把握新一轮科技革命及其引发的产业革命机遇的要求，不适应日趋激烈的国际竞争的要求。

新世纪新阶段，我国自主创新基础能力建设面临着发展机遇和竞争挑战并存的形势。

一是各国政府普遍重视创新能力建设和有效利用。当今发达国家和新兴工业化国家都将创新能力建设放在极其重要的地位，突出创新能力建设的国家目标，加大投入强度，在国家战略和相关规划、政策中予以高度关注、重点倾斜。同时，通过改革完善投入机制，加强顶层设计和统筹规划，不断提高公共科技设施的利用效率和科技成果产业化运用的成功率。

二是科学技术迅猛发展对创新能力建设提出新的要求。当今世界，学科分化与交叉融合加快，科学发现、技术发明以及重大集成创新呈现群体突破态势，科学发现到技术发明创新和产业化运用的时间周期越来越短，并且日益依赖重大科技设施。这些都对自主创新基础能力建设的布局、周期、水平提出了新的更高要求。

三是全球化对我国自主创新基础能力建设带来新的机遇和挑战。经济全球化加速了创新要素跨国流动和国际产业结构调整以及我国经济融入世界经济的进程，使我们可以更好地利用全球科技资源促进我国自主创新能力的提升。同时，创新能力日益成为国际竞争的焦点，原本就具有科技优势的发达国家更加强化知识产权保护，极力维护其技术垄断地位，如何有效保护本国利益、保护本国产业安全和提升科技自主创新能力，也成为各国特别是发展中国家必须面对的挑战。

四是我国所处的发展阶段决定了必须大力加强自主创新基础能力建设。由于多年来粗放式的经济高速增长和产业结构水平低下，我国经济社会发展长期面临的人口、资源、环境等约束因素已经凸显出来，只有加强自主创新基础能力建设，才能为经济增长提供新动力，才能为产业结构优化升级提供持久有力的技术支撑，才能真正实现增长方式的根本性转变，将科学发展观落到实处，才能在日趋激烈的国际竞争中赢得主动，有效地保障国家经济和国防安全，顺利实现和平崛起。

总之，在全面建设小康社会、加快现代化建设的新的发展阶段，要抓住我国经济社会发展的重要战略机遇期，必须深入贯彻科教兴国战略和人才强国战略，大力加强自主创新基础能力建设，为加快经济增长方式转变、产业结构优化升级和突破人口资源环境等瓶颈制约提供有力支撑。

二、指导思想与建设目标

（一）指导思想

坚持以科学发展观为指导，贯彻“自主创新、重点跨越、支撑发展、引领未来”的科技发展方针，按照“着眼长远发展、优化整体布局、完善体制机制、提升创新能力”的总体原则，体现高水平、不重复、促进资源共享、军民结合的要求，统筹规划国家自主创新基础能力建设，为将我国建设成为创新型国家提供必要的物质技术基础。

“着眼长远发展”就是要突出自主创新基础能力建设的前瞻性，在体系设计上要按照《科技规划纲要》的部署，充分考虑长远发展需要，在具体建设重点选择上要满足“十一五”发展的迫切要求。

“优化整体布局”就是要突出自主创新基础能力建设的系统性，从完善国家创新体系的高度提出对自主创新基础能力建设的战略需求，从完善创新链条、支撑中长期重大战略任务出发，优化自主创新基础设施的整体布局，充分发挥中央、地方和各方面的积极性。

“完善体制机制”就是要突出自主创新基础能力建设的开放性，充分发挥市场配置资源的基础性作用和公共财政投入的引导作用，鼓励社会资本投入自主创新基础设施建设，坚持共建、共享、共用原则，有效支撑自主创新。

“提升创新能力”就是要突出自主创新基础能力建设的战略性，面向国家战略需求和世界科学技术前沿，提升我国原始创新能力、集成创新能力和引进消化吸收再创新能力。

（二）建设目标

“十一五”期间，通过自主创新支撑体系的建设和发展，将实现以下主要目标：

——原始创新能力有较大提升，基础科学研究、战略高技术研究的支撑条件得到强化，科技引领经济和社会发展的能力进一步增强。

——集成创新能力显著增强，产业关键共性技术研发、系统集成和工程化条件比较完善，对产业结构调整的支撑和带动能力有效提升。

——引进消化吸收再创新能力取得重大突破，在重大技术装备研制和重点工程设计等方面引进技术消化吸收和再创新的研究试验设施显著增强，对重点工程和重大任务的保障能力大幅提高。

——企业技术创新主体地位全面强化，企业研发条件和创新环境明显改善，形成一批拥有自主知识产权和知名品牌、国际竞争力较强的优势企业。

——高层次创新人才大量涌现，为人才的培养和使用创造良好的环境与条件，培养、吸引、凝聚一大批优秀科技人才，尤其是学科和产业技术带头人。

未来五年，要基本建成“布局合理、装备先进、开放共享、运行高效”的自主创新支撑体系，为《科技规划纲要》战略目标的全面实现奠定重要物质基础。规划建设 12 项重大科技基础设施，组建 30 个左右国家科学中心和国家实验室，建设和完善 300 个左右国家重点实验室；实施知识创新工程和科技基础条件平台建设工程；建设和完善 100 个国家工程实验室、100 个左右国家工程中心，支持 300 家国家认定企业技术中心的建设；完善科研保障体系和技术创新服务体系，营造鼓励创新的政策环境。

三、总体部署与重大工程

（一）总体部署

全面贯彻落实《科技规划纲要》，围绕提升原始创新能力、集成创新能力和引进消化吸收再创新能力，保障重大科技专项等战略性任务的顺利实施，加强系统设计和前瞻布局，以改革为动力，充分发挥市场主体和政府引导作用，从研究实验体系、科技公共服务体系、产业技术开发体系、企业技术创新体系和创新服务体系五个层面推进自主创新基础能力建设，构筑自主创新能力的物质支撑体系。研究实验体系是产生重大原始创新成果的重要条件；科技公共服务体系是为科技创新活动提供物质和信息保障的公共系统；产业技术开发体系是解决产业发展中关键技术和共性技术有效供给的重要手段；企业技术创新体系是提升产业创新能力和国家创新能力的重要基础；创新服务体系是为全社会的创新活动提供公共服务的网络平台。这五个层面共同构成了创新过程的完整链条。

1. 研究实验体系建设

集中必要资源、瞄准有限目标、突出重点，在我国具有相对竞争优势的前沿科学领域，以及国家现代化建设需要的战略性高技术领域，启动若干具有世界一流水平、支撑多学科研究的重大科技基础设施建设；有选择地对部分原定科学目标已经实现、具有较大发展潜力的重大科技基础设施进行改造；着手安排若干项重大科技基础设施的预研。进一步优化资源配置，在信息、生命科学、空间、海洋、纳米及新材料等战略领域，组建 30 个左右设施先进、规模效益明显、创新能力强、开放程度高的国家科学中心和国家实验室。在学科交叉广泛和创新日趋活跃的研究领域，建设和完善 300 个左右国家重点实验室；鼓励有关部门、地方结合自身特点和发展需求，加强一批部门、地方重点实验室。同时，根据深化科技体制改革的总体要求，加快社会公益类科研机构改革，促进实验室管理体制和运行机制的创新，形成一批具有较高国际知名度和影响力的研究实验机构。

2. 科技公共服务体系建设

加快推进中科院知识创新工程、高等院校“211 工程”“985 工程”等计划中的科技基础配套设施建设，提高保障支撑能力和管理水平，为科研院所和高等院校提高科技创新能力创造良好环境和科研条件。按照“需求导向，资源共享”的原则，在整合部门、地方科技资源、理顺管理体制的基础上，突出公益性、基础性、公共性的特点，重点围绕自然资源保护和高效利用、知识产权保护和科技信息共享、科学普及等重大问题，构建跨地区、跨学科、多层次、布局合理、体系完备的科技公共服务体系，促进科技创新活动的广泛开展和全民科学素质的提高。

3. 产业技术开发体系建设

鼓励和引导社会资本加大投入，支持有关企业、高校和科研机构，采用产学研结合等多种形式，加快产业技术开发体系建设。深化技术开发类院所企业化转制改革，促进其进一步增强技术创新能力。加强产业基础技术研发设施的建设，新建 100 个国家工程实验室，在产业前瞻性技术、核心技术、重大装备设计试验、重要技术标准等方面，扭转产业发展对国外技术严重依赖的局面，增强我国产业自主发展能力。以产业发展和结构升级的重大需求为导向，以促进高技术产业发展，缓解资源匮乏、能源紧缺、环境污染制约，提高产业核心竞争力为重点新建 50 个左右国家工程中心。充分发挥已建国家工程中心的作用，选择 50 个左右具有突出的科研成果和人才基础、较强的行业影响力、已建立了良好的运行机制、发展前景广阔的工程中心，围绕新的发展方向和目标，进一步加强建设；引导和促进有条件的地区，围绕区域产业结构升级，加强专业性、区域性工程中心的建设。

4. 企业技术创新体系建设

以提高企业自主创新能力，强化其技术创新和科技投入主体地位为目标，充分发挥市场机制作用，根据国民经济发展的战略需求和产业技术政策，在重点产业领域以大企业集团技术中心为依托，以产学研相结合为主要形式，以企业投资为主，建设与产业发展相适应、代表行业领先水平、有利于广泛吸引国内外优秀人才的自主创新基础设施，培育和提升企业和产业核心竞争力。重点支持 300 个国家认定企业技术中心的建设，鼓励和支持企业技术中心围绕国家重点工程、重大新产品研发和产业技术升级，加强自主创新基础设施建设，建立相关配套的研发设计支撑体系，提高关键技术与装备的引进技术消化吸收再创新能力；围绕重要资源开发、节能降耗、清洁生产、发展循环经济等方面的需要，建设相关自主创新基础设施，促进可持续发展。大力推进省市和行业认定企业技术中心建设，培育一批具有较强自主创新能力和自主品牌的优势企业，发挥其示范和导向作用，促进经济增长方式的转变。

5. 创新服务体系建设

根据新时期产业发展和社会进步的需要，以加快科技成果向现实生产力转化，为各类创新主体特别是中小企业的自主创新活动提供社会化公共服务为重点，建设面向全社会的创新服务体系。以促进自主创新为目标，以公共财政投入为引导，鼓励社会资金投入创新服务体系建设；鼓励和引导技术转移中心、技术创新服务中心、科技企业孵化基地、国家大学科技园、生产力促进中心等各类创新服务机构的发展，完善服务体系和加强能力建设；建立中小企业公共技术支持平台。整合创新资源，强化政策激励，显著提升创新资源配置效率和效益。

（二）重大工程

落实《科技规划纲要》，突出宏观指导，集中优势资源，服务重大专项，从国家层面强化在若干关键领域和薄弱环节的战略部署，着力实施 4 项自主创新基础能力建设重大工程，力求突破科技发展和产业技术的瓶颈制约，带动国家自主创新能力的整体提升。

1. 重大科技基础设施建设工程

着眼于经济社会全面、协调、可持续发展和国家安全对科技进步的重大需求，面向国际科学技术前沿，在我国具有相对竞争优势和国家现代化建设需要的战略性高技术领域，超前谋划、突出重点、整合资源，高起点、高水平地建设 12 项战略性、标志性的国家重大科技基础设施，为取得一批具有重大科学意义的创新性成果、缓解资源环境约束、突破战略性高技术产业的科技“瓶颈”提供强有力的支撑。同时要探索和创新国家重大科技基础设施的建设机制、管理机制和使用机制，保证资源共享、充分利用，切实发挥科技基础设施的公共效益。

“十一五”期间重点建设散裂中子源、强磁场装置、大型天文望远镜、海洋科学综合考察船、航空遥感系统、结冰风洞、大陆构造环境监测网络、重大工程材料服役安全研究评价设施、蛋白质科学研究设施、子午工程、地下资源与地震预测极低频电磁探测网、农业生物安全研究设施等 12 项国家重大科技基础设施。

2. 科技基础条件平台建设工程

构建布局合理、开放高效的科技资源共享体系。以改革为动力，以资源共享为核心，积极探索新的管理体制和运行机制，打破资源分散、封闭和垄断的状况，不断提高我国科技资源的利用效率。加强统筹规划，在国家层面上做好科技资源共享的顶层设计。结合我国各类科技资源的特点，借鉴国际相关标准和规范，制订法规规章、技术标准和管理制度，确保在不同部门、地方和单位间实现共享科技条件资源。充分运用信息、网络等现代技术，对科技资源进行战略重组和系统优化，促进全社会科技资源高效配置和综合集成，提高科技创新能力。

推进大型科学仪器设备、设施的共建共享，逐步形成全国性的共享网络；改善现有的野外观测台站观测环境和科研条件，形成一批联网运行和资源共享的综合性、专业性野外观测实验基地。整合和完善国家种质资源库、国家实验材料和标准物质资源库、国家岩矿化石标本和生物标本资源库（馆）。构建集中与分散相结合的国家科学数据中心群，推动面向各类创新主体的共享服务网建设，形成国家科学数据分级分类共享服务体系。建设数字化的科技文献资源库，促进相关部门、地方科技文献网络系统的对接和共享，构建种类齐全、结构合理的国家科技文献资源保障和服务体系。选择若干重大科学领域构建网络实验环境，充分利用现代信息技术和公共网络基础设施，营造服务于全社会科技创新活动的跨地域、实时的网络协同环境。

3. 知识创新工程

建设若干高水平的科研机构和研究型大学。发挥科研机构和大学的创新源头作用，加强科研机构和大学的基础研究和高新技术研究设施建设，促进科研机构和大学的联合，形成一批具有国际影响的科学研究基地。发挥大学和科研机构在培养优秀创新人才方面的作用，将自主创新基础设施建设与高层次创新人才培养相结合，构筑高水平人才培养基地。

全面推进中科院知识创新三期工程。以提高解决我国经济社会发展的重大科技问题的能力，提高为落实科学发展观提供知识基础和技术支撑的能力，提高保障国家安全、应对世界新军事变革的能力为目标，发挥多学科综合优势并进行系统集成创新，进一步推进新兴、交叉学科等的形成，建立有利于人才脱颖而出、合理流动、人尽其才的机制与环境。面向基础研究，建设依托大科学装置的综合研究基地。面向战略高技术开发，建设信息、空间、先进能源、先进制造与新材料等科技创新基地。面向经济社会可持续发展相关研究，建设人口健康与医药、先进工业生物技术、现代农业科技、生态与环境科技、资源与海洋科技等科技创新基地。

实施高校科技创新工程，加强高校自主创新基础能力建设。强化科技创新与高等教育的紧密互动与结合。发挥高校在学科齐全、人才密集、学术思想活跃以及科学研究与人才培养紧密结合等方面的优势，实施学科交叉、综合集成战略，建设若干跨高校的科学研究中心，促进高校间的优势集成，强化高校创新基地的综合性、交叉性，提高国际化水平。组建一批科研设施精良，创新人才汇聚、学术氛围宽松的综合性、开放式、国际化的大型原始性科技创新基地。注意发挥行业、地方等高校的特色和优势，进一步促进产学研结合。实施拔尖创新人才引进和培养计划，完善人才培养设施，构建定位明确、层次清晰、衔接紧密、促进优秀创新人才可持续发展的培养和支持体系。

4. 技术创新工程

建立产业自主创新的基础支撑平台。以建设企业为主体、市场为导向、产学研相结合的技术创新体系为目标，以提高自主创新能力为主线，围绕《科技规划纲要》确定的重点任务和重大科技专项，在加快高技术产业发展、节约资源能源及提高开发利用效率、促进农业产业结构调整升级和提升装备制造业核心竞争力四个重点领域，从产业技术原始创新、集成创新和引进消化吸收再创新三个层面，加强技术创新设施建设，实施技术创新引导工程。新建一批国家工程实验室，提升我国产业技术原始创新能力；新建和完善一批国家工程研究中心，提升我国战略产业和主导产业技术集成创新能力；支持建设和加强一批企业技术中心，提升企业自主研发和引进技术的消化吸收再创新能力。

以加快信息、生物等高技术产业发展，推进国民经济信息化进程，培育产业核心竞争力为目标，在核心电子器件、高端通用芯片、集成电路和软件、下一代网络、新一代无线移动通信、先进计算、信息安全、重大新药创制、重大传染病防治、现代中药等领域，建设若干支撑产业核心技术研发的设施。

以缓解资源、能源瓶颈制约及减少环境污染，保障可持续发展为目标，在油气及矿产资源勘探与采收、煤炭高效安全开采与洁净转化、特高压输变电与电力系统安全、可再生能源、先进冶金工程、水体污染控制与治理、水资源综合利用等领域，建设若干共性、关键性技术开发、试验的设施。

以促进农业产业结构调整升级，推进现代农业和农村经济持续、稳定、健康发展为目标，在农业优良品种选育、农业资源高效利用、农产品深加工与食品安全等领域，建设若干先进、适用技术的研究试验设施。

以振兴装备制造业，推进东北等老工业基地改造，实现由制造业大国向制造业强国转变为目标，在轨道交通、船舶与海洋工程、节能与新能源汽车、高档数控机床与基础制造、大型清洁火电与核电、大型飞机、新材料等领域，建设若干重要装备设计、系统集成和先进制造工艺开发、试验设施。

四、保障措施

（一）完善政策法规

加快相关政策法规的制定，实施有利于加强自主创新基础能力建设的财税、金融政策，规范和促进自主创新基础设施的投资、建设、运行和管理。一是优化财政科技支出结构，加大政策性金融支持，形成自主创新支撑平台建设的投入保障机制；二是加大对企业研究开发设施投入的税前抵扣，实施企业研究开发仪器设备加速折旧政策，对进口国内不能生产的研发设施减免关税和进口环节增值税；三是完善国家公共科技基础设施的管理体制和运行机制，提高向企业和社会的开放程度。

（二）加大资金投入

建立多元化、多渠道、多层次的自主创新基础能力建设投融资体制，发挥财政投资的导向作用，积极探索政府资金引导社会资本投入的有效机制。一是加大公共财政对基础性、公益性和战略性研究开发设施的投入；二是加强自主创新基础设施建设、更新、改造、运行经费的统筹协调，形成公共财政稳定投入的保障机制；三是加强国家投资对社会资金的引导，促进社会团体、企业、个人以及国外投资者投资共建，加大对企业自主创新的财政资金支持力度，引导和支持企业建立高水平的研究开发设施；四是强化自主创新基础能力建设的投资管理，建立公开透明、科学合理的政府投资项目审理制度，促进建设项目的合理布局、高效运行，切实提高建设资金的使用效益。

（三）创新体制机制

深化自主创新基础设施管理体制改革，探索建立有利于促进资源优化配置和高效运行的管理模式和运行机制。一是加强规划实施中政府各部门之间的协调，建立部门会商协调制度，统筹规划、整体布局、分头实施、协调推进；二是制定和完善重大科技基础设施、科技基础条件平台等管理办法，打破部门和单位所有的封闭格局，形成共建、共管、共用机制，促进资源共享和高效利用；三是充分发挥各自优势，建立产学研结合、促进自主创新基础能力建设的协调机制；四是强化国家自主创新基础设施发展状况评估和宏观监测分析，定期发布总体发展报告，及时调整和完善规划布局，形成自主创新基础设施建设持续发展的长效机制。

（四）加强人才培养

造就高水平的自主创新基础能力建设人才队伍。一是坚持自主创新基础设施建设与吸引和凝聚高层次创新人才相结合，积极营造开放、合作的创新氛围，为创新人才充分发挥聪明才智提供用武之地；二是实施国家高层次自主创新基础能力建设人才培养工程，依托国家科学中心、国家实验室、国家重点实验室、国家工程实验室、国家工程中心等基础设施，吸引和凝聚高水平人才；三是加强科技设施建设与国家重大科技计划的衔接，以设施建设为条件，以重大科技项目为支撑，加速培养一批代表国家水平的科技创新顶尖人才，造就我国在各学科、各产业技术领域自主创新的领军人物、精锐团队和专业技术人员。

（五）深化国际合作

大力推进自主创新能力建设的国际交流与合作。一是广泛利用国际资源，提高自主创新基础设施的建设运行水平，完善自主创新基础设施建设的国际合作机制，建立规范的国际科技合作项目管理制度；二是创造良好环境，吸引海外高层次人才参与自主创新基础设施建设和运行；三是积极承接国际跨国公司研发中心向中国转移，探索合作开展自主创新基础能力建设的新形式。

国家“十一五”基础研究发展规划

基础研究是指认识自然现象、揭示自然规律，获取新知识、新原理、新方法的研究活动。主要包括：科学家自主创新的自由探索和国家战略任务的定向性基础研究；对基础科学数据、资料和相关信息系统地进行采集、鉴定、分析、综合等科学研究基础性工作。

《国家中长期科学和技术发展规划纲要（2006—2020）》（以下简称《规划纲要》）对今后十五年科技工作做出了总体部署，确定了“自主创新，重点跨越，支撑发展，引领未来”的指导方针，提出了建设创新型国家的总体目标。加强基础研究是提高我国原始性创新能力、积累智力资本的重要途径，是跻身世界科技强国的必要条件，是建设创新型国家的根本动力和源泉。“十一五”是我国科技、经济和社会发展的战略机遇期，也是落实《规划纲要》的关键时期，制定实施国家“十一五”基础研究发展规划对我国科技、经济和社会发展及创新型国家建设将发挥重要的作用。

一、我国基础研究面临的挑战与机遇

21 世纪以来，知识经济迅猛发展，综合国力的竞争将更加依靠持续的科学创新。拥有充足的基础研究成果和大批高水平的创新人才，是一个国家跻身世界强国之列的根本保障。基础研究是具有重大战略意义的国家资源，重视和加强基础研究已经成为当今世界各国科学技术发展的战略重点。

1. 基础研究是推动人类文明进步的内在动力

人类在探寻规律和追求真理的过程中凝结而成的科学与人文精神，以及基础研究所汇集的智慧结晶，促进了人类思想的一次又一次的解放。20 世纪，相对论、量子力学、DNA 模型的建立，形成了人类崭新的时空观、运动观和物质观，对于推动人类文明进步具有十分深远的意义。

在物质科学领域，对“暗物质”和“暗能量”的最终认识和理解将对整个自然科学和哲学的发展产生难以估量的影响；在生命科学领域，人类基因组计划的完成和非编码 RNA 功能的发现，标志着人类进入从整体和定量化的角度揭示生命奥秘的新阶段；在信息科学领域，信息处理量爆炸性增长的需求，推动着微电子技术快速向纳米、分子以至更微观的层次推进，正在孕育着一次深刻的技术革命；

科技部，国科发计字〔2006〕436 号，2006 年 10 月 30 日。

在地球科学领域，观测、模拟、试验等新研究手段迅速发展，深化了对我们赖以生存的地球的认识，并对解决人类社会可持续发展中面临的资源、环境、灾害等问题产生重大影响；作为对现实世界数与形进行简洁、高效、优美、抽象描述的数学正在向几乎所有的知识领域推进，将为其他学科的发展起到不可取代的作用。基础研究使人类对客观世界的认识不断地超越和深化，成为人类文明进步新的内在动力。

科学发展呈现多元化和多样性的特征，整体论和还原论相互融合，宇观、宏观、介观和微观研究共同发展，科学王国中各种深层次矛盾不断显现，预示着新一轮科学革命的来临，带来了新的机遇和挑战。加强知识积累和人才储备，从源头上抢占未来社会发展的先机，是迎接未来科学革命的重要准备。努力实现基础研究的繁荣和发展，加快创新人才的积累，大幅提升自主创新能力，从根本上缩小与世界发达国家在科学和技术方面的差距，是面向未来、实现中华民族伟大复兴、最终跻身世界强国之列的重大战略抉择。

2. 基础研究是实现国家发展战略目标的重要途径

基础研究的重大突破不仅有助于丰富人类知识发现的宝库，而且有助于推进经济社会发展、提高国家创新能力和国家核心竞争力，基础研究服务于国家发展战略目标的社会经济功能日益突出。

基础研究成果具有超前性，基础研究的重大突破对提高人们认识世界和改造世界的能力，对高新技术产业的形成、经济发展与社会进步，乃至人们的生活方式，都将产生深刻的影响和引领作用。基础研究是高新技术的源泉，为技术进步不断开辟新的方向，促进新兴产业的形成。与此同时，技术进步为基础研究提出大量新需求，也为基础研究提供新的研究手段和新的方法技术，推动基础研究的加速发展。

“十一五”期间，我国经济社会将以持续、协调、和谐发展为目标，大力建设创新型国家，逐步实现经济增长方式的根本性转变。基础研究必须坚持科学发展观，从国家现实的紧迫需求和今后可持续发展的战略需求出发，或全面提升国家创新能力，解决一批国家经济与社会发展中的关键科学问题，解决一批国民经济与社会发展中的关键科学问题，为建立资源节约型、环境友好型的发展新模式做出基础性、战略性的贡献，充分发挥“引领未来”的历史使命。

3. 我国基础研究的现状及存在的主要问题

改革开放以来，国家采取一系列有力措施支持基础研究，加强宏观管理与协调，改善研究环境，组织实施各类基础研究计划，形成了一支稳定的研究队伍，取得了一批重要的成果。我国基础研究整体水平显著提高，初步实现从跟踪向原始性创新、从量的扩张向质的提高的转变。

基础研究投入增幅较大。“十五”期间，国家通过组织实施国家重点基础研究发展计划（973 计划）、国家自然科学基金、知识创新工程试点、21 世纪教育振兴行动计划、国家重点实验室、国家重大科学工程、科技基础条件平台建设及科技基础性工作和社会公益性研究等专项计划，增加了对基础研究的投入。2001—2005 年，全国基础研究经费总投入 465.5 亿元，年均增长 19.4%，2005 年达到131.2亿元，较2000年的46.7亿元增长了180.9%[1]。

我国科技论文的数量和质量均有较大提高，中国科学家的学术影响力大幅提升。我国科学家在国际高水平期刊上发表的论文数量激增，其中材料科学、数学、化学和物理学等学科领域的产出占有较高比重，生命科学正在以超乎常规的速度发展[2]。SCI收录的我国科学论文从1997年起以年均19%的速度递增，2004年达到5.74万篇，居世界第5位（2000年居第8位）。“十五”期间，我国共授予国家自然科学奖127项，其中“有机分子簇集和自由基化学的研究”和“澄江动物群与寒武纪大爆发研究”两项成果获国家自然科学奖一等奖。

我国基础研究呈现良好的发展态势。形成较为完整的学科布局，一批新兴交叉学科得到快速发展，若干领域已进入世界先进行列；建成了一批高水平的国家重点实验室、国家重大科学工程等基础研究实验基地；在若干领域涌现出一批世界水平的创新团队和国际知名的科学家。

基础研究解决国民经济与社会发展中关键科学问题的能力持续增强。“十五”期间，通过基础理论的源头创新推动技术创新，在纳米、量子信息等方面形成了一批具有自主知识产权的成果，为未来高技术产业化发展奠定了基础；通过对农业、能源、信息、资源环境、人口与健康和材料等领域关键科学问题的研究，获得了一批重要成果，在经济社会发展中的重要作用正日益显露。

我国基础研究尽管已取得长足发展，但整体水平与世界先进水平相比还存在较大差距，特别是原始性创新成果和高质量论文少，论文平均被引用率仍低于世界平均水平；国家自然科学一等奖常常空缺，国际重要奖项获奖者少；基础研究队伍整体水平有待提高，具有国际影响力的杰出科学家为数不多，人才队伍的结构和区域分布不尽合理；基础研究投入占R&D经费的比例偏低，多年徘徊在5%左右，而创新型国家的基础研究经费占R&D总经费的比例为15%～20%；科技基础设施和研究环境与国际先进水平存在明显差距；基础研究的创新环境有待改善，科学争鸣和学术批评的氛围亟待加强，急功近利的学术作风比较普遍，学术失范行为仍偶有发生。这些问题在不同程度上影响了我国基础研究的健康发展，制约着我国原始性创新能力的提高。

二、指导方针

“十一五”期间，坚持以科学发展观为指导，遵循基础研究发展规律，把握世界科学发展前沿，结合经济社会发展战略需求，认真落实《规划纲要》战略部署，按照“求真探源，人才为本；发展基地，营造环境；双力驱动，重点突破”的方针，实现基础研究持续快速发展，显著提升我国原始性创新能力，为建设创新型国家发挥基础性和先导性作用。

求真探源，人才为本。遵循基础研究发展规律，充分发挥科学家的智慧和创造精神，探索自然规律，

---

[1] 数据来源：《中国科学技术指标》，科技部；《2004年全国科学技术经费投入统计公报》，国家统计局、科技部、财政部；《中华人民共和国2005年国民经济和社会发展统计公报》，国家统计局；《2006中国科技统计年鉴》，统计局，科技部。

[2] 《世界科学中的中国》，科技部，2005年。

追求客观真理，突出原始性创新。加强队伍建设，健全人尽其才的体制和机制，充分发挥科研人员和创新团队的作用，促进基础研究与创新人才培养的结合，鼓励优秀人才脱颖而出。

发展基地，营造环境。全面加强国家研究实验基地建设，逐步形成布局合理、装备先进、共建共享、流动开放、高效运行的国家研究实验基地体系。加大投入力度，改进和完善基础研究的管理体制，加强创新文化建设，形成有利于原始性创新的支撑条件、环境和文化氛围。

双力驱动，重点突破。基础研究的发展，既有来自科学系统自身不断扩展和深化的内部需求动力，也有来自经济社会发展需要的动力。坚持科学家自主创新的自由探索和国家战略任务的定向性基础研究并举。选择基础研究重要研究领域和主攻方向，进行前瞻性部署和超前投入，在若干重大科学前沿和国家战略需求领域实现重点突破，推进基础研究跨越式发展。

三、发展目标

“十一五”期间，我国基础研究发展的总体目标是：完善学科布局，培育和支持新兴交叉学科，促进学科全面协调发展；在若干科学前沿领域实现重点突破，解决一批国家经济社会发展中的关键科学问题；加强国家研究实验基地建设，发展和完善科技基础性工作支撑体系；建设一支高水平的基础研究队伍，造就一批具有世界影响力的科学家和研究团队。显著提升我国的原始性创新能力，为建设创新型国家和 2020 年跻身世界科学强国奠定坚实基础。具体目标是：

1. 稳步发展数学、物理、化学、天文、地学、生物科学等基础学科，形成更加合理的学科布局，在新兴交叉学科和科学前沿取得重大突破。

2. 重点解决农业、能源、资源、环境、健康、信息、材料、海洋、空间等国家重大战略需求的一批关键科学问题。

3. 争取在蛋白质科学、量子科学、纳米科学技术、发育与生殖生物学等科学前沿领域实现重大突破，达到国际先进水平。

4. 完善和发展国家研究实验基地体系，一些研究基地达到世界一流水平。新建 100 个左右不同类型的国家重点实验室，稳步推进国家实验室建设；建设 160 个左右国家野外科学观测研究站，形成国家野外科学观测研究站网络体系。

5. 稳定一支 10 万人左右的基础研究队伍，形成 500 个高水平研究团队，产生一批具有重要国际影响力的科学家。

6. 提高科学数据、自然科技资源、科技文献等的采集、加工、集成、共享、服务的整体水平，形成适应科技创新需要的基础性工作支撑体系。

7. 提高科学论文的质量，国际论文篇均引用率达到世界平均水平，取得一批原始性创新成果，获得若干具有重大影响的国际性科技奖励。

8. 切实改进基础研究管理体制，优化创新环境，形成鼓励创新、宽容失败、百花齐放、百家争鸣的政策环境和学术氛围。

四、发展重点和主要任务

为完成上述战略目标，“十一五”期间将部署以下七大任务：完善学科布局，重视新兴和交叉学科发展；在基础科学前沿领域，重点支持 8 个研究方向；围绕国家重大战略需求，重点支持 10 个优先研究领域；启动 4 个重大科学研究专项计划；加强国家研究实验基地建设；加大科学研究基础性工作的力度；建设高水平的基础研究队伍。

（一）学科发展布局

根据当前我国基础研究的现状和科学发展趋势，学科发展布局的主要思路是立足于中国现状，以世界主要发达国家作为参照系，全面布局，协调发展，建立灵活柔性的调节机制，因地、因时制宜地确定投入重点，稳步推进基础学科的发展，大力培育新兴与交叉学科，高度重视自然科学与人文社会科学的交叉。

1. 基础学科

数学 数学是对现实世界数与形简洁、高效、优美的描述，是有内部抽象性和外部有效性的学科。一个国家的数学水平，在很大程度上决定着国家科学技术的整体水平。“十一五”期间，要全面发展基础数学和应用数学研究，加强数学与其他学科的交叉。基础数学是整个数学学科的基础，必须在整体上给予高度重视和长期、稳定支持。应用数学是数学应用于科学与技术的纽带，包括：计算数学、概率论、数理统计、运筹学、微分方程与数学物理、控制理论、工业应用数学、组合数学、离散数学、计算机数学等。加强数学与生命、地学、信息、系统科学、材料、能源、环境、工程、经济、金融与管理等学科领域的交叉研究。

物理学 物理学研究物质构成及其相互作用的基本规律，其研究成果推动着现代技术的发展。21 世纪物理学面临着粒子物理理论、统一所有作用力的理论、暗物质、暗能量等重大科学问题的重大挑战。“十一五”期间，我国物理学应注重粒子物理、核物理、凝聚态物理（磁学、超导、半导体、表面、软物质、极端条件下物理、低温物理、晶体物理等）、纳米科学、量子信息学、现代光学、原子/分子物理、等离子体物理、理论物理、计算物理和声学等各学科的均衡发展。加强物理学和其他学科的交叉与结合，促进新兴学科发展。加强物理学的基本规律、概念、技术在其他科学中的应用。注重生命现象与活动中的物理问题、纳米或低维体系物理的研究。

化学 化学是在原子、分子及分子以上层次研究物质的合成与转化、分离与分析、结构与形态、功能与理论以及相关复杂体系化学过程的科学。现代化学科学的发展，既受到了人类对新材料、新能源等物质需求的推动，也受到了人类迫切需要了解自身、了解生命现象以及环境友好、可持续发展等客观需求的促进。“十一五”期间，我国化学应注重无机化学、有机化学、分析化学、物理化学、高分子化学与物理、化学工程、环境化学等各分支学科的深入和均衡发展，加强化学中新技术、新方法、新理论的基础研究，优先发展与生命科学、新材料和纳米、资源、能源、环境等领域有关的化学研究的新生长点，促进新兴交叉学科如绿色化学、化学生物学等的快速健康发展。

天文学 天文学研究宇宙中天体和天体系统的形成、结构、活动和演化。21 世纪天文学与物理学等学科的结合，使人类开始有条件向“最大”尺度的物理规律、“最深”层次的物质结构等重大科学问题发起冲击。未来 15 年我国天文学的重点发展方向是在不同尺度、不同时标、各种极端条件、所有物理规律共同起作用的天体物理学，特别是其中的星系和宇宙学、高能天体物理、行星系统（包括太阳系）及地外生命。“十一五”期间，将加强比较行星学和月球科学以及空间平台研究，加速建设地面和空间大型望远镜，大力发展全波段天文。积极参与国际虚拟天文台工作，充分利用国际开放天文数据，从天文和工程两个方面积极参与国际天文大项目，重视面向国家战略需求的研究，如日地空间物理以及天体动力学等。

地球科学 地球科学研究人类的生存环境——地球，对解决可持续发展中面临的资源、环境、灾害等问题至关重要。当代地球科学研究的特征，一是对地观测的迅速发展，二是地球系统科学的形成。“十一五”期间，地球科学应保持各分支学科（包括地质学、地理学、地球物理学、地球化学、测绘科学、大气科学、水文科学、空间科学，及海洋科学、环境科学、生态学、工程技术科学中涉及地学的部分）的协调发展，注重学科间交叉融合。注重发展地球观测与探测系统及地球模拟系统，推进观测信息共享，发展地球各圈层相互作用、各要素综合集成研究方面尺度转换的方法学研究。力争在地球系统各圈层相互作用，地球表层系统中的物理、化学、生物过程及其资源、环境、灾害效应，人类活动对地球系统的影响和适应，以及中国地域特点和全球意义的资源、环境、灾害问题等领域的研究取得突破，逐步将我国的区域优势转化为科学优势。

生物科学 生物科学是研究生命现象和过程的基础科学，包括生物的结构、分类、形态、生理、遗传、发育、进化以及生物与环境的关系等方面。当前生物科学的发展表现出微观与宏观、分析与综合相结合，由定性走向定量，由单一学科走向多学科相互交叉的特征。“十一五”期间，要完善分子生物学、结构生物学、细胞生物学、遗传与发育生物学、神经生物学、分类学、生态学、生物进化等经典生物学和现代生物学各分支学科的协调布局，加大对各种组学（如基因组学、蛋白质组学、转录组学、代谢组学等）、生物信息学、系统生物学、整合生物学、计算生物学等新兴学科的支持。积极推进生物科学与数学、物理、化学、医学、药学、农学、信息科学、工程科学等学科的交叉。

2. 交叉学科

力学 力学研究力与运动的基本规律和实际应用，它是科学进展与重大工程技术的桥梁。本世纪力学的前沿包括微尺度力学与跨尺度关联、湍流与复杂流动、高温气体动力学、生物力学与仿生、环境力学、多维系统动力学与控制、远离平衡态与多场耦合的非线性复杂系统等。“十一五”期间，要发展断裂力学、微观力学、损伤力学、跨尺度关联（宏、细、微观）的方法、改造传统的均质连续介质力学、材料的强度理论和新实验手段、判断构件和结构在各种复杂受力环境下的变形与失效行为的理论和方法、按照所需功能设计材料、计算力学，湍流和复杂流动理论，研究各种设计的优化问题。注重研究信息科学、生命科学、航空航天、自然灾害等重要应用领域中的力学问题，完善力学学科的理论框架，发展新的试验与数值模拟手段，促进力学与其他学科的交叉。

工程科学 工程科学是工程实践的科学基础，主要考虑运用自然规律，设计和创造人造系统。“十一五”期间，要加强研究国家重大工程的关键技术、先进制造技术、化学及生物过程的工业放大技术、高效与洁净能源利用技术、开发近岸和深海油气技术的基础研究。重视重大工程可靠性、风险灾害的防治与安全问题、工程系统中的复杂性问题与突变问题；重视交通系统和新型交通工具的基础科学问题。注重资源高效利用与循环使用和信息技术在工程中的应用，强化学科交叉和领域渗透，提高国家制造工业创新能力；注重矿物、空间资源工程的可持续发展的研究，为我国经济和社会可持续、稳定的发展提供理论基础。

农业生物学 农业生物学是探讨农业生物性状形成过程的基础科学。分子生物学和基因组学等现代生物科学的发展，为农业基础科学研究注入了强大的生命力，以农业生物学基础研究为源头和支撑的农业生物技术将成为21世纪解决食物安全、健康、环境、能源等重大问题极具潜力的技术手段。“十一五”期间，农业生物学将重点研究具有重要经济价值的动植物的基础分子生物学，动植物产量和经济性状形成的信号和非蛋白编码基因的调控机制，重要作物和畜禽的基础细胞生物学，优良作物新品种分子设计理论和方法，农作物转基因时空表达精确调控的分子机制，农业生态与生物安全，动植物生物反应器，功能与保健食品，生物质材料，生物质能源和污染农业环境修复的基础生物学等。

生物医学 生物医学是应用现代生命科学理论和实验方法研究人类健康和疾病的临床基础科学。生命科学的进步，推动了生命科学的分支学科如分子生物学、细胞生物学等与临床医学的紧密结合，使基于经验的传统临床医学转变成为以现代生物学知识和实验方法为基础的生物医学。“十一五”期间，要完善医学遗传学、生物医学工程学、免疫学、微生物学、病毒学等生物医学各分支学科的协调布局与发展。加大对干细胞生物学和组织工程等新兴学科的支持，加强生命科学基础研究与临床研究的结合。

信息科学 信息科学是研究信息的产生、获取、变换、传输、存储、处理、显示、识别和利用的科学，是一门结合了数学、物理、天文、生物和人文等基础学科的新兴与综合性学科。“十一五”期间，继续发展计算科学与人工智能、网络科学与信息传输理论、微纳电子学等分支学科，注意各个学科的平衡发展与交叉融合；重点支持生物信息学、量子信息学、网络行为学等新兴与交叉学科。争取在计算方法与智能信息处理方法、无线通信多维信息传输理论与非正交复用理论、纳电子和量子器件的制造原理、基因组信息结构和生物序列比对与拼接算法、基于内容的算法和网络行为学以及信息的量子表象、储存、处理和传输等方面取得突破性进展。

能源科学 能源科学研究能源的生成、开发、转换、利用、节约等规律及其与环境、经济、社会等方面的相互关系。“十一五”期间，要保持各分支学科的协调发展，如能源化学、能源物理学、能源地理学、能源计算与测量、储能、节能、一次能源、二次能源、生态能源、能源系统工程、工程热物理、热工学、动力机械工程、电气工程、化学工程等；加强聚变能、高能粒子参与作用的能量释放和新化合物的能量释放等未来能源的基础研究；大力推进能源科学与数学、物理、化学、材料科学、信息科学、工程科学、生物学等学科的交叉和融合，培育新的学科增长点，探求从根本上解决能源可持续发展的科学问题。加强新能量的产生、能量转换、能量储存和提高能量使用效率的基础研究。

以参加国际热核聚变实验反应堆（ITER）的建设和研究为契机，重点研究大型超导磁体技术、微波加热和驱动技术、中性束注入加热技术、包层技术、氚的大规模实时分离提纯技术、偏滤器技术、数值模拟、等离子体控制和诊断技术、示范堆所需关键材料技术，以及深化高温等离子体物理研究和某些以能源为目标的非托克马克途径的探索研究。

材料科学　材料科学是阐明材料的合成与制备、组成与结构、性质、使用性能等四个要素及相互关系的交叉性学科。“十一五”期间，将注重材料物理与化学、材料学和材料加工工程学科的协调发展，注重培育新的学科生长点以及与其他相关学科的交叉。围绕新一代关键信息材料、能源材料、生态环境材料、生物医用材料、分子电子器件、大飞机工程用材料、深空探测材料、纳米材料与器件等进行基础性和前瞻性研究。重点开展材料先进制备、加工新理论与新方法，材料组分、结构与性能的设计理论，材料环境效应和服役寿命的评价，分子、纳米及介观尺度下的材料科学问题，信息功能材料，生态环境材料，生物医学材料，新型高性能结构材料以及表面技术的研究。

空间科学　空间科学是依靠空间运载器到围绕地球的空间轨道甚至更远的深空所进行观测和实验研究的科学。我国航空航天技术的持续高速发展，使空间科学研究成为我国基础科学研究中，有条件实现跨越式发展并进入国际前列的学科领域。“十一五”期间，将重点开展硬X线巡天和其他多波段空间天文观测，太阳活动及其对地球系统的影响，微重力条件下的凝聚态物理、流体物理及燃烧过程，空间生物学，空间天气监测、预警预报理论与方法，地球高层空间和深空环境的认识，利用地基—天基联合观测的空间科学研究，空间地球重力学，宇宙地质学以及陨石、撞击事件和比较行星学等研究。

资源、环境与灾害科学　资源、环境与灾害科学是解决人类可持续发展中面临诸多问题的新兴交叉学科。随着人口增长和经济发展，资源、环境和灾害问题日益严重，致使社会与经济可持续发展面临巨大威胁。“十一五”期间，重点发展基于我国地质演化特点的成矿理论、土地退化和质量演化与可再生资源演变的预测理论，探讨生物多样性可再生性维持机理，揭示生态系统的演变规律，阐明城市和区域性多介质污染的形成机制和演变规律及有毒污染物的生态与健康危害，揭示灾害风险形成机制并寻找减轻自然灾害的途径。

海洋科学　海洋科学对于我国在新世纪的发展具有重要战略意义。目前海洋科学发展的全球化趋势和学科交叉趋势十分明显，围绕气候、资源、环境等重大问题，形成了一系列有影响的国际研究计划。深潜技术、钻井技术、高精尖仪器和海洋遥感手段的进步，推动海洋科学快速发展。“十一五”期间，重点开展近海关键海洋过程、河口海岸的发育演变及其环境效应，中国近海的环境海洋学过程，海洋生物的可持续利用的基础研究，边缘海的演化、古海洋学及其资源环境效应，西北太平洋环流变异与我国的气候变化，深海大洋探测，海洋地球物理、海洋地球化学、海洋生物学的集成研究，物理海洋、化学海洋、海洋地质以及海气相互作用的研究。

3. 自然科学与人文社会科学交叉学科

心理学与认知科学　心理学与认知科学是揭示认知活动的本质，理解个体在复杂信息环境中的心理活动、行为模式与认知加工机制的交叉学科。随着神经科学的迅速发展，以及计算机科学、信息科学和社会科学的介入，当前主要的研究趋势是从分子、细胞和整体水平，对脑和认知过程进行多层次的综合性的交叉研究。“十一五”期间，要完善心理学与认知科学各个分支学科的协调布局和发展，如认知心理学、教育心理学、社会心理学和行为科学等；加大对行为遗传学、脑影像学和虚拟环境技术等新兴学科的布局；积极推进神经科学与计算机科学、信息科学、语言学、社会学等学科的交叉。

管理科学 管理科学研究人类社会组织和管理活动的客观规律，是跨自然科学、工程技术科学与人文社会科学的综合性交叉学科。管理科学的创新既包括新理论、新方法、新技术，也包括解决国民经济与社会发展中的重大战略问题。“十一五”期间，要注重预测理论与方法、评价方法、优化理论与技术、决策理论与方法、运筹与运作管理、风险评价与管理、信息与知识管理、互联网管理理论与技术、组织理论、质量与可靠性管理、企业管理、公共管理、区域可持续发展与管理等学科领域的均衡发展。加强管理科学方法论、有中国特色的企业管理理论、公共管理基本理论、区域发展与资源环境协调管理等领域的研究。

（二）基础科学前沿领域的重点方向

1. 生命过程的定量研究与系统整合

对生命现象的本质和基本过程的研究，已进入到定量和系统整合的阶段，体现出微观与宏观相结合、分析与综合相结合、由定性走向定量、由单一学科走向多学科相互交叉的特征。

“十一五”期间的主要研究方向：遗传指令及其基因调控系统的时空关系；非编码核糖核酸的表达调控与功能；表观遗传学；以生命系统中特定的组分、结构和功能为目标的各种“组学”；针对模式生物等特定生命系统中各种组分（基因、RNA、蛋白质等）的构成及其相互作用关系进行系统整合的系统生物学；极端环境中的生命特征；系统发育与进化生物学；理论生物物理与生物信息学等。

“十一五”期间，争取在遗传信息的表达与调控、个体发育中的分子与细胞机制等方面取得重大突破，建立和完善系统生物学研究平台和模式生物平台。

2. 凝聚态物质与新效应

凝聚态物理主要研究原子间有较强作用的稠密物质体系，是近年来物理学中发展最迅速的领域，研究范围已从固体结构、相变、光电磁特性扩展到液晶、复杂流体、聚合物、生物结构，以及低维量子限域体系等。其发展趋势是以发现凝聚态物质新材料、新现象和新规律为主，并注重这些新材料、新现象和新规律的应用研究。

“十一五”期间的主要研究方向：强关联体系、软凝聚态物质，及其他具有新量子特性的凝聚态物质与新效应；玻色—爱因斯坦凝聚，超导超流机理；极端条件下凝聚态物质的结构相变、电子结构；多种元激发过程以及电声子相互作用等。注重将物理学的基本规律、概念、技术引入生命科学、信息科学、材料科学、化学、环境与能源科学。

“十一五”期间，要在强关联体系、软凝聚态物质、极端条件下凝聚态物质方面，加强新材料、新现象、新效应、新理论的研究，取得重大突破。

3. 物质深层次结构和宇宙大尺度物理学规律

当代物理学和天文学发展最主要趋势之一是粒子物理、核物理、等离子体物理和天体物理的交互作用更加紧密，共同探索深层次的物质结构、大尺度以及各种极端状态下的物理规律、宇宙的起源和演化。从微观和宇观两个极端层次和尺度上对自然规律的探索，正孕育着重大的科学突破。

“十一五”期间的主要研究方向：粒子物理学前沿基本问题；暗物质与暗能量的本质；微观和宇观尺度以及高能、高密、超高压、超强磁场等极端状态下的物质结构与物理规律；统一所有物理规律的理论探索；宇宙的起源和演化；太阳、恒星和行星系统、黑洞和各种致密天体、星系和星系团等各种天体和结构的形成及演化等。

“十一五”期间，要加速大型粒子与辐射探测器系统、多波段大型望远镜、高性能计算和数据分析能力的建设，加强国际合作，获得取得重大发现和突破的能力，在理论、计算、实验和观测各个方面优先开展物理与天文等相关学科的交叉研究。

4. 核心数学及其在交叉领域的应用

数学不仅是一门独立的学科，而且还为所有其他科学、技术和工程提供描述问题的语言与解决问题的工具。数学在人类认识世界、描述和发现规律，以及培养创造性思维的过程中有着不可替代的作用。当代数学发展的主要趋势为：数学各分支学科的进一步融汇，数学与科学、技术领域之间相互渗透，以及数学对高技术发展的直接参与。

“十一五”期间的主要研究方向：核心数学中的重大问题，包括数学中的结构问题，如代数结构、几何结构、拓扑结构、分析结构与动力系统，朗兰兹纲领，路径积分和相变的数学理论；研究数学与物理学、生命科学、信息科学、工程科学、经济与金融等学科相互交叉而产生的重要数学问题，如离散问题、随机问题、量子问题、算法问题以及大量非线性现象中的数学理论和方法等。

“十一五”期间，要重点研究核心数学中的重大问题，并做出关键性贡献；重视数学与其他学科交叉产生的重要数学问题，建立国家数学交叉与应用研究平台。

5. 地球系统过程与资源、环境和灾害效应

地球科学发展已经进入地球系统科学研究的新阶段，是人类社会可持续发展的科学基础之一。其目标着眼于系统了解地球各圈层间相互作用，认识面临的资源、环境和灾害等问题的基本规律，为建立新的地球科学理论，解决可持续发展中所面临的资源、能源、环境、自然与人为的灾害、国家安全等问题做出贡献。

“十一五”期间的主要研究方向：行星地球环境与生命过程及其协同演化；大气、水体、岩土体环境；太阳活动对地球环境和灾害的影响及其预报；地球深部结构、组成、状态、动力学及与其他地球子系统的关系；地球系统的复杂性与地球系统变异的可预测性；板块边界及板块内部形变的特征、动力学及其与地震、地质灾害的关系；多圈层相互作用下的气象、气候灾害发生机理；地表系统的物理、化学、生物过程及人地相互作用；海洋物理和生物地球化学过程及其资源、环境效应等。

“十一五”期间要建立陆基、海基、空基、天基地球观测与探测系统和共享的地球系统数据库，提高污染监测和归趋模拟能力以及对重大灾害的预报能力，力求在大陆动力学、地球各圈层相互作用

等方向取得重大进展。

6. 新物质创造与转化的化学过程

化学是发现和创造新物质的主要手段，同时也是一门在原子、分子及分子以上层次研究自然界以及人类自身相关复杂体系化学过程的科学。

“十一五”期间主要研究方向：发展物质合成、制备与转化的新策略、新方法，实现新的特定结构分子、凝聚态和聚集态分子功能体系的可控设计、可控合成和制备；建立物质合成与制备以及能源转换和利用过程中环境友好的新化学体系；研究生物活性小分子与生物大分子和细胞相互作用的规律，为复杂生物体系和过程的调控提供理论依据；运用理论与计算模拟手段和现代实验方法，在不同时间和空间尺度上研究物质形成与转化过程，以及在生命过程和生态环境等复杂体系中的化学本质和规律。

“十一五”期间要实现功能分子、凝聚态和聚集态分子功能体系的设计、可控合成、制备与转化，发展环境友好的新方法、新反应与新路线、新催化剂与新试剂，在能源转换的利用方面取得突破。

7. 脑科学与认知科学

了解人类的大脑及其认知功能，是最具挑战性的基础科学命题之一。其研究的目的是揭示脑与智力的关系；理解人类认知、智能的本质以及意识的起源；探索感知觉、意识、情绪、语言、思维等高级认知过程及其神经基础。

“十一五”期间的主要研究方向：脑功能的细胞和分子机理，脑重大疾病的发生发展机理；脑发育、可塑性与人类智力的关系；神经信息物质组学；脑的智力发育过程和机制；学习记忆等脑高级认知功能的过程及其神经基础；感知觉信息的基本表达、信息加工及其大脑整合机制；视觉不变性识别和选择性注意的脑机制；跨通道的协同记忆、抉择与顿悟式的问题解决；语言认知和自动语言识别；发展可自主编程的脑式信息处理系统和新一代人工智能和设计脑式智能计算机等。

“十一五”期间要建立和完善脑、认知与行为科学研究平台，加强脑功能的分子与细胞基础和作用机理的研究，争取在脑高级认知功能的研究中取得重大突破。

8. 科学实验与观测方法、技术和设备的创新

科学实验与观测方法、技术和设备的水平是创新能力水平的重要标志。当前，科学研究的实验和观测在空间上已发展到宇观、介观和微观尺度，在时间上进入到飞秒、阿秒的量级，实验室从地面扩展到了地下、水下、高山、高空和地球大气以外的空间及深空。在极端条件和生命过程研究中要求动态、实时、原位、无损、灵敏的检测、分析和成像。空间实验和观测要求发展重量轻、功耗低、耐辐射和高可靠性的先进探测器和电子学。国家安全要求发展高分辨、高选择性和高通量的快速侦检方法和手段。

“十一五”期间，重点研究生命科学中的动态、实时、原位、无损、高灵敏的检测、分析和成像方法和技术；物质组成、结构及性能的空间、时间高分辨实时、原位观测和表征的新方法；地球科学和空间科学研究中新观测手段和信息获取的新方法。争取在单原子、单分子或单细胞的检测新原理和新方法，高分辨、高选择性和高通量的快速侦检方法和手段，空间科学先进探测器和分析、成像设备

的理论基础等方面取得重大进展。

（三）国家重大战略需求中的基础研究重点领域

1. 人类健康与疾病的基础研究

随着我国经济社会的发展，危害中国人的疾病谱出现了“两极分化”的情况，一方面危害中国人群健康的各种传统疾病依然存在；另一方面则出现了与发达国家相似的疾病谱。目前危害我国人民的主要疾病有：恶性肿瘤、心血管疾病、代谢性疾病（如肥胖症和糖尿病）、新生和重大传染病、神经退行性疾病等。此外，还需加强人口控制和生殖健康、心理健康、营养与健康等影响我国人民生活质量等关键领域的基础研究。

“十一五”期间的主要研究方向：人体生理和病理过程的分子、细胞、组织/器官和整体机制；神经、免疫、内分泌系统在健康与重要疾病发生发展中的作用；病原体传播变异规律和致病机制；环境与营养对人体健康影响的分子与细胞机制；药物在分子、细胞与整体水平上的作用机理；现代中医药学理论体系等相关基础科学问题等。

“十一五”期间，争取在恶性肿瘤、心血管疾病、代谢性疾病、新生和重大传染病、神经退行性疾病等重要疾病发生发展过程中的分子与细胞机制的研究方面取得重大突破，为相关疾病的诊断、预防和治疗提供理论基础。

2. 农业生物遗传改良和农业可持续发展中的基础科学问题

近年来，拟南芥、水稻等模式植物基因组测序的完成，有力地推动了农业生物功能基因组学研究的兴起和发展，并进入了以功能基因及其调控网络的高通量发掘、研究和利用为重点的基因组时代，极大地促进了动植物品种的分子遗传改良。

“十一五”期间的主要研究方向：农作物产量和品质等重要性状形成的功能基因组学；作物营养形成的代谢网络基础及其调控；农作物抗逆性（旱、盐、寒、涝等）与水分、养分和光能高效利用的生理及分子基础；重要农作物雄性不育和杂种优势利用的分子机理；重要农业生物新品种分子设计的理论和方法；畜禽重要基因资源评价与种质创新的基础研究；重要畜禽品质与生长发育性状形成的代谢与调控；动物重大疫病病原遗传变异、宿主免疫及跨物种传播机理；畜禽重大疫病病原大分子结构与功能研究；植物病原物与寄主作物相互作用的遗传基础与分子机理；固氮、生防等农业微生物功能基因发掘与作用机理；土地退化、化肥保持力减退和水资源枯竭等灾变机理和环境优化。

“十一五”期间，要使我国在重要粮食作物（如水稻）和重要经济作物（如棉花、油菜）的功能基因组学，以及相关“组学”的研究中实现重大的科学突破；生物多样性与新品种培育的遗传学基础、农业生物与环境的相互作用、分子遗传改良的研究水平总体上有明显提升。

3. 人类活动对地球系统的影响机制

工业革命以来，随着技术的迅速进步，人类活动已经成为改变地球环境的重要因素之一，并不可避免地威胁到人类自身的生存。人类如不能在可持续发展目标下科学地发展和利用已有的技术能力，则终将导致人类赖以生存的地球环境的严重破坏。因此，深入探讨人类活动对地球系统影响的机制、预测与适应、调控机理等具有重要意义。

“十一五”期间的主要研究方向：土地利用与土地覆被变化规律；流域和区域需水规律与生态平衡；海洋资源可持续利用与海洋生态环境保护；能源利用方式的环境效应；区域和全球环境污染过程、主要污染物的源—汇关系及控制原理；重点流域大规模人类活动的生态影响和区域生态安全；重要生态系统能量、物质循环规律与调控，生物多样性保育模式；资源探测与开发过程的灾害风险预测等。

“十一五”期间，要强化水资源保障及供水安全、有毒污染物的区域暴露和生态系统安全等方面的研究，在系统认识土地和水资源演变的基本规律、持久性有毒污染物的环境和生态危害与重大灾害预警方面取得突破。

4. 全球变化与区域响应

工业革命以来，人类活动加剧了全球气候变化。要正确估计由于我国经济规模的迅速扩大和能源消耗的快速增长可能对全球变化的影响，以及全球气候变化可能带来的威胁，必须深入研究不同时间尺度的全球气候变化及其区域响应，为科学制定我国长远发展的相关政策和建立应对手段提供科学依据。

“十一五”期间的主要研究方向：大尺度水文循环对全球变化的响应以及全球变化对区域水资源的影响；不同时期人类活动与季风系统的相互作用；海—陆—气相互作用与亚洲季风系统变异及其预测；中国海—陆—地生态系统碳循环过程；青藏高原和极地对全球变化的贡献与响应及其环境效应；气候系统模拟和预测模式的建立及其应用；我国近海对全球变化的响应和影响等。

“十一五”期间，要大幅提高我国在全球气候变化与大尺度水循环的关系、亚洲季风系统的长期演化以及陆地生态系统响应等方面的研究水平，提升预测未来气候变化对我国不同地区人类生存条件影响程度的能力。

5. 复杂系统、灾变形成及其预测调控

复杂系统科学主要研究复杂大系统由微观层次上各子系统之间的非线性相互作用所导致的宏观层次上的系统行为、结构、功能演化与调控规律，可概括为自然界演化过程中形成的复杂系统、社会复杂系统、工程复杂系统等。复杂系统科学是现代社会和高技术发展的需求，也是基础研究所面临的重大科学挑战。

“十一五”期间的主要研究方向：复杂系统科学的基本问题研究，包括复杂系统从微观到宏观的结构及性能如何自发形成与演化，复杂系统如何协调和干预，复杂系统不同尺度行为间的相关性；与具体学科相结合，解决相关学科中遇到的复杂系统的关键问题，包括突发事件的预测、预报和处理，对自然灾害与气候变化、重大工程系统事故的防范；复杂人造系统的干预和控制，如经济与金融、大型工程系统设计与控制、城市规划与发展、交通、电力网络和信息网络的安全和重大事故控制等。

“十一五”期间要重点研究复杂系统形成的机理、演变规律、突变与调控；建立对自然灾害的监测、预警、预测、预报的理论方法；结合重大工程系统的安全性评估和事故预防，开展对人造复杂系统的研究，推动复杂系统理论在环境、工程、经济、安全等社会活动方面的应用。

6. 能源可持续发展中的关键科学问题

能源是现代社会经济发展的重要物质基础。目前我国能源的生产和利用与可持续发展的要求很不适应，能源保障问题日显突出。在未来几十年内，我国必须建成世界上最大规模的能源系统，以支撑我国经济社会的发展。

“十一五”期间的主要研究方向：高性能热力循环及热—功转换过程的关键科学问题；化石能源高效洁净利用与转化的基础研究；煤炭联产系统的关键科学问题；大规模利用核能的基础研究；新能源和可再生能源大规模、经济利用的原理和新途径；高效节能及储能技术的基础研究；巨型互联电网安全稳定和经济运行的理论基础；氢的制备、储存、运输和利用等。

“十一五”期间，要重点发展煤炭的超清洁、高效综合利用，高性能热—功转换过程，并在支持大规模氢能系统建立和后续能源大规模利用的基础研究方面实现突破。

7. 基础材料改性优化，新材料设计探索及其服役失效机理研究

国防安全、经济发展、生活质量提高以及社会进步都有赖于材料科学技术的进步和发展，材料科学水平已成为衡量一个国家科技、国防、经济发展水平和综合实力的重要指标之一。

“十一五”期间的主要研究方向：研究基础材料改性优化的理化基础、相变和组织控制机制、复合强韧化原理；新材料的物理化学性质；围绕低维化、人工结构化、集成化、智能化等新物理构架探索、设计和制备具有高性能和新效应的新材料；发展材料设计的理论模型、计算和仿真方法；材料先进制备、合成与表面强化技术基础；以及材料与部件成型或器件制备的一体化设计新原理、新方法；材料高分辨率（纳米、分子、原子、电子尺度）、高灵敏度、原位的表征与测量新原理；材料服役与环境的相互作用、性能演变、失效机制及寿命预测原理等。

“十一五”期间，要重点发展高性能先进钢铁材料、轻质高强合金材料、新型信息功能材料、新型能源材料和高性能高分子材料；在材料设计、先进制备，材料安全服役方面取得突破，为基础材料改性和优化提供科学依据。

8. 极端环境条件下制造的科学基础

极端制造是在各种极端环境条件下，制造极端尺度或极高功能的器件、功能系统和新物质。它引导当代先进制造主流技术的发展，并渗透到基础产业、电子信息、空天运载、军工产品等制造领域的核心技术中。

“十一五”期间的主要研究方向：微尺度加工、成形和改性中的界面物理化学作用；高密度能量和物质的微尺度输运规律；微结构形态的精确表达与计量；微驱动、微操纵、微连接、微组装等过程中的动力学、热力学、摩擦学与量子力学等效应和机理；巨型制造系统中多种强能量场间的复杂耦合、能量的非线性聚集与发散、随机涨落扰动与过程的检测与控制；极端尺度结构与系统的精确形成、过程演变、功能创成与质量控制的理论与方法等。

“十一五”期间，要加强极端尺度工件的制造新原理，极端环境下制造中的物质和能量交互作用规律，微结构形态的精确表达与计量，以及复杂制造系统中工件的精确形成、过程演变、功能创成与

质量控制的理论与方法的研究，并争取在极端尺度制造方面取得重大突破。

9. 航空航天的重大基础科学问题

航空航天科学技术关系到我国的国家安全、经济发展和社会进步。未来若干年内，我国在航空技术、探月、空间实验室、军 / 民用卫星、深空探测及各类飞行器等方面，应有很大发展。新型飞行器应具有高速度、高机动、高隐形、微小型化、智能化等显著特点，其研制将面临许多挑战性的关键技术和基础科学问题。相关领域的主要目标是为新型飞行器的发展提供创新科学思想、新概念与新方法；为理论创新和提高数值模拟与实验研究能力，提供发展的平台。

“十一五”期间的主要研究方向：空间环境科学；支持航空航天发展的信息、能源、材料与生命科学；高超声速空气动力学和热力学；热环境与热防护理论；磁流体与等离子体动力学；微流体与微系统动力学；跨物质层次的固体变形和强度理论；新型材料的力学问题；超高速碰撞力学问题；多维动力系统及复杂运动控制；高超声速推进系统的基础理论；动力 / 推进一体化理论；力、热、光、电磁多场耦合理论等。

“十一五”期间，要完善高超声速空气动力学、热防护与热结构、高超声速燃烧和推进、材料结构一体化的实验平台；加强空间探测理论研究，提高探测能力、空间环境模拟及空间效应分析与预示能力；加强高超声速推进和超高速碰撞力学、高温化学 / 热力学非平衡流动、可压缩湍流和复杂运动、跨物质层次的固体变形和强度理论、多目标优化、多维动力系统的复杂运动及控制理论等方面的研究。

10. 支持信息技术发展的科学基础

信息技术在高速发展和广泛应用的同时，提出了许多亟须解决的重大科学基础问题，如新算法与软件基础理论，虚拟计算环境的机理，海量信息存储和处理以及知识挖掘的理论和方法，人机交互理论，网络安全与可信可控的信息安全理论。

“十一五”期间的主要研究内容：新算法与高可信软件基础理论；信息处理方法与理论，智能信息处理的形式化理论与方法；机器学习、数据挖掘、知识发现的方法；多种工作模式下信息的获取、处理与数据融合，新一代人机交互理论；信息安全协议、模型和机制；网络安全监控体系和信息系统安全理论；服务质量体制与协议；网络可扩张性与生存性理论；高性能计算机的基础研究；获取高分辨的客观信息、海量存储以及实时传输的新方法、新原理的研究等。

“十一五”期间，要在高可信软件理论、海量信息处理算法、知识挖掘方法、信息安全基础理论等方面取得重要突破，为信息技术的发展和应用提供新理论、新思想和新方法。

（四）重大科学研究专项计划

1. 蛋白质研究

随着人类基因组图谱的公布，以及诸多动物、植物、微生物的基因组全序列测定的完成，生物科学进入了“基因组时代”。人类将在了解遗传物质 DNA 全部序列的基础上研究和认识生命的奥秘，阐明基因编码的产物—蛋白质的功能已成为主要研究目标。蛋白质是最主要的生命活动载体和功能的执行者，对蛋白质复杂多样的结构功能、相互作用和动态变化的深入研究，将在分子、细胞和生物体等多个层次上全面揭示生命现象的本质。同时，蛋白质科学研究成果将催生一系列新的生物技术产品，带动医药、农业和绿色产业的发展，引领未来生物经济。蛋白质科学已成为各国争夺的生命科学制高点。

"十一五"期间的主要研究内容：重要生物体系的转录组学、蛋白质组学、代谢组学、结构生物学、蛋白质生物学功能及其相互作用、蛋白质相关的计算生物学与系统生物学，蛋白质研究的方法学，化学生物学等。重点开展重要生物体系的蛋白质组学和结构生物学研究；开展蛋白质研究的方法学工作；建立和完善蛋白质科学研究平台。

"十一五"期间的主要目标：逐步建立有中国特色的蛋白质科学创新研究体系，在蛋白质组学、蛋白质结构与功能研究、蛋白质研究新技术方法领域取得若干重大突破，使我国的蛋白质科学研究整体水平达到国际先进，并形成5～6个在国际上有重要影响力的研究群体。

2. 量子调控研究

通过操控原子、分子构造、纳米构造、低维量子限域体系等，实现量子特性调控，如电子态的调控（波函数的调控、自旋调控、轨道调控及关联态调控），电子、光子、声子能带的调控。量子调控及其物理研究的突破，将成为新型功能材料、光电器件和未来信息科学发展的重要基础。

"十一五"期间的主要研究内容：低维量子限域体系的量子理论；量子信息理论，量子计算中的可扩展的多量子比特系统，远程量子通信和量子安全系统等；分子电子学、自旋电子学器件结构与工作原理，如信息加工中的量子现象、相干电子输运等；人工带隙材料的结构与特性。

"十一五"期间的主要目标：争取在与量子调控有关的量子现象的基本理论方面取得突破，初步实现基于这些现象的新量子调制技术，为抢占核心技术、推进新一代技术的跨越式发展奠定科学基础。

3. 纳米科学技术研究

纳米科学技术研究是当今科技发展的热点之一，发展纳米科学技术已成为许多国家提升国家核心竞争力的战略选择，也是我国有望实现跨越式发展的领域之一。对物质在纳米尺度下表现出的奇异现象的认识，将有可能改变相关理论的现有框架，使人们对物质世界的认识进入到崭新的阶段。纳米科学技术还孕育着新的技术革命，为材料、信息、绿色制造、生物和医学等领域拓展新的发展空间。

"十一五"期间的主要研究内容：纳米加工与纳米器件、纳米材料与纳米结构、纳米医学与纳米生物学、纳米结构的表征方法与检测、纳米器件与集成的关键方法与技术、纳米体系中的理论和建模问题、纳米和微尺度仿生。

"十一五"期间的主要目标：建立有中国特色的纳米材料、纳米器件、纳米生物和医学的研究体系，使我国的纳米科技整体水平保持国际先进，并形成5～6个在国际上有带头作用的研究群体。

4. 发育与生殖研究

动物克隆、干细胞等一系列举世瞩目的成就，为生命科学与医学的发展带来了重大机遇。这些研究不仅涉及生命科学中一些最基本的问题，如细胞增殖与分化、遗传与发育等，而且对人类的健康和疾病防治具有重要意义。我国人口增长量大、出生缺陷多、移植器官严重短缺、老龄化高峰即将到来，迫切需要生殖与发育科学理论的突破和技术创新。

“十一五”期间的主要研究内容：干细胞增殖、分化和调控，生殖细胞发生、成熟与受精，胚胎发育的调控机制，体细胞去分化和动物克隆机理，人体生殖功能的衰退与退行性病变的机制，辅助生殖与干细胞的安全和伦理，动植物的发育与生殖研究等。重点开展干细胞的生物学基础研究，建立基于干细胞再生医学的新理论和新方法，建立和完善干细胞研究平台；开展器官生成的基础理论研究和生物伦理研究。

“十一五”期间的主要目标：逐步建设以人类为主的含非人灵长类的胚胎干细胞库，建立胚胎干细胞定向分化模型；建立生殖和再生医学临床前评价体系及我国生殖科学和生殖健康研究体系。

（五）国家研究实验基地

国家研究实验基地对提升我国科技自主创新能力、吸引和造就高水平科学研究人才和创新研究队伍至关重要，“十一五”期间建设发展的重点：

1. 鼓励中国科学院结合“知识创新工程”，建设一批具有国际先进水平的科学研究基地。鼓励高等院校结合“985”工程和“211”工程，建设高水平的科技创新平台，创建若干世界高水平的研究型大学。配合公益性研究院所的体制改革，重点建设一批高水平公益性科学研究基地，促进中央级科研院所创新能力和科研水平的提高。同时，加强工程技术领域基础研究的基地建设。

2. 瞄准国际科学技术前沿、面向国家可持续发展的战略需求，实施若干世界一流的重大科技基础设施建设，开展前期预研，逐步完善重大科技基础设施体系。

重点建设散裂中子源、强磁场实验装置、新一代天文望远镜、海洋科学综合考察船、航空遥感系统、重大工程材料结构服役安全评价试验装置、结冰风洞、中国大陆构造环境监测网络、蛋白质科学研究设施等9项国家重大科技基础设施。围绕第四代光源、农业生物安全、纳米技术等对科学前沿及国民经济、社会发展和国防建设具有重大影响的重点领域和方向开展探索性研究和培育试点工作。

3. 全面加强国家重点实验室建设，使之成为科技创新的核心基地。

“十一五”期间，按照“总量控制，统一规划，突出重点，分步实施”的原则，在国家经济社会发展的重要领域、科学发展的前沿领域和交叉科学领域，通过择优新建、整合重组等方式，进一步完善实验室布局。新建100个左右国家重点实验室，结合评估淘汰和国家实验室筹建，使国家重点实验室总数控制在250个左右。同时，引导国家重点实验室面向国家需求和科学前沿，进一步凝练科学目标。继续通过设备更新和新建投资等形式，提高实验室装备水平。推动实验室深化改革，进一步完善评估体系，健全“开放、流动、联合、竞争”的运行机制。

4. 根据《规划纲要》的重点部署，稳步推进国家实验室建设。按照“高标准、高起点”和“顶层设计，竞争择优”的原则，围绕国家重大战略需求，突出重点，建设一批国家实验室。

国家实验室主要依托国家科研院所和研究型大学，以学科交叉、综合集成、机制创新为核心特征，开展前瞻性、创新性、综合性研究。国家实验室在具有明确国家目标的领域、新兴前沿交叉领域，以及具有我国特色和优势的领域布局建设，如能源、资源环境、人口与健康、化工、农业、海洋、船舶、航空航天等。

5. 构建国家野外科学观测研究站网络体系。“十一五”期间，根据“合理布局、突出重点、分阶段稳步实施”的原则，按照不同学科领域发展需求和区域特色，整合现有资源，建设160个左右国家野外科学观测研究站、4个网络数据管理中心和台网综合研究中心，形成生态环境野外观测研究、材料环境腐蚀试验研究、地球物理观测研究、特殊环境与特殊功能研究等四个野外科学观测研究站网络体系。

国家野外科学观测研究站要坚持“观测、研究、示范”的定位，加强观测研究平台、人才队伍和数据共享建设，加大运行管理改革力度，建立健全评价体系，实行定期考核与评估和优胜劣汰。

6. 地方重点实验室是我国实验室体系的重要组成部分，是地方开展科学研究和培养高水平人才的重要基地，是开展科技合作与交流的窗口。“十一五”期间应结合区域特色和各地经济需求，进一步推动地方重点实验室建设和发展。

按照“省部共建、以省为主”的原则，引导省部共建国家重点实验室培育基地的建设和发展，努力提高其对地方基础研究、研究实验基地建设的示范和带动作用。新建一批省部共建国家重点实验室培育基地，使总数达到100个左右。进一步规范省部共建国家重点实验室培育基地的管理，实行优胜劣汰的动态管理机制，不断提高其科学研究的能力和水平。

（六）科学研究基础性工作

科学研究基础性工作是基础研究的重要组成部分，通过加强科学数据、自然科技资源、科技文献等的采集、加工、集成、共享、服务，显著提高我国科学研究基础性工作的整体水平和自主创新能力，为科学研究提供保障和支撑条件。

“十一五”期间，科学研究基础性工作发展目标：

1. 通过国家政策调控和相应的法规保障，整合离散的科学数据资源，基本实现国家公共财政资助产生的科学数据资源的汇交、整合、集成与共享。在资源环境、农业、人口与健康、基础与前沿、工程与技术、区域综合等六个方面，对长期积累的、具有重要科学价值的观测、探测、调查资料和历史科学数据资料进行调查、挖掘、整理、筛选，整合形成300个左右主体科学数据库，构建40个左右国家科学数据共享中心（网），初步建成较完整的科学数据共享服务体系，实现对科学数据资源的规范化管理和高效利用，为全面提升我国的科技创新能力和国际竞争力提供强有力的基础支撑。

2. 建立与自然科技资源收集、整理、保存和利用要求相适应的、布局合理、功能齐全、动态发展、技术先进的自然科技资源共享体系，解决收集、保存、利用和共享过程中的关键问题，实现标准化、信息化和现代化。到2010年，实现植物种质资源、微生物菌种资源、人类遗传资源、动物种质资源、标本类资源、实验动物遗传资源约1100万份（号）的跨部门、跨领域整合共享；按照统一的数据标准，开展自然科技资源数字化建设工作，建设自然科技资源虚拟博物馆，推动我国自然科技资源信息的全面共享，为科技创新提供强有力的支撑。

3. 继续加强科技文献共享建设，进一步扩大科技文献信息资源和服务范围，建立健全科技文献信息保障体系和服务体系。以国家科技图书文献中心为主体，扩大科技期刊、图书、科技报告、会议论文、学位论文、声像文献等文献资源的收集和服务，建设科技图书文献信息保障系统；以国家知识产权专利文献资源为主，收集我国相关部门和世界各国的专利文献信息，建设专利文献共享服务系统；以国家标准文献资源为基础，整合行业、部门与地方标准文献，建设标准文献共享服务系统，为全国用户提供分布式、特色化、个性化、协同化文献信息服务。

提高我国科技期刊的整体水平，建立起学科门类齐全，重点突出，层次多元，动态调整的科技期刊体系结构。切实办好优秀科技期刊，特别是办好一批具有学科优势、面向国际的高水平科技期刊，构建吸纳和传播中外重要科技成果和前沿学术思想的通道和平台，扩大我国基础研究的国际影响。完善我国科技期刊的运行机制，整合科技期刊资源，使科技期刊与科学技术同步发展。

（七）基础研究队伍

着眼于国家对创新人才的需求，超前部署人才培养、引进和稳定工作。坚持“以人为本”，营造一个既有竞争又有合作的良好环境，充分发挥优秀科研人才和创新团队的带动作用，建立健全人才培养、使用、引进和流动的良性机制。促进研究与教育的结合，建设一支适应创新型国家建设需要的高水平的基础研究队伍和大批后备新生力量。

1. 继续完善和优化各类人才计划，培养和吸引优秀创新人才

国家自然科学基金委员会“国家杰出青年科学基金”“创新研究群体科学基金”，中国科学院“百人计划”，教育部“长江学者奖励计划”等各类人才计划在培养、引进和稳定优秀创新人才方面发挥了重要作用。“十一五”期间，要继续推进各类优秀人才培养和引进计划的实施，并加强各类人才计划之间的协调，稳定支持一批优秀青年学术带头人，加强创新研究群体（团队）建设，造就一批具有国际影响力的科学家。以多种方式支持海外优秀专家学者为我国基础研究发展做出贡献。

2. 促进研究与教育的结合，提高后备创新人才的培养质量

推进基础研究与人才培养的结合，提高后备创新人才的培养质量，保障基础研究队伍的源头供给。加强科学教育与创新实践的结合，提高大学生的科学素质与创新能力；配合研究生培养制度改革，在科学研究创新实践中提高研究生的培养质量，完善博士后制度。

3. 加强对基础研究队伍薄弱环节的支持

配合公益性研究机构的改革，加强公益性研究机构队伍建设，加大对优秀青年学术带头人和创新团队的支持力度，提高公益性研究的整体水平，促进公益性研究的持续、健康发展。

支持西部地区科研人员结合区域特色开展基础研究工作，改善科研工作条件和科研人员的生活待遇，形成基础研究人才区域布局和人才流动的合理机制。

配合中央级转制科研院所的改革，支持从事共性技术基础研究人才队伍建设，促进基础研究与工程技术的结合，为形成自主知识产权提供智力保障。

加强实验技术人才队伍建设，采取符合实验技术人员工作特点的评价和激励机制，稳定实验技术人才队伍，形成合理的科研队伍组成结构。

五、政策与保障措施

（一）切实增加对基础研究的投入

对基础研究的投入是对国家未来竞争力的战略性投资。健全中央财政投资基础研究的保障机制，充分发挥国家财政对基础研究投入的主体作用。鼓励有条件的企业投资基础研究和自主开展基础研究；鼓励社会力量对基础研究的投入。把基础研究作为科技投入的重点，采取有效措施，切实加大投入力度，使基础研究的投入在“十一五”期间有明显的提高，为落实《规划纲要》确定的基础研究战略任务提供经费保障。

（二）加强统筹协调，提高经费使用效益

加强国家科技管理部门之间的配合与协调。学科发展布局和基础科学前沿领域的研究工作以基金委为主统筹安排；国家重大战略需求中基础研究和重大科学研究专项计划主要由科技部负责统筹安排。进一步加强基础研究计划与其他计划的衔接。优化基础研究项目、人才、基地，自由探索性研究和定向性研究的经费配置。在加强竞争性项目经费投入的同时，加大对人才和基础研究、公益类科研机构的稳定支持力度。设立专项经费，支持科学研究的基础性工作。加强基础研究经费的预算和使用管理，切实提高经费使用效益。

（三）营造有利于原始性创新的环境和文化氛围

加强科学创新文化建设。倡导热爱科学、淡泊名利的良好风尚；鼓励勇于创新、宽容失败、敢为人先的拼搏精神；弘扬“百花齐放、百家争鸣”的方针，提倡开展平等的学术批评与学术争论，营造尊重知识、尊重人才、尊重创造的社会文化氛围。

改进和完善基础研究评价体系。贯彻落实《关于改进科学技术评价工作的决定》和《科学技术评价办法（试行）》两个文件的精神，建立健全基础研究评价体系、科学研究信用体系和科技信用管理体系；规范基础研究评价工作，重视质量，鼓励高质量论文、高水平专利和有显示度的国际奖项，克服浮躁和急功近利；坚持实事求是，追求客观真理；倡导良好的科研道德，增强科学家的社会责任感，反对任何形式的学术不端行为。

加强基础研究的宣传与普及。及时、准确地发布基础研究重大进展，弘扬科学精神，传播科学思想、科学方法、科学知识，促进公众对基础研究的理解、关心和支持，提高全民族的科学文化素质。

（四）加强基础研究的国际合作与交流

加强基础研究国际合作，充分利用国际科技资源，大力支持以我为主、实质性、高水平的国际合作研究。

积极参与国际大科学研究计划和大科学装置建设。组织有我国特定优势的重大国际合作研究计

划；鼓励我国基础研究机构与国外优秀研究机构、国际联合实验室开展长期稳定的合作；推动在我国建立中外联合研究机构和国际科学研究中心；支持在我国召开国际学术会议；支持中国科学家参与或组织创建国际科学组织；选派优秀的研究生和博士后到国际一流研究机构深造，吸引国外研究生、博士后来华学习、研究，以多种方式吸引海外优秀华人学者为国服务。

（五）推动地方基础研究的发展

充分调动地方开展基础研究工作的积极性，建立和完善地方基础研究项目、人才和基地体系；鼓励地方政府加大对基础研究的投入，根据经济发展状况，有条件的地方应设立地方自然科学基金；加快省部共建的科学研究基地建设，规范地方重点实验室的考核、评估体系，加强地方重点实验室的管理；积极发挥国家各类地区基金的引导作用，支持和培育一批留得住、用得上的人才队伍；鼓励和引导地方积极参与国家重大基础研究计划。

国家重点基础研究发展计划（973 计划）“十一五”发展纲要

国家重点基础研究发展计划（973 计划）是具有明确国家目标、对国家的发展和科学技术的进步具有全局性和带动性的基础研究发展计划，旨在解决国家战略需求中的重大科学问题，以及对人类认识世界将会起到重要作用的科学前沿问题，提升我国基础研究自主创新能力，为国民经济和社会可持续发展提供科学基础，为未来高新技术的形成提供源头创新。

一、“十五”期间的部署

自启动以来，973 计划在农业、能源、信息、资源环境、人口与健康、材料、综合交叉和重要科学前沿领域进行了重点部署。

农业领域围绕促进农业可持续发展和提高我国未来农产品竞争力等目标中的重大科学问题，重点部署了以新品种、新品质为目标的农业动植物功能基因组与分子改良研究，提高农业资源利用效率的农作物杂种优势利用、提高光合作用效率、生物固氮以及水分养分高效利用的研究，针对我国农业生态安全面临的重大问题，在生物多样性控制病虫害、生物农药与绿色化学农药、转基因生物安全、外来生物入侵、重大动物疫病防控、西部典型森林植被对农业生态系统的影响等方面进行了统筹部署。

能源领域针对我国能源结构以煤为主、液体燃料严重缺乏、能源消耗带来严重环境污染等重大问题，部署了煤炭气化液化、多联产、燃煤污染物干法联合脱除、预防煤矿瓦斯动力灾害等方面的基础研究；油气藏勘探、开发和利用等方面重点部署了天然气、煤层气成藏机理和高效催化转化、提高石油采收率的基础研究；大规模利用可再生能源的探索方面主要部署了氢能规模制备与储运、太阳能规模制氢、核聚变能、绿色二次电池新体系、新型光伏电池等方面的基础研究。

信息领域重点部署了面向未来竞争的数学机械化、高性能科学计算理论及软件设计新概念，微纳电子、光电子器件与芯片的新原理、新结构与新方法，下一代互联网的体系结构、存储模式及网络环

科技部，国科发计字〔2006〕433 号，2006 年 10 月 25 日。

境下海量信息处理的新方法等方面的基础研究。对数字信息理解与融合、和谐人机交互环境、信息与网络安全等难点问题进行了针对性部署；围绕信息科学发展中的前沿热点问题前瞻性地部署了量子信息、量子通信和量子器件方面的研究。

资源环境领域针对我国面临的自然资源短缺、生存环境质量不断恶化、自然灾害频繁发生等严峻现实，在矿产资源方面，主要围绕我国东部环太平洋成矿域、西部古亚洲成矿域、西南特提斯成矿域及海相碳酸盐岩层系油气形成进行了部署；水资源方面，重点部署了长江和黄河流域水资源演化规律及主要的淡水湖泊富营养化方面的研究；海洋方面重点部署了边缘海的形成演化、近海生态环境演变、陆海相互作用及近海有害赤潮等方面的研究；生态环境方面，重点围绕青藏高原、西部干旱区、北方干旱和荒漠化地区、西南纵向岭谷地区及长江流域的生态环境问题进行了部署，同时针对首都及周边地区、长江珠江三角洲地区、东北老工业基地等重要经济发展地区的环境污染控制部署了相关项目；在重大灾害方面，对天气气候灾害和地震灾害的形成机理与预测、火灾的演化规律和防治及地质灾害环境下重大工程的安全性进行重点部署。

人口与健康领域针对我国人口基数大、患者众多、疾病谱广，在重大疾病治疗措施与药物研发等方面面临严峻挑战的现实，重点开展了恶性肿瘤、心脑血管疾病和老年病等重大疾病发病机理研究，部署了基因治疗、器官移植、严重创伤等临床相关基础研究及生殖健康、出生缺陷的研究，在创新药物方面有针对性地安排了先导化合物发现与优化、药物靶标发现与确认和中药方剂的研究，并对前沿热点研究领域如疾病基因组、蛋白质组、干细胞、组织工程、免疫学及表观遗传学研究进行了前瞻性部署，同时针对严重传染病和中医药基础研究设立了专项。

材料领域围绕促进我国从“材料大国”向“材料强国”转化和建立新材料产业等目标，重点安排了纳米材料相关基础研究，钢铁、铝、水泥、通用高分子材料等基础材料优化和提高性能的基础科学研究，同时对信息功能材料、超导材料、稀土材料、催化材料等高新技术新材料及复合材料、膜材料、生物医用材料进行了强化部署，并根据材料科学自身发展的需要部署了材料计算设计、表征与性能预测、材料先进制备、成型与加工的科学基础等方面的研究。

综合交叉与重要科学前沿领域，一方面对先进制造、城市化进程中的生态环境问题、生命科学和信息科学同相关学科领域的交叉研究等方面进行了重点部署；另一方面对脑与认知科学、非线性科学、超强超短激光、非编码 RNA、生物膜和膜蛋白、创造新物质的分子工程学、天体物理、古生物学、大陆科学钻探、新型人工电磁介质的理论等重大前沿科学问题进行了部署。

973 计划实施以来，在解决国家重大需求的深层次科学问题方面取得了一些阶段性的突出进展，与 863 计划等紧密衔接，在国民经济与社会发展中的重要作用正日益凸显；重要基础科学前沿取得的一批创新成果令人瞩目，并已在国际学术界产生重要影响；一批在研项目进展顺利，孕育着重大突破的良好势头。

973 计划的实施，极大地促进了基础研究与国家目标的结合，激发了我国基础研究工作者服务于国家目标的主动意识和攀登科学高峰的信心，凝聚和培养了一批战略科学家和优秀科学研究团队，引导和促进了科技基础设施建设，引领和推动了我国基础研究的发展，提升了我国原始创新能力。

二、指导思想与战略目标

（一）指导思想

973 计划在“十一五”期间要按照《中共中央关于制定国民经济和社会发展第十一个五年规划的建议》的要求，以科学发展观为指导，全面落实《国家中长期科学和技术发展规划纲要（2006—2020 年）》（以下简称《规划纲要》）和《国家“十一五”基础研究发展规划》，面向战略需求，聚焦科学目标，造就将帅人才，攀登科学高峰，实现重点突破，服务长远发展。

面向战略需求。面向当前国民经济、社会发展和国家安全的重大需求，以基础理论的源头创新推动技术创新，形成自主知识产权，提高产业竞争力，服务国民经济建设。

聚焦科学目标。遵循基础研究规律，在国家重大需求与科学前沿的结合点上下功夫，解决我国经济、社会和科技自身发展中的重大关键科学问题。

造就将帅人才。稳定一支高水平的国家基础研究队伍，组建高水平创新群体，培养优秀创新人才，造就一批能把握宏观战略方向和组织重大课题研究的将帅人才。

攀登科学高峰。力争在科学前沿领域取得一批原创性科学成果，在国际科学前沿占有一席之地。

实现重点突破。既要根据“择需”原则考虑整体布局，又要“择重、择优”，对重点领域强化部署，加大支持力度。

服务长远发展。面向前沿高科技战略领域超前部署基础研究，为新兴产业的发展提供知识储备，为我国可持续发展提供科学支撑，为建设创新型国家做出贡献。

（二）战略目标

1. 解决制约我国经济社会发展和国家安全中的重大科学问题，为我国可持续发展提供科学基础，为提高我国产业核心竞争力和优化产业结构提供科学支撑，为国家决策提供可靠的科学依据。

2. 在世界科学发展的主流方向和具有我国优势、特色的基础研究领域，取得一批在国际上产生重大影响的原始性创新成果，大幅提升我国在国际科学界的地位。

3. 吸引、凝聚、培养创新人才，造就服务于国家战略目标的将帅人才和创新研究团队；促进重点研究基地的建设，显著提升我国的自主创新能力和解决重大问题的能力。

三、重点方向和任务

围绕落实《规划纲要》，“十一五”期间，973 计划将围绕农业、能源、信息、资源环境、人口与健康、材料、综合交叉和重要科学前沿等领域，解决国家重大战略需求领域的关键科学问题，组织实施重大科学研究计划。

（一）面向国家战略需求的基础研究领域

1. 农业领域

农业的健康发展是国民经济持续、稳定和协调发展的重要保证。我国农业正受到水资源不足、耕地减少、农业生态环境日益恶化的严重威胁。保证 21 世纪我国 16 亿人口的食物安全，任务非常艰巨。加入 WTO 既给我国农业发展带来了机遇，也使农产品进出口贸易面临严峻挑战。“十一五”期间农业领域将面临以下方面的巨大压力：

目前我国粮食问题在数量上有较大的缺口。据统计，2000—2002 年我国粮食年产量为 4.5 亿吨，已低于消费量，2003 年我国粮食大幅减产，总产降到 4.3 亿吨。“十一五”期间人口数量将突破 14 亿大关，按人均粮食占有量 800 斤的预定指标，要求有 5.6 亿吨的粮食供给，而目前我国主要粮食作物如稻、麦的单产水平已居世界前列，进一步提高产量的技术储备有限。由于建设的需要（包括城市扩大，村镇城市化、高速公路和铁路建设占地等），可用耕地面积将进一步缩减。

经济发展和人民生活水平的提高，对农产品品质和食物结构提出更高的要求。我国目前主要商用畜种依赖进口，优良地方畜禽品种资源正不断减少。农业生产大环境由于资源利用率不高、环境污染（包括空气污染、水资源污染、农田土壤污染等）日益加重、生态链破坏等因素所导致负面影响愈来愈强烈。

农产品安全问题一直是影响我国农业对外贸易的难题，禽流感等重大动物传染病和人畜共患传染病的暴发，不仅给广大农民和国家造成了巨大的经济损失，严重影响了畜牧业的健康发展，而且对国家的公共卫生安全形成了威胁。

我国农业生产的整体状况仍处于由传统农业向现代农业发展的转型期，总体上讲是“投入高，效益低，农产品结构亟待调整，农产品在国际市场上竞争力有待提高”。尽管农作物单产较高，但主要是依靠大量的人力物力投入和牺牲有限自然资源所获得的，距离我国“走资源节约型可持续发展道路”的战略目标仍相去甚远。

“十一五”期间，973 计划以保障食物安全供给、实现农业可持续发展为核心，瞄准世界农业科学发展的前沿，紧紧围绕我国农业发展和农业战略调整中的重大科学问题开展基础研究，利用基因组学和蛋白质组学等方面的最新研究成果，解决农业生物遗传改良、病虫害控制、农业资源高效利用中的关键科学问题，为水资源、土地资源和养分资源的高效利用、农业生物新品种培育和病虫鼠害控制、优质农产品的安全生产与加工、农业生态环境的改善和农业可持续发展提供理论和方法，为调整农业结构、提高农业效益、增强国际竞争能力、改善农业生态环境提供科学支撑。

重点研究方向包括：

（1）农业资源（土壤资源、水资源和养分资源）高效利用的科学基础；

（2）农业生物基因资源发掘和重要性状的功能基因组研究；

（3）农业战略性结构调整及区域农业布局的基础科学问题；

（4）农业可持续发展中的环境和生态问题；

（5）农业生物灾害（农业病虫草鼠害、农业动物重大疫病）预测、控制与生物安全；

（6）农产品（粮食、果蔬、畜禽水产品）营养品质、农产品储藏和安全的基础科学问题。

2. 能源领域

能源是关系我国经济社会发展全局的一个重大战略问题，是我国经济和社会持续发展的重要基础。我国能源供需量极大，目前已近 20 亿吨标煤，出现了能源整体（煤、油、电）持续紧张的状况，今后每年仍将以数千万吨标煤的速率增长。中国在未来几十年中，能源需求总量将增长为现在的 3 倍或更多，其中还应至少包括 5 亿～6 亿吨液体燃料。这决定了在未来数十年中，我国能源生产仍必须快速增长。同时，我国石油自产率将进一步逐年降低，电力的年人均供应量还远低于发达国家水平，这些决定了能源未来几十年内以煤为主（占 60% 以上）的格局难以改变。

针对我国能源供应紧张、石油安全问题凸现、能源效率低下、环境污染严重、可持续发展压力巨大的严峻形势，973 计划一方面要解决现有能源技术系统提高效率、降低污染和保障安全中的科学问题，另一方面要在解决我国能源新系统创建的科学问题方面实现突破，探索非化石能源规模化利用的可能途径。通过基础研究获得经过验证的新理论、新方法、新系统，为开发具有我国自主知识产权的能源高技术、新工艺、新流程提供理论依据，为我国能源可持续发展的解决方案奠定基础。

重点研究方向包括：

（1）深部煤炭资源分布、安全开发和煤层气开发的有关基础研究；

（2）煤炭洁净高效利用的基础研究；

（3）石油、天然气资源高效开采和利用的新理论和新方法；

（4）我国大型电力系统有关的重大科学问题；

（5）氢能规模、无污染制备、输运和高密度存储的关键科学问题；

（6）探索大规模发展新能源（天然气水合物等）和可再生能源（太阳能、生物质能、风能等）途径的研究；

（7）探索大规模发展核裂变能的途径及相关科学问题、发展核聚变能的基础问题；

（8）提高能源利用效率的关键科学问题研究。

3. 信息领域

近年来，信息技术以惊人的速度发展，已成为改造我国传统产业，振兴国民经济的重要支柱。信息产业正以年均增长速度高于全国 GDP 三倍的速度快速增长着，业已成为我国经济增长最快和最具活力的产业之一。

但作为一个发展中的大国，我国信息技术科技自主创新能力薄弱、核心技术缺乏已成不争的事实，主要源于我国的信息高技术产业缺乏坚实的基础，缺乏深厚的基础研究原始积累。在作为信息技术基础的微电子产业，由于集成电路的材料、制备工艺、原型器件等方面的基础研究比较薄弱，导致微电子产业在我国还比较落后，具体表现在我国电子工业总产值在全国工业总产值的比例很低，集成电路销售额只占世界集成电路市场的总额的 0.3%。由于缺乏研制高性能处理器芯片的能力，使得我国在研制和生产高性能计算机系统时受到了严重的制约，十年来我国大部分计算机公司尚处于代理外国产品、积累市场经验与积累原始资金的阶段。软件行业，软件的“易使用”和“高可信”问题一直未能得到满意的解决，软件理论、算法等研究滞后，操作系统等系统软件一直为跨国公司所垄断。网络与通信行业，核心路由器、巨型服务器等关键设备仍然大量依赖进口，移动通信中的一些核心技术仍然受制于人，究其原因，主要在于缺乏前瞻性的基础研究，为此使我国每年要付出巨额专利使用费用。

整体来说，正是由于缺乏强大的基础研究作为后盾，我国信息高科技产品仍然只能以仿制为主，缺乏自己的创新特色，而信息产品极强的应用性和极大的市场使得基础研究进一步被忽视。

一个只能凭借别国的基础研究成果的国家，在未来技术创新的竞争中必败无疑。这一局面只有在大力加强基础研究，全面提高我国信息领域的创新能力之后，才能从根本上予以扭转。

“十一五”期间信息领域基础研究的发展目标是根据国际信息技术的发展趋势，结合我国的国情和发展状况，着重从信息获取、处理、传输、存储、再现、安全、利用，信息系统的基础元器件、信息处理环境、科学计算、人工智能、控制理论等方面开展系统深入的研究，为我国信息产业的跨越式发展奠定坚实的理论和技术基础。

重点研究方向包括：

（1）微纳集成电路、光电子器件和集成微系统的基础研究；

（2）信息处理环境及科学计算的基础研究；

（3）泛在、可控的下一代信息网络的基础研究；

（4）信息获取的基础研究；

（5）高可信、高效率软件的基础研究；

（6）智能信息处理、和谐人机交互的基础研究；

（7）海量信息处理、存储及应用的基础研究；

（8）量子通信的基础研究；

（9）信息安全的基础研究。

4. 资源环境领域

我国资源有限的保障程度和环境脆弱的承载能力面临着前所未有的压力。主要表现在：

水资源短缺和时空分布不均成为制约我国经济社会可持续发展的瓶颈；矿产和油气资源储量保证年限锐减，供需矛盾突出，资源利用率低。

生态破坏与环境污染问题严重，已进入大范围生态退化和复合性环境污染的阶段。多年来对自然资源的不合理利用乃至掠夺性开发，导致土地质量急剧下降、生态系统退化和生态灾害频发；环境污染已从陆地蔓延到近海海域，从地表水延伸到地下水，从单一污染发展到复合性污染，从一般污染物扩展到有毒有害物质特别是持久性有机物，形成了复杂的区域性污染，并已经威胁到人民健康和生态安全。

全球环境变化已日益成为制约人类社会可持续发展的全球性问题，涉及我国对环境、经济、政治、外交等一系列问题的国家决策。

我国是世界上自然灾害严重的少数国家之一，生态系统的退化加剧了环境的脆弱性，导致成灾频率剧增，灾情扩大和多种灾害群发。特别是重大气象灾害、地震灾害和地质灾害等，严重制约我国社会和经济的可持续发展。

面对上述重大问题的严重压力，需要进一步提高对人类活动所引起的地球资源和地球环境变化规律的认识，并把它转化为可供解决上述问题的决策基础和实用技术，进而合理地组织有序的人类活动，包括生活方式、生产方式和科学技术活动，以实现经济、社会的可持续发展。

“十一五”期间，资源环境领域以国家中长期发展需求为导向，从战略上寻求可持续发展所面临的根本性、战略性资源和环境问题，建立适应全面建设小康社会需求的资源环境科技体系。以揭示人类活动对地球系统的影响机制与动力学为主线，从整体上认识人类所面临的一系列资源与环境问题产生的根源与发展规律，开展基础研究，为解决资源短缺、灾害频发、环境污染和生态退化等经济社会发展中的关键问题提供科技支撑。

重点研究方向包括：

（1）固体矿产资源勘查评价的重大科学问题；

（2）矿产资源集约利用的新理论、新技术和新方法；

（3）化石能源勘探开发利用的基础科学问题；

（4）全球变化与区域响应和适应；

（5）人类活动与生态系统变化及其可持续发展；

（6）区域环境质量演变和污染控制；

（7）区域水循环与水资源高效利用；

（8）特殊资源高质高效利用的基础研究；

（9）中国近海及海洋生态、环境演变和海洋安全；

（10）重大自然灾害形成机理与预测；

（11）地球各圈层相互作用及其资源环境效应。

5. 人口与健康领域

健康是人类基本的生活目标，减少疾病是人类的共同愿望。我国已在人口与健康密切相关的卫生保健事业取得很大成绩，然而防病治病任务依然十分繁重，广大的农村还缺医少药。各种重大的急、慢性传染病尚未得到完全控制，1.5 亿 ~ 2 亿人为乙型肝炎患者或携带者，结核杆菌的耐药与艾滋病的流行尚未得到有效控制；新的传染病时有发生，2003 年在我国爆发的非典型肺炎严重影响了经济的发展和社会的稳定，突发公共卫生事件的应急能力尚不能适应需要。多种慢性疾病如心脑血管病、呼吸系统疾病、肿瘤、糖尿病、自身免疫疾病等，已日益成为严重威胁人民健康的因素，随着我国老龄化社会的到来，各种老年性疾病特别是老年性痴呆、帕金森氏病等严重影响老年人的生活质量；社会、工作压力加剧使大量劳动力患有不同程度的神经、精神性疾病。这些疾病发病率高，对健康危害大，给患者个人及其家庭和社会带来极大的经济和精神负担。同时，我国人口基数大，控制人口增长，降低出生缺陷，优生优育，提高全民族健康素质的任务极其繁重。各种创伤及自然灾害越来越大地危害人民生命健康，迫切需要发展新的治疗方法和康复手段。目前我国97%的药品是仿制药，我国的制药行业面临着巨大的生存压力。因此，针对重要疾病，不断研究和创制新的优良药物，充分发挥中医药在防病治病中的作用，以及提供疾病防控和诊治新技术新方法，是我国人口与健康领域的紧迫需求，是全面实现小康社会目标、实现经济与社会协调发展的紧迫需求，也是维护社会稳定和国家安全的紧迫需求。我国的卫生保健工作面临严重挑战，对人口与健康领域的基础研究提出重大需求。

针对上述需求，人口与健康领域的基础研究的主攻方向是以提高人口素质、防治危害我国人民健康的严重传染病和高发的重大非传染性疾病为主攻方向。以阐明疾病的发病机制和解决疾病防治中的关键科学问题为突破口，提高我国在人口数量和质量控制及重大疾病诊治和防控方面的科学技术水平和原创能力，降低重大疾病对人民健康的危害，以逐步达到促进国民健康、带动科学发展、加速社会进步的战略目标。

重点研究方向包括：

（1）重大传染病防控与诊疗的基础研究；

（2）重大非传染性疾病发病机制、诊疗与预防的基础研究；

（3）生殖与发育的基础研究；

（4）脑科学与认知科学；

（5）环境有害物质对健康影响的研究与生物安全；

（6）中医理论与中药现代化基础研究；

（7）新药创制的基础研究；

（8）重大疾病诊疗新技术的基础研究；

（9）人体正常生命活动的基础研究。

6.材料领域

材料是国民经济、社会进步和国家安全的物质基础与先导。2000年以来，材料产业在我国国民经济总产值中的贡献约占20%，已经发展成为我国主要支柱产业之一。

钢铁材料、有色金属材料、无机非金属材料、高分子材料、复合材料、信息功能材料等是经济社会发展、国防建设和重大科学工程的重要基础材料。我国传统材料产业发展迅速，相当一部分的年产量已居世界前列，但生产过程中大量消耗资源和能源，污染环境，并且产品档次低，高附加值产品少，用于国防和高技术的高性能产品大量依赖进口，严重制约我国社会和经济的可持续发展。我国在高技术新材料方面产业规模不大，市场占有率较小，基础研究尤其薄弱，一些高端产品的关键技术的创新能力亟待加强。我国是一个具有13亿人口的大国，随着人民生活水平的提高，直接关系到我国国民的健康和人民的生活质量的材料，如生物医用材料、绿色环保建筑材料和环境净化材料，需求日益增加，已经成为新的经济增长点，而我国仍需要大量进口。我国的材料制备、成形与加工技术整体上与发达国家至少存在 15 年以上的差距，严重制约了我国先进材料的研究开发、应用和产业化的进程，影响到传统材料产业和高新技术材料产业的技术进步和材料科学与工程自身的发展。发展具有自主知识产权的材料先进制备、成形与加工技术已成为我国材料科学与工程领域刻不容缓的一件大事。

"十一五"期间，国家经济社会发展和国家安全对材料提出了更高更新的重大需求，材料领域要开展材料与资源、环境协调发展、传统材料产业生态化改造以及材料循环利用的新原理、新方法、新技术研究；发展低能耗、少污染、环境友好的绿色工艺技术，提高传统材料性能；大力发展高新技术产业材料、增强我国自主创新能力；在提高人民生活质量的材料方面解决一些瓶颈性关键科学问题，促进社会的和谐发展；在材料科学自身发展的科学基础研究中做出原创性成果，在国际材料领域的更多方面占有一席之地。

重点研究方向包括：

（1）基础材料改性优化的科学技术基础；

（2）新一代结构材料的结构与成形控制科学基础；

（3）信息功能材料及相关元器件的科学基础；

（4）新型储能和清洁高效能量转换材料的科学基础；

（5）纳米材料的重大科学问题；

（6）生物医用材料、环境净化材料与仿生材料的科学基础；

（7）材料的服役行为及与环境的相互作用；

（8）材料设计和新材料探索、表征与评价。

7. 综合交叉领域

学科领域的交叉综合是当代科学技术发展的显著特征。学科领域交叉和融合日益增强，许多经济、社会发展中的重大科学问题的提出与解决已经充分显示出一种融会贯通、综合交叉的发展趋势。973 计划设立综合交叉领域，鼓励和加强不同领域之间的交叉与融合，对具有战略性的、跨学科领域的重大问题进行重点部署，通过学科领域间的交叉、融合、集成，孕育更多的创新性研究成果，造就具有创新意识和创新能力的复合型、交叉型研究人才，培育若干高水平、跨学科领域的综合交叉研究基地，增强我国自主创新能力和解决重大关键问题的综合能力。

综合交叉方面将着重解决：国民经济和社会发展过程中所面临的综合性的重大科学问题；跨领域综合交叉的重大科学问题；自然科学、工程技术科学和人文社会科学交叉综合中的重大科学问题。

重点研究方向包括：

（1）极端环境条件下制造的科学基础；

（2）城市化进程中的生态环境、交通与物流、社会安全相关科学问题；

（3）数学与其他领域的交叉；

（4）复杂系统、灾变形成及其预测控制；

（5）空间探测和对地观测相关基础研究；

（6）重大装备与重大工程中的基础科学问题；

（7）防灾减灾的基础研究；

（8）典型地区、行业循环经济系统的基本结构和功能；

（9）二氧化碳及硫、磷、氮、金属等重要元素的减排、分解与资源化的基础研究；

（10）科学实验与观测方法、技术和设备的创新。

8. 重要科学前沿领域

《规划纲要》提出基础研究未来十五年的目标是在世界科学发展前沿的主流方向上取得一批具有重要影响的原创性成果。为此，973 计划设立重要科学前沿领域，围绕科学前沿重大问题进行重点部署，鼓励和支持原创性研究，孕育更多的创新性研究成果，努力在世界科学前沿形成我国的优势领域，增强我国原始性创新能力。

重要科学前沿领域重点部署：对科学发展具有重要带动作用和重大影响的前沿研究；与相关学科交叉融合，可能形成新的学科生长点的前沿研究；能充分体现我国优势与特色，有利于迅速提升我国基础科学国际地位的前沿研究。

重点支持以下类型的研究：经过科学基金培育、可望取得重大突破的科学前沿研究；基于重大科学工程开展的科学前沿研究；基于重大国际合作计划开展的科学前沿研究；需要重点部署的前瞻性基础研究。

（二）重大科学研究计划

重大科学研究计划是现代科学研究活动的一种重要组织形式，通常指跨学科合作的较大规模的研究团队，围绕总体目标，配置较高强度资源，开展系统性研究，以获取重大科学突破。实施重大科学研究计划，已经成为国际上推动科学技术发展的一项重要举措，吸引了各国杰出的科学家广泛参与，并带动了相应科学领域的飞跃发展。国际上已经完成或正在实施的重大科学研究计划有全球变化研究、人类基因组图谱、人类蛋白质组研究计划、大洋／大陆钻探计划、纳米科学技术研究计划等。

重大科学研究计划的实施，对科学技术发展乃至社会进步具有广泛和深远的影响，能够在一个比较短的时期内，产生大量原始性研究成果，催生和带动相关系列高新技术的发展。在我国组织实施大科学计划，是提高我国自主创新能力的重大举措，对提高国家核心竞争力，占据未来科学技术制高点有重要意义。

遴选原则是：根据世界科学发展趋势和我国重大战略需求，选择能引领未来发展，对科学和技术发展有很强带动作用，可促进我国持续创新能力迅速提高，同时具有优秀创新团队的研究方向重点部署。围绕落实《规划纲要》，“十一五”期间组织实施蛋白质研究、量子调控研究、纳米科学技术研究、发育与生殖研究四个重大科学研究计划。

1. 蛋白质研究

围绕基本生命活动机制、人类重大疾病产生机理与防治、重要生物性状调控机理，重点部署蛋白质组、基于模式生物的蛋白质功能和系统生物学、蛋白质研究方法学研究。凝聚一批海内外优秀人才，组建若干蛋白质科学领域国家级研究基地，形成我国蛋白质科学研究网络；在重要蛋白质结构解析和功能研究，人类肝脏蛋白质组研究，重要生物功能蛋白质表达与调控的分子机制等方面取得重大突破。

2. 量子调控研究

探索全新的量子现象，发展量子信息学、关联电子学、量子通信、受限小量子体系及人工带隙系统，重点研究量子通信的载体和调控原理，量子计算，电荷—自旋—相位—轨道等关联规律以及新的量子调控方法，受限小量子体系的新量子效应，人工带隙材料的宏观量子效应，量子调控表征和测量的新原理和新技术基础。在与量子调控有关的量子现象的基本理论方面取得突破，在实验室初步实现基于这些现象的新量子调制技术。

3. 纳米研究

重点研究纳米材料的可控制备、自组装和功能化，纳米材料的结构、优异特性及其调控机制，纳加工与集成原理，概念性和原理性纳器件，纳电子学，纳米生物和医学，分子聚集体和生物分子的光、电、磁学性质及信息传递，单分子行为与操纵，分子机器，纳米表征度量学等。建立纳米材料、纳米器件、纳米生物和医学研究体系，形成若干在国际上有带头作用的研究群体。研究开发纳米材料及器件的设计与制造技术，纳米级互补型金属氧化物半导体（CMOS）器件，纳米药物载体，纳米能源转换、环境净化和信息存储材料。

4. 发育与生殖研究

开展生殖发育过程细胞分化与去分化、组织器官诱导形成和功能建立及机体衰老指令等重大科学问题研究。重点研究干细胞增殖、分化和调控，生殖细胞发生、成熟与受精，胚胎发育的调控机制，体细胞去分化和动物克隆机理，人体生殖功能的衰退与退行性病变的机制，辅助生殖与干细胞技术的安全和伦理等。在体细胞去分化和重获全能性、干细胞定向有序诱导分化，生殖健康，组织工程和动物克隆等方面实现重大突破。

四、政策与措施

“十一五”期间要落实《规划纲要》的总体部署，在总结“十五”工作的基础上，针对主要矛盾和突出问题，进一步加强保障政策与措施，通过发展重点基础研究促进原始性创新，推动我国自主创新能力的提高。

（一）强化国家目标导向，完善指南编制工作

深刻分析我国经济、社会和科技发展的战略需求，强化国家目标导向。以科学发展观为指导，尊重科学发展规律，重视基础研究的长远价值，科学编制指南，体现国家战略需求与科学前沿的结合，加强指南的战略导向性。围绕我国经济结构调整和提高自主创新能力，紧紧抓住对国家经济社会发展和国家安全具有战略性、全局性和长远性的重大科学问题，紧紧抓住虽暂时较薄弱，但对长远发展具有关键性作用的重大科学问题，紧紧抓住能有力带动基础科学和技术科学的结合，引领未来高新技术

发展的重大科学问题，持续开展战略研究，为指南编制提供科学依据。完善指南编制工作程序，充分发挥国家有关部门和行业的作用。

（二）重点部署，加强集成

按照“强化、稳定、完善”的工作思路，强化支持一批解决当前制约国家发展的重大科学问题的项目；稳定支持一批关系国家长远重大战略需求的项目；根据国家需求的动态变化，适时拓宽资助范围，完善领域布局。

按照《规划纲要》和《国家“十一五”基础研究发展规划》的要求，973 计划主要支持面向国家重大战略需求的基础研究领域和重大科学研究计划。面向国家重大战略需求的基础研究领域，通过重大项目实施；重大科学研究计划等方面的工作通过研究专项实施。一方面，面向我国国民经济、社会发展和国家安全的重大需求，针对需要重点突破的关键科学问题，部署若干研究专项，加强顶层设计，集中优势资源，强化支持，力争在提高我国核心竞争力方面有所突破；另一方面，以全面建设小康社会、提高人民生活水平为目标，结合我国的优势和特色，围绕农业、能源、信息、资源环境、人口与健康、材料、综合交叉和重要科学前沿等领域中的关键科学问题，部署一批重大项目，提升我国基础研究的创新水平和解决重大问题的能力，促进我国可持续发展，进一步提升我国在基础研究领域的国际地位和国际影响。

（三）人才为本，突出项目、人才、基地有机结合

在继续重视支持项目的同时，进一步加强项目与人才培养和基地建设的衔接与协调。以项目支持带动人才培养和基地建设。鼓励不同单位、不同学科领域合作形成研究团队，培育重点研究基地。对于目标和任务明确的方向，探索以人才和基地为主的项目遴选模式，强化对优秀科学家群体和重点研究基地的支持。

坚持人才为本的资助模式，加强对高层次人才的支持，造就将帅人才，凝聚和培养创新能力强、学风正、有团队组织能力的学术带头人，创造中青年优秀人才脱颖而出和健康成长的环境。加强与国家各类人才计划的协调与配合，注重在其中发现和遴选研究骨干。完善项目首席科学家负责制，为项目首席科学家提供综合集成的手段和机制，强化首席科学家对项目组织实施的责任意识，提高首席科学家组织协调和综合集成能力。

以重点研究基地为依托组织项目。优先选择和支持重点研究基地的优势研究团队承担 973 计划项目。加强承担项目的重点研究基地的条件建设。依托国家大科学设施开展前沿科学研究。

（四）完善评价机制，营造良好环境

建立科学、合理的评价体系，发挥评价的导向作用，鼓励学科交叉，激励创新，促进团队协作，强化综合集成。抑制急功近利和浮躁倾向，避免片面追求数量和简单量化。建立激励创新的机制，鼓励科学家潜心研究，倡导勇于创新、敢为人先、知难而上的拼搏精神和团队协作精神，努力营造有利

于学术交流、学科交叉与融合的良好环境。

坚持以“择需、择重、择优”的立项评审原则，严格以指南为引导，把战略价值判断贯穿于项目评审的始终，着力解决我国未来经济、社会和科技自身发展中的基础性、战略性重大关键科学问题。进一步完善政府决策与专家咨询相结合的机制，在坚持专家评审、竞争择优机制的同时，加强政府的组织协调和决策，强化“自上而下”的组织方式和对重大关键问题的支持，对特殊和应急部署设立特定的立项程序。

重点评价结题项目研究目标实现情况、研究成果集成性创新情况，注重对科技将帅人才培养和科研团队凝聚力的考核。对不同类型的项目采用不同的评价标准。对面向国家战略需求的项目，重点评价项目在解决国家重大需求问题、提高科学研究水平方面的实质性贡献；对面向科学前沿的项目，重点评价项目的原始创新性和国际学术影响。

加强评审评估队伍建设，完善定期更换专家制度，逐步建立评议专家信用制度。对科学前沿项目的评审，充分发挥境外科学家的作用。完善异议期公示制度，维护评价的公开、公平、公正。

（五）加强合作交流，促进资源共享

支持在双边、多边科技合作协议框架下，实施国际合作研究项目。鼓励和扶持一批做出突出成绩、有国际影响的科学家走向世界，参与科学前沿的国际竞争与合作。发挥 973 计划的组织优势，孕育在国际上有重要影响的重大研究计划，逐步提升我国基础研究的国际竞争力。

用好海外人才资源，创造条件吸引、聚集海外科学家参与我国重点基础研究工作。

针对基础研究条件资源的特点，加强项目内部和项目之间科学数据与成果资料、标准、规范的共享。

国家科技支撑计划“十一五”发展纲要

为深入贯彻《中共中央、国务院关于实施科技规划纲要，增强自主创新能力的决定》精神，具体落实《国家中长期科学和技术发展规划纲要（2006—2020年）》（以下简称《纲要》）确定的“自主创新、重点跨越、支撑发展、引领未来”的指导方针，围绕《纲要》确定的重点领域及其优先主题，集成全国优势科技资源进行统筹部署，为国民经济和社会发展提供有效支撑，在原国家科技攻关计划的基础上，设立国家科技支撑计划（以下简称“支撑计划”）。

支撑计划是国家科技计划体系的重要组成部分，“十一五”期间将按照《国家“十一五”科学技术发展规划》的总体要求，紧密结合经济社会发展的紧迫需求和重大任务，明确“十一五”总体思路和发展目标，并进行相关任务部署。

一、形势与需求

国家科技攻关计划（以下简称攻关计划）是我国第一个国家级科技计划，自1983年实施以来，集中攻克了一批对产业技术升级、产业结构调整有重大带动作用，对培育和发展新兴产业、实现社会可持续发展有显著促进作用的关键技术和共性技术，取得了一系列重大成果。特别是杂交水稻、三峡水利枢纽工程、秦山核电站建设工程、大型乙烯工程等关键技术的突破，极大地增强了我国的科技实力和民族自信心，显著提高了我国的国际地位。

但是，多年来攻关计划坚持面向经济建设主战场，从定位上更多突出了产业关键和共性技术，特别是投入增长缓慢，导致对关系社会发展的重大公益技术支持不够，而在支持满足国家战略需求的重大工程建设和重大装备研制等方面也更显薄弱。攻关计划作为与国民经济和社会发展结合最为紧密的科技计划，其有效作用的发挥已经受到了相当程度的制约。

进入二十一世纪，我国步入了新的发展阶段。建设创新型国家目标的提出和实施，党中央、国务

科技部，国科发计字〔2006〕376号，2006年9月19日。

院关于全面建设小康社会以及构建和谐社会的战略决策和部署，对科技工作提出了更高层次的要求。尤其在缓解能源、资源、环境等经济发展重大瓶颈制约，转变经济增长方式；以信息化带动工业化，提高产业竞争力；提高人民生活质量，促进人的健康与全面发展；以及建设良好生态环境，提高公共安全水平，促进经济社会协调可持续发展等方面显得更为迫切。随着全球经济一体化的不断深入，国际竞争日趋激烈，提高我国的自主创新能力和综合竞争实力已迫在眉睫。《纲要》确定了未来 15 年我国科技发展的指导方针、总体目标和重点任务，明确了科技“支撑发展”的重要思想，突出了科技支撑的重要地位和作用。

“十一五”是全面落实《纲要》的开局阶段和关键时期，与我国经济社会发展需求与日俱增的形势相适应，大力加强科技对经济社会发展的支撑作用，应是当前重要而紧迫的任务。因此，按照《纲要》的指导方针和总体要求，从经济社会发展和人民生活面临的突出问题与紧迫需求出发，在原国家科技攻关计划基础上，设立国家科技支撑计划，进一步加大对重大公益技术及产业共性技术研发的支持，全面提升科技对经济社会发展的支撑能力，是具有历史意义的重大举措。

二、思路与目标

（一）总体思路

支撑计划作为面向国民经济和社会发展需求，重点解决经济社会发展中的重大科技问题的国家科技计划，“十一五”期间将以落实《纲要》重点领域及其优先主题的任务为目标，以重大公益技术及产业共性技术研究开发与应用示范为重点，结合重大工程建设和重大装备开发，加强集成创新和引进消化吸收再创新，重点解决涉及全局性、跨行业、跨地区的重大技术问题，着力攻克一批关键技术，突破瓶颈制约，提升产业竞争力，为我国经济社会协调发展提供支撑。

支撑计划实施的基本原则是：

——需求牵引，突出重点。支撑计划以国民经济社会发展需求为导向，重点支持对国家和区域经济社会发展以及国家安全具有重大战略意义的关键技术、共性技术、公益技术的研究开发与应用示范。

——突出企业技术创新的主体地位，促进产学研结合。鼓励企业、高等院校和研究机构之间的合作创新，支撑计划中有明确产品目标导向和产业化前景的项目，必须由企业牵头或有企业参与。

——统筹协调，联合推进。充分发挥部门、行业、地方、企业、专家和科技服务机构等各方面的作用，实行整体协调、资源集成、平等协作、联合推进的机制，以项目带动人才、基地建设。

——权责明确，规范管理。实行各方面权责明确、各负其责，决策、咨询、实施、监督相互独立、相互制约的管理机制。

（二）发展目标

“十一五”支撑计划的发展目标是：经过 5 年的努力，在国民经济和社会发展的优先领域攻克一批重大公益技术和产业共性关键技术，获取一批具有自主知识产权的重大成果，培养造就一支高水平、高素质的科技创新队伍，形成一批具有国际水平的技术创新中心和示范基地，培育一批具有参与国际竞争能力的科技型企业，建立有效的产学研结合机制，为国家技术创新体系建设和经济社会发展提供全面支撑。

——制约经济社会发展的重大瓶颈问题得到初步缓解。优先发展能源、资源与环境保护技术，突破能源资源优化配置、高效开发利用和生态环境综合整治的技术瓶颈，缓解能源资源供需矛盾突出、后备资源与原材料不足的问题，初步遏制生态环境持续恶化的趋势，为促进发展循环经济，建设资源节约型和环境友好型社会提供技术支撑。

——主要产业核心竞争力明显增强。加快农业技术全面升级，持续提高农业综合生产能力，农业科技总体水平大幅提升，与国际先进水平差距进一步缩小；材料、制造、信息等产业某些重大关键技术和核心技术有实质性突破，产品开发创新能力显著增强，具有自主知识产权的产品和技术比重增加；重大装备、关键材料与关键零部件制造接近国际先进水平；有中国特色的信息安全保障体系和现代服务业科技支撑体系初步建立。

——公共服务领域科技水平全面提升。攻克交通运输、人口与健康、城镇化与城市发展、公共安全等领域的公益技术和产业共性关键技术，初步建成与我国经济发展水平相适应的社会公共服务科技体系，实现人口、社会、经济的协调发展。

——企业创新能力显著提高。引导企业大幅增加研发投入，逐步成为科技投入的主体；形成产学研结合的创新机制，企业的技术和产品研发能力明显增强；培育一批具有自主知识产权、自主品牌和国际竞争力的重点企业。

三、计划布局

支撑计划是在攻关计划的基础上设立的，本着继承与发展的原则，在“十一五”期间，支撑计划从总体上重点贯彻落实《纲要》的指导方针和任务部署，加强统筹，合理布局，深化改革，突出创新，实现科技对国民经济和社会发展的有效支撑。

以《纲要》为指导，根据经济社会发展需求，相对于“十五”攻关计划，将领域从 8 个调整增加到 11 个，其中重点加强对资源、环境、人口与健康、公共安全、城镇化与城市发展等公益行业领域的支持，重点突出国家重大工程建设和重大引进消化吸收中亟须解决的技术问题攻关。

将支撑计划任务分为重大项目和重点项目进行组织实施。重大项目主要支持符合国家战略需求，包括解决重大经济社会问题、形成重大战略产品、支撑国家重大工程建设或重大装备开发以及重大技术引进消化吸收等需求；对经济社会发展带动作用大、影响度高，需要在国家层面协调推动的跨行业、跨部门、跨区域项目。重点项目主要支持着眼于公益技术和产业共性关键技术突破，解决经济社会发展瓶颈制约问题，具有较强应用前景的项目；支持服务于国家区域发展战略，提升区域创新能力，支撑区域社会经济发展和区域性重大工程建设，解决区域性和地方的重大共性技术问题的项目。“十一五”

期间，支撑计划拟整合资源、集中经费，组织实施50项左右重大项目、300项左右重点项目。

为解决“十五”攻关计划实施中反映出的问题，实现科技的支撑作用，大幅增加投入，提高对项目、课题的经费支持强度。根据任务的不同性质，采取不同的支持方式和实施机制，对于具有明确产品导向和产业化的项目，由有条件的企业牵头，建立产学研相结合的实施机制，积极引入和采用贷款贴息、风险投资、偿还性资助等多种投融资方式，加强对企业技术创新的引导和支持，鼓励、吸引社会资金，建立多渠道、多层次投入体系。

支撑计划的管理将充分发挥部门、地方的作用，具体组织实施主要由部门、地方、行业协会、企业集团承担；加强目标和过程管理，强化绩效考核，建立层级监督和专门监督机制；完善统筹协调、行为规范、责权明确、公正透明、运转高效的计划运行管理体制。

四、重点任务

（一）领域设置

根据《纲要》的重点领域及优先主题，针对“十一五”国民经济社会发展中亟须科技提供支撑的紧迫性问题，“十一五”支撑计划重点支持能源、资源、环境、农业、材料、制造业、交通运输、信息产业与现代服务业、人口与健康、城镇化与城市发展、公共安全及其他社会事业等11个领域。

领域任务安排的总体原则是：一是把发展能源、资源、环境等领域的技术放在优先位置，着力解决制约国民经济社会发展的重大瓶颈问题，促进循环经济模式的形成和经济社会可持续发展提供有力支撑；二是强化先进适用技术在农业领域的集成创新和系统应用，不断提高农业整体科技水平，保障我国食物和生态安全，促进社会主义新农村建设；三是注重发挥高新技术改造和提升传统产业的重要作用，以集成创新为核心，开发拥有自主知识产权的重大产品，积极培育新兴产业，大幅提升我国主要产业核心竞争力；四是强化多种技术的综合应用，解决重大公益性科技问题，大幅提高我国公共事业科技水平，推进城乡、区域统筹协调发展。

（二）任务部署

按照设置的11个领域组织项目实施，落实安排有关重点任务。项目的具体选择原则是：①服务于国家重大工程建设、重大装备开发以及引进消化吸收；②着眼于重大公益和产业共性关键技术突破，强调对公共服务能力加强、产业竞争力整体提升、新兴产业发展的带动性；③项目前期工作扎实，论证充分，目标具体明确，主题集中，技术指标可考核性强；④项目的组织保障到位，实施机制合理，产学研结合，在三到五年内能够形成应用规模。

1. 能源

发展思路：国民经济的快速增长和城市化进程的加快，使得能源需求日益增大。必须依靠科技进步保障能源的可持续、多元化供给和高效清洁利用，解决能源供需矛盾突出、能源利用效率低下、环境污染严重三大瓶颈问题，促进经济结构向减少能源消耗、提升增长质量和效益的方向转变。“十一五”期间，要实施节能优先的方针，以提高能源利用效率为重点，攻克主要耗能领域的节能关键技术；促进能源多元化发展，提高化石能源的开发利用及水电技术水平，积极发展可再生能源和新能源技术，突破清洁、可靠、经济的能源供给与使用技术，开发核技术产业化应用技术，保障国家能源安全；提高能源区域优化配置能力，重点发展先进可靠的国家电力输配系统，提高输电效率。

发展目标：大力开发和应用提高能源利用效率与资源综合利用的技术，突破一批工业、建筑和交通等重点耗能领域的节能关键共性技术。掌握一批洁净煤关键技术，开发新型工业锅炉及发电技术与装备，实现具有自主知识产权的煤气化、液化、先进发电及污染控制技术的工业化应用。突破可再生能源利用关键技术，实现可再生能源技术与装备的产业化和规模化利用。突破 800 千伏直流、1000 千伏交流特高压输电关键技术，提高电网输电容量、效率和安全运行水平。攻克生物质发电和制取液体燃料技术。

重大项目：

（1）大功率风电机组研制与示范

研制 2 ~ 3 兆瓦风电机组，组建近海试验风电场，形成海上风电技术。攻克 2 兆瓦以下风电机组产业化关键技术，实现产业化，形成大型风力发电机组检测认证体系。

（2）800kV/1000kV 特高压输变电技术与装备

攻克 1000kV 交流特高压输电技术和 ±800kV 直流特高压技术。主要研究内容包括：特高压交直流输电理论和试验技术，特高压输电的关键技术、大电网技术和输变电设备制造技术。

2. 资源

发展思路：我国水、油气和矿产等资源严重短缺，后备资源储备不足，资源利用效率低下，已成为国民经济稳定持续发展的重大瓶颈。依靠科技攻关，大幅提高资源供给对社会经济发展的保障能力，已势在必行。“十一五”期间，本着“节约优先、增储增效”的原则，把增加资源有效储备、提高资源综合利用水平和提高资源自主供给能力，作为缓解资源短缺的主要技术途径。以战略性矿产为重点，针对我国油气、矿产资源赋存特点，重点开发提高我国油气、矿产资源勘查速度、深度和精度的关键技术，突破复杂条件资源勘探的技术瓶颈，以有效推动资源储量的增加；以复杂难采和难处理矿利用为目标，强化采选冶重大关键技术与装备的自主研发，提高资源综合利用的效率；加强水资源合理调配、海水利用及节水等重大关键技术研究开发，提高水资源利用效率，缓解水资源危机局面。

发展目标：开发一批资源开发重大关键技术与装备，促进资源利用由粗放型向集约型方向转变。突破制约我国重点资源勘探领域的技术瓶颈，发现 3 ~ 4 处大型矿产后备基地，发现一批危机矿山接替资源；突破一批复杂难采矿开采和难处理矿综合利用的关键技术，形成矿产开发技术与重大装备的自主创新能力，采选冶综合回收率提高 10% ~ 15%；突破石化等重点耗水行业节水关键技术，工业用水重复利用率提高到 80%，建立重大河流用水工程可持续运行的技术支持系统；突破海水利用关键技术，形成单机 5 万吨 / 日海水淡化和 10 万吨 / 时海水循环冷却成套技术及装备的自主设计制造能力。

重大项目：

（1）海水淡化及综合利用技术装备研究与示范

自主开发单机 5 万吨 / 日低温多效蒸馏海水淡化、单套 1 万吨 / 日反渗透海水淡化成套技术与装备以及热膜耦合海水淡化系统技术，形成 10 万吨 / 日核能海水淡化示范工程设计；发展 10 万吨 / 时海水循环冷却成套技术与装备和大生活用海水利用技术以及海水预处理技术；开发海（卤）水钾、镁、溴提取与综合利用技术，完成年产 5 万吨海水直接制取钾肥等示范工程，促进海水利用产业链的形成。

（2）中西部大型矿产基地综合勘查技术与示范

重点围绕着国家战略性矿产资源，摸清三江地区等十大中西部重点成矿带的成矿规律，开发并集成适合中西部典型成矿区带和不同景观区的综合勘查技术系列及勘查模式，并开展示范应用研究，提交大型矿床远景靶区 25 ~ 30 处，可供商业勘查的铜、铁、铅、锌等大型找矿基地 10 ~ 15 处，提交铜类储量 200 万吨、富铁 1 亿吨、锰 6000 万吨和铅锌 180 万吨。

（3）复杂金属矿采选冶关键技术与装备

攻克 20 项复杂难处理矿采选冶关键技术，开发一批大型采选冶成套装备，使我国复杂难采金属矿石损失率降低 20% ~ 30%，开采成本降低 15% ~ 20%；资源综合利用率提高 8% ~ 10%，生产能耗降低 10% ~ 15%；扩大利用金属资源量 15 亿 ~ 20 亿吨。主要研究内容包括：松软破碎矿体和地下残留矿体开采技术、水下矿床和露天转地下开采综合技术、高价值软破矿体开采环境再造高效开采综合技术、微细粒级致密共生伴生金属矿的高效分离技术、低能耗还原焙烧技术、复杂难处理金属矿石全新选冶综合技术及工艺、大型采矿与选矿成套设备设计制造技术等。

3. 环境

发展思路：我国生态系统持续退化，区域性污染日趋严重，自然灾害频发，对人民生活质量提高已产生重大影响，严重制约着经济社会全面协调可持续发展。“十一五”期间，以资源循环与再生利用为突破口，强化废弃物资源化、清洁生产和发展循环经济共性技术的研发，提升环保产业技术水平，促进循环经济的发展；紧密结合国家重大生态治理工程，进一步加强生态保护与治理的技术研发与示范，通过集成创新形成适用于不同区域和生态类型的综合治理技术与模式；以提高预测预报水平和应急响应能力为目标，通过监测、预测预报和应急管理关键技术的突破，有效地为我国防灾减灾提供技术支撑；加强对全球环境问题的科学研究，提升我国应对全球环境变化的科技支撑能力。

发展目标：以资源循环利用为核心，突破重点行业清洁生产关键技术、大宗固体废弃物综合利用技术和发展循环经济的共性技术，建立典型区域循环经济发展的技术模式及相关政策与管理体系；突破 10 项左右典型退化生态系统综合整治关键技术，建立具有代表性的退化生态系统恢复模式及系统技术；围绕气象、地震、海洋、洪水和地质等重大自然灾害，突破一批监测、预测预报关键技术，稳步提高我国自然灾害预测预报准确率，提高灾害应急响应能力；预测未来全球环境变化的发展趋势及影响，研究制定适应和减缓全球环境变化的技术对策。

重大项目：

（1）清洁生产与循环经济关键技术研究及示范

重点突破 15 ~ 20 项发展循环经济的共性技术、重污染行业清洁生产关键技术和工艺以及绿色产业链构建技术，开发 30 项大宗工业固体废弃物安全处理处置与资源化关键技术及关键装备，选择 5 ~ 7 个典型工业园区进行生态工业技术示范，为建立资源节约型、环境友好型社会提供技术支持。主要研究内容包括：节水、节能、分离、生物催化、生态材料和绿色化学工程等共性关键技术和产品绿色设计技术，化工、冶金、轻工等重点行业清洁生产关键技术与工艺，固体废弃物高效分选、不同废弃物优化组合综合利用技术，废物低值热量利用技术，有机废弃物高温处理与能量利用技术，废旧产品拆解与再制造技术，大型企业与工业园区发展循环经济的总体设计技术。

（2）典型脆弱生态系统重建技术及示范

针对典型脆弱生态区存在的突出生态问题，开发 10 项脆弱生态系统综合治理技术与模式，进行脆弱生态系统重建技术集成与示范，加强技术和模式推广；建立脆弱生态系统生态环境基础数据库和信息平台，实现数据共享，开展脆弱生态区生态综合评估与技术评价体系研究。主要研究内容包括：典型脆弱生态系统生态环境评价所必需的指标体系和方法、典型脆弱生态区天然植被保育与恢复技术、典型脆弱生态区生物与工程防治技术、典型脆弱生态区水资源及土地资源保护和高效利用技术、重大工程沿线生态保护系统技术。

4. 农业

发展思路：统筹城乡经济社会发展、建设现代农业、发展农村经济、增加农民收入、建设社会主义新农村，是全面建设小康社会的重大任务。针对农业增产、农民增收、农产品竞争力增强的艰巨任务，农业环境恶化的趋势，食物安全、生态安全正面临的日益严峻挑战，迫切需要强化农业科技创新，把科技创新作为加快解决“三农”问题的一项根本措施。“十一五”期间，把增强农业科技的自主创新能力作为调整农业产业结构、转变农业经济增长方式的中心环节，把加快农业从粗放经营向集约经营的转变、增加粮食产量、改善农产品质量、提高农产品生产效益放在突出位置，通过高新技术带动传统农业技术升级；加快畜牧、水产、奶业、海洋农业等产业技术的发展和升级，开发农林生物质技术，培育生物质产业；加快开发食品加工技术、绿色供应链技术，延长农业产业链，开拓农民增收和就业的新空间；大力发展循环农业技术，减少污染，提高水、土、肥、药等资源的利用效率；加快农业环境保护与退化环境修复，保障食品安全和农业生态安全；加快发展农村饮水安全、农村高效清洁能源、农村社区景观设计与环境治理等相关技术，改善农村居民生活质量，为社会主义新农村建设提供科技支撑。

发展目标：培育一批具有自主知识产权的优质高产动植物新品种，实现新品种更新换代；粮食单产年均增长率达到 2% 以上，畜禽水产的产出效益提高 60% 以上，海洋农业产值在“十五”基础上翻一番；农产品加工转化能力提高到 40% 以上，使食品工业总产值与农业总产值的比例提高到 1.5 ∶ 1 以上；粮食等主要农产品产后损失率降低到 5% 以下，水、肥、药等农业投入品的利用率提高 10 个百分点以上，饲料转化效率提高10%以上，秸秆综合利用率达90%以上；主要农业区农田地力等级普遍提高1～2级，农林重大生物灾害的暴发频率和致灾强度降低50%以上，农作物病虫害损失和畜禽死亡率降低到15%以下，农业面源污染区域综合治理率达到50%以上。在此基础上，农业资源、生态环境技术得到大面积推广应用，农业生态安全保障能力和可持续发展能力显著增强。初步建立起具有中国特色的农业科技创新体系，农业科技自主创新与成果转化能力进一步提升，农业科技自我发展环境显著改善。

重大项目：

（1）农林生物质工程

以充分利用我国农林生物质材料、促进循环农业发展为目标，以农作物秸秆、林业采伐及加工剩余物、畜禽粪便等农林剩余物及能源植物为主要原料，重点研究高活性糖化酶和纤维素酶制造、共代谢基因工程菌构建、非相变产物分离、分子合成、接枝共聚、生物可燃气高效转化、低成本农林生物质集储、专用能源植物培育等共性关键技术，突破农林生物质转化过程中降解与改性、分离与合成、能源和材料转化等环节的技术瓶颈，构建农林生物质转化创新技术平台。选择重要农林生物质进行深度加工和技术集成、工程化开发及产业化示范，研制开发新技术、新工艺80～100项，形成燃料酒精、生物柴油、生物质材料、生物质固化燃料等农林生物质产品，实现年生产能力60万吨以上，申请农林生物质转化利用发明专利100项，制订生物质产业技术标准、规范50项。通过研究，大幅提高我国农林生物质的利用效率和产业化水平，为生物质产业的快速发展提供有效的科技支撑。

（2）农林动植物育种工程

围绕主要农作物、蔬菜、畜禽、林果、水产和花草，创造育种新材料，培育优质专用新品种、超高产新品种和功能型新品种。重点研制杂种优势利用新技术，建立多性状聚合标识技术，完善群体改良、轮回选择等常规技术，制定新品种繁育与推广技术，加快新品种的推广应用。通过项目实施，全面构筑我国主要动植物育种创新体系，整体提升育种水平。形成100～150项拥有自主知识产权的专利技术，在动植物杂种优势利用、性状标识选择、常规育种等技术集成应用方面取得新突破；培育新品种650～700个，获得品种保护权200～300项；主要农作物和林草新品种推广10亿亩以上；畜禽新品种示范规模达到4000万头（只）以上；水产新品种养殖面积达200万亩以上，新增经济效益1000亿元以上。

（3）食品加工关键技术研究与产业化开发

以主要农产品的大量转化、深度加工、综合开发、循环利用和节能高效为基本内容，立足自主创新，重点围绕分离、修饰、包装材料、加工装备和质控等食品加工的重大共性关键技术问题开展深入研究，为新产品开发和产业化示范提供必要的技术支撑；立足集成创新，重点开展大宗粮油、果蔬、畜禽和水产品加工领域主要农产品的大量转化和工业化关键工艺技术研究、新产品开发与产业化示范，为我国食品工业实现跨越式发展提供技术保障；整合已有优势科技和产业资源，构建粮、油、果蔬、畜、水产品5个特征明显、开放、高效的集产学研于一体的技术创新平台。重点突破12项重大共性关键技术；研制开发10种食品加工关键设备；突破40～50项食品加工新技术；建立100条产业化示范线，培育10～20个优势品牌；申请100～120项专利，创建5个技术创新平台，使我国食品加工技术总体上达到21世纪初的水平。

（4）粮食丰产科技工程

以东北、华北、长江中下游三大平原为重点，以水稻、小麦、玉米三大作物为主攻目标，重点攻克农作物一熟吨粮技术模式、小麦玉米两熟以及双季稻周年单产超1500千克技术模式，以及配套的节水节肥简化低成本栽培管理技术。开展三大平原粮食作物丰产技术集成研究与区域性大面积示范，三大作物超高产理论与技术模式研究、农田肥水资源可持续高效利用技术研究、粮食主产区高效低耗新型耕作制度研究，三大作物自然灾害与有害生物防控技术、作物产后减损增效、农户储粮与储运减损增效等关键技术研究与示范，以及三大作物栽培理论与技术创新平台、粮食安全预警与战略研究平台研究。按照不同粮食区域的“品种组合＋丰产技术＋节本技术＋生态技术”进行科技创新与大面积转化，优化集成组装出一批实用高产高效丰产技术模式，累计示范面积达到5亿亩以上，平均单产提高10%以上，为保障国家粮食安全、全面提高农业综合生产能力提供有效的科技支撑。

（5）奶业发展重大关键技术研究与示范

针对我国奶业发展的区域特点和资源特点，以及奶畜单产水平低、饲料饲养粗放、疫病比例偏高、原料奶质量低和乳品加工业落后等制约我国奶业发展的技术瓶颈因素，重点开展不同区域奶牛及地方奶畜良种选育体系，培育出特色新品系；建立奶畜现代营养需要参数体系，开发营养高效调控技术；筛选适合不同区域的优质高产饲草和饲料作物新品种，并进行产业化开发；提出奶牛场重大疫病检疫技术标准和疫病防治技术体系；开发乳品加工新技术和新型乳制品；建立与国际接轨的乳制品质量和安全控制、检测标准及相应技术体系。培育优良种公牛300～400头，改良全国奶牛400万～500万头，使奶牛的良种覆盖率提高到50%以上，研制开发出20项奶业生产、加工综合配套技术和新产品，建立规模化、集约化奶牛生态养殖模式，全面提升我国奶业科技的自主创新能力。同时，带动我国奶业总体发展速度提高2～3个百分点，奶业发展科技贡献率提高到2个百分点。

（6）林业生态建设关键技术研究与示范

依托林业生态建设工程，开展东北、西南天然林封育恢复与经营、黄土高原水土保持林优化配置和华北土石山区植被快速恢复、三峡库区和长江中下游防护林体系、沿海防护林体系、滩地抑螺防病林、西南石漠化生态治理等技术组装配套、集成创新与试验示范。重点开展退化天然林结构调整与景观恢复、天然林生态采伐与生态系统管理、抗逆植物材料筛选与快繁技术、困难立地造林及其配套技术、防护林体系结构优化技术、防护林病虫害防治技术、生态公益林经营技术、森林固碳技术与碳计量方法、森林生态网络体系构建及城市森林生态系统营建、生态工程效益监测与评价技术等研究。通过研究，筛选工程所需的优良抗逆植物材料30～50种；提出困难立地造林配套技术20项、生态公益林经营技术35项；建立10个技术集成试验示范区；申请专利30～50项、编制技术规程30～40个，为林业生态工程构建提供系统、适用、先进的技术体系和试验示范。

（7）禽流感等重大动物疫病综合防控技术研究

重点围绕禽流感、口蹄疫、猪链球菌等重大动物疫病，从共性关键技术研究、新产品开发、集成示范和创新能力建设等方面入手，加强病原生态学与流行病学研究、新型疫苗与诊断试剂研制与开发、阻断高致病性禽流感病毒和猪链球菌感染人防控技术的研究，并开展综合防控技术集成与示范以及重大动物传染病防控技术创新平台建设。自主研发 50 ~ 65 种禽流感等重大动物传染病新型疫苗及诊断试剂，申报 30 ~ 40 种新兽药证书；研制 4 ~ 6 种人禽流感新型疫苗及快速诊断试剂；建立 50 ~ 60 个禽流感等重大动物病综合防治与净化示范基地；培育 4 个重大动物疫病防控技术创新平台；申请 100 ~ 150 项专利，全面提升我国重大动物传染病防控能力与水平。

（8）现代农村信息化关键技术研究与示范

以运用信息技术改造传统农业，缩小城乡间信息鸿沟为目标，重点开展农产品质量全程监控及溯源系统、林场全过程信息化管理系统和新农村信息化建设共性软件系统等重大应用系统的研究以及种业信息化软件、农民智能交互式学习软件等新型农业信息产品的开发；通过加强农业信息网格技术、农村空间信息技术以及农村低成本信息化解决技术等现代农业信息关键技术研究、集成和示范，建立适合新农村建设和产业结构升级的现代农业信息技术体系；依据不同经济发展水平、组织类型、产业类型，建设 10 ~ 15 个示范区、50 个示范基地；完善农业信息化标准，提出农村信息化发展战略，全力提升我国农业与农村的信息化水平。

5. 材料

发展思路：材料是传统产业升级改造和高新技术产业形成的基础，已成为国民经济的支柱产业。“十一五”期间，主要发展和突破材料清洁生产技术、高效低耗制备技术、高性能化技术、资源节约型材料和绿色材料制备技术，开发综合性能高、资源消耗少、环境负荷低的重大材料及工程化技术，突出系统集成创新和引进消化吸收再创新，实现传统材料产业的改造与升级，满足高新技术产业发展和国家重大工程建设对关键材料的迫切需求，支撑社会经济的可持续发展。

发展目标：围绕国民经济发展中资源、能源、环境等对基础材料的重大需求和钢铁、有色、建材、化工、轻工和纺织等行业的共性关键技术，重点开发可循环钢铁流程工艺技术与装备、全氟离子膜工程技术、农药创制工程、建筑材料绿色制造关键技术等，提高基础原材料性能，实现材料的低成本、高性能、高效、绿色制造技术，建立典型大宗材料的生态产业链模式和示范工程以及共性支撑技术平台。

重大项目：

（1）可循环钢铁流程工艺与装备

以循环经济为核心，自主创新集成具有钢铁产品制造、高效能源转换和消纳大宗社会废弃物的我国新一代可循环钢铁制造流程，解决我国钢铁工业资源消耗大、能耗高、环境污染严重和部分高附加值产品依赖进口等问题。主要研究内容包括：高效化生产高品质板带钢材的工艺技术与装备、钢铁企业的二次资源与能源的循环利用技术、熔融还原炼铁技术和过程煤气的能源转换技术与装备等。

（2）全氟离子膜工程技术研究

发展低成本、高性能全氟离子膜材料，提升我国含氟高分子材料整体技术水平，满足我国氯碱工业和燃料电池工业迫切需求，保障国民经济安全。主要研究内容包括：氯碱工业全氟离子膜产业化技术，低成本燃料电池全氟离子膜电极先进制造技术，电缆级 FEP 树脂规模先进制备技术。

（3）农药创制工程

研究开发新化合物优化设计、高效合成、高通量筛选等关键技术，开发高效低毒低残留农药品种与重要中间体共性关键技术，研究农药安全性评价与质量评价 GLP 体系，开展创制新农药工程化开发，实现我国首批 10 个以上创制农药品种的产业化。

6. 制造业

发展思路：我国虽已成为世界制造大国，但还不是制造业强国，关键成套装备、科学仪器设备和关键材料仍主要依靠进口，产品附加值低，资源消耗大，国际竞争力弱。必须依靠科技创新，才能满足经济建设、国防安全和国际竞争的需要。"十一五"期间，要围绕国民经济、社会发展和重大工程需求，以装备制造为突破口，以绿色制造为导向，以信息化和自动化技术为支撑，加强自主开发，改善重大成套装备、高技术装备、科学仪器设备和关键零部件主要依赖进口的局面。

发展目标：实现制造业若干重大关键技术的突破，若干行业的成套高技术装备、关键基础件与通用零部件具备自主设计开发制造能力，提高具有自主知识产权的产品和技术比重。实现若干高效、节能、绿色制造工艺，多数行业资源消耗、环境负荷、产品质量与国际先进水平的差距进一步缩小，部分行业的技术水平进入国际先进行列，竞争力明显提高。攻克连铸成型、精密成型模具和快速制造技术。重大成套装备、高技术装备、关键基础件与通用零部件基本立足国内。进一步推进制造业信息化进程，在重点行业逐步实现设计、制造、管理的集成，信息化服务平台建设取得明显成效。攻克一批科学仪器设备关键技术和关键部件，大幅提高仪器设备技术水平和产业化能力；培育一批分析仪器设备研究开发平台和产业化基地。

重大项目：

（1）制造业信息化工程

开展以创新设计、敏捷制造和协同管理为主要内容的制造业信息化集成应用并选择 10 个企业进行应用示范；开展以中小企业集群信息化应用为主的公共服务平台建设并建成 10 个，支持一批自主知识产权的制造业信息化技术与产品的客户化与集成应用开发和推广，建成 20 个信息化软件产品产业化基地，培育 5 ~ 10 家系统集成商和信息化中介服务机构

（2）绿色制造关键技术与装备

面向我国制造业减少资源消耗、降低环境污染和突破国际绿色贸易壁垒的迫切需求，突破一批绿色制造、绿色建材产品重点关键技术及装备，并实施若干绿色制造示范工程，提高我国绿色制造水平，国际绿色壁垒造成的贸易额损失显著减少；并推动绿色制造相关的新兴产业逐步形成。主要研究内容包括：选择典型行业研究绿色设计、绿色工艺、绿色回收处理与再制造等一批重点关键技术，开发达

到国际先进水平的具有中国自主知识产权的规模化新型干法水泥、浮法玻璃、墙体材料等成套工艺与装备，实施汽车拆解回收、家电产品和电子信息产品绿色设计和回收处理一批绿色制造技术应用工程；开发并推动形成废旧产品绿色回收处理、绿色再制造等绿色制造相关的新兴产业。

（3）科学仪器设备研制与开发

围绕《纲要》确定的重点领域及其优先主题，以及我国经济、社会发展的需求，自主研发一批具有自主知识产权的科学仪器设备。主要研究内容包括：攻克质谱串联技术、电子透镜像差校正技术、核磁勘探技术等关键技术，研究开发 3 ～ 5 项在原理或技术上有重大突破、对科学研究具有重要支撑作用的重大精密科学仪器设备（装置）；攻克高稳定性光源、高分辨率分光器件、高性能检测器等关键部件 20 余项，提升国内相关分析测试仪器产品的整体质量和水平；攻克高通量、高灵敏度检测技术，研究开发 5 ～ 10 种用于生命科学研究的生命科学仪器；面向国民经济重点领域发展和公共安全分析测试的需求，攻克实时在线、微量快速、复杂体系以及原位、无损等检测技术，研究开发一批现场检测监测仪器。建立能源、材料、信息工程、生物工程等高新技术产业化和社会发展急需的计量基标准。

7. 交通运输

发展思路：全面建设小康社会将使交通运输的运量、流向和质量要求发生新的变化，对运输能力、运输效率和服务质量提出新的更大的挑战。必须依靠科技进步，解决交通运输供给能力不足、综合交通体系建设滞后、交通能耗过高、交通事故频发、大城市交通拥堵和污染严重、技术与装备自主创新能力较弱等突出问题。“十一五”期间，要把提高自主创新能力作为促进交通产业升级和结构调整的中心环节，不断提高飞机、汽车、船舶、轨道交通装备等的自主研发能力；以提供顺畅、便捷的人性化交通运输服务为核心，发展交通系统信息化和智能化技术，加强高新技术成果的吸纳和应用，提高运网能力和运输效率，实现交通信息共享和各种交通方式的有效衔接；促进交通运输向节能、环保和更加安全的方向发展；攻克建设和养护中的关键技术。

发展目标：在交通基础设施建养、运输装备现代化、一体化运输、交通安全和交通环保节能技术等领域实现重大技术突破，自主创新能力有明显提高，能够满足我国交通建设发展需要；建立适应近期发展需要的综合交通规划和管理体系，增强我国综合交通运输的协同性和智能化水平，促进现代综合交通体系和智能运输产业的快速形成；通过集成应用示范，实现特大型城市、区域综合交通系统交通信息服务的个性化、交通控制的可视化和运输组织的智能化；提高交通设施利用效率，为社会和公众提供通畅、便捷、安全、经济、可持续发展的运输服务。

重大项目：

（1）高速磁悬浮交通

研究开发 500 公里 / 小时高速磁悬浮车辆、悬浮导向控制技术、牵引控制技术、运行控制技术和系统集成技术等全套技术、设备和部件，建立高速磁悬浮交通系统规划、设计技术和标准体系，建设一条 30 公里高速磁悬浮列车中试线，完成具有自主知识产权的定型化工业试验。实现高速磁悬浮交通三大控制系统的国产化，掌握系统集成技术，降低车内外噪声、改善供电系统性能、实现制动能量反馈、优化线路技术要求、开发新型轨道结构，降低系统造价，达到工程应用水平。在高速磁悬浮车辆、牵引控制、运行控制、系统集成及综合试验等关键技术方面取得突破，获得自主知识产权。

（2）智能交通技术集成应用示范

以提升关系国计民生和国家安全的交通运输系统的运行效率、安全和面向公众与社会服务水平为目标，突破广域交通信息获取与处理、大范围交通指挥与控制、交通综合信息服务、交通资源配置等关键技术；研制相关核心装备；建立北京奥运、广州亚运会、上海世博会交通信息服务等三大应用示范工程；构建面向高速公路、铁路、海运和国防交通运输的信息服务平台；探索和实践智能交通信息服务的新机制；制定相应运输行业综合交通信息服务标准；形成若干个具有竞争力的交通信息服务企业，培育一批智能交通高新技术产业群；建立智能交通技术支撑、核心设备自主研制、交通信息综合集成应用、交通信息运营增值服务构成的国家智能交通可持续发展的创新体系。

8. 信息产业与现代服务业

发展思路：中国已成为全球电子信息产品制造业第二大国，但集成电路、软件等核心产品基本依赖进口，自主发展能力不足，不仅制约了信息技术向传统产业渗透，影响了现代服务业的发展，而且对国家经济安全和国防安全构成严峻挑战。“十一五”期间，将围绕我国以信息化带动工业化，走新型工业化道路的发展战略，以获取自主知识产权为出发点，以应用需求为导向，以装备及产品开发为重点，推进现代服务业的快速发展，加速国民经济信息化进程，拓展我国信息技术应用的广阔市场；建设以自主技术为主的综合信息基础平台；突破集成电路设计、关键元器件、大型应用软件等核心技术，加强集成创新，形成具有自主知识产权的信息制造业及服务业技术基础和标准体系；发展网络信息安全技术，建立有中国特色的信息安全保障体系。

发展目标：突破一批核心技术，推动以我为主的相关国际标准及若干新的行业技术标准的制定，初步形成信息技术自主创新支撑体系，提高我国在信息产业核心技术方面的自主开发能力和整体水平，初步建立有中国特色的信息安全保障体系；加强信息技术集成创新与应用，开发一批重大产品和系统，培育一批新的产业增长点；开发一批支撑和带动现代服务业的技术和关键产品，促进我国信息产业和现代服务业发展。

重大项目：

（1）现代服务业共性技术支撑体系与应用示范工程

突破现代服务业系统集成关键技术，建立现代服务业共性及应用服务技术支撑体系，创建一批具有自主知识产权和国际竞争力的服务标准、规范，推动以第三方服务为主的服务模式与运营机制的建立，在电子商务、现代物流、数字媒体、数字教育、数字区域协同、数字医疗协同、数字旅游、电子金融报务等领域实施一批应用示范工程，培育一批现代服务业龙头示范企业，促进传统服务业升级与现代服务业新业态的形成，推动我国产业结构调整、缓解就业压力。

（2）国家电子政务关键技术及应用示范

突破一批电子政务共性关键技术，建立典型应用示范系统，带动具有自主知识产权的软硬件产品的应用，国产化产品不低于 50%，增强国家宏观管理和决策指挥能力、部门间的协同工作能力、提高行政效率和执政能力。主要研究内容包括：突破跨系统应用整合的分布式授权管理、资源整合等技术瓶颈，重点解决跨部门统一信任体系和面向服务的协同办公、并联审批系统集成平台的关键技术问题等。

9. 人口与健康

发展思路：我国人口总量大，出生缺陷率高，老龄化超前，性别比失衡，面临着统筹解决人口数量、素质、结构等重大挑战；艾滋病、恶性肿瘤、心脑血管病、糖尿病等重大疾病和多发常见病的健康危害严重，对社会经济的持续发展造成了重大影响，已成为全面建设小康社会的严重威胁。“十一五”期间，依靠人口与健康科技创新能力的持续增强，突破计划生育与优生优育、重大疾病防治、中医药现代化等关键技术，是全面提高人口素质、保障国民健康的必然选择。要以控制人口数量为基础，着力提高人口质量；以临床需求为主线，突出重大疾病防治，注重常见病、多发病防治技术集成创新；以提高疾病防治能力和提升自主创新能力为重点，优先建立重大疾病防治技术体系，开发自主知识产权的器械和医用材料；防治重点前移、下移，坚持预防为主、防治结合；突出中医药的优势和特色，注重现代医学和传统医学的有效结合，大力推进中医药产业现代化的发展。

发展目标：初步建立重大疾病防治技术体系，提出一批重大疾病、常见病诊断和综合防治技术方案，研制开发一批高效的疾病诊断、治疗设备和避孕节育、生殖健康和出生缺陷诊断技术和产品，有效遏制重大疾病发病率、死亡率上升趋势，提高治愈率、降低发病率和死亡率，控制人口数量，提高人民健康水平和人口素质。加快中医药现代化、国际化进程，建立较为完善的中医药自主研究开发体系和产业技术创新体系，提高临床疗效，促进我国传统医药产业的持续发展，力争在中医药走向世界方面有所突破。

重大项目：

（1）心脑肺血管疾病防治研究

明确我国心脑肺血管病发病趋势，突破 8 ~ 10 项心脑肺血管病早期预防及临床救治新技术；优化 4 ~ 8 项治疗方案；实现年均降低心脑血管病死亡率 2%。主要研究内容包括：代谢综合征、高血压、动脉粥样硬化、冠心病的疾病早期检测、诊断、预防和综合控制研究；慢性心力衰竭、心律失常、先心病、脑动脉硬化、缺血性卒中、蛛网膜下腔出血、肺栓塞、肺动脉高压的综合治疗及诊治技术规范化研究等。

（2）常见恶性肿瘤预防、早诊及综合治疗研究

通过危险因素控制、早诊和综合治疗等研究，使肝、胃癌接受预防干预的肿瘤发病率下降幅度达 10% 以上，乳腺、食管和肺癌高危人群早期癌的诊断率提高 20% 以上，胰腺癌的高危人群早期癌的诊断率提高 10% 以上，乳腺、肝和肺等癌症患者 5 年生存率提高 5% 以上。主要研究内容包括：肝、胃癌危险因素干预研究；乳腺、肺、胰腺癌早期发现方法研究；胃、肝、结直肠、乳腺癌筛查方案研究；肝、鼻咽、子宫颈癌与食管癌早诊早治方案研究；肺、肝、胃、结直肠、乳腺、鼻咽癌的综合治

疗研究等。

（3）重大数字化医疗设备关键技术及产品开发

突破20～30项关键技术及核心工艺技术，开发10～15个常规装备产品及核心部件，争取3～5个重大专利产品进入市场，培养一批投入和创新为主体的骨干企业，强化以企业为主体的技术创新能力建设，提升我国医疗器械自主创新能力。主要研究内容包括：低成本CT、高性价比磁共振成像系统、数字化X线机、全数字彩超等数字化医学影像诊断设备和系统研制；高强度超声肿瘤治疗装置、微创介入激光治疗设备、微创白内障治疗系统、帕金森病脑起搏器、多功能呼吸衰竭治疗装置、图像引导外科手术导航系统等新型治疗设备研究；生命信息实时采集分析技术装置、全自动生化分析仪器及生物医用材料等研究。

（4）重大出生缺陷和遗传病的防治研究

建立我国常见重大出生缺陷综合优化干预模式，提高结构异常、功能异常、发育缺陷等重大出生缺陷的早期诊断准确率，使我国重大出生缺陷率降低30%。主要研究内容包括：根据出生缺陷和遗传性疾病三级预防策略，从孕前（一级预防）、孕中（二级预防）和出生后（三级预防）三个时期，研究孕期主要环境危险因素、重大出生缺陷产前筛查、诊断和干预、严重先天畸形早期诊断、规范化治疗方案等，减少出生缺陷和遗传病的发生、出生和致残。

（5）重大疑难疾病中医综合治疗研究

研制8～10种具有中医药疗效优势和特点的重大疑难疾病和优势疾病的诊疗方案和方法，在肺癌、冠心病、糖尿病等重大疾病的治疗方面达到先进水平，形成一批疗效确切的中医药治疗现代难治病方法；为社区和广大农村筛选提供一批疗效确切、操作简单、价格低廉的中医药诊疗方案、技术。主要研究内容包括：非小细胞肺癌、冠心病、中风、糖尿病等重大疾病的中医药综合防治研究；重症肌无力、帕金森氏病、痴呆、更年期综合征、类风湿关节炎等难治性疾病中医药干预的临床疗效评价研究；常见病中医临床诊疗规范推广应用的示范研究；中医临床诊疗技术的研究；中医药临床研究能力建设。

10.城镇化与城市发展

发展思路：我国已进入城镇化快速发展期，但城镇化与城市发展面临宏观规划失衡、生态负荷超载、城市功能紊乱、人居环境恶化等四大突出问题。依靠科技创新突破制约城镇化与城市发展的瓶颈技术，是建立资源节约、环境友好和居住适宜的新型城镇，促进城镇化与城市可持续发展的关键。“十一五”期间，重点开展有关城镇化与城市发展政策、标准和关键技术研究，提高城市系统功能运行和综合管理能力；以城市、村镇区域科学规划为重点，促进城乡协调发展；加强信息技术应用，提高城市综合利用水平。

发展目标：以城镇区域规划与监测监控、城市空间利用与综合管理、城市功能提升与运行保障、城市建筑节能与绿色建筑为重点，形成城镇区域规划和建筑设计成套技术；构建城市规划、土地利用、地下空间开发关键技术平台，开发城市生命线、基础设施保障先进适用技术；集成城镇人居环境、建筑节能等绿色建筑创新技术，形成城市污水、垃圾等废弃物无害化处理和资源化利用技术的自主开发能力，扭转城市生态环境恶化的局面；为推进城乡统筹、区域协调的城镇化发展和构建和谐城镇、完善宜居环境提供科技支撑。

重大项目：

（1）村镇小康住宅关键技术研究及示范

重点研究生产、生活兼容等村镇住宅设计关键技术，住宅结构体系技术，材料性能改良、生物质建材开发利用等地方材料应用技术，自然通风和室内空气质量改善技术，村镇社区规划与设计技术，住宅抗灾能力分析评价技术，住宅灾后快速评估和恢复重建技术，生态环境监控与功能提升、生活垃圾简易处理等村镇住区环境优化技术等。

（2）建筑节能关键技术研究与示范

重点研究建筑节能优化设计集成技术、大型公共建筑节能技术、太阳能等可再生能源利用技术，以及开发系列化、成套化建筑节能系统设备，实现新建建筑总能耗降低50%以上，新建建筑采暖能耗降低60%～65%，住宅和中小型公共建筑用电量降低40%，大型公共建筑用电量降低60%。

（3）城市人居环境改善与保障关键技术研究

突破城镇人居环境的热岛效应、交通噪音、居住区水环境、建筑施工及拆除的污染控制与改善技术，使热岛效应降低20%，交通噪音降低40%，建筑施工拆除污染降低30%；攻克建筑室内环境中的空气环境质量、热湿环境改善与噪声、辐射、化学、生物污染控制技术，使室内环境污染水平降低30%；开发城镇人居环境规划设计、监测评估、控制保障等关键技术，建设20项城镇人居环境示范工程。

11. 公共安全及其他社会事业

发展思路：我国面临减少生产事故人员伤亡和公众食物中毒，控制恶性案件，打击犯罪与反恐防恐，降低自然灾害人员伤亡与财产损失的严峻挑战，亟须突破制约公共安全的关键技术，建立国家公共安全应急技术体系，全面提升国家应对公共安全灾害事故与突发公共事件能力。“十一五”期间，要以生产安全、食品安全、社会安全、生物安全、防灾减灾、国境安全为重点，提升应急预警和快速处理综合能力，加强对突发公共事件快速反应和应急处置的技术支持，提高早期发现与防范能力，增强应急救护综合能力，加快公共安全装备现代化；为建立公共安全技术体系和保障体系，实现应对重大公共风险从被动应付型向主动保障型的重大转变、从传统经验型向现代高科技型的战略转变提供支撑。实施技术标准战略，开展重要关键技术标准的研制，完善国家技术标准体系；同时需要综合推进各项重点社会事业的发展。

发展目标：初步建立公共安全技术体系和国家产品质量安全监管体系，建立国家公共安全应急信息平台，突破一批重大灾害与重大事故事件监测、预测、预警与预防控制等方面的关键技术，城市（镇）和工业及重大工程安全保障得到改善，初步具备对多灾种耦合的重大事故、灾害的防控能力，形成公共安全应急核心技术与装备的自主研发与工程技术能力，在重特大灾害和危险源监测、预测、预警、应急救援、事故分析处理和安全管理等方面取得一批重大技术成果，建设20个左右公共安全科学研究与装备研发基地，重点建立6个公共安全技术示范工程。在降低犯罪率、特大事故率，控制外来生物入侵、疫病疫情、有毒有害物质、技术性贸易壁垒、特种设备及化学危险品危害等重大事件、事故和灾害的应急能力上有显著提高，使公共安全问题造成的国民经济损失占GDP比例接近中等发达国家同期水平。为实现各项重点社会事业的发展与经济和社会发展水平相适应提供技术标准、检测手段等方面的支撑。

重大项目：

（1）国家公共安全应急平台关键技术研究与示范

构建国家公共安全早期监测、快速预警与高效处置一体化应急决策指挥平台，实现国家公共安全应急成套核心技术与重大装备自主研发能力的突破。主要研究内容包括：国家应急平台设计关键技术，重大突发公共事件应急关键技术，公共安全应急管理技术，应急技术标准研究，公共安全应急平台技术示范，全方位无障碍危险源探测监测与精确定位技术、多尺度动态准确预测与快速预警技术、基于危险性分析的优化决策与救援处置技术等。

（2）食品安全关键技术

增强食品安全科技自主创新和监管工作的技术支撑能力，在风险评估、检验检测、溯源与预警等方面取得突破，加强检测方法和设备研发，完善食品安全标准体系，获得一批具有我国自主知识产权的相关设备和试剂，开展食品安全战略研究和国际合作，逐步实现从"被动应付型"向"主动保障型"的转变。建立我国食品安全病原微生物、农药和兽药残留、化学污染物（含生物毒素）、食品相关产品有毒有害物质等食品危害的分析、预警与快速反应平台，建设4～5个食品危害物风险评估中心/基地；完成150～200项国家检测方法和标准物制定工作，研制15～20种标准物质；重点开发一批食品危害物多残留前处理及代谢表征技术、食品真实属性表征技术、快速与高通量检测技术、执法现场快速检测取证技术及其仪器设备；进一步完善食品安全综合监测、溯源和快速预警系统，建立10个动态数据库，掌握数据样本超过50万份；完善食品安全合格评定体系建立，建立5～10个综合示范区。

（3）关键技术标准推进工程

围绕国家层面战略性、前瞻性和具有国际突破性的技术标准问题，突出重大、共性、关键和集成性技术标准研究，开展战略推进工程、重点领域关键技术标准创新工程的研究。战略推进工程主要是解决技术标准战略推进问题。包括标准化政策、技术法规体系建设、标准中知识产权、国际标准比对、技术性贸易措施应急机制框架、试点示范以及标准化人才培养机制等问题；重点领域关键技术标准创新工程主要是解决国民经济重点领域标准缺失和水平落后以及我国优势标准转化为国际标准的问题，主要在我国优势标准转化为国际标准，以及针对农业、装备制造业、生物产业、信息技术、公共安全、建设节约型社会、社会公益类等重点领域的共性基础性的重要技术标准研制上实现重点突破。

五、管理保障措施

按照“规范、滚动、开放、高效”的管理原则，进一步明确责权分明的分层责任机制、加强部门地方参与机制、企业为主体的产学研结合机制和公平公正的咨询评审机制，确保“十一五”支撑计划顺利实施。

（一）集成各方资源，发挥部门地方作用

建立反映经济社会发展需求和加强部门、地方参与的机制，项目遴选要注重自上而下与自下而上相结合。根据《纲要》优先主题，结合重大需求、重大工程建设、重大装备研制或引进消化吸收需要，广泛咨询和听取专家意见，按照轻重缓急确定重大项目和重点项目。

充分发挥部门、地方在计划组织实施管理中的作用，重大、重点项目的选择要征集了解部门、地方的重大科技需求，听取其意见和建议；重大、重点项目主要由部门、地方组织。项目组织部门（单位）根据具体情况由计划主管部门确定。

（二）以企业为主体，加强产学研结合

建立支撑计划信息交流平台，畅通政府与企业间的信息沟通渠道，征集和反映企业技术创新的需求。应用及产业化项目的立项要充分听取企业意见，项目评审要更多地吸纳企业同行专家参与。

建立企业广泛参与的产学研结合的实施机制，加强对企业创新活动的支持。具有产业化前景和目标产品的项目，优先支持企业牵头承担或必须有企业参与；鼓励企业与高等院校、科研院所共同承担支撑计划项目，部分重点领域项目优先支持企业联盟或企业与高等院校、科研院所组建产学研联合研发机构承担；具备条件的大型行业性企业集团可以作为重大项目或重点项目的组织单位。

加大对中小型科技企业的支持力度，鼓励中小型科技企业积极参与计划项目。

（三）统筹项目、人才、基地建设

加强项目实施与能力建设的有机衔接，从以支持项目为主，逐步转向项目、人才、基地统筹安排，实现从单一目标的突破向项目、人才、基地统筹发展的综合目标转变，将基地建设、人才培养、知识产权、技术标准等作为项目目标的必要考核内容。

加强对“人”的支持力度，注重培养能够承担国家重大项目、重点工程的高层次人才和创新团队。鼓励优秀创新团队和青年创新人才承担项目；项目承担单位的选择，向建立了合理人才结构和梯队的单位倾斜。要加强对具有成长性的人才队伍的支持，建立灵活有效的人才流动机制，鼓励和支持青年人才、海外留学人才等参与支撑计划。

通过项目实施带动基地建设，优先支持国家工程技术研究中心、国家实验室等科技创新基地参与承担支撑计划项目。打造企业技术创新平台，加大现有研究开发基地与企业、计划项目的结合，加强共享，提高资源使用效率，全面提高企业自主创新能力。

（四）加强知识产权管理与保护，促进科技成果转化

注重知识产权产出，加强知识产权保护，将专利查新作为立项论证的重要内容，将自主知识产权的获取作为考核项目、课题的重要目标之一；深入实施技术标准战略，推动技术标准体系建设。

深化成果验收和评价机制改革，加强支撑计划成果的标注、登记、发布；完善技术转移机制，明确支撑计划成果与知识产权的权益，促进科技成果转化，推动行业关键共性技术的推广应用，鼓励技术成果向企业扩散。

（五）加强公开与公正，完善评审机制

利用国家科技计划管理信息平台，建立重大项目储备数据库，推进和实行计划、项目“一站式”网上申报。建立技术预测机制和网上公告、公示制度，在确保国家秘密安全前提下，公开项目管理相关信息，增加透明度。

加大招投标力度，扩大招投标范围，对不涉及秘密的项目，要面向社会发布课题指南。对一些竞争性强的课题，应委托中介机构以招投标的形式确定承担单位。项目组织单位系统外的单位，承担项目的任务经费比例应不低于40%。

建立项目承担单位和责任人以及咨询、评审专家信用机制，将其信用状况作为决策的重要依据。

充分发挥专家作用，建立统一的计划、项目咨询、评审和验收专家库。扩大专家遴选的范围，调整充实专家队伍，充分发挥专家在战略、技术、经济、经费预算等方面的咨询作用。

加强专家管理，规范评审程序，建立咨询专家信用管理制度。建立回避制度，项目评审、验收等专家从专家库中随机抽取同行专家，同一项目立项、中期检查评估、结题验收等阶段的专家组成必须有相当比例的更新。逐步推行网上评审，引入背对背咨询、不可行论证等咨询方式，形成公正、公开的评审机制。

（六）加强评估与监督

落实责、权明确的分层责任机制。以目标管理为中心，明确计划各参与主体的职责和权限，落实目标责任，完善计划项目目标责任监督机制，逐级负责，逐级考核。计划主管部门考核项目组织单位，项目组织单位考核课题承担单位。强化项目目标可考核性以及指标与目标的一致性。

建立计划管理决策、实施、监督相互分离、相互制约的新机制。计划主管部门侧重于计划目标的决策，对计划实施效果负责；项目组织单位负责项目组织及过程管理，对项目目标实现负责；课题承担单位具体承担课题任务，对课题任务完成负责。

开展中介评估及项目监理，推行第三方独立评估制度，加强专业监督、第三方监督，形成专业监督和日常监督相结合的机制。

建立完善的项目考评和后评估机制，强化项目过程跟踪、结题验收和绩效考评以及验收后的跟踪后评估，建立问效问责制度，对计划项目目标完成不力或管理不善者追究相应责任。

（七）完善滚动方式，实现动态调整

完善滚动方式，根据国家需求和项目前期基础逐年分批滚动立项，成熟一批，启动一批，根据项目具体情况合理确定项目执行期限。根据评估结果，对项目实施动态调整。

安排适量资金，满足应急性重大支撑需求。对影响国民经济与社会发展的突发性重大科技需求，科技部可商有关部门、地方直接论证立项，组织实施。

（八）加大计划实施保障力度，提高经费使用效率

进一步加大资金投入，提高对项目、课题的经费支持强度。重点加强公益技术研究、产业共性技术开发、国家重大工程建设和重大引进消化吸收中亟须解决的技术问题攻关。

建立多渠道、多层次、多种方式的投入体系。引导企业成为投入主体，鼓励、吸引社会资金。根据项目具体情况，合理确定配套经费比例，按先配套后拨款的原则，加强配套经费到位与使用的监督力度。

完善项目经费预（决）算管理和监督机制，规范计划经费的使用，提高经费使用效率。

中医药创新发展规划纲要（2006—2020 年）

根据《国家中长期科学和技术发展规划纲要（2006—2020 年）》提出的推动“中医药传承与创新发展”的重点任务，为了满足国家经济社会发展和人民健康的需求，建设小康社会，实现中华民族的伟大复兴，进一步加快中医药现代化和国际化进程，特制定“中医药创新发展规划纲要”（以下简称“纲要”）。

（中医药泛指中华民族传统医药，包括中医药和民族医药。）

一、形势分析

中医药是中华民族在与疾病长期斗争的过程中积累的宝贵财富，其有效的实践和丰富的知识中蕴含着深厚的科学内涵，是中华民族优秀文化的重要组成部分，为中华民族的繁衍昌盛和人类健康做出了不可磨灭的贡献。在继承发扬中医药优势特色的基础上，充分利用现代科学技术，推动中医药现代化和国际化，以满足时代发展和民众日益增长的医疗保健需求，是历史赋予我们的责任。

1. 趋势

——努力丰富和完善自身体系建设已成为医学发展的重要任务。随着经济发展、社会进步和生活水平的不断提高，人们的健康观念和生活方式已经发生转变。人类疾病谱的改变和老龄化社会的到来，使得现有的疾病防治模式和手段已不能适应日益增长的社会需求。东西方医学优势互补、相互融合的趋势已经出现。

——科学技术出现从分析向综合回归的发展趋势。随着人类对客观世界认识的不断深入，以还原论和分解分析为主的方法已经不能满足现实要求，科学技术出现了从分析向综合、局部到整体、结构到功能、静态向动态、简单向复杂的转变。尤其在生命科学领域，多学科交叉相互渗透，创建新理论

科技部、卫生部、国家中医药管理局、国家食品药品监督管理局、教育部、国家民族事务委员会、农业部、商务部、文化部、国家人口和计划生育委员会、国家质量监督检验检疫总局、国家林业局、国家知识产权局、中国科学院、中国工程院、国家自然科学基金委员会，国科发社字〔2007〕77 号，2007 年 1 月 11 日。

新技术新方法认识生命和疾病现象已成热点。

——经济全球化促进多元文化相互交融。随着经济全球化带来的多元文化相互交流的不断扩展，中医药在世界范围的传播与影响日益扩大，中医药医疗、教育、科研和产品开始全面走向国际。因为原有的疾病没有得到充分治疗，新的疾病不断出现，医疗费用不断上涨，许多发展中国家和发达国家都在重新关注传统医药的作用和价值，世界卫生组织也提出，为了实现“人人享有卫生保健”的目标应当推广使用传统医药，从而给以中医药为代表的传统医药带来了广阔的发展前景。

2. 需求

——解决我国广大民众“看病难，看病贵”的问题，需要充分发挥中医药的医疗保健作用。在提高医疗保健水平和覆盖范围的同时降低医疗费用和成本是世界各国面临的共同问题。中医药具有易于普及和“预防、治疗、康复、保健”一体化的医疗模式，能够为民众提供“简便验廉”的医疗保健服务，充分发挥其特色优势将有可能为现代社会提供新的医疗保健模式。

——实现我国医药产业结构调整，需要大力发展中药产业。中医药产业是我国拥有资源优势和知识优势的传统产业。挖掘传统医药宝库，推动其创新发展，培育以中药为基源、具有自主知识产权的大健康产业，将对提高中医药市场份额，发展中药农业，提高农民收入，扶助贫困地区，保护生态环境，调整医药产业和产品结构，以及相关产业的发展产生综合带动作用，同时促进区域经济发展。

——建设创新型国家，实现中华民族伟大复兴，需要中国在科技创新方面有所突破并对世界有所贡献。作为我国最具原始创新潜力的领域，中医药系统性和复杂性等关键问题的突破，将对生物医学、生命科学乃至整个现代科学的发展产生重大影响，将会促进多学科的融合和新学科的产生，使人类对生命和疾病的认识得到进一步提高和完善，使具有现代人文思想和中国传统文化内涵的中医药医疗保健模式和价值观念得到传播，从而成为中华民族对人类的新贡献。

3. 挑战

——中医医疗保健服务能力有待提高。由于历史、文化背景和思维方式的差异，中医学未能充分吸收近代科学的成果而始终保持着具有自身特点的发展方式，相对于现代医学解决问题的能力和普及水平的快速提高显得发展比较缓慢，还不能很好满足现代生活条件下不断增长的社会需求。在西方发达国家，中医药还未能进入医药保健主流市场，其医疗价值和市场潜力亟待挖掘。

——中医药现代产业基础不强。总体来看，缺乏优质高效的产品，研发和创新能力薄弱。中药产业链尚有待完善，中药农业刚刚起步，中药资源的可持续发展与合理利用及相关生态环境问题尚未得到有效解决；中药工业生产工艺和工程化技术落后，生产效率和综合利用能力相对低下，缺乏标准化的专用制药工业装备；中药商业流通方式亟待改造。中药出口以原料为主和依赖老品种的局面没有明显改观，中药产品在发达国家进行药品注册尚未取得实质性突破，而“洋中药”返销进口有增长趋势。

——中医药现代科学基础薄弱。中医以整体、动态和辨证的思维方式认识生命与疾病的复杂现象，但用传统概念表达的中医药理论的科学内涵难以被现代社会普遍理解和接受；复方中药的物质基础和作用机理等现代研究一直没有突破；适合自身特点的研究、评价方法和标准规范体系尚未建立，适应时代要求的自主创新体系尚未形成，制约了中医药现代化、国际化进程。而西方国家利用其技术和资金优势，已经开始运用新的理论和方法研究中医药，这无疑是一个挑战。

4. 机遇

——中药现代化为中医药整体发展打下了良好基础。十年前国家提出的中药现代化发展战略，经过广泛探索和实践积累了很好的经验，为充分利用现代科学技术成果，推动中医药整体发展开创了良好局面。在此基础上通过整体规划，有效集成国内外资源，开展中医药的知识创新和技术创新，有可能突破中医药传承与创新发展中的关键问题，从而使人类认识生命和疾病过程的方法和手段从整体和综合的角度得到充实和完善，进而走出中国特色的医药自主创新之路。

——医学模式的转变为中医药充分发挥作用创造了有利条件。“生物—社会—心理—环境”医学模式的建立，改变了西方生物医学模式只重视“病”而忽视“人”的问题。以人为本，人与自然和谐共存的科学发展观，以及疾病防治战略的“前移”和重点的“下移”，为中医药发挥整体观、辨证观、个体化思想，对疾病、亚健康状态进行防治和综合调理，在延长生命的同时提高生存质量的优势创造了机会。

——现代科技发展为中医药传承创新提供了有力支撑。随着科学技术的迅速发展，新理论、新技术、新方法不断产生。21世纪以生命科学、生物技术、信息科学、电子科学、材料科学、复杂科学和系统科学为前沿的世界科学技术迅猛发展，自然科学与人文科学间相互交叉、渗透、融合，新兴学科不断产生，不断增长的知识、大量的数据库、分析工具和技术，为证实和阐明中医药理论的科学内涵及关键问题的解决提供了新的方法和可能，为中医药的跨越式发展提供了可能。

二、指导思想、基本原则和战略目标

1. 指导思想

坚持以人为本、为人类健康服务的根本宗旨，按照“自主创新，重点跨越，支撑发展，引领未来”的新时期科技工作方针，在继承发扬中医药优势特色的基础上，充分利用现代科学技术，努力证实、阐明中医药的科学内涵，通过技术创新提高中医医疗服务能力和中药产业技术水平，通过知识创新丰富和完善中医药理论体系和医疗保健模式，加快中医药现代化和国际化进程，全面提高我国的医疗保健和重大疾病防治水平，不断满足广大民众的社会需求，确立我国在传统医药领域的优势地位，提高中医药的国际化能力和国际市场份额，为人类健康做出更大贡献。

2. 基本原则

坚持“继承与创新并重，中医中药协调发展，现代化与国际化相互促进，多学科结合”的基本原则，推动中医药传承与创新发展。

——继承与创新并重。继承是中医药发展的基础，创新是中医药发展的动力。要在系统继承中医药的学术思想和宝贵经验，保持中医药优势特色的基础上，切实加强自主创新，挖掘中医药的科学内涵，丰富和完善其理论和技术体系，进而提出医学整体发展新思路，探索新方法，开展新实践，争取新突破。

——中医中药协调发展。中医是中药应用的指针和开发的源泉，中药是中医医疗保健的主要手段。中医中药相互依存的关系是中医药学的显著特点。坚持中医中药在临床、科研和生产实践中的整体性，要注重从中医临床研究中发现问题和探索方向，重视中医基础研究的作用，强调以临床疗效为基础的中药基础和应用研究，中药研究成果为中医临床服务，促进中医中药协调发展。

——现代化与国际化相互促进。国际化是现代化的重要目的之一，现代化是国际化的前提和基础。通过现代化推进中医药国际化进程，以国际化促进中医药现代化发展，两者相辅相成，互为促进，达到沟通中医与西医、传统与现代、东方与西方的目的。

——多学科结合。中医药理论融合了多学科的知识，多学科结合是中医药发展的必然途径。中医药具有自然科学和人文科学的双重属性，要认识和挖掘中医药的科学内涵并加以丰富和发展，必须博采众长，充分运用现代科学的新理论、新技术和多学科交叉渗透的思路和方法，通过多学科、跨领域、产学研、海内外的合作加以突破。

3. 战略目标

中医药创新发展的总体目标是：通过科技创新支撑中医药现代化发展，不断提高中医药对我国经济和社会发展的贡献率，巩固和加强我国在传统医药领域的优势地位；重点突破中医药传承和医学及生命科学创新发展的关键问题，争取成为中国科技走向世界的突破口之一；促进东西方医学优势互补、相互融合，为建立具有中国特色的新医药学奠定基础；应用全球科技资源推进中医药国际化进程，弘扬中华民族优秀文化，为人类卫生保健事业做出新贡献。

为提高中医药创新发展能力，要努力完善中医疾病防治、养生保健和诊疗技术体系；健全中药现代产业技术体系；丰富发展中医药理论体系；建立国际认可的中医药标准规范体系；构建符合中医药特点的科技创新体系；形成国际科技合作网络体系。

——完善中医疾病防治、养生保健和诊疗技术体系。中医药预防、治疗、康复和养生保健的作用得到充分发挥；具有中医特色的诊疗技术与设备的水平与规范化程度明显提高；重大疾病防治、突发公共卫生事件应对能力和技术水平显著提高，农村和社区医疗服务水平及普及程度进一步提高，中医医疗服务对国家医疗服务体系的贡献率进一步加大。

——健全中药现代产业技术体系。发展中药农业，提升中药工业，改造中药商业，培育中药知识产业，促进中药产业链的形成与健康发展；保障中药资源可持续发展，强化合理开发和综合利用；研制一批能够进入国际医药保健主流市场的中医药新产品；形成一批拥有自主知识产权的国际知名品牌和国际竞争力较强的优势企业；发展一批集聚效应突出的中药科技产业基地；中医药产品在国内外医药市场的份额显著提高。

——建立国际认可的中医药标准规范体系。基本完成中医药标准规范体系的构建，制订一批符合中医药特点的中医药基础标准；建立多语种的中医药名词术语译释规范，中医临床诊疗和技术规范，中医药疗效和安全性评价与再评价标准，中药材、中药饮片、提取物及制剂的质量标准，中药生产和质量管理规范等主要技术标准；构建符合中医药特点的中医药评价和市场准入标准体系，最终形成国际认可的中医药标准规范体系。

——丰富发展中医药理论体系。加强中医药人才队伍建设，建立高效的中医药学术思想和实践经验的传承方法，初步完成中医药理论和经典文献的系统整理和诠释；开展民族医学及民间医药的系统整理和评价研究；多学科结合，深入认识和挖掘中医药理论的科学内涵，建立中医药知识库；在丰富和完善中医药理论体系的同时，丰富发展医学和生命科学的认识论和方法论，促进东西方医学优势互补、相互融合。

——构建符合中医药特点的科技创新体系。在集成多学科理论与技术的基础上进行创新，建立符合中医药特点的方法学体系；建立适应中医药现代化、国际化发展需求的科技创新平台，通过重点研究室（实验室）、临床研究基地、工程中心、科技产业基地等创新能力建设和研究型人才队伍的培养，构建中医药现代化发展的知识与技术创新体系。

——形成国际科技合作网络体系。中医药的国际及区域合作发展取得突破。建立一批有重要国际影响的中医药联合实验室和研究中心；开展内容广泛、形式多样的国际合作研究和学术交流；培育中医药国际化人才队伍；建立国际传统医药科技合作协调机制；包括一批发达国家参加的中医药国际科技合作计划取得显著进展；中医药文化的全球传播体系开始形成。

三、基本任务

中医药创新发展的基本任务是：“继承，创新，现代化，国际化”。

1. 继承

系统继承中医药的宝贵知识和经验是中医药发展创新的源泉和基础。做好中医药继承工作的主要任务是：对中医药理论进行系统整理和现代诠释，研究挖掘中医药科学文献和古典医籍，构建中医药知识库；收集整理名老中医的学术思想、临床经验和用药方法并进行系统研究，建立高效的传承方法和个体化诊疗体系；对传统制药技术和老药工经验进行深入研究，使之成为规范化的工艺技术；对民族、民间医药传统知识和技术逐步开展系统的继承、整理和挖掘研究；努力培养新一代名医。

2. 创新

推动传统医学和现代医学协同发展，促进医学科学体系创新是中医药现代化的长远目标。推进中医药创新的主要任务是：充分运用中国所具有的中医、西医和中西医结合三支力量共同发展的历史积累和独特经验，以及现代系统科学与复杂科学等理论和方法，对中医药学蕴含的生命科学问题开展广泛深入的研究和探索，在丰富和发展中医药理论和方法学体系的同时，争取在与中医药科学内涵相关的若干问题上取得突破；加强中药作用的物质基础和作用机理的研究，运用现代科学方法和技术诠释中医药理论，并指导创新药物的开发；探索建立系统和综合的医学方法学体系，对个体生命的健康、亚健康和疾病发生、发展、演变、转归过程进行认知和干预，促进中西医药学的优势互补及相互融合，为创建具有中国特色的新医药学奠定基础。

3. 现代化

提高中医药医疗服务能力和产业技术水平是中医药自身发展的需求。推进中医药现代化发展的主要任务是：建设现代中医诊疗体系，开展中医药防治重大、疑难疾病以及预防、保健、康复作用的研究；建立中医药疗效、安全性评价方法与标准；研发中医诊疗技术与专用仪器设备，提高中医诊疗水平。选择疗效确切的传统中药进行深入细致的系统研究和开发（“二次开发”）；开展以中药为基源的药品、食品、保健品、化妆品和农用、兽用等高附加值的新产品研发；提高中药产品的质量标准和技术水平。发展绿色中药材种植（养殖）业，促进中药材规范化生产，确保中药产业可持续发展；研制适用于中药生产的工程技术及其装备，提高中药制造业水平；加强对中药商业及其流通方式的现代化研究。

4. 国际化

加强国际交流与合作，加快中医药国际化进程。中医药国际化的目标是要使中医药理论和实践得到国际社会的公认，使中医药服务和产品逐步进入国际医药和保健主流市场，中医独特的医疗保健康复模式及其价值逐渐被国际社会所理解和接受。中医药国际化发展的主要任务是：建立符合中医药特点的标准规范并争取成为传统医药的国际标准；加强符合国际市场需求的医疗、保健产品研究开发；争取中医药的合法地位，使中医药能够进入西方国家医院、药房和医疗保险系统；建立国际化的中医药研究与技术平台、信息平台和人才队伍；积极推进中医药医疗、教学、科研、生产合作与学术、技术交流；通过联合办医、办学、合办研究机构等，使中医药知识与文化得到有效的传播。

四、优先领域

1. 中医临床研究

以提高中医药防病治病能力为目标，既要解决制约中医药在防治重大疾病、常见病、疑难病中特色优势发挥的关键问题，又要加强个体化特色治疗经验的总结。注重发挥中医药在临床治疗、预防保健、养生康复等方面的优势和特点，为拓展服务领域、提升防治能力和学术水平服务。

（1）中医药防治重大疾病研究

开展重大传染性疾病和慢性非传染性疾病的防治研究。以提高具有中医药治疗优势的重大疾病防治方案的实用性为目标，通过规范化的临床方案设计，开展临床验证与评价研究，实现防治方案的优化和推广应用，同时为应对突发公共卫生事件做好技术储备。

（2）中医药优势病种疗效评价与推广研究

以中医药临床治疗具有疗效优势的常见病和疑难病为对象，在开展疗效评价的基础上，进行病证结合诊断标准、辨证规范、临床实用技术操作规范、中医药诊疗手段和方法等研究并加以推广，以提高农村、社区基层医疗服务水平。

（3）中医药传承研究

运用信息技术和数据挖掘技术，开展名老中医学术思想、临床经验和辨证论治方法的总结研究；

古籍和文献的整理、挖掘研究；民族医药、民间疗法的系统整理和评价研究。探讨经验传承的有效方法和符合中医药临床需求的现代中医辨证治疗方法。

（4）中医诊疗技术研究

开展中医诊疗技术研究；研制具有中医特点的诊疗仪器设备；探索中医四诊客观化、规范化方法。重点研究人体功能与自觉症状评价客观化方法及其指标体系的建立；个体化诊疗方案及其评价方法。

2. 中药产业发展

以建立现代中药产业链、保障中医药疗效为目标，不断提高中药产业和产品创新能力，为市场提供疗效确切、品质优良、安全方便、质量可控的中药产品，为培育健康产业服务。

（1）加快构建中药农业技术体系

开展中药材规范化生产技术、绿色无公害技术、中药材质量系统评价、珍稀濒危品种保护、繁育和替代品等研究。在进行中药资源调查的基础上建立中药材种质库、基因库、化学样品库等。按照中药材生产的特点，借鉴现代农业和生物技术，完善中药材资源保护与可持续利用的关键技术，使中药农业向现代化、专业化、规模化发展。

（2）加强中药工业关键技术的创新研究

开展中药饮片传统炮制经验继承及炮制工艺与设备现代化研究；中药提取、分离、浓缩、干燥、制剂、辅料生产技术集成创新的研究；借鉴现代制造技术、信息技术和质量控制技术，加强符合中成药生产特点的新工艺、新技术、新装备的研究开发，提高中药制造业的现代化水平。

（3）开展以中药为基础的相关产品的研发

重点开展疗效确切的传统中药的“二次开发”和物质基础与作用机理相对明确的现代中药研发，包括用于生育调节和生殖保健产品的开发研究；以中药为基础的保健品、日用品、化妆品、食品添加剂和以中医诊疗技术为基础的医疗保健器械，以及中药农药、兽药、饲料添加剂等绿色产品的开发研究。

（4）构建体现中药特点的研发技术平台

建立中药基础研究、复方药物作用机理、疗效及安全性评价、药理及代谢、药物相互作用、临床研究、制剂与质量控制、工艺、生产装备研制等专业技术平台，提高中药创新能力和研究水平。

3. 基础理论研究

以证实和阐明中医药的科学内涵为目的，充分运用中医药学的历史积累、实践经验和现代系统科学、复杂科学的思想方法与技术手段开展多学科交叉研究，为建立具有中国特色的新医药学打下基础。

（1）中医药理论体系研究

以中医药理论的系统研究为出发点，在整理分析以往研究成果的基础上，充分应用现代科学成果和多学科方法，深入阐明其独特有效的系统思维模式及其知识体系，阐明其基本理论的概念内涵、生理观、病理观和治疗观的现代生物学基础及其逻辑关系，人与自然和谐的医疗养生保健理论等，揭示中医药学认识自然、人体、生命、疾病现象及其相互关系的规律。

（2）临床基础理论研究

以满足临床辨证论治需求为出发点，系统分析以往临床研究成果，重点开展病因病机与治法理论、脏腑经络理论、证候与辨证论治、中医药防治重大疾病和疑难疾病的研究以及相关临床疗效评价的基础研究，经穴特异性及针灸治疗机理、养生保健与疾病预防方法等研究；并针对目前死亡率较高的重大疾病和难以解决的慢性复杂性疾病的基础理论问题开展示范研究。

（3）中药基础理论研究

重点开展中药药性理论、四气五味、归经理论、方剂配伍理论、中药复方药效物质基础和作用机理等研究，对中药道地药材、中药药性理论和方剂配伍理论进行科学表征，探索方剂多组分的药物代谢与相互作用关系，研究中药复方组成成分的量效、时效、谱效和毒效关系等。

（4）医学发展模式研究

在整合中医药学和现代医学优势及各自成功经验的基础上，按照医学的自然科学和人文科学的双重属性，根据未来医学发展模式，探索建立以系统—动态的观点和分析—综合的方法，对个体生命的健康、亚健康和疾病发生、发展、演变、转归过程进行认知和干预，并形成统一的理论体系和标准规范指导临床实践，以维护人类健康、提高生命质量的医学科学，为创建具有中国特色的新医药学打下基础。

4. 标准规范研究

以构建符合自身特点的中医药标准规范体系、提高中医药标准水平为目标，在借鉴现代医药和其他国家传统医药经验的基础上，争取使中医药标准规范成为国际传统医药标准规范。

（1）中医药标准体系的构架

建立国际社会能够认可的医疗、教学、科研、产业、市场准入等中医药标准体系框架，重点开展建立中医药基础标准与技术标准的内容、方法、要求和规范研究，中医药名词术语及译释规范化、中医药计量（化）等研究，制定中医药信息分类与代码标准等。

（2）中医技术标准研究

以突出辨证论治特色的中医药临床诊疗技术标准规范研究为重点，研究建立中医疾病和证候分类标准、临床诊断和疗效评价标准、中医诊疗技术操作标准、诊疗仪器研制标准等。

（3）中药技术标准研究

以提高中药产品和产业技术水平为目标，按照中药多组分、非线性、多元化、多环节发挥效应的特点，研究建立中药材种质、品种、质量、种植、采集、加工、饮片炮制、提取等技术标准与技术规范，中药疗效与安全性评价标准、中成药生产工艺与装备标准、质量控制标准、中药标准品（对照品）库等。

5. 创新体系建设

以构建服务于中医药现代化和国际化发展的知识与技术创新体系为目的，加强符合中医药自身特点的方法学研究和平台建设以及人才培养，提高自主创新能力。

（1）建立符合中医药特点的方法学

根据中医药的整体观念、辨证论治、因人而异、复方用药等认识论和方法论特色，集成生物医学、信息科学、系统科学、复杂科学等研究方法，建立面向未来医学、与中医药理论和临床诊疗特色相适应的方法学体系，丰富和发展生命科学的认识论和方法论。重点开展辨证论治个体化干预过程的临床信息采集与复杂数据分析方法、中医药个体化疗效评价方法、中药复杂成分及与人体的相互作用、中医药继承与技术创新等现代方法学研究。

（2）建立中医药创新发展平台

根据认识中医药科学内涵以及探索未来医学发展模式的需要，针对人体具有整体、动态、开放和非线性等复杂系统的特点，整合资源，结合国家科技基础条件平台建设，研究建立中医药科技创新平台及其运行机制，通过重点研究室（实验室）、临床研究中心和产业化基地建设，以及中医药基础数据库和国际化信息库的建设，促进适应中医药现代化和国际化发展需求的创新体系的建立，提高科技支撑能力。

（3）培育创新型人才队伍

加强中医药学科建设和人才成才规律的研究，培养传承型和创新型人才；加速具有新型知识结构的研究型人才的培养，造就有深厚中医药理论基础和实践经验、把握中医药发展规律、掌握现代科学技术方法、具有战略思维和组织才干的学科带头人；加强中医药研究和科技成果转化所急需的复合型管理人才和国际化人才的培养；积极扶持多学科结合的创新团队。

6. 国际科技合作

以应用全球科技资源推动中医药进入国际主流市场为目标，以我为主开展国际传统医药科技合作和交流，促进国际社会对中医药的理解和以中医药为代表的传统医药的推广应用。

（1）促进中医药进入国际主流市场

重点开展中医药防治重大疑难疾病的国际联合临床研究，中医药（含针灸）疗效与安全性评价、中药质量控制技术及标准、复方药物的药效物质基础及其药代动力学特征、中医药名词术语译释规范研究，国际传统医药政策的合作研究等，促进国际社会对中医药的理解，争取在中医药进入国际主流市场方面取得突破。

（2）建立中医药国际科技合作网络

建立中医药国际科技合作平台和合作网络，加强与世界不同传统医药和现代医药间的交流与合作。利用全球科技资源，通过中医药合作项目的示范研究，加速中医药学术、临床和产业国际化发展关键问题的解决，促进中医药医疗保健康复模式的国际传播和应用。

（3）制定传统医药国际科学研究计划

以国际科学共识为基础制定传统医药国际科学研究计划，针对传统医药应用和发展的关键问题开展广泛的合作研究，深化对传统医药科学内涵的认识和理解，促进传统医药与现代医药的相互融合及共同发展；逐步建立传统医药的国际标准，提高传统医药产品的研发效率和生产、应用及管理水平；

建立推动传统医药发展的国际协调机制，在政府间框架协议指导和国际组织支持下，形成若干个具有权威性的国际传统医药科学研究中心和信息中心，促进信息交流和资源共享。

五、政策措施

1. 加大投入

集成国家相关计划支持中医药创新发展，形成项目联动机制。国家和地方加大中医药科技经费投入，协调用好农业、林业、生态、扶贫、外贸、产业发展等有关项目资金，同时引导企业增加研究开发的投入，积极吸引社会投资和国际合作资金，形成支持中医药创新发展的多元化、多渠道的投入体系。

2. 政策扶持

制定若干鼓励中医药发展的政策法规，推动适合中医药特点的标准规范的建立与完善，加强中医药知识产权和资源的保护与利用；建立成果、信息管理和推广、共享机制；制定积极的人才政策，营造良好的创新环境，吸引跨学科人才和海内外人才，建设一支多学科、跨领域、产学研、海内外结合的人才队伍。

3. 组织协调

加强中医药发展战略和机制研究，协调相关部门和各级政府推动本规划纲要的实施，充分发挥区域资源特色和优势条件，积极支持组建以中医药现代化为目标的区域科技协作共同体，引导企业和社会参与，促进本规划纲要目标的实现。拓展国际合作方式与渠道，通过政府、国际组织、学术团体、行业协会等推进中医药国际化进程。

科技兴县（市）专项工作“十一五”规划

县（市）是我国功能相对完备的国民经济基本单元，对统筹城乡区域发展有极为重要的作用，县域经济在国民经济总量中占有举足轻重的位置。为贯彻落实全国科技大会精神和国务院办公厅转发科技部、中央编办、财政部、人事部《关于推进县（市）科技进步的意见》，实施科教兴国、人才强国和可持续发展战略，进一步推进科技兴县（市）和县（市）科技进步，提高区域创新能力，发挥科技在县（市）经济社会发展中的引领作用，促进社会主义新农村建设和构建社会主义和谐社会，根据《科技进步法》，按照《国家中长期科学和技术发展规划纲要（2006—2020 年）》和《国家“十一五”科学技术发展规划》的要求，特制定本规划。

一、加强科技兴县（市）工作意义重大

1. 科技兴县（市）工作成效显著

自 1992 年以来，科技兴县（市）工作作为我国科技工作的重要组成部分，围绕全国“市、县、区科技进步考核”和“科技进步示范市（县、区）建设”两项核心工作，形成了一套从工作环境建设到管理系统建设等方面较为完整的工作体系。经过多年探索和实践，这一套工作体系已经成为把科教兴国、人才强国和可持续发展战略落实到基层的有效载体，成为加强国家科技创新体系建设的重要基础。

科技兴县（市）工作取得了显著的成效，有力地发挥了科技的支撑和引领作用，加快了县（市）产业优化升级和经济增长方式的转变，促进了县（市）经济社会的全面协调可持续发展；营造了良好的县（市）科技工作氛围，各级党委政府依靠科技进步，推动县（市）经济社会发展的意识普遍增强，“县（市）一把手”抓“第一生产力”的积极性得到了明显提高。以“十五”末期为例，县（市）科技投入增长了 27.35%。科技产出也有很大的增长，科技活动明显增加；提升了县（市）科技能力，

科技部，国科发农字〔2007〕73 号，2007 年 2 月 14 日。

县（市）科技行政管理机构不断健全，2004年全国共有1879个县（市）设立了独立科技管理部门，管理和服务能力不断增强，科技工作机制不断完善；调动了广大科技人员的积极性，各类科技人才资源得到有效利用，人才队伍建设得到加强，形成了学科技、用科技、尊重知识、尊重人才的良好氛围。

多年的实践表明，“全国市、县、区科技进步考核”是全面推进科技兴县（市）工作的有效“抓手”，是加强基层科技工作的有力保证，建立完善的考核指标体系，采取省内初审，国家复核的工作方式，确保了考核工作的科学性；“科技进步示范市（县、区）建设”是引导全国各种类型市（县、区）科技进步的重要途径，通过地方立法程序，制定科技进步示范市（县、区）建设与发展规划，保证了示范市（县、区）建设的制度化，规范化；实行中央与地方上下联动，是推进科技兴县（市）工作的重要方式，各级科技行政管理部门职责明确，任务到位，积极配合，形成了高效的工作机制；将一般要求与分类指导相结合，是推进科技兴县（市）工作的有效方法，工作推动中，兼顾不同地区的差异，采用了不同的考核和管理办法，调动了广大县（市）参与的积极性。

2.科技兴县（市）工作面临新的形势

“十一五”时期是全面建设小康社会、构建社会主义和谐社会的关键时期，也是建设创新型国家、建设社会主义新农村的开局阶段。县（市）经济的发展是我国经济社会发展的基础，发展壮大县域经济，是党的十六大提出的一项重大战略任务。县市科技是国家创新体系的重要基础，县市科技创新能力建设是建设创新型国家的难点，同时县市科技进步是国家科技进步的薄弱环节。因此推进科技进步，县市是关键。“十一五”期间科技兴县（市）工作必须全面落实科学发展观，根据党中央建设和谐社会和社会主义新农村、建设创新型国家的总体部署，以推进县市经济和社会协调发展和“五个统筹”为目标，实现县市科技工作的新跃升。

二、指导思想和基本原则

（一）指导思想

全面贯彻落实科学发展观，围绕全面建设小康社会、构建社会主义和谐社会的总体目标，按照建设创新型国家和建设社会主义新农村的战略要求，以建设创新型县（市）为目标，以实施地方党政主要领导科技进步目标责任制为抓手，以全国科技进步示范市（县、区）建设为重点，提升县（市）的科技进步水平和科技支撑能力，强化科技进步对县（市）经济社会发展的引领支撑作用，促进县（市）经济和社会的全面、协调、可持续发展。

（二）基本原则

1.统筹规划，分级管理

根据国家统一部署，各级科技行政主管部门要分级管理，省级科技行政管理部门作为管理主体，要制定工作计划，统筹安排，协调配合，使科技兴县（市）工作纳入规范化、制度化、法制化、科学化的轨道。

2. 质量优先，动态管理

在科技兴县（市）的各项工作中，按照贯彻落实科学发展观的要求，完善各类考核评价指标，保证考核评价过程的公开、公平、公正，严格把关，动态调整，确保质量。

3. 因地制宜，分类指导

鼓励各县（市）立足比较优势，积极探索和形成不同类型、不同地区各具特色的科技兴县（市）工作典型、思路和模式。国家和省级层面的科技兴县（市）工作，要在统一规划、做好宏观设计的基础上实行分类指导。

4. 政府主导，社会参与

县（市）政府是科技兴县（市）的工作主体，要从立法、行政、组织等工作角度为科技兴县（市）工作创造良好环境，科技行政管理部门要注重加强与各部门的联合，调动社会各方面力量，不断加强科技兴县（市）工作。

三、发展目标与重点任务

（一）发展目标

“十一五”期间，按照《国家“十一五”科学技术发展规划》要求，通过推进全国科技兴县（市）工作，使县（市）科技环境有明显改善，县（市）科技管理能力有显著提高，县（市）科技投入明显增加，县（市）科技服务体系和科技平台建设有重要进展，县（市）科技进步的水平和科技创新的能力有大幅提升，县（市）科技工作在县（市）经济社会发展和国家科技工作中的显示度不断加强，科技进步对县（市）经济社会发展的引领支撑作用稳步提升；示范市（县、区）的特色日趋鲜明，整体素质和示范带动作用明显提高；培养一批党政和科技管理人才队伍，为推进科技兴县（市）工作和县（市）科技进步奠定坚实的基础。

通过五年的努力，通过全国科技进步考核的市、县、区比例明显提高。按照国家东、中、西部发展的实际要求，“十一五”末，东部地区在现有的基础上，通过全国科技进步考核的市、县、区比例要增加 20% 以上，中、西部地区要增加 15% 和 10% 以上；通过动态管理，“十一五”末，全国科技进步示范县（市）数量达到 200 个左右；全国县（市）本级财政科技投入占本级财政支出的比例要提高 0.2 ~ 0.5 个百分点；全国 85% 以上的县（市）科技管理机构健全并正常运行，98% 以上的全国科技进步示范市（县、区）能够发挥示范和引领作用，并辐射和带动其他县（市）。

（二）重点任务

1. 以提高科技支撑和引领作用为目标，推动县（市）经济社会协调发展

切实加强县（市）科技能力建设，充分发挥科技的支撑引领作用，使县（市）经济社会发展真正

转移到依靠科技进步和提高劳动者素质的轨道上来。以提高科技进步对工业、农业的贡献率为核心，重点抓好高新技术产业化和传统产业高新技术化及实用技术推广应用，加快科技成果向现实生产力转化，促进科技与经济的结合，利用科技实现富民强县（市）。充分发挥科技进步的整体效益，增强科技在公共安全、生活、改善生态和人居环境、提高人口健康和生活质量等社会事业方面的作用，推进县（市）经济社会协调、健康、和谐发展。

2. 以强化县（市）党政领导的科技意识为目标，营造良好的科技工作环境

以落实县（市）党政主要领导科技进步责任制目标为核心，重点强化党政主要领导科技意识，使“一把手”抓“第一生产力”工作切实落到实处。建立健全科技兴县（市）工作的管理制度和政策体系，强化党政相关部门联合推动的工作机制，形成党委政府抓科技工作齐抓共管的良好环境。发挥县（市）级人大、政协对科技工作的监督和检查作用，保障县（市）科技进步各项工作扎实有效。

3. 以增强县（市）科技自身工作能力为目标，构建科技服务体系和科技平台

以科技服务体系建设为核心，重点抓好县（市）主导产业、支柱产业共性技术和关键技术研发平台的建设，加大生产力促进中心、高新技术创业服务中心、科技成果转化中心等科技服务体系建设，建立适合区域发展的高新技术人才、项目数据库，组建由产学研相结合的专家信息数据库，完善县（市）科技信息网络，科技特派员、专家大院等农业经济合作组织等各类新型科技服务模式。

4. 以提高全社会科学文化素质为目标，大力开展科普和多层次培训工作

以提高县（市）党政领导科技文化素质为核心，重点抓好县（市）党政领导现代科技知识和科技意识培训工作。科技部不定期举办面对全国科技进步示范市（县、区）、先进县（市）领导干部的研讨与培训班，各省、市、自治区科技主管部门负责组织对本地区县（市）党政领导和科技部门领导的培训，培训每年不少于一次。大力开展科技工作，加大对创新型人才、管理人才、工人技能和农民实用技术等培训力度，深入组织开展专家企业行（农村行）活动，推广科技成果和技术，开展多种形式的科技下乡、科技扶贫等活动，提高广大群众的科技素质和劳动技能。

5. 以建设创新型县（市）为目标，促进县（市）自主创新能力建设

完善区域创新体系，强化技术集成创新和技术推广，加强新型县域科技服务体系建设。积极推进企业技术创新，大力扶持企业研发机构，如企业工程技术研究中心、企业研究院所等建设。营造宽松的创新环境，制定鼓励创新的税收、财政政策，促进企业不断开发具有自主知识产权的产品和项目。县（市）科技主要部门要加强县（市）经济社会发展等重大问题的前瞻性研究，为政府决策提供科技支撑，推动县（市）机制创新，管理创新。要结合当地实际，创造性地开展工作，主动为企业牵线搭桥，大力推进产学研结合，把科研院所、大专院校的科研成果与企业嫁接，使科技成果向现实生产力转化。

四、保障措施

1. 加强领导，健全机构

各级党委政府要切实加强对科技兴县（市）工作的领导。各省级科技主管部门要有专门机构和人

员负责此项工作，做到组织健全，人员落实，资金到位。各县（市）要建立科技兴县（市）领导小组，主要领导担任组长，各有关局领导作为小组成员，领导小组定期召开会议，研究部署科技兴县（市）工作，推进本县（市）科技进步。

2. 强化考核，示范带动

不断完善和规范考核指标体系，完善统计评价数据检测体系，使之更加科学和规范，成为指导和衡量全国市、县、区科技进步的权威标准。科技部将继续开展两年一度的全国市、县、区科技进步考核工作，并继续开展全国科技进步示范市（县、区）的遴选和建设工作。国家将根据不同类型示范市（县、区）特点，加强分类指导，通过建设和完善，示范市（县、区）要为同类地区提供经验和模式。及时总结、研究提炼、推广示范市（县、区）建设的工作经验，开展不同类型示范市（县、区）建设与发展中的共性和深层次问题研讨活动，开展县（市）间科技进步的互动共进行动，增强示范市（县、区）对全国县（市）科技工作的示范和带动作用。

3. 整合资源，增加投入

要进一步整合资源，加大对科技兴县（市）工作的支持力度。继续推进国家科技计划和科技资源向县（市）延伸。支撑、863、火炬、星火等计划，农业科技成果转化资金、中小企业创新基金等资金，可持续发展实验区、农业科技园区、星火技术密集区及各类科技产业基地等创建项目，优先支持通过科技进步考核的市、县、区。凡申报科技富民强县专项行动试点县的，必须通过全国市、县、区科技进步考核，对进入全国科技进步先进市、县、区的给予倾斜支持。各级科技行政管理部门也要集成各类科技计划和资源，充分发挥面向地方的各类科技计划和科技资源的作用，合力推进地方科技进步和科技兴县（市）。

各级科技主管部门要设立专项工作经费，支持科技兴县（市）工作。县（市）要认真研究促进财政科技投入稳定增长的机制，完善财政科技投入的分配使用和监管制度，积极探索增强财政科技投入引导功能的有效方式。鼓励县（市）积极探索多元化的科技投入机制。

4. 完善政策，营造环境

要把科技工作纳入法制与政策轨道，主动接受人大、政协对科技工作的监督，重大科技工作应列为政务检查的范围；科技管理部门要注重监督、检查科技政策法规的贯彻落实和科技进步状况，并会同人大、政协，通过人大执法检查和政协调查研究等方式，推动科技兴县（市）工作中各项目标、任务的完成。

要积极从法律和政策层面推动科技进步考核等工作的开展，继续推进“第一把手抓第一生产力”的计划，进一步拓展县（市）党政领导科技进步目标责任制考核等政策的实施。科技兴县（市）工作要与星火计划、科技富民强县专项行动计划等有机结合，加大对科技进步示范市（县、区）工作的推动力度。大力加强和推动科技进步示范市（县、区）建设，制定对科技进步示范市（县、区）建设的优惠政策。“十一五”期间，要扩大对县域科技进步工作的宣传，特别是对科技进步示范市（县、区）及全国市、县、区科技进步考核的宣传。

5. 创新机制，加强管理

各地区要把科技兴县(市)工作作为科技工作的重要内容，实行中央与地方的上下联动，地方党委、政府部门要相互联合，形成齐抓共管，联合推动的局面，创新工作机制，积极探索适合本地区科技兴县（市）的工作方法和途径。“十一五”期间，科技部将继续设立科技兴县（市）工作管理奖，对科技兴县（市）工作较为优秀的省级科技行政管理部门进行表彰，并将结合科技兴县（市）工作实际，加强重点课题研究，特别是县（市）科技进步态势分析与政策研究，整体提升科技进步的理论水平和实践能力。

“十一五”国家农业科技园区发展纲要

国家农业科技园区工作是党中央、国务院提出的一项重要任务，是新时期我国解决“三农”问题、实现农村小康的战略举措，是推动农业结构调整、增加农民收入的重要途径，是建设现代农业的必然选择，是适应农业科技快速发展的迫切需要，也是增强农业国际竞争力的客观要求。为更快更好地发挥国家农业科技园区在现代农业发展，社会主义新农村建设中的科技引领支撑作用，明确“十一五”时期园区发展的指导思想和基本原则，确定园区工作的总体目标和重点任务，落实《国家中长期科学和技术发展规划纲要（2006—2020年）》提出的各项工作要求，特制订本《纲要》。

一、发展现状与面临的形势

（一）发展现状与成效

按照国务院要求，自2001年启动试点建设以来，全国已有22个省、5个自治区、4个直辖市、4个计划单列市及新疆生产建设兵团共建立了36个国家农业科技园区（试点）。在国家有关部门和地方政府的组织指导、着力支持下，园区试点建设工作取得了显著成效，初步发展成为：

农业科技集成示范平台。“十五”期间，国家农业科技园区自主开发项目1278项，从其他地区引进项目1748项、技术2193项、品种9544个、设施5277套。推广技术2832项、品种3825个。园区通过高新技术和先进适用技术的引进、组装和成果展示推广，显著加强了适应当地农业急需的技术开发应用能力。

农业科技企业孵化基地。在引进、集成高新技术的同时，一批现代农业科技企业被有效吸引、孵化培育出来，带动了园区及周边地区优势产业的迅速发展，创造了显著的经济、社会效益。5年来入园企业总数已达2707家，累计实现总产值达965.88亿元、销售收入676亿元，创造社会效益5000亿元以上。有力促进了农业产业化，有效带动了农民增收。

农业技术培训推广平台。园区通过多种有效方式开展农民培训工作，培育新型农民。5年来已累

科技部、农业部、水利部、国家林业局、中国科学院、中国农业银行，国科发农字〔2007〕284号，2007年5月25日。

计组织科普讲座 9600 次，开展各类技术培训 15789 次，参加人员超过 272 万人次，有效提高了当地农民科技素质和经营能力，使大量农民从种养业转移到营销服务等环节上，仅园区企业直接吸纳就业累计超过 139 万人，有效拓展了农民增收致富的空间。

现代农业要素集成载体。园区通过基础设施建设和服务水平的提升，增强了科技硬软实力，加快了区域各种要素的流动组合，使园区积聚现代科技、资金、信息和人才的能力显著增强，已成为依托科技创新推动现代农业建设的新模式，成为区域农业科技与生产、市场连接的纽带，成为不同类型农业科技创新发展的辐射源。

国家农业科技园区的社会影响正在不断扩大。经过 5 年来的建设，涌现出许昌、寿光、孙桥等一批在全国有影响的国家农业科技园区。中央领导同志多次视察国家农业科技园区试点建设情况，对园区工作予以肯定、赞扬。地方政府在政策、资金、管理等多方面对园区试点建设给予了有力支持。

园区试点建设创造了许多卓有成效的经验做法。针对农业发展的地域差异性，按照面向市场、发挥优势、因地制宜、突出特色的要求，一些地方的园区通过种、养、加及农、工、贸综合发展，形成综合型园区；一些地方的园区以蔬菜、花卉苗木和农产品加工等产业为主体，向“做大、做强、做优”方向发展，形成专业型园区。在园区的格局配置上，既有核心区又有示范辐射区，既有“一园多区”又有“一区多园”，多种多样，其目的在于提升园区总体功能，节约土地资源，形成园区循环经济发展新模式。

实践证明，党中央、国务院关于建设国家农业科技园区的决策是正确的、及时的。以市场为导向、以科技为支撑、产学研有机结合的国家农业科技园区，在区域主导产业和新兴产业发展中有效促进了农业科技成果的转化与应用，提高了农业科技整体水平；促进了农业结构调整和优质高效农产品的标准化生产，加快了农业现代化进程；促进了农业科技企业的发展，拓展了农民收入渠道，加大了科技对延伸农业产业链的支撑作用；促进了农业资源的高效利用和生态环境改善，转变了农业经济增长方式，为“十一五”时期国家农业科技园区的健康发展奠定了良好基础。

（二）存在的问题与面临的形势

总的看，国家农业科技园区尚处于建设初期，发展中还存在着一些问题。主要表现在：园区覆盖面不足，科技集成转化能力较弱，科技产业规模较小，园区内产业关联度不高，尚未形成产业集群，吸引企业和农民创新创业的能力有限，推动区域现代农业产业发展能力不强；由于地理区位和政策措施差异，东中西部园区建设与发展能力也有较大差距。产生这些问题的主要原因在于：缺乏配套的土地、财税、金融信贷支持政策，使地处不同省市的园区基础设施水平、招商引资条件悬殊较大，一些发展相对迟缓的园区难以有效积聚农业科技资源、科技企业、大专院校和科研院所，很难吸引高层次管理、技术人才来园区创业，一方面科技成果供应不足，另一方面本土研发或中介服务机构或产业孵化短缺，园区创新创业能力不强。随着园区进一步发展，需要不断加大科技集成、转化和示范力度，对资金的需求也进一步加大，简单的招商引资已远远不能解决问题。与国家高新区相比，农业科技园区资金筹集渠道不畅，政府财政投入不多，项目经费和扶持资金不足，农村中小企业创业艰难，大多数农民收入低，需要通过科技引领致富，因而大多数园区都存在资金短缺或经费投入不足问题，制约着国家农业科技园区的可持续发展。

当前，我国正处在工业化发展的中期阶段，人口增加，工业化、城镇化发展加快，必然导致土地、水资源更加紧缺，需要不断提高农业科技自主创新能力，通过良种良法提高土地产出率，发展工厂化农业提高劳动生产率，确保粮食安全和食物安全；必须综合利用农村各类资源，应用循环经济模式，寻找新的替代方式以节水节地节能，开辟生物能源以弥补不可再生能源的不足，实行新农村建设中农业生产、农民生活和人居环境良性发展；通过推行农产品精深加工与现代储运，大力发展农村二三产业，加快农村劳动力的就业转移，开辟农民增收新途径。所有这些，都对新时期国家农业科技园区发展提出了新的更高要求。

“十一五”期间，国家农业科技园区建设和发展将面临新的机遇和挑战。发展现代农业，加快常规农业技术升级换代，带动农业产业化水平和农业综合效益持续提高，要求园区扩大覆盖支撑能力；加快发展农业高新技术产业，加速用高新技术改造传统农业，确保新阶段农业持续发展，势必形成对园区先进科技的大量需求；开发地方特色资源、改善村容村貌，促进社会主义新农村建设，要求园区建立完善的科技服务机制，吸引更多的企业、人才和广大农民参与新农村建设；提升农业竞争力，需要园区加速引进技术的消化、吸收与再创新。加入 WTO 以后，国际优质农业科技资源供给和全球性经济结构调整和产业转移，将为园区实施“引进来”“走出去”双向战略，实现跨越式发展创造更好条件。

因此，要从农业科技产业化发展的规律和农业科技园区特点出发，寻求与之相适应的建设发展模式、市场竞争策略，按照建设创新型国家的要求，大力实施“科教兴国”和“可持续发展”战略，紧密围绕现代化建设第三步战略部署和社会主义市场经济发展的要求，把以科技创新为先导促进农业生产力发展的质的飞跃，摆在农业农村经济建设的首要地位，把以国家农业科技园区为依托推动区域农业经济结构调整，作为建设社会主义新农村的重要举措。

二、指导思想、发展思路和基本原则

（一）指导思想

围绕国家中长期科技发展目标和社会主义新农村建设目标，以邓小平理论、“三个代表”重要思想为指导，全面贯彻落实科学发展观，以改革、创新为动力，以科技资源高效利用为中心，优化布局，开源扩流，转变机制，营造竞争、有序的发展环境，开发国际国内两种科技资源、两个科技市场，利用园区服务众多企业、集聚关联产业两种发展方式，进一步发挥园区的科技积聚作用、服务引领作用、集成带动作用和扩散支撑作用，不断加快科技富民兴村的步伐。

（二）发展思路

1. 提高园区的科技资源积聚能力和自主创新能力，同时，利用多种方式，实现园区与其相关专业领域的国内外科研院所、高校、大学园区的有效联结和互利合作，把先进适用的科技资源不断地引进来，经集成熟化后使之扩散出去。

2. 增强园区的科技服务引领能力，使更多的企业、种养大户、致富能手通过园区方便快捷地获得各类科技产品服务，使园区在现代农业发展、新农村建设的各个方面发挥引领作用。

3. 提升园区的科技集成带动能力，突破当地急需的现代种植业、养殖业和加工业及绿色供应链等产业化关键技术，培育壮大科技型龙头企业，引导相关企业和要素向园区积聚，着力培育区域支柱产业和经济增长点。

4. 加大园区的科技创新服务能力，把新型农民的培训者、农村基层管理及技术人员、中小企业主等作为主要培训对象，促使他们向广大农民传播现代科学技术，为现代农业发展，社会主义新农村建设提供坚实的人力支撑。

（三）基本原则

根据国家农业科技园区建设的指导思想，“十一五”期间农业科技园区发展的基本原则是：

1. 优化布局，突出特色

有效配置农业产业要素和科技要素，形成合理的区域布局和专业分工，通过国家相关计划、项目支持引导，促使园区科技向区域优势产业、特色农产品生产和加工领域高效积聚、创新利用；并作为工业反哺农业、城市带动乡村的科技产业化平台，来促进区域主导产业、新兴产业的发展。

2. 整合资源，提升能力

通过有关部门组织协调，促进园区与国内外科研院所、高校建立科技合作、成果转让、信息共享机制。鼓励科研单位、大专院校利用园区建立的科技平台开展合作研发，设立技术开发中心、实验室、博士后流动站等，集成各方资源，促进园区科技发展。

3. 以人为本，转变增长方式

把提高农民生活水平作为园区发展的根本出发点和落脚点，使其发展向更加注重促进村镇居民的全面发展和农村经济社会的协调发展转变。立足节约资源、保护生态、推动发展。把促进农业增长方式根本转变作为着力点，促使农业农村经济增长向主要依靠科技进步、提高资源利用效率转变，实行节约发展、清洁发展、安全发展。

4. 坚持引进来、走出去

依托园区合作共享共赢的机制创新，一方面加大国内外先进适用技术成果、特别是高新技术成果的引进力度，进行集成创新利用，另一方面在我国有相对优势的农业科技领域，要积极实施“走出去”战略，鼓励科技型农业企业开发国际资源，开拓国际市场。

5. 遵循政策法规，严格土地和水资源管理

国家农业科技园区要严格遵守国家土地政策法规，在地方各级政府的领导下，严格土地和水资源管理，坚决避免盲目征用农田耕地，改变农田土地性质，注意节约和保护好水资源。

6. 实行动态管理，推进健康发展

为树立良好的国家农业科技园区品牌，引导地方各级各类农业科技园区的发展，通过建立动态考评机制，对已建试点园区实行动态管理、定期绩效考评制度，对合格的试点园区挂牌认定，不合格的限期整改，未达标的坚决取消；同时发布指南，遴选一批建设基础好、特色明显、优势突出的省级园区进入国家园区试点，促进园区的健康发展。

三、总体目标和重点任务

（一）总体目标

在园区发展数量上，根据我国不同地区农业资源环境特点、发展基础和潜力，按照发挥比较优势、加强薄弱环节、突出区域特色、扶优做强产业的要求，坚持优胜劣汰、稳健发展、示范带动的原则，“十一五”期间在全国发展建设80～100个国家农业科技园区试点，认定30～50个区域代表性和引导、示范与带动作用强的国家农业科技园区。基本涵盖全国不同类型区域，并向开发利用海洋国土拓展。

在园区发展质量上，按照政府指导、企业运作、中介参与、农民受益的方针。通过国家引导、市场运作、产业带动、共享共赢的方式，不断强化提升园区的科技积聚能力、服务引领能力、集成带动能力和扩散支撑能力，转变区域农业增长方式、培育和孵化一批具有国际竞争力的科技型农业产业集团，扩充地方经济容量；通过园区基础设施共享服务水平和信息化水平的提高，国际化专门人才的引进和培养，持续增强园区可持续发展能力。

通过“十一五”园区的试点建设和发展，加快形成园区主体功能定位清晰、科技创新和转化应用良性循环、区域农业科技创新发展和新农村建设相互促进的新格局，为到2020年我国东部地区农业率先实现现代化、中西部现代农业跨越发展贡献力量。

（二）重点任务

1. 试点带动，稳步推进

制定实施园区规范管理试行办法，对已建试点园区进行绩效考评和认定。制定颁布“十一五”国家农业科技园区建设指南，分期分批分区、择优择重在全国新建国家农业科技园区试点。针对不同类型区现代农业发展和新农村建设要求，确定各园区农业产业集群、科技积聚、服务引领、集成带动和扩散支撑的工作任务与目标，同时明确其相应的预期性指标和约束性指标要求。

2. 多方联动，高效服务

利用双边、多边合作与交流方式，在国家农业科技园区协调指导小组的指导下，积极与国内外有

关机构开展合作研究开发、技术转让、专利引进等，使国家农业科技园区有效积聚先进科技等要素。利用现代网络技术，实现国家科技园区科技成果、科技信息的互联互通互利，扩大现代农业科学技术的信息流动、更新、集聚和扩散。构建园区农业科技交流与技术交易服务平台，通过采用灵活多样的共享服务模式，形成多元化、社会化的农村专业合作组织、农业技术服务推广组织，使更多的企业、农民获得先进科技，共同促进农村生产力的发展。

3. 创新创业，支撑发展

通过政策扶持，吸引科技企业孵化中心、生产力促进中心、技术转移中心等科技中介服务机构、农业推广机构、科研院所和高校及其专家进驻园区，在开展农业技术开发与服务活动的同时，组装集成适应当地转化应用的农业新技术，解决影响园区所在区域农业发展的重大科技问题，促进现代农业发展。以市场为导向，以企业为主体，依托园区高水平的基础设施和服务水平，吸引科技型中小企业在园区及周边区域转化、示范应用农业科技成果。孵化、壮大一批具有国际竞争力的科技型龙头企业，通过关联企业和要素向园区的积聚，培育区域农村经济增长点。

4. 统筹建设，以园带村

优化园区整体布局，把园区核心区、示范区建设和所在地农村的生产区、生活区和生态区有机地衔接起来，在园区建设的同时通过多种方式开展村庄治理、改善村容村貌。利用园区信息化优势，推进所在地及周边乡村区域的农业信息化建设，向农户提供农业综合信息服务；为农村循环经济发展、可再生能源开发、畜牧清洁生产、农业立体污染治理、农村环境卫生、农户健康生活以及农业农村相关产业链接，提供系列、配套的技术产品和科技服务。

5. 以人为本，全面提升

依托园区高新科技资源密集、人才密集和高效服务机制，大规模开展农村劳动力技能培训和农村中小企业主、农业技术服务推广人员等的培训。通过培训新型农民，农村乡土人才带领农民致富，在实践中造就出一大批有文化、懂技术、会经营的新型农民，为社会主义新农村建设提供越来越多的人力支撑。围绕园区建设和发展要求对农业国际化、产业化、金融化、信息化等各方面的人才需求，应允许园区对技术骨干和管理骨干实施期权等激励政策，探索建立知识、技术、管理等要素参与分配的具体办法，多方式、多渠道培养造就、引进一批中青年高层次专家，全面提升园区可持续发展能力。

四、保障措施

为实现国家农业科技园区健康、有序发展，坚决杜绝“形象工程”“房地产工程”和新的环境污染、生态破坏，需要不断完善制度、强化管理，建立强有力的支持保障体系。

（一）加强宏观指导

围绕“十一五”国家农业科技园区建设的需求，由科技部联合国务院有关部门，共同制定“关于加强国家农业科技园区建设的指导意见”等文件，构建园区全方位发展的体制和通畅的运行机制，探索制定、完善农业科技园区配套的土地、财税、人才等方面政策法规，建立科学合理的园区评价体系，引导农业科技园区规范、健康发展。

（二）强化动态管理

园区试点建设和发展工作涉及农业、林业、水利、国土等多个部门，应继续保持各相关部门的有效联合和沟通，建立行之有效的联合协调机制和重大事项决策机制，加强对农业科技园区建设的宏观引导。继续加强园区服务机构建设，建立高效、灵活的园区管理机构，完善园区管理体制。建立和完善园区的地方监管机制，充分发挥地方政府和科技部门的积极性，逐步形成以地方为主的园区管理模式。建章立制，对园区建设和发展进行动态管理、定期评估，向社会公布，扩大园区的社会影响力。

（三）加大园区投入

根据“十一五”园区建设和发展需求，为进一步加大园区的平台和基地作用，更好地发挥园区在新技术积聚、服务引领、转化应用等方面的推动作用，必须加大对园区的多元化投入，在增加各级政府对国家农业科技园区投入的同时，大力引导社会资金的投入。

（四）制定实施相关政策

为实现园区的持续健康发展，让更多企业、农民参与园区建设，服务于现代农业发展和新农村建设，要积极探索扶持园区发展的配套政策。在土地流转、土地使用政策方面，无论是新建园区还是原有园区，都必须严格遵守国家的土地政策法规。

（五）实行产学研有效结合

支持和鼓励科研院所、大专院校与国家农业科技园区建立利益共享的紧密型合作方式。切实推进园区的建设和发展与国家和地方科技计划的结合、与部门工作的结合。充分开发和利用国际科技资源，积极引进国外人才、科技、资本，加强与国外相关机构、特别是发达国家农林研究机构、大学和跨国企业的交流与合作，逐步构建国际农业科技交流与合作的平台。推进园区高价值农产品生产、高附加值加工以及现代经营管理与国际接轨，带动园区农产品出口创汇的发展，提高园区的国际竞争力。

（六）探索发展新模式

园区要积极探索创业风险投资机制，探索建立农业技术产权交易。搭建多种形式的农业科技金融合作平台，政府引导各类金融机构和民间资金参与园区科技开发、集成、转化。地方政府应鼓励金融机构改善和加强对农业高新技术企业，特别是对科技型农村中小企业的金融服务。有关部门要深入开展国内外园区调研，分析总结园区发展的经验做法与规律性特点，科学指导园区发展。

国家高新技术产业化及其环境建设（火炬）“十一五”发展纲要

为落实建设创新型国家的战略部署和《国家中长期科学和技术发展规划纲要（2006—2020年）》及《国家“十一五”科学技术发展规划》的总体要求，“十一五”期间，火炬工作将进一步促进高新技术产业化发展，加强创新环境建设，以火炬为旗帜，通过实施火炬计划、促进技术市场发展和组织实施科技型中小企业创新基金，并与技术创新引导工程、国家重点新产品计划协同运作，加速高新技术成果的商品化、产业化、国际化。为统筹安排好促进高新技术产业化及其环境建设的工作，特制定本纲要。

一、背景

1. “十五”回顾

“十五”期间，火炬工作坚持以优化创新创业环境为主要任务，为推进技术创新、优化产业结构，促进国民经济健康发展，做出了重要的贡献。火炬已成为我国发展高新技术产业的一面光辉旗帜。

推动了国家高新区等高新技术产业基地快速发展，促进了产业结构调整和升级。“十五”期间，国家高新区主要经济指标年均增长率超过30%；人均营业总收入从2000年的41.1万元上升到2005年的67.5万元。国家高新区、高新技术产业基地（特色产业基地、软件产业基地）开始形成一批快速发展的产业集群，如北京、上海、深圳等地的软件、集成电路、通信设备等产业，已经成为区域产业结构调整的中坚力量，较好地体现出科技创新的引领作用。

推进了创新资源的优化布局和集聚，形成了较好的技术创新环境。“十五”期间，运用高新区、孵化器、创新基金、高新技术产业化基地以及生产力促进中心等政策工具，初步形成了从研发、成果转化，到孵化、产业化的政策环境和运作机制。在53个国家高新区，聚集了近200家高新技术创业服务中心，一大批生产力促进中心，上千家各类创新服务机构，2005年，国家高新区企业投入的

科技部，国科发火字〔2007〕146号，2007年4月4日。

R&D 经费达到 806.2 亿元，占到全国全部研发投入的近 1/3，涌现出一批具有国际前沿水平的自主创新成果。在技术市场工作的推动下，我国的技术市场形成了一整套管理、服务和经营运行体系，已建立国家、省、市（地）、县四级 1500 多个技术市场管理机构和 1200 多个技术合同认定登记机构，形成了较完整的技术市场管理监督体系。

培育了一大批创新能力强、高成长的科技企业。“十五”期间，进一步突出了科技型中小企业技术创新基金、科技企业孵化器的作用，加大了对科技型中小企业，特别是民营科技企业的支持力度。截至 2005 年年末，全国高新技术创业服务中心累计毕业企业 17135 家，创新基金共择优支持了近 5000 家企业的具有较高创新水平的产业化项目。在深圳中小企业板上市公司中承担过创新基金和火炬计划项目的企业超过全部上市公司的 1/2。华为、中兴、海尔等一大批自主创新能力强、拥有核心技术专利的骨干企业已经成长为行业科技进步的“领头雁”。

吸引了一大批人才创新创业，国家高新区已成为众望所归的高新技术产业化人才集聚地。积极鼓励科技人员创新创业，从企业家意识培养到企业管理系统的完善，从提升科技型中小企业创新基金等入手，到推动“孵化器 + 风险投资”这一创新模式，有力地促进了产学研的结合。据不完全统计，到 2005 年国家高新区内集聚了大专以上各类人才 211.7 万人，占全部从业人员的 40.6% 以上，其中留学归国人员 2.1 万人。此外，还培养和锻炼了一批评估高科技企业、高科技项目的专家队伍。

开展了国际化工作，提升了我国高新技术企业参与国际竞争的能力。“十五”期间，积极支持科技型企业“走出去”，培育和提高企业利用国际国内两种资源的能力，推动了高新技术产业国际化的迅速发展。在科技兴贸专项的支持下，已在 53 个国家高新区内建立了 25 家高新技术产品出口基地，2005 年国家高新区出口创汇总额占全国外贸出口总额的 11.6%。以推动软件产业国际化为目的的“中国软件欧美出口工程”在业界和社会上产生了广泛的积极影响。在科技、商务、外交等部委的共同支持下，在美国、英国、俄罗斯、新加坡、奥地利等地建立了海外科技园。联想、海尔、华为、大唐等一批拥有自主知识产权的龙头企业开始参与国际市场竞争。在由发达国家跨国公司长期把持的全球高新技术产业格局中，我国企业正在成为一支不可忽视的新生力量。

实践表明，在我国由计划经济向市场经济的转轨过程中，高举火炬旗帜，加强技术创新环境建设，进一步推动高新技术产业化，具有重大的战略意义。通过积极推动“科技进入经济、长入经济”，改变了人们对科技和经济发展模式的简单思辨方式，推动了我国科技面向市场经济，直接切入知识经济发展轨道的双重跨越。

2. 机遇与挑战

实施《国家中长期科学和技术发展规划纲要（2006—2020 年）》和建设创新型国家为火炬工作提供了更加有利的宏观政策背景和新的发展机遇。多年来，火炬工作的理论和实践，为“十一五”工作提供了切实有效的政策引导工具。城乡居民消费结构逐步升级，产业结构调整和城镇化进程加快，为火炬工作提供了广阔的市场空间。丰富的劳动力资源、较高的国民储蓄率，为火炬工作提供了坚实保障。比较雄厚的产业、科技和教育基础，以及不断完善的基础设施，为火炬工作提供有力支撑。市场经济体制逐步完善，社会政治保持长期稳定，为火炬工作创造了良好的社会环境。此外，经济全球化趋势深入发展，我国与世界各国的相互联系和影响日益加深，有利于充分利用发达国家的技术、人才、市场等资源；世界科技进步日新月异，生产要素和产业转移加快，为火炬工作创造了良好的国际环境，有利于加快高新技术产业发展和传统产业的改造升级。

同时，我国高新技术产业化发展还存在一些不容忽视问题。一是自主创新能力不足已经日益成为发展的瓶颈制约；二是组织与机构的推动能力和协同工作能力不够，致使科技产业化资源还不能有效地聚集和聚合，产业集群创新能力不足，高新技术产业的辐射带动能力较弱；三是公共财政对技术创新环境建设支持机制尚未形成；四是金融和资本市场对高成长的科技企业支持支撑的政策工具不够完善。

二、指导思想

“十一五”期间，火炬工作的指导思想是：以科学发展观为统领，以提高企业自主创新能力为核心，以营造创新环境和促进产业化发展为主线，以发展科技型中小企业群体和创新集群为重点，通过实施火炬计划、促进技术市场发展、组织实施科技型中小企业技术创新基金，并与技术创新引导工程、国家重点新产品计划协同运作，充分发挥国家计划指导、地方组织实施、市场配置资源的作用，集聚和激活高新技术产业化人才、技术和资本要素，促进高新技术成果商品化、产业化和国际化。

“十一五”期间，还必须遵循以下原则：

（一）坚持市场导向的原则。在进一步发挥政府引导的作用，强化自主创新国家意志的同时，要充分发挥市场配置社会资源的基础性作用，注重产业发展和技术创新的市场导向，以提高产品和产业的市场竞争力为主要目标，加强相关技术的集成与创新。

（二）坚持环境机制优先的原则。要充分利用火炬积累的有利条件和资源，利用科技经济政策完善和调整、政府职能转变和经济全球化所带来制度创新机遇，培育科技型中小企业群体和发展创新集群。要制定和完善聚集人才、培养人才、培训人才的政策措施和环境机制。

（三）坚持广泛参与，和谐开放的原则。以实现国家战略目标为指引，充分调动各方面的积极性，注重各部门、各地方的共同参与，注重与产业化相关计划的衔接，多元并举，共同发展，形成高新技术产业化发展的合力。要抓住国际产业转移、研发转移的机遇，充分运用国际和国内两个市场、两种资源，广泛开展国际交流与合作，加快国际化进程。

三、发展目标

“十一五”期间，火炬工作的总体目标是：通过组织实施“育苗造林”工程，力争在优化高新技术产业化体制机制方面取得新的突破，集成各方优势创新资源，加强创新组织、机构的推动能力和协同工作能力建设，推动科技型中小企业群体和具有国际竞争力的创新集群的跨越式发展，使火炬工作成为建设创新型国家战略布局中促进高新技术产业化发展的重要政策工具。

一是完善以自主创新为核心的高新技术产业化推进体制和机制。

形成比较完善的政策引导和市场推进相结合的发展模式。进一步强化公共政策对高新技术产业化工作引导，并充分与市场力量相结合，推进企业、大学、科研院所、各类政策工具和载体、各类市场化组织等成为有利于自主创新的高新技术产业化中坚力量。

形成比较完善的计划指导和地方组织实施相协调的推进机制。围绕国家科技发展重大战略部署，加强宏观指导，充分调动和发挥地方高新技术产业化工作的积极性和创造性，建立适应区域科技经济发展的区域创新体系。

形成部门合作、共同推进的工作机制。争取中央各有关部门的支持，调动各方面力量，汇集到火炬的旗帜下，形成推进高新技术产业化的强大合力。

二是以培育科技型中小企业为重点，推进企业技术创新工作。

基本形成科技企业公共财政引导投入体系。通过专项财政补贴和政策引导，联合国家政策银行、地方政府和社会发起设立200家专业创业风险投资机构，到2010年，扶持科技型中小企业发展的各类公共财政资金达到50亿元以上，引导地方和社会资金投入超过1000亿元。

形成科技型中小企业辅育体系。以企业孵化能力建设为导向，加快科技企业孵化器建设。到2010年，形成10万余家富有创新活力的科技型中小企业群体，形成1000家左右的企业孵化器群体。

提升高新技术企业发展水平。坚持“自主创新、重点跨越”的方针，培育重点高新技术企业，到2010年，使科技型中小企业数占全国中小企业总数的5%，高新技术企业的高成长性指标基本接近国际水平。

三是以发展创新集群为重点，推进以高新技术为主导的产业升级工作。

实现高新技术产业化基地的跨越式发展。国家高新区要通过发展创新集群，使创新能力、质量效益、经济总量同步提高。到2010年，国家高新区工业增加值占全国工业增加值的份额达到15%，国家高新区生产总值占全国生产总值的份额达到10%。

形成产学研联动发展的支撑网络。促进各类产学研联盟组织的发展，形成生产力促进中心为主体的创新集群服务网络；建立对国家863、支撑计划等重大科技计划的产业化引导工作的全方位支持体系。全国生产力促进中心达到2000家，服务中小企业20万家，培育若干具有较强核心服务能力，具备国际竞争能力的生产力促进中心。

形成高新技术产业国际化的工作体系，提升高新技术产业的国际竞争能力。以推进科技兴贸行动和海外科技园为重点，做好国际技术信息和技术转移工作，促进产业提升国际竞争力。到2010年，国家高新区出口额要达到2500亿美元。

四是聚集要素资源，增强对创新环境和产业化的支撑能力。

形成一支环境建设和产业化发展的人才队伍。在国家高新区聚集直接研究开发人才120万人。同时注重培养高新技术产业化各方面的领军和专业人才，努力形成一支德才兼备、结构合理、素质优良的高新技术产业化管理的人才队伍。

形成比较完善的技术市场和技术转移的环境与条件。推进技术转移工作，建设机制健全、功能完善、规范有序的现代技术要素市场。到2010年底，技术交易额超过2500亿元，建立环渤海、长三角、珠三角、东三省等经济区域及有关行业的国家技术转移联盟和平台。

初步形成资本市场支撑产业化发展的政策体系。鼓励和支持高新技术企业和科技型中小企业进入深圳证券交易所中小板，推进设立创业板，推广股权代办转让系统，推进风险投资、商业银行、证券交易所及其上市辅导系统，形成支撑科技企业快速成长的多层次资本市场基本机构。

四、重点任务

“十一五”期间，火炬工作要进一步集中各方面优势创新资源，调动各方面力量，组织实施“育苗造林”工程，从整体上促进高新技术产业自主创新能力的大幅提升，加快实现高新技术产业发展的战略目标。

（一）建立有利于自主创新的高新技术产业化体制机制

1. 制定和完善高新技术产业化相关政策。结合贯彻落实《国家中长期科学和技术发展规划纲要（2006—2020年）》及其配套政策，国家有关部门加强协调，在财政、税收、投资、金融、保险、资本市场、进出口和人才、政府采购等方面加大对高新技术产业化及其环境建设的政策支持力度，力争在国家高新区、科技企业孵化器、大学科技园、生产力促进中心、创业投资、高新技术企业、高新技术产品出口等专项政策方面取得进展，组织和引导更多的政策资源投入到高新技术产业化及其环境建设工作。

2. 完善指标化综合管理和考核评价制度。以科学发展观和促进自主创新为导向，根据有利于增强自主创新能力，优化创新创业环境，集聚科技创新资源、增强辐射带动能力的原则，突出产业集聚、知识产权贡献、科技型中小企业发展、高新技术企业国际竞争力、集约化发展等方面的作用，研究制定国家高新区、高新技术企业、科技企业孵化器、生产力促进中心、大学科技园、高新技术产业基地（特色产业基地、软件产业基地）、技术转移中心等的指标评价制度和体系。定期组织开展评估考核和分类指导。编制环境建设与产业化发展报告及评估报告。

3. 推进火炬创新试验工作。选择若干城市和区域，合作建设火炬创新试验城市（区），推动和引导地方制定出有利于提升自主创新能力，促进高新技术产业化的地区功能性政策和运作机制，为全面推进高新技术产业化及其环境建设工作提供实践基础。通过实施新政策和计划安排，完善机制和环境，提高城市自主创新能力。

支持上海浦东新区、天津滨海新区等国家重点开发开放地区和若干中心城市不断完善技术创新的政策和体制环境，提升高新区的产业聚集和聚合能力，促进产业化发展，引领环渤海、长江三角洲和珠江三角洲经济的跨越发展，支撑、辐射和带动西部大开发、东北振兴、中部崛起的发展。

4. 优化高新技术产业化管理体制和运作机制。进一步加强各级科技行政管理部门在环境建设和产业化工作中的宏观管理和指导作用，提升其在高新技术产业各类组织当中的凝聚力和协调能力。继续推进国家高新区管理体制的创新，探索形成以政府管理为保障，中介服务体系支撑，产业投资与发展相互衔接的运行机制，充分发挥产业联盟和技术联盟的纽带作用，形成公平、公正和廉洁高效率的管理体制。推动各类中介机构向专业化、规范化、市场化方向发展，为产业和企业的发展提供卓有成效的服务。

（二）推进高新技术企业的自主创新能力建设

1. 积极参与组织实施“技术创新引导工程”，开展创新型企业试点工作。针对各类企业的特点和发展要求，引导形成拥有自主知识产权、自主品牌和持续创新能力的创新型企业，引导建立以企业为主体、产学研紧密结合的技术创新体系，增强战略产业的原始性创新能力和重点领域的集成创新能力。通过创新型企业试点工作，推动企业增强自主创新能力，建立和完善有利于自主创新的内在机制，引导企业积极探索创新发展的有效模式，促进企业成为技术创新的主体。

2. 加大对企业自主创新活动的支持和引导。加大对各类环境和产业化项目的支持力度，集成资金、政策和环境等资源，重点支持一批火炬计划项目，强化地方和国家高新区的匹配，引导政策性银行、商业银行等加大信贷支持，形成支持高新技术产业化项目的集成优势。通过加强对高新技术企业认定工作的管理和支持企业技术开发经费的加计抵扣，以及在内外资企业所得税并轨后，落实全国高新技术企业所得税减免的优惠政策，引导企业增加科技投入，不断提高企业研究开发活动的质量和效果，促进企业自主创新能力的提升。对按规定认定的高新技术企业和国家创新型企业给予税收、金融、保险、资本市场、进出口和科技计划投入等方面的支持。对列入《我国应掌握自主知识产权的关键技术和产品目录》的高新技术产品和经认定的国家自主创新产品在税收、金融、投资和政府采购等政策上给予扶持。加强与各大科技计划的衔接，鼓励以企业为主，联合有关科研单位承担国家重大科技产业化计划和项目。

3. 明确有利于自主创新的产业支持导向。研究制定高新技术产业化发展指南。重点支持发展与地区科技资源优势相适应的产业；抢占产业技术高端，积极发展高端制造业，发展技术含量高、附加值高的产业；坚决退出低端高能耗产业，发展资源能源消耗小、环境友好型的产业。积极培育新兴产业，大力发展高技术服务业，重点支持由网络技术和通信技术催生的新兴服务业，重点发展由从高新技术产业价值链上分解出来的高端产业，积极推动高新技术与传统服务业的融合渗透。

（三）加强高新技术产业化基地建设

1. 继续实施国家高新区“二次创业”发展战略。一要组织实施创建国际一流科技园区的方案，支持若干重点高新区创建世界一流园区。二要以增强企业创新能力为核心，将部分中心城市的国家高新区建设为自主创新能力和产业竞争能力较强的创新型园区。三要积极扶持一批国家高新区，建设特色产业基地，培育特色产业集群。努力把国家高新区建设成为促进技术进步和增强自主创新能力的重要载体，成为带动区域经济结构调整和经济增长方式转变的强大引擎，成为高新技术企业“走出去”参与国际竞争的服务平台，成为抢占世界高新技术产业制高点的前沿阵地。

2. 推进创新集群的形成和发展。要加强对国家级和省级高新区、大学科技园、高新技术产业基地的指导与支持，引导地方政府重视产业集群的发展，促进技术创新链与产业链融合，把科研活动、产业化基地与产业集群有机结合起来；以高新区和高新技术产业基地为依托，建设“火炬创新创业园”，使之成为科技企业孵化器、高新技术企业、研究开发机构和科技中介服务机构等科技创新要素最集中、科技创新活动最活跃的城市创新中心。

3. 加快运用高新技术改造提升传统产业。充分发挥火炬工作的宝贵经验，选择若干城市开展传统产业的振兴行动试点；大力提高传统产业的信息化水平，加快信息技术在传统产业领域的扩散和应用，提升传统产业的信息化、集约化和市场化水平；鼓励高新区内高新技术企业与传统产业领域的国有企业进行资产、技术和人才等方面的合作与重组；积极引导国有大中型企业在高新区和产业集群区域创办科技型企业，把技术、设备、人才等存量优势转化为发展高新技术产业的增量优势，加快传统产业提升和改造速度，推进传统企业依靠自主创新向现代企业的转变。

4. 加强协调，促进国家高新区与周边地区的和谐发展。各国家高新区要协调解决好区内及周边地区的社会保障、就业和农民安置等问题。国家高新区要帮助周边欠发达地区，主动做好技术扩散和产业辐射，带动其共同发展。要组织有条件的国家高新区与贫困地区建立帮扶关系，利用好国家高新区在人才、技术、信息和产业带动等方面的优势，通过建立与贫困地区的信息沟通网络、建立原材料基地、投资和加工委托等方式，促进技术、产业和经济的扩散，扶持贫困地区，同时也为国家高新区的发展构建更加和谐环境。

（四）推动技术市场和技术转移体系发展与完善

1. 加强对技术市场的宏观管理、引导与规范。加快研究制定全国统一的有关促进技术市场发展、规范技术交易行为、保护技术交易者权益的法律法规和相关配套实施细则。在稳定和落实现有技术市场财政税收优惠扶植政策的基础上，进一步研究和完善激励自主创新、体现技术要素参与收益分配等原则的政策与制度。加强对技术市场的宏观引导，明确技术市场监管部门职责，建立监管制度，完善监管手段与条件，严厉打击技术市场中违法违规行为，规范技术交易行为，加强技术市场运行中的知识产权保护。积极探索并逐步建立技术市场有关科技中介服务机构的信誉评价体系。

2. 全力推进技术转移工作。技术转移是技术市场体系的核心功能，要加速完善技术转移机制，促进企业之间、企业与大学和科研院所之间的知识流动和技术转移，进一步发挥技术市场在科技成果转化中的主渠道作用。实施国家技术转移促进行动专项，选择一批有条件的技术转移机构进行国家级技术转移示范机构试点。鼓励科研单位、大专院校和企业设立技术转移机构，重点开展国家和地方科技计划项目成果的技术转移工作。推进科技计划项目成果的技术转移、转化和产业化工作。

3. 整合提升技术市场服务水平。一是要加强技术市场与其他要素市场的融合与互动。发展技术产权交易市场，研究技术产权交易规则，完善无形资产评估制度，促进技术市场与金融市场、产权市场的互动与衔接。二是推动技术交易服务向技术创新链条的两端延伸，大力开展多种形式的技术评价、咨询、经纪、信息、知识产权、市场评估、科技风险投资、技术产权交易等服务活动，通过技术转移促进行动，对现有的常设技术交易市场进行改造和升级，使其进一步发挥技术转移的主导和示范带动作用。

（五）加快科技企业辅育体系建设

1. 以国家级创业服务中心和大学科技园为核心载体，加快形成科技企业孵化的专业化支撑服务体系。积极落实科技企业孵化器和大学科技园优惠政策，引导市场加大对技术创业的资本投入，支持创业服务中心和大学科技园的专业化发展，推动各地建立技术创业协会，促进创业投资、天使投资者与科技企业孵化器的有效结合，推进“创业导师＋专业孵化”的辅育孵化模式，推动建设区域性科技企业孵化器网络；重点发展国家创业服务中心、大学科技园、软件专业园和国际企业孵化器，发展一批以软件、集成电路设计、生物医药、新材料、光电子等专业技术孵化器；加强孵化服务的公共技术基础设施平台建设，重点支持一批企业孵化器发展公共服务平台、专业公共技术开发平台。

2. 依托高新区和高新技术产业基地，建设重大科技基础设施和共性技术开发平台。采用竞争机制，选择具备条件的高新区和高新技术产业基地（特色产业基地、软件产业基地），建设重大科技基础设施和共性技术开发平台，为创新集群的企业自主创新搭建公共技术平台，推动高新技术企业与863计划、支撑计划和重大专项项目在研期间的合作，集中力量支持若干创新集群实现产业链高端突破。组织企业和研究机构共同对重大引进技术进行消化、吸收和再创新，集中力量支持若干创新集群实现产业链的升级。

（六）加强创新集群服务体系建设

1. 以国家级示范生产力促进中心为主体，发展各类产学研创新联盟组织。积极培育和发展技术联盟、产业联盟、产学研联盟等创新联盟组织，引导联盟组织推动创新集群的形成和发展。设立技术创新联盟专项资金，支持产业链关联企业的集群研发创新活动。鼓励有条件的高新区建立基于核心技术的产业联盟与技术联盟，重点推动围绕龙头企业、以推进产业化进程为核心，以制定行业标准为基本手段的技术联盟，在重点发展的高新技术产业领域，形成具有国际影响力和技术创新引导力的全国性技术联盟组织。支持以中小企业为主、以开拓共同市场为目的的产业化的联盟。通过企业内部创新向外部联合创新的转变，提高技术创新链整合效率，推动创新集群的形成、发展和扩散。

2. 建设技术信息供需发布和服务平台——“中国创新网络”。集成各方面资源，以高新区，高新技术产业基地（特色产业基地、软件产业基地）、科技企业孵化器、生产力促进中心、常设技术交易市场、技术转移机构等为载体，建设技术信息供需发布和服务平台——“中国创新网络”。通过共享机制，推动全国各地加盟，并与国际创新驿站机构链接互动，促进技术转移。利用“中国创新网络”，建立新型的技术成果推广服务网络和工作体系。支持面向行业的关键技术、共性技术的推广应用，促进传统产业的改造升级。

（七）完善高新技术产业化投融资体系

1. 深入推进科技与金融的结合。探索实践“优良科技资源激活金融资产，金融资本催生优良科技资源”的有效途径。积极推进适合高新技术产业化的多元投融资机制的建立，建立适合我国高新技术产业化发展的融资平台。逐步建立高新技术企业创新产品研发、科技成果转化的保险保障机制，积极开展科技保险发展新模式的试点。政策性银行积极开展特别融资账户、软贷款等业务，支持高新技术企业和创业投资机构的发展。支持国家重大科技专项、国家重大科技产业化项目的规模化融资。支持科技成果转化项目、高新技术产业化项目、高新技术产品出口及引进技术消化吸收项目。加强银政、银区合作，继续利用国家高新区基本建设贷款贴息政策，探索利用国债资金、企业债券、信托基金等形式，拓宽国家高新区建设的融资渠道，为国家高新区基础设施建设和产业发展募集资金。

2. 积极推动多层次资本市场的建立。针对高新技术企业股权融资特点，配合有关部门积极研究和推进符合我国国情的技术产权交易融资工作；鼓励、支持高新技术企业和科技型中小企业进入深圳证券交易所中小板，推进在适当时机设立创业板；积极推动股权代办转让系统在国家级高新区的推广工作；支持和鼓励上市公司和拟上市高新技术企业承担和实施火炬计划产业化项目，进一步扩大火炬计划产业化项目通过资本市场获得资金支持。支持高新技术企业在国内主板和中小企业板上市，支持符合条件的高新技术企业发行公司债券。

3. 实施科技企业成长路线图计划。设立创业风险投资引导资金和担保风险补偿资金，引导创业风险投资事业发展。对投资于未上市中小高新技术企业的创业投资企业，符合规定条件的给予所得税优惠的支持。积极探索政府资助与银行贷款、创业风险投资、资本市场联合支持科技项目产业化的有效途径和形式，间接支持种子期的技术创业企业；实施高新技术企业信用共同体项目，完善科技型中小企业创新基金贷款贴息政策资助方式，为其技术创业与商业金融第一次对接创造条件，通过对成长期科技型中小企业信誉评价与授信试点，丰富贷、保、贴联动的内容，初步形成便捷、通畅、优惠的科技企业商业金融环境；与深圳证券交易所及相关保荐机构、企业上市辅导系统展开全面合作，加强其对高成长的高新技术企业的专业辅导力量，推动火炬计划项目及其他产业化项目的融资工作，构筑高新技术企业上市的绿色通道。

（八）促进高新技术产业化人才队伍建设

1. 实施高新技术产业化人才战略。鼓励和引导企业和科技中介服务机构积极参与国际人才竞争，全力创造一个有利于吸引人才、留住人才和培养人才的良好环境；大力倡导企业家精神，倡导鼓励创新创业、宽容失败的社会文化氛围，促使一大批优秀企业家人才脱颖而出；要有针对性地加大对海外顶尖人才，包括顶尖人才团队的引进力度，努力推动形成海外优秀人才回国创新创业的潮流；要鼓励高技术企业的用人制度、薪酬制度改革，重视人力资源开发，探索运用包括股权、期权在内的多种形式的激励机制，充分体现“以人为本”的管理理念，体现人才的创新价值。

2. 加强高新技术产业化人才培训工作。以启动建设火炬创新学院为重点，建立健全火炬计划培训工作体系和核心师资队伍，有效整合培训资源，建立布局合理、高效开放的人才培训基地；加强培训工作的网络建设，鼓励有条件的地区和国家高新区合作建设各类火炬培训基地，搭建培训信息平台，形成有效的高新技术产业化人才培训工作机制；加强与境内外大学、培训组织的合作，围绕创新创业薄弱环节和发展要素，建立适合火炬工作需要和特点的教材体系和人才培训管理制度，鼓励和支持发展专业化、社会化培训机构。

（九）加强高新技术产业国际化工作

1. 加强高新技术产业化领域的国际交流与合作。继续办好中美、中俄和中新等海外科技园，集中力量开展国际科技信息工作，为我国高新技术产业化发展和国际化工作提供基础的信息和服务，帮助国内企业以多种形式利用国外创新资源，同时为到中国创业的外国企业和留学生提供信息服务。利用联合国和相关国际机构以及双边合作的渠道，积极输出我国在发展高新区和企业孵化器方面的经验，积极开展对发达国家以软件外包为主的服务贸易和对发展中国家特别是周边国家的技术贸易，扩大中国高新技术产业在国际上的影响，扩大高新技术产品出口；充分利用跨国公司在华科技资源，鼓励与国内企业开展多种形式的技术合作。

2. 积极提升高新技术产业国际竞争力。实施“科技兴贸”行动，以促进创新集群发展为目标，统筹规划，多方参与，努力开拓高新技术产业国际化发展的渠道，提高国家高新区等载体的国际化服务能力和水平；组织编制《中国高新技术产品出口目录》，推动和完善建立科技兴贸专项工作的政策支撑体系；强化火炬计划项目、科技型中小企业创新基金的国际化导向，形成一批国际知名的高新技术企业和一大批能够参与国际竞争的科技型中小企业，推进我国高新技术产业发展水平上一个新台阶。

五、保障措施

（一）提高认识，加强领导。科技部将联合有关部门研究制定环境建设与产业化的干部绩效评价指导体系，引导干部队伍树立正确的政绩观和科学发展观。紧密围绕新时期自主创新及产业化发展的需要，构建规范化、专业化、国际化的高新技术产业化工作体系。各地方人民政府、国家高新区要从优化环境入手，加强对产业化及其环境建设工作的领导，要把高新技术产业化及其环境建设工作纳入当地的国民经济和社会发展规划，在资金、政策、土地和改革措施等方面，加大支持力度。各地科技行政管理部门要制定高新技术产业化及其环境建设工作发展规划，明确目标、任务和措施，积极推动落实国家和地方相关政策措施。

（二）完善法规，加强管理。研究起草《国家高新技术产业开发区条例》，为促进国家高新区发展并带动周边地区发展，增强自主创新能力提供法律保障。研究制定《技术转移促进条例》、技术经纪人管理办法，规范技术贸易管理。在科技进步法修订中，推动创新基金的法律地位确立。以增加研发投入，增强自主创新能力为目标，修订高新技术企业认定管理办法，建立高新技术企业认定的备案制度，完善认定的定期检查制度。制定《高新技术产业化基地管理办法》，修订《国家火炬计划项目管理办法》和《科技型中小企业技术创新基金管理办法》，完善科技型中小企业技术创新基金、火炬计划等项目的受理、审理、经费、监理和组织实施的过程管理模式，形成制度化、专业化的项目管理监督制约机制。不断完善科技企业孵化器、生产力促进中心、大学科技园、技术转移机构等管理制度，确保各类高新技术产业化载体、组织、机构等健康快速的发展。

（三）增加投入，整合资源，加大对高新技术产业化及其环境建设工作的支持。加大财政投入，大幅增加火炬计划经费，切实增强对集成支持重大产业化示范项目的引导作用。逐年增加科技型中小企业技术创新基金规模，满足日益增长的科技型中小企业发展的需要；逐年增加公共技术服务机构的资金，鼓励公共技术服务机构在前瞻性技术研发和自主创新、信息咨询、技术推广、标准制定、人才培养等方面为企业提供更多的延伸服务，提高高新技术产业的自主创新能力和整体服务水平。

统筹原火炬计划、原科技兴贸计划、原成果推广（技术转移）计划、原生产力促进中心专项、原大学科技园专项。一是重点支持高新技术产业化项目示范；二是重点支持国家高新技术产业开发区和高新技术产业化基地建设；三是重点支持国家级科技企业孵化器、国家大学科技园、国家级示范生产力促进中心、国家级技术转移机构等产业化组织和服务机构能力建设；四是重点支持高新技术产业化人才培训；五是重点支持高新技术产业的国际化。

创新基金资金重点支持科技型中小企业的自主创新。一是支持科技型中小企业开展或联合高校、研究所开展高新技术成果商品化预研。二是对科技型中小企业中试、小批量生产和市场推广给予支持。三是对投资于技术创业早期的创业投融资机构给予补贴。

组织实施重点新产品计划，支持企业新技术产品的中试和产业化。重点支持拥有自主知识产权、创新性强、技术含量高、产业化前景好、有望形成国内、国际知名品牌的新产品；重点支持资源环境、人口健康、公共安全、城镇化与城市发展等关系国计民生、属于国家重点发展领域的新技术和新产品开发。

（四）适当调整国家高新区的规划面积。联合有关部门开展对国家高新区规划、土地利用状况和需求的调研，对技术创新能力强、创新创业环境好、经济发展速度快的国家高新区，支持其在符合国家有关法律法规的前提下调整规划面积。重点建设以增强技术创新能力内容为核心的创新创业园、高新技术产业化基地（特色产业基地、软件产业基地、高新技术产品出口基地）、大学科技园。

（五）加强统计、信息、调研和宣传等基础工作。加强对统计指标体系的调整和完善，建立《高新技术产业化创新环境建设统计指标体系》，出台《高新技术产业化环境建设统计管理办法》《统计指标评估监测体系》。加强统计的组织建设，加强各项统计数据采集的质量和时效性，为政策分析提供可用于国际比较研究的系统数据。

利用现代信息化手段，构建创新产业化工作与服务平台。整合、开发和利用国内外创新与高新技术产业化信息资源，促进管理机构、中介机构和科技型中小企业的信息交流与知识共享。成立全国创新与高新技术产业信息化联盟，构建中国技术交易信息服务平台和中国创新与高新技术产业化门户网站等管理与服务平台。

加强对高新技术产业化及其环境建设工作关键重大问题的调查研究，编辑办好《火炬计划内部参考》，为决策者提供建议和辅助参考。依托社会力量，整合火炬宣传渠道，着力于树立火炬政策形象、公众形象和专业形象，办好《中国高新技术产业导报》《中国高新区》《中国科技产业杂志》等专业媒体。联合科技日报、中央电视台等重要新闻机构，围绕重大活动，周年庆典和焦点问题，组织专题宣传采访报道活动。

（六）充分发挥协会作用，促进环境建设和产业化各类主体、载体的和谐发展。继续办好中国高新技术产业开发区协会、中国民营企业促进会、中国技术市场协会、中国生产力促进中心协会、创业服务中心专业委员会、风险投资专业委员会、软件产业分会。筹备建立技术创业协会。通过这些协会的健康发展，加强企业、区域创新组织、各类科技中介机构、研发机构、金融机构、战略研究与咨询机构等各类载体和主体以及政府机构的交流与合作。形成优势互补，互相支持，共同发展的环境建设与产业化发展的和谐发展机制。

“十一五”时期是我国高新技术产业发展的重要战略机遇期，也是我国高新技术产业进入培育自主创新能力、形成核心竞争力的关键时期，我们要高举火炬旗帜，进一步统一思想，明确目标，突出重点，强化措施，加快营造技术创新环境，大力发展以自主创新为主导的高新技术产业，为建设创新型国家做出更大的贡献！

国家高新技术产业开发区“十一五”发展规划纲要

为了深入贯彻党的十六届六中全会和全国科学技术大会精神，认真落实《国家中长期科学和技术发展规划纲要（2006—2020年）》（以下简称规划纲要），进一步推动国家高新技术产业开发区（以下简称国家高新区）实施以营造创新创业环境、提高自主创新能力为核心的“二次创业”发展战略，促进国家高新区在“十一五”期间持续、快速、健康发展，特制定《国家高新技术产业开发区“十一五”发展规划纲要》。

一、基本回顾

“十五”期间，国家高新区以“发展高科技，实现产业化”为指导方针，积极推进体制机制创新，大力营造创新创业环境，各方面工作都取得了显著成就。

经济总量持续高速增长，成为带动区域经济快速发展的重要支撑。53家国家高新区的主要经济指标都保持了年均30%以上的增长速度。2005年，国家高新区内企业创造的工业增加值达6820.6亿元，占全国的9.0%；出口总额达1116.5亿美元，占全国的14.7%；工业增加值、出口创汇占全国的比重分别比2000年提高4.6和7.2个百分点。北京、苏州、武汉、长春、西安、南京、吉林、长沙、合肥等31个国家高新区工业增加值占所在城市工业增加值的比重已超过20%，成为拉动地方经济快速增长的重要力量。

产业结构不断优化，初步形成了特色化、规模化、集群化的产业发展态势。北京的信息技术、上海的微电子、深圳的通信技术、长春的光电子和汽车及零部件、西安通信及软件、成都的生物医药、杭州的通信设备、武汉的光电子、天津的绿色能源等产业集群已经或正在形成，为构筑长江三角洲、珠江三角洲、环渤海地区高新技术产业带，在促进西部大开发、东北老工业基地振兴、中部经济崛起等国家重大战略的实施中发挥了重要的支撑作用。

科技部，国科发火字〔2007〕146号，2007年4月4日。

企业技术创新能力不断增强，基本形成了从研发到产业化的完整科技创新体系。高新技术企业的创新主体地位日趋突出，技术创新能力不断提高。以大学、科研机构、企业研发中心、工程技术中心、企业孵化器、生产力促进中心和大学科技园为依托的创新平台正在形成。2005年，国家高新区内企业研发（R&D）经费达到806.2亿元，占全国研发（R&D）经费总额的30.7%；国家高新区内科技企业孵化器的孵化场地面积、在孵企业数等主要指标均占全国的近40%。

聚集了国内外各类创新资源，正在成为区域创新的主战场。2005年国家高新区521万名从业人员中，40.6%具有专以上学历，其中，硕士14万人，博士2.3万人，国家高新区成为我国创新创业人才最集中的区域；企业累计发明专利达到16412项；国家高新区高新技术企业27293家，其中规模以上高新技术企业已占全国规模以上高新技术企业总数的40%。

涌现出一批拥有自主知识产权的大企业，培育了一大批创新能力强、高成长的中小企业。年营业收入超亿元的国家高新区企业达到3389家，10亿元以上的达到517家，100亿元以上的达到42家。培育和聚集了联想、华为、中兴、用友、海尔、东软、中芯国际、长春生物、长沙远大、地奥制药、烽火科技、大唐通讯、UT斯达康等一大批具有较强竞争实力的自主创新的大企业集团和中芯微电子、百度等一批创新能力强的高成长性企业。

积极实施国际化战略，对外开放度日益提升，国际影响力不断提高。大部分国家高新区在吸纳国际资源、积极参与国际产业分工、抢占国际市场等方面不断进取，高新技术产品出口额持续增长，吸纳的跨国公司和跨国人才不断增加，所承接的软件外包业务成倍增长，对外投资取得了新进展。“中关村”“上海张江”等一批知名科技园区引起世界科技产业界的高度关注。其中几个比较突出的国家高新区已经开始向世界一流高新技术产业创新集群迈进。

坚持集约化发展道路，实现了经济、社会和环境协调发展。2005年，53个国家高新区平均每平方公里的土地实现工业产值30亿元，实现工业增加值近7亿元，出口创汇1.2亿美元，远高于全国平均水平。国家高新区倡导绿色和清洁生产，严格限制污染企业，在推进环境管理体系认证和示范区创建工作中取得明显成效。此外，国家高新区在加快产业化进程中较好解决了劳动就业、居民生活保障、社会事业发展等问题，促进了区内经济、社会、自然与人的和谐发展。

大胆进行管理体制改革探索，创新运行机制，园区发展的创新环境得到改善。国家高新区在行政管理体制、运行机制等方面积极进行探索，建立了“小机构、大服务”的管理和服务体系。据统计，国家高新区管理机构规模只相当于一般行政区的1/4～1/5，工作人员只有行政区的1/8～1/10。北京、天津、上海等国家高新区在地方立法、人事制度、投融资制度、知识产权制度、信用体系制度等方面率先进行了改革与探索，积累了丰富的经验，为全国实施科教兴国战略和经济体制改革提供了宝贵经验。

国家高新区成立十五年来的成就充分表明，党中央、国务院做出大力发展国家高新区的决策是英明的、正确的，具有非常高的前瞻性和战略性。

“十五”期间，多数国家高新区着力实施“二次创业”战略，不断提升企业技术创新能力，大力推进区域创新创业环境建设，使国家高新区的自主创新能力普遍得到提高。国家高新区已经成为国家创新体系建设的重要载体，已经成为我国实施自主创新战略的重要力量，为培养所在城市的新兴支柱产业和带动区域经济发展做出了突出贡献，在加快我国高新技术产业化进程中发挥了重要的引领和带动作用。

二、战略环境

“十一五”期间，是我国实施《规划纲要》的关键时期，国家高新区的建设面临比较复杂的国际国内环境。

国家自主创新战略的实施和创新型国家奋斗目标的提出对国家高新区发展提出了全新要求。2005 年国务院发布了《规划纲要》，并于 2006 年出台了 60 项相关配套政策。《规划纲要》以自主创新为主线，提出了建设创新型国家的战略目标和“自主创新，重点跨越，支撑发展，引领未来”的科技工作指导方针。为新时期国家高新区转变发展思路和发展模式指明了方向，提升自主创新能力、利用科技支撑和引领区域发展成为当前国家高新区最为紧迫的任务。同时对国家高新区在新时期建设创新型国家过程中赋予了新的历史使命。

我国经济快速发展为高新区发展提供了巨大的市场机遇和升级要求。一方面，高新技术产品的市场需求旺盛，需要高新技术企业提供多样化的产品和服务；另一方面，经济发展质量的提升，也需要国家高新区起到应有示范带动作用。

“区域专业化、产业集聚化”成为区域发展的重要理念。随着社会分工不断加剧，产业价值链不断分解并在区域上集聚，使得区域呈现从研发、制造到市场的专业化分工。同时，相同的产业领域和环节在特定区域上集群发展，不同的产业领域和环节融合发展，以便降低成本，互通信息，共享资源。

在国家高新区发展过程中，仍然存在一些不利于自主创新的环境与体制。主要体现在：部分园区土地集约利用程度不够，粗放式增长方式仍然存在，创新驱动经济增长的模式没有完全形成；一些园区内生机制没有得到有效发挥，对中小企业重视不够，园区发展依赖外来投资的现象仍很普遍；与周边区域没有形成协调并举的发展机制，各种矛盾依然存在，产业“孤岛”现象仍很突出；国家高新区的管理体制仍需进一步理顺与加强；部分地方政府在促进国家高新区的产业发展方面做了很多工作，但是多头管理，统筹协调考虑不够，缺乏政府促进产业发展的合力。国家高新区要坚持可持续发展，这些问题必须加以妥善解决。

三、指导思想与战略定位

（一）指导思想

“十一五”期间，国家高新区要坚持以科学发展观为指导，以“营造创新创业环境，集聚科技创新资源，提升自主创新能力，培育自主创新产业，辐射带动区域发展”为根本宗旨，以体制创新为突破，进一步解放和发展第一生产力；以技术创新为着力点，进一步提升科技园区的综合竞争能力；以创新平台建设为抓手，进一步优化创新创业环境。通过鼓励中小企业技术创新，培养产业的创新集群，深入实施国家高新区“二次创业”发展战略，把国家高新区建设成为实施自主创新战略的核心基地、区域和城市科技创新的辐射中心、落实科学发展观的示范区。

（二）战略定位

《规划纲要》中提出，到2020年，我国科学技术发展的总体目标是：自主创新能力显著增强，科技促进经济社会发展和保障国家安全的能力显著增强，为全面建设小康社会提供强有力的支撑；基础科学和前沿技术研究综合实力显著增强，取得一批在世界具有重大影响的科学技术成果，进入创新型国家行列，为在本世纪中叶成为世界科技强国奠定基础。

国家高新区的发展，必须积极承担新的国家使命。2005年，温家宝总理明确指出：当前，国家高新技术开发区建设正步入一个新的阶段，面临着以增强自主创新能力为重点的第二次创业。高新区要承担起新的历史使命，进一步发挥高新技术产业化重要基地的优势，努力成为促进技术进步和增强自主创新能力的重要载体，要成为带动区域经济结构调整和经济增长方式转变强大的引擎，成为高新技术企业“走出去”参与国际竞争的服务平台，成为抢占世界高技术产业制高点的前沿阵地。要继续完善支持国家高新区发展的有关政策，培育一批拥有自主知识产权、具有国际竞争力的高新技术企业。这一“四位一体”的发展定位，是党中央、国务院从国家的战略需求和长远利益出发，向国家高新区及所在城市发出的新的动员令，也是明确国家高新区在建设创新型国家过程中引擎作用的重要体现。

四、发展原则与目标

“十一五”期间，国家高新区发展要坚持“六大原则”，实现“五个转变”，努力做好“四个提升”，建成“三类园区”。

（一）坚持六大原则

——“自主创新，循环集约”。在产业发展内涵上，按照国家自主创新战略的要求，把增强自主创新能力作为调整产业结构、转变增长方式的中心环节，以创新带动国家高新区的跨越式发展。坚持循环经济和集约发展，以高新技术产业专业化集聚实现资源高效循环利用。

——“市场导向，面向全球”。在产业发展方向上，树立产业发展和技术创新的市场导向，加大国家高新区的对外开放力度，积极吸引和整合跨国资源，坚持“引进来”和“走出去”并举，鼓励自主品牌和高新技术产品出口，积极参与国际竞争。

——“产业特色，集群发展”。在产业发展规律上，推动高新技术企业在空间上的集聚，在国家高新区中形成一批产业集群和创新集群。根据各区域的资源优势，发展有利于国家高新区快速发展、竞争能力提升和可持续增长的产业。

——“改造升级，重点跨越”。在产业作用方式上，加强利用高新技术改造传统产业，促进产业升级和产业结构调整，同时实现部分重点优势产业的跨越发展。

——“区域协调，带动就业”。在产业区域功能上，积极完善国家高新区内经济社会与环境生态协调发展、国家高新区与周边区域协调发展的新机制，通过国家高新区的快速发展带动周边区域的就业水平提升。

——“体制创新，环境优化”。在产业发展机制上，强化国家高新区机制体制创新的先导作用，通过机制体制创新促进园区产业发展环境的优化，增强园区发展的可持续动力。

（二）实现五个转变

一是要加快实现从主要依靠土地、资金等要素驱动向主要依靠技术创新驱动的发展模式转变，坚持把自主创新作为立区之基、强区之本，使国家高新区成为国家创新体系建设的核心基地之一。

二是要从主要依靠优惠政策、注重招商引资向更加注重优化创新创业环境、培育内生动力的发展模式转变，发挥企业主体作用，大幅提高自主知识产权拥有量，成为增强自主创新能力的重要载体。

三是要推动产业发展由大而全、小而全向集中优势发展特色产业、主导产业转变，重点发展孕育自主创新的特色产业，形成规模化、特色化、国际化的创新集群，成为推动产业结构调整和技术升级的强力引擎。

四是要从注重硬环境建设向注重优化配置科技资源和提供优质服务的软环境转变，形成规范高效、竞争有序、服务优良的管理体制和运行机制，营造优越的创业环境、优化的发展环境和优质的服务环境，成为建设创新型国家的先行区。

五是要从注重“引进来”、面向国内市场为主向注重“引进来”与“走出去”相结合、大力开拓国际市场转变，以扶持自主创新、提升国家综合竞争力为宗旨，成为引导我国企业走出国门参与国际竞争的重要服务平台。

（三）做好四个提升

自主创新能力得到大幅提升。到 2010 年底，国家高新区内的高新技术产业增加值占全国高新技术产业增加值的比重达到 15%，国家高新区在区域产业结构调整中的作用明显增强；2010 年底，国家高新区内高新技术企业要达到 4 万家，成为园区创新的主体，企业研发（R&D）经费占产品销售额比例达到 4%（其中高新技术企业为 5% 以上）。研发（R&D）人员占从业人员比例争取达到 20%，聚集研发（R&D）人才 120 万人。授权发明专利数接近 2 万项；参与国际标准的制定达到数十项。

国际竞争力得到显著提升。力争国家高新区在若干领域的自主创新技术达到国际中等或先进水平，产品占有较大市场份额。通过技术创新的重大突破，培育若干新兴产业。形成一批产业特色明显、上下游紧密联系的产业集群。“十一五”期间，出口高新技术产品金额年均增长 30% 以上。“十一五”末期，引导国家高新区着力培育一大批国内高新技术企业的 100（经济实力最）强、100（发展速度最）

快、100（经济效益最）佳、100（自主创新能力）新，造就一批有国际影响力的创新企业和知名品牌。科技企业孵化器累计毕业高新技术企业达到 1.5 万家。高成长性中小企业每年平均新增 1000 家。

可持续发展能力得到提升。“十一五”期间，国家高新区要进一步集约利用土地，单位面积的产值要在“十五”基础上提升 15%。要进一步加强对资源、能源的可持续利用，力争每万元增加值的能耗在“十五”基础上降低 15%。力争建成若干循环经济示范园和生态工业园。

辐射带动作用得到提升。“十一五”期间，国家高新区主要经济指标的年均增长速度要达到 20% 以上。2010 年底，国家高新区企业年销售总额达到 8 万亿元、年工业总产值达到 7 万亿元、年工业增加值达到 1.7 万亿元、年税收 3800 亿元、年出口额 2500 亿美元，高新技术产品年收入达到 2 万亿元。

（四）建成三类园区

实现 2 ~ 3 个领先园区跨入世界一流高科技园区行列。以世界一流高科技园区为目标，以创新要素大量集聚、创新文化氛围浓郁、创新成果不断涌现、产业积极对接国际市场、产业组织和发展模式创新、区域辐射带动能力较强、有一批世界知名创新企业和区域性的特色产业集群、自主创新技术能引领或紧跟国际发展前沿为标准，重点支持 2 ~ 3 个国家高新区率先进入世界一流高科技园区行列，成为引领我国高新区发展的旗帜和实施国家自主创新战略的重要载体。

建设一批自主创新能力较强的创新型园区。以增强企业创新能力为核心，通过大力加强园区的科技基础设施建设，吸引国家重大科技项目入户、建设一批国家级重点实验室和工程技术中心等有力措施，将部分中心城市的国家高新区建设成为自主创新能力和产业竞争能力较强的创新型园区，使其成为区域经济增长和结构调整的重要引擎，成为引领科技创新和技术进步的重要载体。

扶持一批具有地区特色的高新技术产业园区。要积极扶持一批基础条件完善、产业特色鲜明、发展前景广阔的国家高新区，培育和发展特色产业集群，快速提高这些国家高新区的综合实力。使其在带动地方产业升级、调整经济结构、转变经济增长方式和培育产业集群中发挥辐射带动作用。

五、重点任务

（一）完善创新创业环境

继续推动火炬创新创业园建设。支持创新资源不够集中、创业能力不够强大的部分国家高新区，集中区域内的优势创新资源如高新技术企业、研发机构、科技中介服务机构和不同投资主体、不同专业分工的科技企业孵化器，共同构成科技创新创业集群区域，提升和优化区域内部的创新创业环境。

完善以专业孵化器和大学科技园为核心的创业孵化体系建设。鼓励各类孵化器，包括创业服务中心、留学人员创业园和大学科技园等服务机构的建设，鼓励高等院校、科研院所、企业等多元主体创办各类专业孵化器。各国家高新区要结合实际情况，制定支持科技企业孵化器发展的专项政策，落实专项经费，鼓励其提高专业服务能力、社会化资源整合能力，培育一大批科技型中小企业，使国家高新区成为培育科技型中小企业的摇篮。

探索建立适合于高成长性企业加速发展的载体和资源整合体系。在中小企业创新活跃的国家高新区内，要积极搭建强化服务功能、丰富服务手段并能够整合配置资源的科技企业加速器，以满足快速增长的、与创业期企业不同的高成长性企业服务需求。各国家高新区要根据自身情况，把科技企业加速器的建设与专业孵化器、大学科技园和创新服务体系建设等结合起来，为高速成长企业提供高品质服务。通过市场化手段运营科技企业加速器，打通我国高科技企业成长通道，加速高成长企业发展壮大。

大力培育促进产业发展的第三方中介服务机构。大力发展创业服务中心、创新服务中心、生产力促进中心、技术交易中心等科技中介机构；发展与高新技术产业配套的技术专利代理机构、鉴定机构、创业风险投资机构、信息与咨询公司、会计事务所、法律事务所等专业服务机构。发挥中介机构在国家高新区产业发展中的产业研究、要素引进、技术支撑和企业服务的作用。要通过政府采购大力培育中介服务市场支持中介机构做专做强。

加强高端人才队伍建设。通过与著名大学、培训中心合作，培养现代企业家和高层次职业经理人才。通过建立区域人才培训体系、引进高端培训机构，加强对高水平的产业技术工人的培训。要密切同大学、院所及企业的合作关系，吸引具有经济研究背景、洞悉产业发展基本规律、具备国际视野、掌握产业发展动态的高级人才，充实国家高新区的管理运营队伍，加快管理、开发和运营专业化。

扩大开放，以国际化推进产业化。充分利用科技部作为科技外事主管部门的优势，加强园区间国际合作与交流，努力促使高新区与世界一流科技园区接轨，增强园区的国际竞争力。鼓励高新区参与国际产业分工和资源调配，鼓励园区内有实力的高新技术企业通过在国外投资、设立研发中心等形式参与国际竞争，继续吸纳跨国公司在国家高新区设立研发中心、总部和生产基地，推动先进技术、管理方法、资本和人才在国家高新区内的合法扩散和流动。通过加大宣传和政策引导，吸纳大批高素质留学人员回国创业，把留学生企业打造成为充分利用国际国内两个市场、两种资源的重要载体。

加强文化建设，提升园区创新活力。各国家高新区要继续加强对区内创新创业文化内涵的挖掘、凝练和提升，力争形成具有地方特色的国家高新区文化体系。要继续通过会展、媒体宣传、先进人物评选、创新创业大赛等多种形式来扩大国家高新区创新文化的影响。要大力营造“鼓励创新，宽容失败”的创新氛围，努力提升园区创新活力。

加强协调，促进园区和谐发展。各国家高新区要在产业发展及园区建设中协调解决好社会保障、就业、农民安置等问题。国家高新区要帮助周边欠发达地区，主动做好技术扩散和产业辐射，带动其共同发展。园区间要建立信息沟通网络、加强横向交流，特别鼓励发展较快、较好的园区与资源、条件相对较少、较弱的园区间建立互补、互助性友好合作机制，共同和谐发展。

（二）壮大高新技术产业

建立适合自主创新特点的产业结构和产业生态体系。确立国家高新区产业发展的“三个标准”：发展与地区资源优势相吻合的产业；发展技术含量高、附加值高的产业；发展资源能源消耗小、环境友好型的产业。各高新区在此原则的指导下适时选择适合自身特点和发展阶段的主导产业及产业结构。发挥龙头企业带动作用，重点支持成长性好的企业快速发展，培育一批创新活跃的科技型中小企业，形成以大带小、以小促大的大中小企业协同发展格局。

积极培育新兴业态，大力发展现代服务业尤其是高技术服务业。发展现代服务业是新型工业化的关键之一，既是高新技术产业的重要补充，也是高新技术产业发展的重要环境。高技术服务业是产业价值链上不同环节逐渐分解和重新集聚的必然结果，是产业高端发展的重要形式。鼓励基础较好的国家高新区积极探索发展现代服务业（包括高技术服务业）的新路径，通过培育市场、政府采购、组建产业联盟、制定促进政策等手段，重点支持由网络技术和通信技术催生的新兴服务业，如互联网产业、3G 产业等；重点发展由从高新技术产业价值链上分解出来的产业形态，如研发、设计、测试、咨询和技术交易等；重点推动高新技术与传统服务业的融合渗透，大力发展电子商务、电子政务、电子银行、远程教育和远程医疗等服务业态。努力促进现代服务业在高新区内形成新的集聚，成为高新区产业结构升级的重要组成，成为地方经济重要增长点。

抢占产业技术高端，积极发展高端制造业。高端制造业是区域经济增长的重要支撑，是产业结构调整和增长方式转变的主要驱动。各国家高新区要紧紧抓住产业价值链高端环节，充分利用外来投资优势和内生企业发展，瞄准产业关键领域的核心技术，大力发展集成电路、光电显示、医疗电子设备、汽车电子、生物医药、新能源等产业的高端制造业。

挖掘地方优势资源，推动产业特色化发展。发展特色产业是产业基础较为薄弱的地区或者是区位优势不明显的地区实现经济赶超的一种发展思路，关键是找到能够充分发挥资源优势的切入点。鼓励充分挖掘区域的自然资源、科技、人才、信息、区位甚至文化层面的各种优势，在传统产业特色的基础上，做强做大特色产业。同时在发展中不断调整、优化和升级产业的档次和结构，推动国家高新区内特色产业集群的形成和壮大。

加快高新技术改造传统产业。积极引导国有大中型企业在国家高新区创办科技型企业，探索“强强联合，体外重组”“引进资本，嫁接改造”“整体迁入，自我改制”等模式，把技术、设备、人才等存量优势转化为发展高新技术产业的增量优势，加快传统产业提升和改造速度，壮大产业规模。尤其是要利用信息技术、网络技术、新材料技术、生物技术提升传统企业的生产流程、管理模式、市场营销渠道和产品的档次和层次，全面提升传统企业的市场竞争能力，推进传统企业向现代企业的转变。

坚决退出低端高能耗产业。各国家高新区要旗帜鲜明地退出不符合地方发展定位的产业，下大力气退出现有的高能耗、高物耗、高污染、低附加值以及破坏人文生态环境的行业，限制并淘汰落后工艺与装备。各国家高新区要遵守国家的有关规定，制定和完善相关能耗、污染标准，实行严格的产业准入制度，提高一般加工产业的进入门槛。建立劣势产业存量资源转移机制，对需要退出的产业实行有序收缩，积极将资本存量向高增长产业部门有效转移，活化宝贵的土地、资金等资源。

（三）推进产业专业集聚

大力推广适合自主创新特点的产业集群发展模式。各国家高新区要积极创造条件，努力在创业孵化、招商引资、专业服务平台搭建、专业化的地理空间规划中有意识地促成产业集群发展，重点推动特色企业在物理空间上的专业集聚，实现共享信息、互通有无。加强引入产业技术资源，奠定产业集群发展基础。通过大力发展产业集群，使产业技术的重大突破成为可能。

鼓励基于技术创新的产业联盟。鼓励有条件的国家高新区建立基于多种目的的产业联盟，重点推动由大企业发起成立，以制定行业标准为基本手段的产业化前联盟，为进入新兴产业做好准备；推动围绕龙头企业、以推进产业化进程为核心的产业化过程中的联盟和以中小企业为主、以开拓共同市场为目的的产业成熟阶段的联盟。通过企业内部创新到外部联合创新的转变，实现创新空间的新提升，同时降低技术创新风险，协助开拓市场。充分发挥第三方中介机构在产业联盟中的策划、组织和协调作用。在推进产业联盟过程中探索政府支持企业从点到面的转变。通过产业联盟横向维护良好的竞争生态，纵向整合产业链和产业资源，为形成产业集群奠定重要基础。

搭建公共的专业技术服务平台。各级科技部门要加大对国家高新区内的公共技术平台建设的支持。要把公共财政科技投入和产业化资金重点投向支持产业发展的国家重点实验室、国家工程技术中心、检测测试平台、开放式实验室、专业服务体系等，提升产业技术的竞争能力。

（四）提升自主创新能力

强化企业创新主体地位，推进新型产学研合作。国家高新区要制定切实可行的措施，集中政府优势科技资源向企业的自主创新倾斜，使企业真正成为研究开发投入的主体、技术创新活动的主体和创新成果应用的主体。鼓励企业积极与区域内外的大学、科研院所展开基于设备与信息共享、研发外包、联合承担国家和地方科技计划研发项目等多种形式的合作模式。

实施人才、专利、标准三大战略。贯彻“人才强国”战略，国家高新区要安排专项资金吸引高端人才。要把发明专利的产出能力、应用转化能力，作为检验国家高新区自主创新水平的主要指标之一，努力提高企业申报专利、管理专利、利用专利的积极性和主动性。要把实施标准战略作为国家高新区的一项重要任务，通过多种形式的产业联盟鼓励不同企业积极参与国际标准的修改与制定，参与国家、行业和地方标准的研制。

鼓励产业组织创新和商业模式创新。各地要制定具体的扶持政策，支持研发业态创新，大力发展研发合同外包（CRO）等新兴业态，鼓励跨国公司、外埠企业在国家高新区设立研发中心，鼓励技术转让、咨询等科技中介服务发展。鼓励通过信息技术、网络技术促进企业商业模式创新。

加快引进技术的消化吸收再创新。鼓励企业以“购买技术”“并购企业”“技术许可”“国际合作”等开放式模式，实现产业核心技术的再开发和再创新。各国家高新区要引导、鼓励企业把技术资金的使用和人力资源的配置放在再创新阶段。

六、保障措施

（一）政策法规保障

加紧《实施〈国家中长期科学和技术发展规划纲要（2006—2020 年）〉的若干配套政策》（以下简称《配套政策》）的落实和试点。各国家高新区要积极协助当地政府抓紧研究落实《配套政策》的相关要求，同时制定提升国家高新区或所在区域自主创新的政策条件，力争在科技投入、创业投资、税收激励、金融支持、政府采购等方面先行先试，营造企业发展的良好政策环境。

完善政策体系。积极协调国家有关部门，确保现有的各项优惠政策稳定不变。要以把国家高新区建设成为自主创新的重要载体为主题，积极争取出台鼓励与支持研发、孵化、知识产权保护、创业风险投资、技术转让、中介服务和调动各类人才积极性等方面的政策。

推动国家及地方立法。研究制定国家高新区管理条例，规范国家高新区的管理。积极推动省级人大的国家高新区立法工作。通过人大立法和政府规章、授权，进一步明确国家高新区的法律主体地位，明确法定权限。

（二）机制体制保障

继续完善国家高新区的管理体制与运行机制。继续支持国家高新区坚持和完善精简高效的管理体制。国家高新区的管理机构作为所在地级市以上人民政府的派出机构，根据授权行使同级人民政府行政审批、经济协调与管理等职能。对一区多园的国家高新区要由国家高新区的管理机构实行统一管理和统一规划。国家高新区原则上不与所在行政区合并管理或取消管委会建制。

完善科技创业的投融资体系和信用体系。要进一步加快建立与高新技术企业成长规律相一致的投融资体系，创新融资、担保、贴息等机制，形成包括政府引导资金、天使基金、创业风险投资、商业信贷资金等多层次的投资主体，引导企业利用主板市场、创业板市场、海外融资等资本市场进行融资。要多方引入国内外投资型企业入区，推进技术产权交易融资，积极探索“高新区 + 高技术成果 + 民营资本”联合支持高科技项目的有效途径，构筑重大产业化项目金融服务的快速通道。

探索园区与周边区域协调发展的新型机制。各国家高新区要在地方政府的领导下，展开与周边区域协调发展的机制创新，制定产业在园区与周边区域的合理布局和规划，实现以园区发展带动周边区域就业和公共服务设施的完善，以周边区域发展服务园区发展，为园区拓宽发展空间和为入区企业提供产业和生活配套。

（三）财政投入保障

确保地方财政科技投入的稳定增长。国家高新区要把科技投入作为预算保障的重点，年初预算编制和预算执行中的超收分配，都要体现法定增长的要求。“十一五”期间，确保地方财政科技投入增幅明显高于财政经常性收入增幅。

保障公共财政资金的“四个倾斜”。国家高新区的公共财政资金要形成合力，要进一步向提升和优化国家高新区基础设施倾斜，支持各功能区的水、热、电、汽、道路等基础设施建设；要向充实和完善国家高新区服务支撑体系和综合服务功能倾斜，引导生产性服务体系的建立、资源共享和功能完善；要向培育和实现区内重大自主创新和产业化项目倾斜，增强对重大项目的专业配套能力；要大力向科技型中小企业创新创业行为倾斜，培育未来的经济增长点和持续的创新能力。

集成科技部内资源，支持高新区自主创新。科技部863计划、支撑计划要重点向国家高新区内的研发机构、高新技术企业、中介机构、产学研联盟倾斜。要利用中小企业创新基金重点投入高新区内技术转移专项、创业投资母基金及公共服务机构平台的建设，要利用火炬计划环境平台、科技基础条件平台引导高新区进一步完善创新创业环境及科技基础设施建设。要积极组织有条件、有能力的高新区及区内企业、研究机构共同承担国家中长期科技发展规划中确定的重大科技专项。

（四）火炬计划环境条件保障

国家高新区是火炬计划的重要载体和核心政策工具。十几年来，火炬计划集中了有限的资源向国家高新区倾斜，有效地推动了国家高新区的环境优化和产业发展。在新时期，火炬计划仍将继续以国家高新区为载体，积极实施“育苗造林”工程。要充分利用公共财政引导社会资源对“良种”（优秀创业团队）的发现和孵育，更加注重企业层面创新能力的培养，促进企业提高市场竞争力；要更多地通过公共政策，降低科技型中小企业创新成本，注重集群层面创新能力的提高，促进产业增强国际竞争力。通过政策扶持和实施“育苗造林”工程，大力促进国家高新区的可持续发展。

（五）加强管理与指导

建立国家高新区评价考核动态管理。对国家高新区实行“总量控制、定期考核、优上劣下、分类指导”的动态管理。不断完善《国家高新区评价指标体系》，对国家高新区的知识创造和孕育创新能力、产业化和规模经济能力、国际化和参与全球竞争能力、可持续发展能力等进行考核评价。组织开展国家高新区的总体评估，根据评估结果和区域发展需求进行分类指导，必要时对国家高新区布局做局部调整。

提高国家高新区土地集约化利用程度。积极推动发展较好的国家高新区按审批原则及程序要求适当扩区。各国家高新区要把加强空间规划作为“十一五”期间园区发展的大事来抓，要严格按照国务院对开发区布局集中、土地集约、产业集聚要求，进一步加强土地规划与开发建设管理；要严格按照土地利用总体规划和城市总体规划来进行开发建设；要严格按照规定合理规划用地，新增土地面积应主要用于高新技术项目用地及建设研发机构、科技企业孵化器、科技企业加速器和相关科技中介服务机构和相关配套设施。支持地方政府将国家高新区周边预留的发展空间和产业配套、生活配套空间纳入《城市总体规划》和《城市土地利用总体规划》。

开展建设世界一流高科技园区和创新型园区的行动。研究借鉴国际领先园区的经验，确定我国世界一流高科技园区和创新型园区的特征和发展目标，制定《建设世界一流高科技园区和创新型园区行动方案》，选择基础较好、实力较强、意愿明确的国家高新区进行试点并逐步扩大试点范围。

（六）加强研究、交流和宣传

加强对国家高新区产业发展的战略规划和研究。要依托国内外大学、科研院所的力量，加快建立和完善国家高新区发展战略的研究体系，组织开展国家高新区及相关的产业集群、成果转化等课题研究，紧紧围绕提高区域科技自主创新能力，深入开展发展战略研究，积极探索符合时代特征、具有中国特色、反映区域特点的国家高新区发展思路和发展模式，为国家高新区体制创新、机制创新和科技创新不断提供咨询和建议。

加强同国际上成功的科技园区的经验交流。要加快国家高新区信息化建设，实现国家高新区信息资源的快速整合和共享。通过举办科技博览会、高层论坛，组建跨区域、跨国界的技术创新联盟，促进企业、园区之间的交流、合作，促进人才、知识、信息、技术、资本等资源在更广阔空间的流动和优化组合。充分利用在美国、英国、俄罗斯、新加坡、奥地利等国家建立的海外科技园，加快我国高新技术产业国际化进程。

加强对国家高新区发展经验和成果的广泛宣传。加强对国家高新区探索自主创新道路和模式的深入调研，挖掘园区和企业发展典型案例，不断总结国家高新区的发展经验和成果。通过各种媒体和方式在全国范围内展开对国家高新区成果的宣传，使国家高新区发展模式和取得的成绩起到更大的示范引导作用。

加强国家高新区统计工作的准确性和时效性。加强对国家高新区现有产业业态和产业组织的研究，把高技术服务业纳入国家高新区统计体系。进一步完善现有国家高新区统计快报体系，及时、准确、规范地完成国家高新区数据统计工作。

国家高新技术产业开发区技术创新纲要

为进一步贯彻落实党的十六届三中全会提出的坚持以人为本，树立全面、协调、可持续发展的科学发展观，更好地指导与协调国家高新技术产业开发区（以下简称“国家高新区”）的技术创新工作，推动国家高新区通过营造更加完善的创新创业环境，实施以增强技术创新能力为核心的“二次创业”发展战略，进一步增强高新技术企业的核心竞争力，特制定本纲要。

一、发展现状

国家高新区的经济增长方式正在由建区之初的生产要素驱动型向创新要素驱动型转变。2003年，国家高新区企业年投入R&D资金420亿元，占全国企业年投入R&D资金总数的近50%，占全国所有年投入R&D资金总和的约1/3。2003年，国家高新区拥有授权发明专利8170项，高新技术企业营业总收入达到16579.2亿元，占国家高新区营业总收入的79.2%，高新技术产品收入为9245.1亿元，国家高新区企业的R&D投入占到高新区产品销售收入的2.44%，其中22238家高新技术企业的R&D投入达391.9亿元，占高新区全部R&D投入的94.2%，高新技术企业已经成为国家高新区技术创新的主导力量。

在国家高新区从业人员的学历结构上，2003年高新区共有从业人员395.4万人，其中大专学历以上人员占到37.3%（其中硕士9万人，博士1.63万人），并吸引了1.3万名留学回国人员。人才的聚集使得高新区有较强的创新源泉和创新活力。

在孵化和创新平台及服务体系的建设上，目前我国共有489家科技企业孵化器，其中国家高新技术创业服务中心109家，国家火炬计划特色产业基地82家，国家火炬计划软件产业基地29家，国家大学科技园44家，留学生创业园45家，国家高新技术产品出口基地25家。这些创新平台有281家在高新区内，极大地促进了科技创新和科技成果向现实生产力的迅速转化。

人才、R&D投入、孵化和服务平台等创新要素的集聚，加速了国家高新区经济高速、持续和健康的发展。自1992年起，高新区的各项经济指标一直保持30%以上的年均增长幅度。2003年，53

科技部，国科发火字〔2005〕16号，2005年1月13日。

家国家高新区实现年营业总收入 20938.7 亿元、年利润 1129.4 亿元、年上缴税额 990 亿元、年出口创汇 510.2 亿美元。

伴随着国家高新区科技经济的快速发展，一支包括科技企业家、科技研发人才和高新区管理专家在内的科技产业化大军已经形成，一批有竞争力、有创新活力的高新技术企业正在茁壮成长，国家高新区正在成为名副其实的高新技术产业基地。

随着科学技术的飞速发展，高技术及其产业在国家间竞争中的战略地位业已确立，日趋激烈的国际竞争、严峻的国内就业压力、经济发展和市场变化等对国家高新区的技术创新提出了新的要求。国家高新区需要不断完善创新创业环境，提高技术创新能力，以肩负更重要的历史使命。为此，国家高新区还亟须解决存在的一些问题和薄弱环节：

1. 技术创新能力还需要进一步提高，与国际高技术产业发展比较，主要表现在原始创新少、资本与技术结合不够、企业 R&D 投入少、高新区自身科技投入少和科技人才少等方面；

2. 技术创新环境如政策扶持、人才、体制创新、创新文化、法律保护、服务体系建设等方面有待进一步改善；

3. 自主创新和技术创新的国际化有机结合不够，一个开放的自主创新体系尚未形成；

4. 技术创新工作的发展空间受限；

5. 技术创新及产业发展对周边地区的辐射和带动力有待提升。

二、指导思想

以党的十六大会议精神和“三个代表”重要思想为指导，实施科教兴国、人才强国和可持续发展战略，全面落实科学发展观，把国家高新区建设成为区域科技、经济和社会发展的技术创新辐射中心。

1. 坚持以人为本的原则，把人才资源作为第一资源；

2. 以营造创新创业环境为核心工作，通过完善环境，引导和促进研发机构、科技企业孵化器、高新技术企业及产业化的各类企事业单位不断增强技术创新能力；

3. 坚持技术创新与体制创新并重的原则，通过不断探索体制创新，促进区域技术创新，以区域技术创新和经济、社会协调发展的成果来检验体制创新的成败。鼓励各级政府和企事业单位积极探索有利于增强区域创新能力的新体制、新机制；

4. 坚持企业作为技术创新主体，同时强调研发机构、科技企业孵化器及各类科技中介机构在增强区域创新能力中的不可或缺的作用；

5. 坚持自主创新与对外开放相结合，通过自主创新增强区域和企业的核心竞争力，通过加强国际合作来不断提高国家高新区技术创新的研发起点；

6. 坚持推进重大科技成果产业化与鼓励市场引导下的企业自主研发、孵化有机结合原则；

7. 通过区域技术创新增强对周边地区形成扩散和辐射带动力；

8. 实行分类指导的原则，对智力密集的中心城市和副中心的工业城市及欠发达地区的国家高新区给予差别化指导，引导和鼓励各地国家高新区围绕本地产业特色，建立与之相适应的技术创新目标和体系。

三、总体目标

通过实施以营造创新创业环境、增强技术创新能力为核心的“二次创业”发展战略，使国家高新区真正成为：

高新技术研发、孵化和产业化的基地；

培育、造就高新技术企业和科技企业家的摇篮；

深化科技、经济体制改革与创新的试验区；

高新技术产业发展的密集区；

高新技术产品出口的重要基地；

改造和提升传统产业的技术辐射源。

以强化上述功能为核心，努力使国家高新区成为实施科教兴国、人才强国和可持续发展战略、全面落实科学发展观的示范区，为推动新型工业化、实现全面建设小康社会的宏伟目标提供强大的科技创新动力和经济实力。

2010 年底，国家高新区高新技术企业将达到 4 万家；高新技术产品年收入在目前基础上翻一番，达到 2 万亿元；授权发明专利数也翻一番，接近 2 万项；R&D 人员的人均 R&D 经费争取达到 15 万元；国家高新区内各类企业的 R&D 经费占产品销售额比例达到 4%（其中高新技术企业为 5% 以上）；R&D 人员比例争取达到 20%, 吸引 R&D 人才 120 万人；从国家高新区内的科技企业孵化器累计毕业高新技术企业约 1.5 万家。国家高新区的技术创新能力将显著提高。

力争在微电子领域（如 CPU 产业）、系统软件、中药现代化、生物工程、纳米技术、通信技术、新材料、先进制造技术等领域，通过技术创新使现有产业技术含量达到国际中等或先进水平，并占有较大的国际市场份额，通过技术创新的重大突破，培育新型战略支柱产业。

增强国家高新区在区域经济发展中的作用和地位。通过加强高新区的技术创新，使珠江三角洲、长江三角洲、环渤海等沿海地区的国家高新区积极实施“走出去”战略，在更深层次和更广阔的领域参与国际产业分工、合作与竞争，使东北地区以及中西部地区的国家高新区在东北老工业基地振兴、西部大开发和中部经济崛起中发挥更大的示范、先导和辐射带动作用。

在智力密集的中心城市国家高新区，以提高技术创新的核心竞争力为目标，重点通过形成以大学、科研机构、研发企业和高技术制造企业为主的技术创新体系，使高新区创新资源的聚集能力明显增强，力争在一些高技术领域实现技术突破并形成重点支柱产业，带动周边地区的相关产业发展；

在副中心的工业城市国家高新区，以提高制造业技术水平为目标，重点通过聚集与本地制造业相关的创新资源和加大对企业研发工作的支持，提升制造业的技术水平；

在少数欠发达地区的国家高新区，以提高经济实力为目标，重点通过与大学、科研机构、研发企业、高技术制造企业的合作，促进高新区内各类企业的技术创新，大力发展为高技术产业配套的加工产业。

四、重点任务

国家高新区的技术创新能力主要体现在对技术创新资源聚集与整合的能力和引导区内企业加强技术创新工作的能力两个方面。通过进一步集成科技创新资源，营造创新创业环境和鼓励支持企业加大技术创新的资金投入，提高国家高新区的整体创新能力，是国家高新区实施“二次创业”的发展战略的核心任务。国家高新区要增强技术创新的紧迫感和责任感，通过实施人才、专利和标准战略、加强区域公共技术平台建设、建立产学研联盟、开展国内外科技交流与合作、大力推进863计划、科技攻关成果和创新基金项目产业化等措施，进一步组织创新资源向国家高新区聚集，增强高新区企业自主创新能力和对先进技术消化、吸收和再创新能力，努力使一些高新技术产业领域实现中国制造到中国创造的转变，使我国产业结构由低端向中高端提升，为实现全面建设小康社会的宏伟目标做出重要贡献。

（一）以国家高新区环境为依托，完善鼓励技术创新的宏观科技政策

调整和完善技术创新的政策体系，建立以企业投入为主体的技术创新投入机制，进一步引导企业增加研究开发投入经费。制定区域创新政策和产业政策，增加各级政府财政对技术创新环境建设支持力度，营造以公共技术平台为主要内容的创新创业环境，加大对原创性科技成果转化的政策扶持，支撑和支持企业技术创新活动。制定鼓励外国企业和机构在国家高新区投资研发机构的政策，聚集国际科技创新资源，带动地区技术创新能力的提升。完善知识产权保护的法规和政策，支持大学、科研机构和企业依法保护技术创新获得的知识财产和通过多种方式获得许可权益。继续探索技术产权交易机制，初步形成能够支持技术创新能力提升的区域小额资本市场，加快资本与技术的融合。制定和完善国家高新区创新人才政策，有效聚集国内外技术创新和产业化人才。

通过在国家高新区出台上述科技政策，培育和形成若干具有自主创新能力和核心竞争能力，能够参与国际科技经济竞争的大公司和企业集团，形成一批具有国际水准的技术开发机构，以提高国家高新区参与国际科技产业竞争的能力，进而带动周边地区产业的升级和经济的发展。

（二）以国家高新区环境为依托，积极探索有利于增强技术创新能力的体制创新

推动产学研合作向深度和广度发展，鼓励制度创新、机制创新，进一步促进经济、科技体制改革，充分发挥大学、科研院所、企业、中介机构和政府的各自优势，促进研发、成果转化、孵化和产业化工作的有机结合和合理分工。建立和完善一批技术转移中心，鼓励产学研各方面积极探索多种合作与联合的模式，鼓励产学研在共同承担国家重点科技项目、共同开发关联平台技术、联合研究制定新技术标准、联合培养科技和管理人才、人才流动与兼职等方面进行大胆的探索。

以重大科技成果产业化项目为纽带，通过市场机制、政策推动、企业化运作，促进大学、科研机

构和企业建立产学研战略联盟。

支持科技型中小企业的技术创新活动，鼓励他们申请和参与国家科技计划项目的实施。

支持大学、科研机构和企业参与国际科技合作，提高技术创新的国际化水平。

（三）以国家高新区环境为依托，建设城市创新创业的核心基地——火炬创新创业园

加快建立健全包括各类科技企业孵化器、各类中介服务机构和政府服务机构在内的科技创业孵化体系。具备条件的国家高新区要通过规划和引导，逐步形成包括高技术企业、研发机构、科技中介机构和不同投资主体、不同专业分工的科技企业孵化器为主要载体的科技创新创业集群区域——火炬创新创业园，并将企业的生产加工一般转移至创新创业园以外的高新区及其高新区的周边地区。通过重点建设火炬创新创业园，继续探索体制创新、机制创新与技术创新的结合，着力培育民营高新技术企业，使国家高新区真正体现集聚科技创新资源、扩散技术成果、提升技术创新能力和带动地区经济发展的国家高新区的建区宗旨。建设火炬创新创业园要因地制宜，鼓励各地探索有利于形成创新创业优化环境和有利于提升国家高新区技术创新能力的各种有效模式。

（四）以国家高新区环境为依托，营造政府引导下的市场化技术创新服务平台

通过重点建设以科技创业服务中心、生产力促进中心和技术市场为主，包括科技金融、风险投资、产权交易、担保、租赁、咨询、评估、知识产权、法律、会计、审计、贸易等内容在内的区域技术创新服务平台，构建科技创新的中介服务体系。要积极探索科技中介服务体系的有效运行机制，提升整合社会科技资源的能力，形成全社会、开放式、网络化的技术创新服务网络。努力在国家高新区内形成资本与技术融合、技术成果转移通畅、中介市场诚信有效、服务配套完善的高技术产业化服务环境。

要根据当地资源、产业发展方向和市场需求，继续发展多种形式的科技企业孵化器，如创业服务中心、大学科技园、科研院所创业园、军转民创业园、留学生创业园等；大力提倡创办专业孵化器，如软件产业基地、集成电路设计孵化器、生物工程类孵化器、火炬计划特色产业基地等，进一步吸引更多的人才到高新区创新创业。

（五）完善国家高新区和周边地区协调发展的政策机制，进一步提高国家高新区对地区科技、经济和社会协调发展的辐射带动能力

依靠市场机制，通过合作与竞争，在全国形成若干以国家高新区为技术创新辐射中心的高新技术产业密集区域。通过人才、技术、信息的流动和产业的配套，提高国家高新区技术创新资源的聚集和辐射能力，形成产业由高端向低端的梯次发展格局。通过加大对东北和中西部高新区技术创新活动的支持，促进人才、技术、资金、信息等资源的配置向东北和中西部的流动，提高东北和中西部国家高新区企业的技术创新能力，保证东北老工业基地振兴、西部大开发和中部经济崛起战略的落实。

促进技术创新要素与资源的合理流动和优化配置。鼓励东部经济发达地区的大型民营企业参与东北振兴和西部大开发战略的实施，鼓励创新资源的合理流动和优化配置，将更多的先进适用技术、创新人才、管理经验和市场信息与西部的资源与市场结合起来。

（六）加强国际交流与合作，实施高新技术产业"走出去"的国际化发展战略

高新区作为我国高新技术产业的基地和对外开放的窗口，必须适应国际竞争的要求，在国际化方面走在前列。国家高新区要善于利用国内国际两个市场和资源，熟悉并掌握国际惯例和市场规则，一方面，科学规划，有的放矢，在吸引和利用外资的同时注重引进国外研发机构，注重外资核心技术的引进和利用；另一方面，国家高新区要有计划、有步骤、高起点地实施高新技术产业"走出去"的发展战略，促进企业在国际范围内实现资金、技术、管理、市场资源等的优化组合，并在国际市场形成一批中国的跨国公司，全面参与国际分工、竞争与协作。

推进国际技术创新合作，加强与国外有关机构合作，共同开展以技术创新为对象的合作计划。鼓励企业通过技术贸易、在国外建立研究开发机构、与国外企业建立"动态联盟"等方式开展国际技术创新合作。政府要根据 WTO 有关协议的要求，制定和完善这方面的法律、法规，严格依法行政，使企业在技术创新国际合作中涉及的知识产权界定、交易、保护等各方面的权益得到有效保障。

五、主要措施

（一）加强国家高新区技术创新人才队伍建设

1. 国家高新区管委会主要领导，必须熟悉本地主导产业的技术领域和发展规律，80% 以上的班子成员应具有大学本科以上学历，必须有一名同级或上一级科技部门负责同志兼任副主任，并有职有权；

2. 国家高新区从事科技、经济、人事和社会事务等主要部门的管理人员具有大学本科以上学历的比例不能低于 70%，并有一批熟悉高新技术产业发展规律的管理骨干人员；

3. 高新技术企业的大专以上毕业人员数不能低于企业员工总数的 30%；从事 R&D 的人员数不能低于企业员工总数的 10%；

4. 加强对国家高新区管理干部的培训，继续办好国家高新区主任培训班和科技企业孵化器高级管理人员培训班。

（二）增加科技投入、完善风险投资机制

科技部进一步增加对国家高新区技术创新能力建设的支持。各地科技部门要把本地的国家高新区作为科技工作的重中之重加以指导和支持，要把国家高新区内的技术创新工作作为科技部门的重点工作，通过增加技术创新配套资金和不断完善有利于高新技术产业化的风险投资机制，努力把国家高新区建设成为城市创新创业核心基地。

1. 科技部设立公共技术创新平台建设专项资金，重点支持地处国家高新区内的大学、研究机构和国家级科技企业孵化机构；

2. 科技型中小企业技术创新基金，重点支持国家高新区内的科技型中小企业技术创新活动；

3. 863 产业化引导资金重点支持国家级高新区内有一定科技经济实力的高新技术企业的产业化项目；

4. 科技部设立专项资金，引导国家高新区完善包括生产力促进中心、科技企业孵化机构、技术产权交易市场等内容的科技中介服务体系建设；

5. 国家高新区直接用于支持新产品开发的科技经费，不能低于年财政预算的 5%，到 2010 年应达到 10%；

6. 高新技术企业 R&D 经费，不能低于年产品销售额的 5%；

7. 鼓励在国家高新区建立风险投资公司，支持他们投资以研发和产业化为主的高新技术企业；

8. 支持在国家高新区内建立区域性的小额资本市场，促进技术与资本的有机融合。

（三）适当扩大和调整国家高新区的区域与面积

重点支持技术创新能力强、经济发展速度快、创新创业环境好的国家高新区扩大和调整区域面积。新增面积主要用于符合高新技术企业条件的企业用地和少量配套用地，重点建设以技术创新为核心的火炬创新创业园；国家批准的高新区范围内，研发机构、科技企业孵化器和高新技术企业用地不能低于总面积的 60%。各地要在《城市总体规划》和《城市土地利用总体规划》的修编中优先保证国家高新区的创新创业环境用地，并在周边规划产业和生活配套用地。

（四）积极开展横向联合，促进技术创新联盟的形成

1. 整合国家科技计划，联合支持国家高新区内的大学、科研机构、高新技术企业和科技公共平台的研发、成果转化、孵化及产业规模的产业化体系建设和技术创新活动；

2. 加快技术创新信息网络建设，实现全国各城市及相关高等院校、科研机构、中介机构的信息网联网，加强有效的信息服务，及时发布科技成果、课题招标、人才供求等信息。进一步促进技术市场的发展与完善，并逐步规范化、制度化；

3. 建设国家高新区资源信息中心，消除高新技术产业的信息孤岛现象。

（五）营造国家高新区良好的创新文化环境

重点营造勇于创新、敢为人先、敢于实践、宽容失败、鼓励竞争、崇尚合作、遵纪守法、诚信合作的环境。人才是科技创新的关键，要坚持贯彻尊重劳动、尊重知识、尊重人才、尊重创造的方针。要坚持在创新实践中识别人才，在创新活动中培育人才，在创新事业中凝聚人才，努力造就一批德才兼备、国际一流的科技创新人才，建设一支高素质的科技创新队伍，特别是要为年轻人才脱颖而出、施展才干提供更大的舞台和更多的机会。要在国家高新区培育创新意识，倡导创新精神，完善创新机制，充分营造鼓励创新、支持创新的社会氛围。

（六）依法加强管理和评价

积极推动国家、省两级人大的立法，通过立法和政府授权，完善国家高新区的管理体制，确立国家高新区的法律主体地位，做到依法治区。

建立由大学、科研院所、企业、中介机构和政府代表参加的评议委员会，负责评议国家高新区技术创新的发展状况，向本地政府部门和国家科技部门报告工作。

“十一五”期间，科技部将按照《国家高新技术产业开发区评价指标体系》和《国家高新技术产业开发区技术创新纲要》组织对国家高新区及其相似区域的技术创新发展评估，根据评估的结果和区域发展的需求，向国务院提出调整国家高新区布局和增加国家高新区的建议。

国家大学科技园“十一五”发展规划纲要

大学科技园是国家创新体系的重要组成部分和自主创新的重要基地，是区域经济发展和行业技术进步以及高新区二次创业的主要创新源泉之一，是中国特色高等教育体系的组成部分，是高等学校产学研结合、为社会服务、培养创新创业人才的重要平台。一流的国家大学科技园是一流大学的重要标志之一。

为进一步贯彻党的十六大、十六届五中、六中全会精神和《中共中央、国务院关于实施科技规划纲要，增强自主创新能力的决定》、深入实施“科教兴国”战略和“人才强国”战略，深化科技、教育体制改革，推进高水平大学建设，加快科技成果转化和高新技术产业化，明确“十一五”期间国家大学科技园的指导思想、发展目标和重点任务，根据《国家中长期科学和技术发展规划纲要（2006—2020年）》和《2003—2007年教育振兴行动计划》所确定的有关任务，制定本纲要。

一、发展现状与形势

“十五”期间，科技部、教育部颁布了《国家大学科技园管理试行办法》《科技部、教育部关于进一步推进国家大学科技园建设与发展的意见》，进一步完善了相关政策环境，在功能定位、动态趋势、管理体制、运行机制、评价考核、发展模式、国际比较、发展战略等问题上组织有关专家进行了深入广泛的研究和探讨，并积极推动多种形式和类型的国际合作交流。国家大学科技园事业已逐步走上健康发展的快车道。

五年多来，科技部、教育部已认定国家大学科技园62家，在培养创新创业人才、转化高校科技成果、孵化高新技术企业、推动高新技术产业发展、加速区域经济建设和行业技术进步以及缓解就业压力等方面发挥了重要作用。

截至2005年底，根据对国家大学科技园的不完全统计，已转化科技成果近3000项，有在孵企

科技部、教育部，国科发高字〔2006〕496号，2006年12月6日。

业5700多家，累计毕业企业1400多家，获授权专利2000多项，提供就业岗位7万余个，吸引留学人员2000余人，大多数国家大学科技园建立了大学生创业基地和实习基地，国家大学科技园已成为各类创新要素与资源汇集、融合的新园地，一批自主创新能力强、发展势头好、为国家做出重要贡献的国家大学科技园脱颖而出。

“十五”期间，国家大学科技园事业取得了阶段性成果，但一些不利因素依然存在，如部分地方管理部门和高校对国家大学科技园在国家创新体系中的地位及作用认识不足、相关政策的制定和落实不到位、中小企业融资渠道有限、国家大学科技园自身管理体制和运行机制不够完善等。“十一五”期间将是我国全面落实科学发展观，大力提升自主创新能力，进一步推进产业结构调整，构建和谐社会，建设创新型国家的关键时期。如何完善自身体制机制、优化自主创新环境，圆满完成各项重要任务，是新的形势对国家大学科技园事业提出的时代要求。

二、指导思想和发展原则

“十一五”期间，我国社会主义市场经济体制将进一步完善，对外开放程度将进一步提高，要充分利用日益良好的社会环境条件，抓住机遇，促进国家大学科技园保持快速、持续、健康、协调发展，为“十一五”国民经济和社会发展做出积极贡献。

（一）指导思想

以党的十六大、十六届五中、六中全会精神为指导，认真落实《中共中央、国务院关于实施科技规划纲要，增强自主创新能力的决定》，深入实施《国家中长期科学和技术发展规划纲要（2006—2020年）》，树立科学发展观，贯彻“自主创新，重点跨越，支撑发展，引领未来”的科技工作方针，培养创新创业人才，加速科技成果转化，营造创新创业环境，着力增强自主创新能力，为建设创新型国家做出贡献。

（二）发展原则

坚持“科学规划，合理布局，统筹安排，协调发展”。一是坚持国家大学科技园与依托高校的协调发展，充分利用依托高校优势学科，进行原始创新、集成创新和引进消化吸收再创新，同时推动高校学科建设和人才培养。二是坚持国家大学科技园与区域经济、地方特色和行业技术的协调发展，一方面营造各具特色的创新环境和创业文化，利用高新技术改造传统产业、发展高新技术产业；另一方面积极探索建立有利于调动地方政府、高校、研发及创业人员和各种社会力量积极性的符合社会主义市场经济规律和自身特色的管理体制和运行机制，实现可持续发展。三是坚持开放，加强国家大学科技园的国内外合作与交流，从全世界的范围集聚相关资源，增强发展潜力。四是健全创新创业人才的培养和引进机制。

三、发展目标

（一）总体目标

“十一五”期间国家大学科技园发展的总体目标是：统筹规划，合理布局，在积极发展的同时探索符合我国社会经济规律的发展模式，全面提高国家大学科技园的质量和效益，使之成为提高我国自主创新能力、促进高新技术产业化、推动区域经济发展和行业技术进步的原动力。

（二）具体目标

1. 新建一批国家大学科技园，使总数达 80 个，总孵化面积达 1000 万平方米，并力争使其中若干家成为有一定国际影响力的科技园区。继续鼓励有条件的省市及社会力量参与建设具有区域特色的地方大学科技园。

2. 积极转化科技成果，使高等学校科技成果转化率有大幅提高。孵化高新技术企业 15000 家左右，其中在信息、生物、新材料等有可能实现重点突破和技术跨越的产业领域，培育 200 家左右具有较强国际竞争力的高新技术企业和一批具有自主知识产权的高新技术及产品，申请专利达到 10000 件以上。

3. 培养和引进一批高素质的科技型企业家、高层次技术人才和应用型人才，建设一支高水平、专业化的国家大学科技园管理和服务队伍，把进入国家大学科技园进行创业实践作为高等学校社会实践教育的重要组成部分。使国家大学科技园成为留学归国人员高度聚集的地方和大批大学生毕业前后实践、创业的基地。

四、重点任务

“十一五”期间国家大学科技园发展的重点任务是：努力做好发展规划；进一步完善管理体制和运行机制；积极拓展融资方式，加快建立多元化投融资渠道；加强与高等学校的互动发展，完善创新创业人才培养机制；推进科技基础设施建设，建立较完备的公共创新服务体系；努力构建有利于创新创业的人文环境，为实现发展目标创造条件。

（一）做好规划，指导国家大学科技园发展

国家大学科技园要明确发展目标，做好空间布局规划和重点培育及发展的技术领域的规划，促进产业集聚。国家大学科技园规划要与国家高新技术产业发展战略相结合，向国家高新技术产业开发区、经济技术开发区等辐射科研成果、输送科技企业家、转移科技企业；要与当地的高新区建设接轨，与区域经济及社会发展规划相适应，结合地方特色产业，推动区域经济建设和行业技术进步发展，并充分利用高新区已有的资源环境，相互促进，共同发展。

（二）不断完善管理体制和运行机制，确保国家大学科技园的可持续发展

在政府的指导和推动下，通过不断完善管理体制和运行机制，理顺与高等学校的关系，根据“精简高效”的原则，按照市场经济规律，建立有利于“官、产、学、研、金、介、贸”结合的管理体制；根据现代企业制度的基本要求，完善产权激励和利益分配机制；规范企业入孵、孵成退出机制。国家大学科技园必须组建专业化的管理公司，并按照现代企业制度建立管理机制，探索国家大学科技园可持续发展的新模式。

（三）拓展融资方式，建立多元化投融资渠道

加强与金融、投资机构的合作，通过建立和引入种子基金、创业基金、风险基金和科技型中小企业技术创新基金等，吸引社会企业向园内技术创新项目和高科技中小企业投资，推动国外风险投资公司进入国家大学科技园，利用国内外证券市场和产权交易市场融通资金，建立具有中国特色的创业投资机制。

（四）结合高校特色，实现互动发展

国家大学科技园要加强与所依托高校的良性互动，促进大学文化与企业文化的融合，营造良好的创新创业氛围；建设以优势学科为依托的专业孵化器；加速对高校原始创新科技成果的转化与产业化；通过技术转移、企业孵化和创业服务，为高校的学科建设、人才培养和学生就业提供支持；通过与国内外知名企业和研发机构的合作，为高校与技术发展的国际前沿接轨创造条件；与高校共同创造有利条件，吸引包括高校师生和留学人员在内的各类创业者到园区创业，并通过创业实践和企业孵化，培育大批高层次的技术开发人才和具有创新精神和创新能力，掌握现代科技，兼具市场意识和管理才能的科技企业家。

（五）推进基础设施建设，构建创新服务体系

改善园区环境和条件，建立高效便捷的公共信息平台，完善创新服务体系，进一步提高孵化服务能力。建设职业化、高素质的管理与服务队伍，在创业辅导、企业诊断、市场营销、投资融资、产权交易、技术支持、人才引进、人才培训、对外合作、法律咨询等方面为入园创业者提供高质量服务。

五、相关措施

“十一五”期间，科技部、教育部将积极协调相关方面，进一步加强对国家大学科技园工作的指导和支持。以加强创新创业人才培养、促进科技成果转化、推进高新技术企业孵化为中心，推动地方政府和依托高校加大对国家大学科技园的支持力度，鼓励各国家大学科技园通过技术和制度创新，激发师生创新创业的积极性、创造性，把国家大学科技园建设推向一个新的高度。

（一）加强政策研究，改善宏观指导

政府有关部门要加强战略研究和理论探索，正确把握发展方向，建立和逐步完善相应的政策体系，对国家大学科技园进行宏观指导。积极推动将国家大学科技园的发展建设纳入地方发展规划和高校中长期科学与技术发展规划，制定系统的鼓励优惠政策、措施；支持符合条件的国家大学科技园管理公司按程序认定为高新技术企业并享受有关优惠政策；完善《国家大学科技园认定和管理办法》，探索符合规律的发展模式，研究科学合理的评价办法和指标体系，实行定期评估、动态管理，把国家大学科技园的发展绩效作为对依托高校和地方科技教育管理部门评估考核的重要指标之一。

（二）加大财税支持力度，积极为拓宽投融资渠道创造条件

科技部、教育部和地方科技、教育行政管理部门及所依托的高校要积极创造条件，设立国家大学科技园发展专项。同时研究制定优惠税收政策，使国家大学科技园用于孵化的房产可享受房产税、营业税优惠。支持园内的科技企业孵化器（创业中心）成为国家高新技术创业服务中心。地方和依托高校要从领导班子组建、资金投入、用地及园区基本建设、财税、人才引进等各方面给予有力支持。积极促进金融、投资机构与国家大学科技园的合作；推动国家有关部门适时启动二板市场，创造条件推动国家大学科技园和园内高新技术企业优先上市。

（三）推进公共创新服务平台建设，推动国家大学科技园建立战略联合体

国家大学科技园专项，要用于国家大学科技园的产业化技术支撑平台、创业服务公共信息网络平台等基础条件的建设，根据对国家大学科技园的年度评估考核情况择优支持。高校要充分挖掘自身资源，积极利用社会资金，加快基础设施建设，为科技人员创新创业提供包括孵化场地、通信网络等在内的、设备齐全的良好硬件环境。进一步推动中国大学科技园协会发展，鼓励各国家大学科技园通过中国大学科技园协会构建战略联合体。

（四）深化高校科技管理体制改革，营造良好的创业环境

高校要将国家大学科技园纳入学校整体建设与发展规划，切实加大对其建设与发展的扶持力度，进一步向国家大学科技园开放人才、技术、装备、基地、信息等资源；完善有利于科技成果转化的分配、激励机制；改革高校内部的绩效评价与奖励制度，营造鼓励自主创新和科技成果转化的软环境。

（五）构建创业基地和实践基地，完善人才培养机制

高校应重视国家大学科技园在培养人才方面的重要作用，结合国家有关人才计划，积极探索创新人才培养新模式。在园内有针对性地布局和构建本科、研究生实习、实践、研发、创业基地，全面提升培养和汇聚创新创业人才的能力。要鼓励和支持毕业生到国家大学科技园中创业，将高校毕业生的就业压力转化为创新创业动力。加大吸引海外优秀人才入园创业的工作力度，汇集一批留学回国拔尖创业人才。

（六）促进开放合作，推动国家大学科技园的国际化发展

进一步推动国家大学科技园走“走出去—引进来”的国际化道路。拓展合作渠道和方式，推动与国内外相关机构的密切合作。积极引进国外风险投资资金。组织国家大学科技园管理人员到国外考察、培训，提高管理人员的业务素质和管理水平。

生产力促进中心“十一五”发展规划纲要

生产力促进中心是国家创新体系的重要组成部分，是社会主义市场经济条件下，深化科技体制改革，推动企业尤其是中小企业技术创新的科技中介服务机构。“十五”期间，我国生产力促进中心快速发展，初步实现了《生产力促进中心“十五”发展计划纲要》确定的组织网络化、功能社会化、服务产业化的发展目标，成为在国内外有一定知名度和影响力的技术创新服务机构。

“十一五”是我国全面建设小康社会的重要时期，为适应新形势下我国国民经济和社会发展的要求，贯彻落实《国家中长期科学和技术发展规划纲要（2006—2020年）》，按照《国家“十一五”科学技术发展规划》的总体部署，进一步推进生产力促进中心的持续、健康和快速发展，特制定本纲要。

一、发展现状

“十五”期间，各级政府、科技主管部门和行业主管部门积极推动生产力促进中心建设，在政策、人才和资金等方面给予了大力支持。中国生产力促进中心协会加强资源集成，组织信息交流、国际合作等活动，促进各生产力促进中心的共同发展。生产力促进中心作为科技中介机构的代表第一次被写入《中华人民共和国中小企业促进法》，确立了法律地位，成为我国生产力促进事业发展的里程碑。在各方的共同努力下，我国生产力促进中心蓬勃发展，取得显著成效，成为推动中小企业技术创新的一面旗帜。

生产力促进中心规模迅速扩大。截至2005年底，数量由“十五”初期的580家增加至1270家，居世界同类机构第一。从业人员达16000余人，其中学士学位以上的人员占从业人员的比例超过50%，博士、教授和专家的比例大幅提高，生产力促进中心队伍的整体素质明显提升。

生产力促进中心体系不断完善。积极探索科技与经济结合的新模式，有力支撑了国家创新体系建设。积极开展“西部生产力促进行动”，帮助解决区域发展不平衡的问题。大力发展以大学为依托的

科技部，国科发高字〔2006〕475号，2006年11月27日。

生产力促进中心，鼓励生产力促进中心进入国家高新技术产业开发区，有效推动了生产力促进中心的机制创新。鼓励社会力量创办生产力促进中心，促进生产力促进中心的体制创新。逐步形成了投资主体和机构性质多元化的格局，构建并完善了适合我国国情的生产力促进体系。

生产力促进中心管理日趋规范。"十五"期间，科技部修订了《生产力促进中心管理办法》，印发了《关于进一步加快生产力促进中心发展的意见》，实施了《国家级示范生产力促进中心绩效评价工作细则（试行）》，实现了对国家级示范生产力促进中心的动态管理。制定和贯彻生产力促进中心服务标准，完善了生产力促进中心的业务规范。全面推行生产力促进中心参加国际质量管理体系认证，规范了生产力促进中心的管理。

生产力促进中心已成为技术创新服务的中坚力量。截至 2005 年底，全国生产力促进中心实现服务收入 92.3 亿元，服务企业总数达 9.68 万家，共为企业增加销售额 1078 亿元、增加利税 112 亿元，为社会增加就业 285 万人。开展国际人员交流 22391 人次，引进项目 1528 项，引进资金 29 亿元。

但从整体上看，我国生产力促进中心还存在着发展不平衡、基础设施薄弱、人才队伍建设滞后、运行机制不够灵活等问题，制约了我国生产力促进中心的整体发展。

二、面临的形势

"十一五"是我国经济结构调整和科技事业发展的关键时期。《国家中长期科学和技术发展规划纲要（2006—2020 年）》明确提出，建设社会化、网络化的科技中介服务体系，大力培育和发展各类科技中介服务机构，引导科技中介服务机构向专业化、规模化和规范化方向发展。生产力促进中心的发展面临着新的使命和责任。

随着中介服务机构的不断增多和壮大，生产力促进中心的发展经历着冲击。特别是我国已经进入 WTO 后过渡期，国外中介机构陆续进入我国的科技服务市场，使生产力促进中心面临着严峻的考验。从生产力促进中心本身的发展态势看，1200 余家中心如何避免产生同业竞争、突破"做实、做强、做大"的瓶颈、探索长期稳定的发展模式等，都是亟待解决的重要课题。

今后五年，要充分认识加快生产力促进中心发展的重要性和紧迫性，增强责任感和使命感，积极探索新的发展模式和途径，切实解决发展中存在的各种问题，加快我国生产力促进体系建设。

三、指导方针和发展目标

1. 指导方针。坚持以邓小平理论和"三个代表"重要思想为指导，贯彻党的十六大和十六届三中、四中、五中、六中全会精神，树立科学发展观，落实《国家中长期科学和技术发展规划纲要（2006—2020 年）》。按照"自主创新、重点跨越、支撑发展、引领未来"的科技工作方针，围绕增强自主创新能力、建设创新型国家的重大战略，以《中华人民共和国中小企业促进法》为依据，以市场需求为导向，以机制创新为动力，坚持质量提高与数量增长相结合，坚持重点扶持与全局带动相结合，坚持加大投入与营造环境相结合，鼓励多种模式的实践，探索分类管理和指导的途径和办法，全面推动我国生产力促进事业的发展跃上新台阶。

2. 发展目标。“十一五”期间，生产力促进中心应发展成为国家创新体系建设的推动力量，发展成为促进高新技术产业蓬勃兴旺的支撑力量，发展成为孵育中小企业成长壮大的中坚力量，发展成为引领科技中介机构创新发展的核心力量。

在继续扩大生产力促进中心规模的同时，着力提高服务能力和水平；加强国家级示范生产力促进中心的建设，培育若干具有较强核心竞争能力、能跻身于国际合作与竞争的生产力促进中心；造就一批具有创新精神和较强组织、开拓能力的生产力促进中心带头人；形成若干以生产力促进中心为核心、联合其他中介机构及产学研组织共同参与的生产力促进联盟；形成服务规范、特色鲜明、开放协作的生产力促进服务体系，把生产力促进中心逐步建设成全国科技中介机构的骨干力量。

2010 年，生产力促进中心总数达到 2000 家，国家级示范生产力促进中心数量达到 200 家。扩大生产力促进中心的服务面，服务企业数量超过 20 万家，为企业增加销售额 1000 亿元、增加利税 100 亿元，培训人员 300 万人次。生产力促进中心从业人员总数达到 3 万人，其中具有学士学位以上的人员占从业人员总数的 60%，具有大专以上学历者占从业人员总数的 80%。推进国际合作工作，人员交流 3 万人次，引进项目 2000 项，引进资金 100 亿元。

四、主要任务

1. 发展行业、专业和县（市）生产力促进中心。推动行业、专业生产力促进中心成为促进行业科技进步的有生力量。县（市）生产力促进中心达到 1000 家，国家和地方各级政府共同给予支持，形成“建设一个中心，扶持一个产业，壮大一域经济，致富一方百姓”的新局面。

2. 进一步推进国家级示范生产力促进中心的建设。在加快现有生产力促进中心建设的同时，“十一五”期间再建设 100 家国家级示范生产力促进中心。按照《国家级示范生产力促进中心绩效评价工作细则（试行）》中规定的指标，科学、客观、公正、公开和定期地进行绩效评价，实行动态管理，使国家级示范生产力促进中心更具活力和竞争力。结合实际情况，进一步完善绩效评价工作。

3. 推进生产力促进联盟建设。围绕中小企业国际工业分包、工业设计共性技术推广等能力建设项目，进一步提高生产力促进中心的服务能力。本着自愿、协同的原则，建立以生产力促进中心为核心、其他中介机构参与、产学研相结合的服务联盟，探索发展途径和模式，实现资源共享和优势互补。

4. 推动生产力促进工作与有关科技计划相结合。继续加强生产力促进工作与星火计划紧密结合，推动面向“三农”的生产力促进服务；继续加强生产力促进工作与火炬计划紧密结合，配合国家高新技术产业开发区二次创业，引导生产力促进中心为产业集群创新和产业升级服务；充分利用大学的人才、成果和实验设备等优势资源，加大在国家大学科技园建立生产力促进中心的力度。面对我国进入 WTO 后过渡期的机遇和挑战，进一步加大为第三产业提供服务的力度。

5. 加强合作与交流。进一步加强与境内外同类机构，特别是港澳台地区生产力促进中心的交流。

选择有代表性的国家级示范生产力促进中心，为其创造加强国际交流与合作的机会。选派中心的领导到国外先进的中介服务机构学习考察，促进相互间的信息往来。加快国内生产力促进中心服务标准与国际接轨，增强其活力和竞争力，促进服务领域国际化。

6.加强自律，诚信服务。严格按照《生产力促进中心管理办法》《关于进一步加快生产力促进中心发展的意见》等管理和考核各类生产力促进中心，规范服务，提高从业人员的素质；开展创名牌、创精品服务，增强生产力促进中心的整体服务能力。通过调整评价导向，加强对不同所有制和不同类型的生产力促进中心的分类管理和指导，推动生产力促进中心由他律管理向自律管理的转变。

7.加强自身人才队伍建设。创造环境，吸引、凝聚国内外优秀人才加入生产力促进中心队伍；鼓励留学回国人员创办或领办生产力促进中心，改善从业人员结构；加速形成广纳人才、才尽其用的用人机制和尊重人才、凝聚人才的激励机制；形成全国生产力促进中心工作人员的培训机制；积极探索有中国特色的生产力促进中心从业人员资质认定办法，逐步做到持证上岗。

五、支撑条件与保障措施

1.加强政府宏观调控能力。本着政府引导与市场调节相结合的原则，在相关政策、法规的制定或修订过程中，进一步明确生产力促进中心的法律地位；深入研究非营利科技中介服务机构的政策与法律问题，开展生产力促进中心作为非营利机构的试点工作，为生产力促进中心营造出良好的发展环境。

2.科技部将加大对生产力促进中心的支持力度，推动生产力促进联盟体系建设，加强生产力促进中心的能力建设，打造具备国际竞争力的生产力促进中心，鼓励生产力促进中心提供公益共性服务，增强生产力促进中心服务能力和水平。

3.协调出台优惠的财税政策。积极与财政、税务等部门协调，争取对国家级示范生产力促进中心的有关服务给予税收优惠。

4.搭建信息共享平台。加强生产力促进中心的工作集成，建设技术创新公共信息服务平台，有效实现资源共享，促进区域交流与合作。

5.充分发挥各级生产力促进中心协会的作用。中国生产力促进中心协会和地方生产力促进中心协会要有效集成各种资源，加强生产力促进中心之间的合作交流，推动生产力促进中心的发展。

6.各地方在转变政府职能过程中，对生产力促进中心能够承担的工作，特别是面向中小企业的先进技术推广、产学研联合等方面，要积极委托生产力促进中心组织实施，为生产力促进中心创造更广阔的发展空间。

中国科技企业孵化器“十一五”发展规划纲要

依靠技术进步和自主创新，促进经济结构调整和经济增长方式转变是我国参与国际竞争、建设创新型国家与和谐社会的战略选择。“发展高科技，实现产业化”已经成为实施这一战略的重要手段。中国近二十年的实践表明，科技企业孵化器（也称高新技术创业服务中心）作为连接知识创新源头和高新技术产业的桥梁，作为培育自主创新企业和企业家的平台，已成为提高科技自主创新能力的关键环节，成为创新成果产业化的重要载体；成为促进科技型中小企业发展的强大支撑力量；成为现代高新技术服务业的重要内容；成为国家科技创新体系重要的组成部分。

在党中央、国务院以及各级政府的关心支持下，在火炬计划的指引下，我国孵化器事业实现了快速发展。孵化器大力弘扬创业精神和创业文化，以人为本，在将科技资源迅速高效地转变为社会生产力，培育具有自主知识产权的科技型中小企业和企业家，发展高新技术产业，优化产业结构，创造新的就业机会等方面做出了积极贡献，取得了辉煌成就。

为推动我国孵化器事业的持续健康发展，按照国家中长期科学和技术发展规划纲要的精神，制定本纲要。

一、“十五”期间的发展与目前存在的问题

“十五”期间，我国孵化器事业高速发展，新建的孵化器超过过去10年的总和，数量显著增加，孵化能力显著增强，孵化服务质量显著提高，对经济和社会发展的作用显著体现。目前，全国已拥有各类孵化器500余家，其中经科技部认定的国家级创业中心137家、软件园24家；经科技部、教育部、人事部、国家外专局共同认定的留学人员创业园21家；经科技部、教育部共同认定的大学科技园50家。

“十五”期间，孵化器使一大批科技型中小企业从无到有，从小到大，实现了超常规发展，极

科技部，国科发火字〔2006〕422号，2006年10月17日。

大地提高了我国中小企业的整体素质和质量，已经成为区域科技创新的重要力量、科技成果产业化的重要基地、吸引和集聚科技人才的重要载体和培育中小科技企业的主要力量。2005 年根据对上报的 534 家孵化器的统计，各类孵化器孵化场地总面积达 1969.9 万平方米，正在孵化着 39491 家企业，占全国科技型中小企业数量的 1/3 左右；在孵企业申请专利 17225 项，其中发明专利 6028 项，获批准专利 10926 项，其中发明专利 3949 项；在孵企业年技工贸总收入实现 1625.4 亿元，创造直接就业机会 71 万多个；已累计毕业企业 15815 家，已培养出境内外上市公司 50 余家。

“十五”期间，政府引导下的孵化器投资主体多元化形成趋势，涌现出一批适应各类创新创业主体需要、富有特色、形式多样的孵化器；孵化器网络和协会组织向地区、省市等层次纵深发展，专业性研究机构、媒体等行业服务机构破土而出，形成了现代科技服务行业雏形；国际企业孵化器、海外科技创业园为我国中小企业进入国际市场、参与国际竞争提供了新舞台，国际培训、交流日趋活跃，开始进入人才跨国培养、企业跨国孵化、对外输出管理的合作阶段。

在快速发展的同时，我国孵化器还存在一些有待解决的问题，主要有：对孵化器的政策扶持与引导体系尚未健全和完善；缺乏适应社会主义市场经济发展的体制和机制创新措施；数量和质量尚不能满足提高科技自主创新能力与经济健康发展的需要，与创新源头的大学与科研院所结合不够紧密，基础设施功能还有待完善，链接与整合社会资源的能力不足，特别是融资能力有待加强；部分管理者对孵化器支持科技创新和创业本质的认识不够充分。核心问题是对企业的服务亟须从物业、政策为主的基础性常规服务向创业企业成长为核心的孵化服务提升，增强以孵育为主的核心能力。这些问题需要在“十一五”期间采取有效措施，认真加以解决。

二、发展机遇与挑战

当今世界，全球性科技革命蓬勃发展，高新技术成果向现实生产力的转化速度加快，高新技术越来越成为经济社会发展的决定性力量，成为国家综合国力得以形成和发挥的重要基础和关键。本世纪头 20 年是我国现代化建设可以大有作为的重要战略机遇期。要全面建设惠及十几亿人口的更高水平的小康社会，必须着重解决经济社会进步、科技进步与创新、引进消化吸收、产业结构调整和升级以及促进增长方式转变等关键问题。大力发展具有自主知识产权的科技型中小企业，是解决上述问题的有效途径之一。

由于历史的原因，虽然我国科技创业活动日益发展，但与发达国家相比仍然不够活跃，也还没有在全社会形成浓厚的创业文化和企业家精神。科技型创业企业在资金筹措、技术开发和管理组织等方面还存在许多困难，在激烈的市场竞争条件下，存活率较低，成功率更低。总体上讲，我国中小企业支持服务体系尚不健全。孵化器以促进最活跃的技术创新主体——科技型中小企业的成长为使命，并作为科技成果商品化和产业化的基础性服务机构，面临着巨大的社会需求，肩负着为国家培养高成长性企业群体的历史责任。发展孵化器事业是国家利益不断拓展的重要保证。

三、指导思想、发展原则与目标

“十一五”期间孵化器发展的指导思想是：以科学发展观为指导，以培育科技型中小企业和创新型企业为目标，以制度创新、组织创新为突破，坚持“支持创新、鼓励创业、优化环境、拓展功能”的总要求，进一步从整体规模上推动我国孵化器的发展，突出特色化与专业化，强化技术与资金服务能力，推进“创业导师＋专业孵化”的孵育模式，打造以提高企业技术创新能力为核心的孵化服务能力，提高孵化质量与水平，推动建立投资主体多元化、运行机制多样化、组织体系网络化、创业服务专业化、服务平台标准化、服务内容国际化，形成孵化器可持续发展机制，打造国际一流的孵化器群体，促进我国高新技术企业的健康发展，为建设创新型国家做出新贡献。

“十一五”期间，孵化器的建设和发展要坚持以下六个原则：一是坚持政府主导原则，同时充分发挥市场配置社会资源的基础性作用，把孵化器建设作为区域创新体系建设的重点；二是坚持分类指导原则，鼓励多元投资、多种形式和体制运营以及多区域层次发展；三是坚持质、量并重原则，在数量不断增加的同时，努力提高孵化能力和服务水平、拓展服务领域、实现服务质量的跨越；四是坚持自主创新原则，要紧密与大学和科研院所合作，促进产学研结合，培养自主知识产权的科技企业和科技企业家；五是坚持广泛发动原则，进一步拓展孵化器的社会基础，根据创业者和市场的需求，扩大创业服务的受益群体范围；六是坚持行业推进原则，充分发挥行业组织的作用，规范服务，搭建共享平台，培养核心竞争力。

“十一五”期间是全面提升我国孵化器孵化功能和形成大规模行业发展的关键时期。总体目标是：通过扩大总体规模，增加孵化器数量，以扩大创业服务的受益群体范围；通过拓展和强化服务，把服务延伸到从企业初创到毕业全过程，以提高创业服务的质量；通过建设专业技术孵化器，以及国际企业孵化器、留学人员创业园、海外科技园、大学生创业基地等，突出对特色产业集群和创新集群的基础性孵育作用，并建成一批具有国际水平、在国际上具有较高知名度的孵化器，把我国的创业服务事业提高到新水平。具体目标是：到2010年，全国各类孵化器数量要达到1000家，其中国家级300家，孵化场地总面积2500万平方米以上，绝大多数孵化器具备完善的技术基础设施和信息网络平台，孵化资金总额30亿元以上，形成职业化孵化服务队伍；当年在孵企业5万家以上，毕业企业累计1.5万家以上，创造就业机会达到100万个，每年培养出800家以上绩效优异的快速成长型科技企业，并聚集一批高水平的创业企业家，转化一批高水平自主创新成果，孵化一批具有高成长潜力的高新技术企业，形成比较完善的科技创新孵育体系，迈入世界企业孵化器强国行列。

四、主要任务与工作重点

1. 加强领导，确立孵化器建设与发展在科技与经济工作中的地位。各级政府和科技主管部门要深刻认识孵化器在培育科技型中小企业，提高自主创新能力，促进社会、经济发展和保证国家利益的重要基础性作用；深刻认识孵化器作为国家公共基础设施，在产业化服务平台建设中的重要位置；深刻认识孵化器对满足科技创业需求和发展创新创业文化的重要意义，把孵化器工作作为政府提供的公共服务，列入“十一五”政府工作计划和科技发展规划，制订并切实落实鼓励科技创业、支持孵化器发展的具体政策法规以及相关的扶持政策。要把孵化器建设作为推动地方经济发展的重要手段，落实地方的孵化器组织、管理和物质资源，形成多层次的管理体系。国家高新区必须把孵化器的建设与发展作为实施“二次创业”战略的重中之重和建设“创新创业园”的重大标志性任务，下功夫办好。

2. 增加投入，总体规划，合理布局，进一步扩大孵化器的整体规模。要进一步促进我国孵化器的整体规模上台阶，在完善已建孵化器功能的基础上，鼓励有条件的地区实施地、县孵化器创建工程。各地应把孵化器工作作为科技创新工作的重要内容，根据当地资源、产业发展方向和市场需求，最大限度地整合已有的科技和产业资源，建立更多适宜当地需要的特色产业孵化器，发挥对特色产业集群的孵育功能，扩大创业服务的受益群体范围，以满足日益增长的创业企业发展的需要，适应国民经济发展的要求。

3. 拓展功能，强化孵化器的孵化、抚育能力。要以建设“创新型国家”为契机，建设并运行好共享孵化设施，强化孵化、抚育能力，为造就大批优质、健康的科技型中小企业营造良好的发展环境。应积极探索将孵化活动延伸至研发阶段，实施预孵化，关注有望实现技术突破和形成产业的“种子”，促进技术创新活动的开展。要注重各类中介服务机构的引入，提供专业化的服务；要注重创业文化与氛围的营造，开展弘扬创业精神，培育创业意识，营造创业氛围的活动，使政府与社会各界了解、关注和支持科技创业；要根据孵化企业的实际需求，开展企业成长促进服务，协助企业提高能力和水平，加强对企业提高战略发展和日常操作能力的培训，并做好各种交流与合作的服务，成为企业成长的促进员和良师益友。

4. 突出重点，强化孵化器的“天使投资人”角色。在我国种子期企业的金融育成环境仍有待改善的情况下，孵化器要勇于承担起“天使投资人”的责任，有效地提升投融资服务功能。对于所孵化的具有较大发展潜力且具有高成长性的技术项目或初创企业，开展早期的、直接的权益资本投资，协助具有专门技术或独特概念而缺少自有资金的创业者创业，提供对于创业企业有价值的企业经营管理经验、市场渠道等辅导型增值服务，加快科技成果转化。应紧密结合“科技型中小企业成长路线图计划”，争取各级政府的支持，开展与银行、投资及咨询机构等相关部门以及天使资本等的合作，全面强化科技企业孵化器的抚育能力。

5. 因地制宜，充分发挥孵化器在区域和产业发展中的先导作用。随着国家宏观政策的调整，各地区的发展不可能长期建立在以土地、能源、资金等要素为载体的粗放型模式上，必须更加重视依靠科技创新，从根本上实现增长方式的转变。要充分发挥孵化器在调整区域产业结构、落实区域和产业政策、促进产业集群发展中的引导、辐射和带动作用。经济发达地区要突出政府的引导作用，进一步完善孵化器的社会化促进机制，努力办出一批服务手段先进、孵化绩效优异的国内外知名孵化器；中西部和东北地区要配合国家发展战略，坚持以政府为主导，在政策和资金上给予孵化器更加有力的支持，努力办出一批孵化设施完善、孵化作用突出的孵化器，更好地推动区域创新，促进区域经济的快速健康发展。

6. 促进合作，重点加快孵化器产学研合作体系的建设。“十一五”期间，孵化器要特别强化与自主创新源头的大学和科研院所的紧密结合，注重与科技资源的聚集地建立相互依存、共同发展的合作关系，与一家以上的大专院校或科研院所开展系统、紧密的合作。同时，要将孵化功能延伸到大学和科研院所，形成科技自主创新成果转化的便捷通道，方便科技人员创业，源源不断地吸收大学和科研院所的自主创新成果，促进以大学和科研院所创新成果为基础的科技型中小企业的成长，提高自主创新成果的转化率，在研发机构和高新区形成梯级孵化关系。此外，发达地区和中西部地区应取长补短，加强合作，通过建设孵化器合作平台，共享技术、信息、市场等资源。

7. 完善组织，促进孵化器的多元化、专业化、网络化、标准化和国际化。要提高服务素质与水平，以日常操作的职业性、行业性、规范性区别于其他组织，同时注重我国亟须发展和具有发展潜力的优势行业，建设更多的专业孵化器，重点要完善和建立各专业孵化器的共享技术服务平台；要建立孵化器行业协会和网络组织，搭建全国性、地区性和地方共享孵化平台，以市场规则为主导，以孵化资金、创业投资为支撑，以信息网络和投融资网络为纽带，集成、整合科技产业化所必需的各种资源，构建市场经济条件下的科技创新孵育体系；要注重配合国家整体对外战略，引导有条件的孵化器面向海外，探索、实践和完善国际企业孵化器、留学人员创业园和海外科技园等各种合作模式，支持和鼓励孵化器及孵化企业走出国门，在项目和企业层面积极参与国际合作与竞争，按照国际标准创建高水平的孵化组织。要在相关地区和国际组织中发挥积极作用，倡导成立国际性孵化器合作组织，形成相对稳定的合作关系和渠道，确立中国在国际孵化器领域的形象和地位。

五、保证措施

1. 加快孵化器的法制化建设步伐，制订相关政策。“十一五”期间，科技部将加强孵化器发展战略研究，提出进一步促进我国孵化器发展的意见，落实国务院制定的《实施〈国家中长期科学和技术发展规划纲要（2006—2020 年）〉的若干配套政策》中的孵化器税收扶持政策，并积极开展孵化器立法研究，以早日实现将孵化器纳入相关法律框架。各地应制定本地区的孵化器管理办法，并可根据地方实际，先行制定地方法规和政策，包括吸引科技人才的政策、支持孵化器发展的优惠政策、孵化企业的优惠政策等，特别要鼓励有条件的地区探索建立政府采购孵化服务的机制，从政策体系上支持孵化器持续健康发展。科技部将汇编各地的相关法规政策及实施情况，编制科技企业孵化器发展报告，供各地交流、参考。

2. 支持孵化器孵化、抚育能力的提高。“十一五”期间，科技部将实施孵化器“能力建设工程”，每年投入 2000 万元，引导地方投入 1 亿元以上，着力搭建全国性综合孵化信息服务平台，以及相互连接的各大区分平台以及覆盖每个国家级创业中心的子平台。同时，科技部将重点支持技术含量高、产业特色明显的专业孵化器的建设发展，每年投入 4000 万元引导资金，引导地方投入 2 亿元以上，重点支持以创新集群为基础、面向科技型中小企业的各类公共服务平台的建设，至 2010 年，支持每个国家级创业中心建成各具专业特色的专业技术公共服务平台。科技部还将建立2亿元规模以上的母基金，以科技型中小企业技术创新基金为引导，结合国家开发银行小额贷款试点工作，推动“科技型企业成长路线图计划”实施，鼓励和支持构建科技企业商业融资平台，扩大投资补贴类创业项目的试点工作，支持有条件的孵化器建立天使孵化资金，引导更多的孵化器成为“天使投资人”，推动成立全国性天使网络组织，并鼓励地方创业投资、专业孵化器和天使投资网络紧密合作。各地主管部门和高新区要相应设立等额以上的支持资金，特别要为孵化器设立专项孵化资金（种子资金），并逐步增加数额。

3. 支持建立孵化器行业组织和操作规范，健全考核体系。科技部将在中国高新区协会创业中心专业委员会的基础上，建立中国科技企业孵化器协会。科技部还将在总结全国孵化经验与知识的基础上，推出指导性的孵化器手册和信息网站，研究制定孵化器考核指标体系，并在试点的基础上，逐步实施“标杆管理工程”，推动孵化器开展ISO系列服务标准认证等多项活动，定期对国家创业服务中心进行考核，从而树立一批孵化绩效优异的国家级创业中心典型，发挥其示范、带动作用。科技部还将支持建设一批区域性孵化网络。各地主管政府部门应大力支持孵化器协会的创建，充分发挥行业组织的作用，发挥其专业特长，建立自律性行业规范，培养孵化器的核心孵育能力。同时，各孵化器要充分利用互联网，及时传递相关信息，交流孵化经验，共同提高孵化器建设水平。

4. 鼓励各种形式的孵化器发展，推进体制、机制创新。“十一五”期间，科技部将结合国际先进经验和我国的具体实际，提出对各类孵化器发展分类指导的意见，鼓励体制与机制的创新探索，并选择部分城市试点。在坚持孵化器核心本质不变的前提下，鼓励社会各界积极加入到孵化器建设和发展的事业中来，创建各种不同性质的孵化器，支持和鼓励有条件的孵化器探索各种有益的发展道路。各地政府、科技主管部门和高新区要抓好孵化器体制机制的创新，推动其健康发展。科技部将以运行经费后补贴等形式，支持各类孵化器坚持孵育核心能力的提高，引导和加强各类孵化器为科技创业企业提供创业服务。

5. 重视孵化器管理人才培养，提高服务水平。各地要选择熟悉科技研发，懂得投融资业务，拥有企业管理实践经验，具备改革创新服务意识，对孵化器事业发展充满信心和历史责任感的优秀人才担任孵化器负责人；选择具备职业道德、服务意识和团队精神的专业化的高素质人才组成管理服务团队。孵化器投资主体和管理机构应把握孵化器发展方向，大胆放权，赋予孵化器体制与机制改革、人事、财务、运营的权益，建立与孵化绩效挂钩的激励与约束机制，充分调动孵化器管理和服务人员的积极性和创造性。科技部将实施“人才跨越”培训计划，认定并资助若干符合要求的专业化、社会化培训机构为孵化器管理人员培训中心，并加强与国际创业培训组织的合作，编制系列培训教材，健全工作队伍，多层次地培训孵化器管理人员、创业服务人员，提高孵化器管理队伍素质。

6. 拓宽社会基础，创造更加宽松的创新创业环境。“十一五”期间，科技部将实施“科技型企业家培养”战略，进一步加强与相关部门，如计划、财政、教育、人事、经贸、劳动等部门以及社会各界的广泛合作，充分调动和运用社会资源，为“创新型科技企业家社会”的发展创造更加宽松的环境。各级政府应表彰做出突出贡献的孵化器和科技企业家，努力提高孵化器和科技创业者的政治与社会地位，使社会各界了解、关注和支持科技创业，发挥科技创业企业家的积极性和创造性，形成全社会支持、鼓励科技创业的氛围，建立和谐的科技型企业家成长环境，从而带动更多的科技创业者，培养更多的科技企业家。

国家可持续发展实验区“十一五”建设与发展规划纲要

为了进一步推动可持续发展战略的实施，落实科学发展观，促进社会主义和谐社会的构建，深入推动国家可持续发展实验区工作，制定国家可持续发展实验区“十一五”建设与发展规划纲要。

一、发展机遇

近年来，中央提出了以人为本，全面、协调可持续的科学发展观，以及建设资源节约型和环境友好型社会、建设社会主义新农村和构建和谐社会等一系列新方略，这对国家可持续发展实验区（以下简称实验区）工作提出了新的任务和要求，为实验区建设拓展空间、丰富内涵、创新机制、加快发展创造了良好的环境。

《国家中长期科学和技术发展规划纲要（2006—2020 年）》明确提出了“自主创新、重点跨越、支撑发展、引领未来”的科技工作方针，对未来 15 年我国的科学技术发展提出了前瞻性、战略性和全局性的部署。在实验区的发展过程中，充分发挥科技进步的支撑和引领作用，仍然是实验区工作的重点。

实验区经过 20 年的建设与发展，在凝练区域可持续发展模式、机制与经验等方面进行了多方面的研究、探索与实践，极大地推动了当地的经济社会的协调发展。但我们也必须看到，我国地区间发展条件和发展水平差异很大，地方可持续发展的制约因素和战略需求呈现多样化。同实验区研究与实践活动面临的重大需求和发展机遇相比，支撑条件不足，集成技术应用与推广的能力薄弱，区域间实验区建设不平衡，整体协调性差，仍是实验区发展面临的重大挑战。在机遇和挑战面前，实验区建设要进一步理清发展思路，确定发展目标，明确工作重点，加强总体布局，继续扩大实验示范影响，使实验区成为引领地方可持续发展的重要力量。

科技部，国科发社字〔2007〕126 号，2007 年 3 月 26 日。

二、发展思路

“十一五”期间，实验区的建设要全面落实科学发展观，以推进构建社会主义和谐社会为目标，面向新时期我国经济社会发展的重大战略需求，把握国际可持续发展的趋势，不断增强自身可持续发展的能力，求真务实，开拓创新，努力实现以下四个方面的转变：

1. 由注重实验区自身建设向区域引导性示范转变。在继续推进实验区建设的工作中，把工作重心放到着力解决本地区经济社会发展的关键问题上来，加强对本地区制约可持续发展的突出矛盾和主要问题进行系统分析，从本地区建设与发展的需求出发，关注并服务于人民群众的切身需求。通过有效解决本地区经济社会发展关键问题，形成具有区域代表性和辐射影响力的可持续发展的共性经验，引导和推进区域可持续发展。

2. 由单一行政区相对独立的可持续发展模式，向探索开放式、联合型可持续发展模式转变。在有条件的区域，通过若干实验区的组合联动，发挥实验区更大的示范带动作用。鼓励地区间、城市间、同流域、同生态区围绕可持续发展共同目标和任务，建立实验区，实现共同发展。通过实验区布局的战略调整和空间拓展，使可持续发展实践取得实质性突破，实现可持续发展模式向更具科学性、代表性和多样性的战略转变。

3. 由强调实验区数量布局向突出区域特色、整体提升可持续发展质量和能力转变。结合国家东部拓展、中部崛起、西部大开发的战略，东部地区的实验区重点是解决社会发展相对滞后于经济建设的问题，改善环境，加强经济与社会协调发展、人与自然和谐共处的示范，提升实验区的整体形象；中部地区实验区建设通过技术进步，重点解决经济发展与资源环境矛盾突出的问题，提高自然资源利用效率，遏制生态环境恶化的势头；西部地区实验区重点是科学合理地开发利用自然资源，加快当地经济发展，应用先进生产技术，减少生态环境污染。

4. 由实施可持续发展单项技术项目的引导向综合集成技术的推广应用转变。通过官、产、学、研结合，系统解决实验区可持续发展关键技术问题，着力提高可持续发展技术应用项目对实验区国民经济与社会发展的贡献程度，针对实验区可持续发展的综合性问题，加强技术集成应用，提高实验区可持续发展的质量和水平。

三、发展目标

“十一五”期间，围绕建设资源节约型、环境友好型社会和构建社会主义和谐社会的总体任务，实验区将突出清洁发展、安全发展、和谐发展的建设主题。通过科技引导、改革创新和实验示范，促进实验区的经济、社会以及人口、资源、环境的协调可持续发展，强化实验区的“基地、队伍、模式”建设，将实验区建设成体制创新、机制创新和技术创新的实验基地，推广应用可持续发展集成技术，促进区域经济和社会统筹协调发展的示范基地，探索官、产、学、研联合的实验平台和全面建设小康社会、构建和谐社会的典范。

1. 提升实验区质量，增加实验区数量，扩大可持续发展影响。根据实验区建设标准和规范，到“十一五”末，力争使国家级实验区数目达到100个左右。鼓励和支持地方积极培育省级可持续发展实验区，力争使省级实验区数目也达到100个左右。新实验区的建立要综合评价地区可持续发展基础条件、实验特色、实验内容、实验意义和发展能力，突出可持续发展的实验方向及区域代表性。针对地区分布、不同类型和发展不平衡的特点，结合国家西部大开发和中部崛起政策，培育一批中西部地区国家可持续发展实验区。在实验区数量增长的同时，注重实验区建设与发展质量。

选择代表性突出、示范意义重大、对区域发展具有带动作用的实验区，创建20个左右国家可持续发展先进示范区（以下简称示范区），按照构建社会主义和谐社会目标的要求，开展涵盖面更广、技术水平更高、综合效果更突出的可持续发展示范。

2. 整体提升实验区、示范区可持续发展能力。强化实验区、示范区创新体系建设，实现制度化和规范化管理。根据实验区、示范区经济社会发展的实际需求，积极探索建设的新形式、新机制和新体制；建立具有新时期特点的、符合实验区、示范区建设要求的区域可持续发展指标体系和评价系统；结合实验区、示范区的验收、考察和评审工作，组织专家对实验区、示范区建设进行评估，建立年度报告制度，定期发布实验区、示范区建设情况评估报告。推进实验区、示范区在区域经济、社会全面协调发展中的积极影响和示范带动作用。

3. 全面提高可持续发展公众参与程度。加强中央、地方相关部门的协作，加强国家实验区与省级实验区之间的联系和互动；建立和健全专家指导工作机制，加强对实验区建设的科学指导；在可持续发展集成技术的推广应用方面，积极倡导建立产、学、研联盟。

开展各类主题鲜明的政策宣传和教育活动，让广大公众深刻理解可持续发展的重要意义，进而自觉提高可持续发展意识，宣传、普及可持续发展行为的责任和义务，充分调动实验区各部门、各企业事业单位、社团组织和个人参与可持续发展的积极性和主动性，不断提升实验区建设的公众参与度，逐步形成全社会共同关心可持续发展、践行可持续发展的实验区文化，确保实验区的可持续发展事业持续健康地发展下去。

4. 拓展可持续发展实验区的交流与合作。完善可持续发展实验区信息网络建设，通过举办研讨会、座谈会、培训班、“实验区论坛”、参观考察、编辑信息简报等多种形式，加强各实验区之间的交流。鼓励和支持同类型的实验区之间就共性问题展开研讨和交流，鼓励和支持不同类型实验区及周边地区可持续发展的交流与合作，加强可持续发展实用技术的推广、应用与区域间合作。

进一步加强实验区的国际合作与交流，积极争取利用国际合作资源，组织实施国际合作项目，将实验区建设成为开展区域可持续发展国际交流的平台，充分展示中国区域可持续发展的实践成果，扩大国际影响力。

四、重点任务

（一）“十一五”期间，实验区要结合本地区经济社会发展的重大需求，在五个方面率先进行实验示范

1. 率先进行建设环境友好型社会的实验示范

实验区要从全局需求出发，把加强区域水质改善、城市群大气复合污染防治放在重要位置。尤其要加强水污染的控制与治理，积极开展受污染湖泊、水系和退化湿地的生态修复，保障饮用水安全，开展海水淡化、雨洪利用，解决区域品质性缺水问题。开展重大工程建设区生态恢复整治、典型脆弱生态系统重建技术示范，加快国土绿化、加强生态环境保护和整治工作力度。

2. 率先进行建设资源节约型社会的实验示范

实验区要积极组织开展循环经济与清洁生产，提倡节约的消费理念和行为方式。根据区域工农业生产和生活消费特点，建立重污染行业清洁生产的监控和治理技术系统，有条件的地方要探索建立针对资源、能源与工业企业（群）以及产业园区循环经济发展技术模式。进一步探索完善生活垃圾等固体废弃物处理处置与资源利用管理与技术系统。

3. 率先做好社会事业领域的可持续发展实验示范

坚持计划生育基本国策，千方百计稳定低生育水平，提高出生人口素质。加强重大传染病、地方病和重大慢性非传染性疾病以及城乡社区常见多发病的防治技术研究，着力解决城乡人口看病难、看病贵等问题，尤其是关注并采取积极措施，促进解决广大农村地区因病致贫、因病返贫的问题。

努力营造实验区稳定、持续、协调发展的社会氛围。建立健全城乡统筹的培训、就业服务体系，提高劳动者素质，促进劳动力合理、有序就业。不断完善流动人口管理与服务体系，积极应对人口老龄化问题。积极组织城镇社区开展健康向上的教育、文化、旅游、体育活动，完善相关服务设施和功能。建立完善城乡社会养老、失业、最低生活等社会保障体系。发展现代服务业，推进公用事业的信息化进程。

4. 率先开展公共安全领域的实验示范

充分发挥科技引领和支撑作用，以维护国家安全和社会稳定，保障人民生命财产安全为目标，建立区域突发公共事件的应急预案体系，开展科技强警，提高处置突发事件和为经济社会发展服务的能力。重视安全生产，建立安全生产长效机制，加强生产安全隐患的监测检查，有效控制特大灾害和区域性事故，降低重特大事故发生率。加强自然灾害的防御工作，提高气象、洪水、地震、地质灾害等的监测预报水平和应急救助能力。

5. 率先为我国城镇化和城市发展进行探索与实验

实验区要以解决制约我国城镇化进程和城市发展过程中的“瓶颈”问题为切入点，加强城镇规划，完善城镇基础设施功能，推进土地资源的节约集约利用。倡导绿色建筑、使用绿色建材、进行生态绿化，提高城市建设的科技含量，创造良好的人居环境。

通过五个率先实验活动，对全国不同地区的可持续发展起到示范和带动作用。

（二）推进三大行动

1. 开展节约型社会创建行动。根据中央关于建设节约型社会的重大部署，在实验区、示范区开展建设节约型社会行动。实验区建设要树立以人为本、全面协调可持续的科学发展观，紧密围绕实现经济增长方式的根本性转变，以提高资源利用效率为核心，坚持资源开发与节约并重，强化节约意识，开展节约型政府机关、节约型企业、节约型社团组织、节约型家庭创建活动；以节能、节水、节地、节材为重点，在生产、建设、流通、消费各领域，依靠科技进步，减少对自然资源的耗用，减少污染。构建以节能、节材、节约资源为重点的工业生产体系和以节水、节地为重心的农业生产体系以及倡导绿色消费方式的服务业体系。

2. 开展环境友好型社会创建行动。探索建立和推进“资源—产品—再生资源”的物质循环利用的经济发展模式；实行污染物总量控制，重点控制有毒有害气体排放，防治大气污染、流域水质污染；推行废弃物达标排放管理，加速城镇垃圾减量化、资源化和无害化处理，推进污染治理市场化、产业化；发展“环境友好型”产业，实施环境管理认证体系，促进环保技术及成果的推广和应用，实现生态保护与环境友好。

3. 开展科学发展、共创和谐社会实践行动。实验区要在贯彻科学发展观，构建社会主义和谐社会的过程中起到表率作用。按照“党委领导、政府负责、社会协同、公众参与”的原则，深化实验区社会管理理念。在实验区强化社会道德基础教育，大力宣传和倡导民主法治、公平正义、诚信友爱、充满活力、安定有序。在实验区开展创建平安社区、绿色社区、和谐社区活动；提高农村组织化程度，加强完善农业生产技术服务体系，改善农村生活环境，推进社会主义新农村建设；关注特殊群体，创造人与人，人与自然、人与社会和谐相处的社会环境。

（三）深化可持续发展示范

组织示范区创建工作。在通过验收并提出申请的实验区中选择代表性突出、示范意义重大并对区域发展具有带动作用的实验区，按照全面建设小康社会的目标和建设资源节约型、环境友好型社会、构建社会主义和谐社会的要求，开展主题突出、科技支撑明显、影响带动力大的区域可持续发展研究、探索与示范，在示范区有重点地组织实施一批解决可持续发展共性问题的国家科技项目，对区域可持续发展起到积极的示范、引导、带动作用。

五、保障措施

1. 进一步完善实验区组织领导体系

“十一五”期间，调整和加强国家可持续发展实验区部门协调领导小组工作，协调国务院相关部委，争取实验区工作得到各有关部门更多的支持。建立部门联合推动机制；充实各实验区、示范区组织领导机构，要求实验区主要领导对实验区建设亲自抓、负总责，由实验区政府负责，协调各部门制定政策、明确任务，落实责任、督促检查，做到责任、措施和投入“三到位”。

2. 加强实验区可持续发展能力建设

加强和完善实验区和示范区管理制度，研究和建立实验区工作目标责任的考核、评估体系；建立实验区工作定期报告和通报制度，每两年举办一次实验区工作会议，通报实验区工作，总结实验区经验；加强国家、省级实验区专家指导工作，充分发挥两级专家指导委员会的作用；继续组织办好实验区论坛，根据国家可持续发展重点和区域需求设置论坛主题，通过开展各种形式的活动，促进各实验区间的交流与合作；积极探索形成政府与社会的多元化资源结合机制，特别注重发挥企业的作用，引导大企业关注社会事业，并通过公共政策的设计，使大企业在实验区的建设发展中受益；加大对实验区的支持力度，拓宽实验区的多元化投融资渠道，增强地方资源的投入积极性和投入力度；把实验区和示范区的建设规划与实施工作作为重要内容，纳入当地的国民经济和社会发展规划、计划，并加强公众的监督。

3. 加强实验区宣传与培训工作

把可持续发展领导和管理队伍建设作为实验区工作重点任务，举办各类培训活动，有计划、有重点地培养一支可持续发展领导、管理和专业人才队伍，为区域可持续发展事业提供持续的人才保障。结合实验区、示范区新区申报工作，开展可持续发展理念和实验区建设相关知识的普及性培训。

4. 开展可持续发展关键技术集成与示范

整合、集成各相关部门和各类科技计划资源，为实验区、示范区建设与发展提供科技支撑，对影响区域社会发展的共性技术、关键技术和关键领域提供支持。优先支持节水、节能和资源高效利用技术应用与示范，城镇绿色建筑集成技术应用与示范，水资源循环再生利用集成技术应用与示范，城市垃圾无害化处理技术集成应用与示范，城乡水环境保护和污水处理技术集成应用与示范，人口卫生与健康技术应用与示范，城镇公共安全及防灾减灾关键技术应用与示范等。

建立面向公众的信息共享服务体系，建立适应于政府决策的信息共享网络，使社会经济、人口、资源、环境等基础信息数据为工业化和农业现代化建设服务。

5. 开展国际合作与交流，促进实验区建设与发展

可持续发展已成为国际社会的普遍共识，要积极利用国际社会关注可持续发展这一良好机遇，开展多方面的可持续发展国际交流与合作，鼓励和支持实验区、示范区与各国家和地区、国际组织和机构建立可持续发展领域的交流合作渠道，引进先进技术、先进理念，联合实施技术示范项目；组织可持续发展国际培训，参与国际可持续发展交流、研讨等活动，宣传和展示我国地方可持续发展取得的实践成果，争取更广泛的国际合作支持，促进实验区建设工作的开展。

“十一五”国际科技合作实施纲要

“十一五”是贯彻落实《国家中长期科学和技术发展规划纲要（2006—2020年）》（以下简称《规划纲要》）的关键时期。为全面提升国际科技合作的层次和水平，进一步扩大开放，凝练目标，切实把国际科技合作的工作重点转移到落实《规划纲要》确定的各项任务上来，更好地服务于国家战略目标，特制定本《实施纲要》。

一、国际科技合作面临的新形势和新要求

近年来，我国国际科技合作工作把握新时期经济和科技发展的新趋势和新特点，紧密配合国家经济、科技和外交战略，不断开创新局面，登上新台阶，取得了丰硕成果，国际科技合作已成为我国科技和外交工作的重要组成部分。一批重大国际科技合作项目的实施，为我国在更宽领域和更深层次参与全球科技合作与竞争，提高国际影响力方面发挥了重要作用。各部门和地方围绕经济社会发展的重大关键问题，利用全球科技资源，不断拓宽合作渠道，加大合作力度，为经济社会发展提供了有力支撑。通过不断深化改革，初步形成了政府指导、民间参与、机构互动的合作架构，一个全方位、多层次、宽领域的国际科技合作态势已经呈现，科技外事系统的能力建设不断增强。

1. 充分认识新时期国际科技合作的新特点和新使命

进入新世纪，科技创新的广度和深度大大拓展，科技革命的新趋势和新特点不断赋予国际科技合作新的内涵。在科学前沿领域不断拓展、学科分化日益加强的同时，学科之间、科学和技术之间、自然科学和人文社会科学之间相互交叉融合，新的发现和重大发明不断涌现，为国际科技合作创造了更多的需求和机会。

伴随经济全球化的不断深入与发展，科技的主导地位日益突出，科技全球化正在成为经济全球化的重要表现形式。在新的国际政治、经济、军事格局中，科学技术的决定性作用得到了前所未有的加强。科技对经济社会发展的引领作用日益突出，国家间的竞争越来越体现为科技创新能力的竞争。充分利用全球科技资源，加强本国的研究开发工作，以更低的成本、更高的效率获得更强的竞争力，成

科技部，国科发外字〔2006〕480号，2006年12月11日。

为新时期国际科技合作的鲜明特点。科技成果转化周期缩短，技术更替和技术转移速度加快，为后发国家获取更多先进技术、实现技术跨越和后来居上提供了机遇。伴随着国际政治格局变化和经济竞争加剧，科技外事工作在总体外交中的重要作用日益凸显，既是外交工作的重点内容，又是拓展外交空间的重要手段。

制定和实施《规划纲要》是党中央、国务院科学把握21世纪新的国际竞争态势，从落实科学发展观和全面建设小康社会的需要出发，对我国未来科学技术发展做出的全局性、战略性和前瞻性部署。“自主创新、重点跨越、支撑发展、引领未来”的科技发展指导方针的确立，为我国的国际科技合作指明了方向，对我们更加充分地利用全球科技资源、拓展国际合作提出了新的任务和更高要求。加强自主创新，绝不意味着“闭门创新”或“自我创新”，而是为了更好地利用开放的条件，以我为主，加强合作与交流；也是为了发挥引进作用，为我所用，获取更多的自主知识产权。无论是原始创新、集成创新，还是引进消化吸收再创新，都要求进一步扩大对外开放和国际合作，以更加宽阔的视野，积极借鉴世界先进经验，在充分利用全球创新资源的基础上提升自主创新能力。因此，我们必须抓住世界新科技革命的大好机遇，以更加积极的姿态融入科技和经济全球化进程中。统筹规划，协调布局，利用一切可利用的资源，力争在较短时间内使我国的自主创新能力和科技发展水平跃上新的台阶，为实现建设创新型国家的宏伟目标做出积极贡献。

2.“十一五”国际科技合作的指导方针和主要目标

（1）指导方针

“十一五”期间，我国国际科技合作要以“三个代表”重要思想和科学发展观为指导，全面贯彻“自主创新，重点跨越，支撑发展，引领未来”的科技工作方针，紧密围绕建设创新型国家的总体目标和《规划纲要》的重点任务与要求，以提高我国自主创新能力为中心，服务于社会主义现代化建设和国家外交工作两个大局，努力在拓展合作领域、创新合作方式和提高合作成效三个方面取得新的突破，为促进经济结构调整、转变增长方式、提高国家竞争力做出重要贡献。

（2）主要目标

在拓展合作领域方面取得新突破。一是要进一步扩大国家科技计划对外开放的范围，除涉及国家安全或特殊要求外，国家科技重大专项、国家高技术研究发展计划、国家科技支撑计划、国家重点基础研究发展计划、科技条件平台建设专项、国家自然科学基金、中科院知识创新工程、教育部211和985工程等都应积极开展对外科技合作与交流；二是要扩大地方、部门和行业科技计划的对外开放程度；三是要扩大科研机构、高等学校、国家重点实验室等对外科技合作与交流；四是要积极推动企业开展多种形式的对外科技合作，扩大国家高新区、科技企业孵化器等对外合作与交流；五是要积极促进学术团体、民间科技组织与国外科技组织的合作与交流，扩大对外交流的网络和渠道；六是要扩大科技人员的对外交流，有效地开展高层次国际化人才培养和引进工作。

在创新合作方式方面取得新突破。一是要加大重点领域、关键技术的合作研发，将重点任务纳入双边、多边政府间科技合作协议中，合理分享知识产权及研发成果；二是要重点扶持中外合作研发机构的建立，包括共建企业研发机构，创建一批国际科技合作研发基地和产业化基地；三是要扩大技术输出和技术转移，通过合作研究、联合调查、技术培训、科技援助等多种形式，促进技术及产品的出口，推动科研机构和企业“走出去”；四是要积极参与国际大科学计划和大科学工程，启动并组织实施由我主导的大科学计划和大科学工程；五是要积极参与国际组织及其活动，鼓励我国科技人员到国际组织任职，扩大我国科技的国际地位和影响。

在提高合作成效方面取得新突破。一是要取得一批创新成果，并自主拥有或合理分享知识产权，大幅提高我国科技研发在国际学术界、科技界的地位和影响力；二是要在利用全球科技创新资源，包括人才、资金、技术、设备等方面取得实质性进展，加快我国高新技术产业化，培育和壮大我国高新技术产业；三是要在推动高新技术及其产品出口，促进科技型企业“走出去”方面取得新突破；四是要在引进和培养一批具有世界一流水平的科技人才中发挥更大作用；五是要在“中医药国际合作研究计划”和“新能源国际合作计划”等由我主导的国际大科学计划、大科学工程实施方面取得突破性进展。

3.“十一五”国际科技合作的战略转变

“十一五”国际科技合作工作要树立全局观念，加强宏观指导和统筹协调，形成资源共享、信息沟通、政策配套、多方参与的“大国际科技合作”的新格局，主动利用全球科技资源，更好地服务于国家战略目标，在体制和机制上保障《规划纲要》的贯彻落实，实现以下五个战略转变：

（1）在战略目标上，从一般性国际科技合作，向以《规划纲要》为目标、以需求为导向的国际科技合作战略转变。要紧密围绕《规划纲要》确立的战略目标和重点任务，特别是重大专项的实施，结合国家科技计划的需求，确定国际科技合作的重点领域与国别，主动利用全球科技资源，提高研究开发的效率和质量，增强对外合作的针对性和服务国家战略的有效性，使国际科技合作成为国家创新体系中的重要组成部分。

（2）在合作方式上，从注重项目合作，向整体推进“项目—人才—基地”相结合的战略转变。要切实改变以往重项目合作，轻资源集成和人才培养的现象，形成“项目—人才—基地”相结合的国际科技合作新模式，注重人才培养和引进，促进国际科技合作基地建设，实现国家、部门、地方、企业等资源的有机结合，实现人才、资本、技术等创新要素的高效集成，实现国际科技合作与区域创新体系乃至国际创新体系的有效衔接。

（3）在合作内容上，从注重技术引进向“引进来”和“走出去”相结合的战略转变。要在更加广阔的层面上把握国际国内两个市场、两种资源。积极创造条件，吸引国外知名科研机构和大学的科研人员与国内同行在基础科学和前沿领域开展合作研究，鼓励国际风险投资、咨询机构参与国内高新技术产业化。支持有条件的企业和科研机构到海外建立研发基地，组建研发战略联盟，充分利用全球科技资源，包括人力、资金、技术以及市场等资源，提高核心竞争力，开拓发展空间。支持我国科学家走向国际舞台，通过参与更多的国际大科学计划和大科学工程合作，拓展视野，增强在国际学术界的影响力。

（4）在合作主体上，从以政府和科研机构为主，向政府引导、多主体共同参与的战略转变。要充分把握国际科技合作主体、层次、内容和方式不断变化的趋势，强化政府在国际科技合作中的宏观管理和服务职能，创新工作思路，拓展工作渠道，搭建合作平台，创造合作条件，提供合作环境，形成政府搭台，企业、高等学校、研发机构和民间组织等多方参与，各主体作用得到充分发挥的国际科技合作新格局。注重发挥企业在国际科技合作中的主体作用，为企业利用全球科技资源，提升自主创新能力做好服务。

（5）在任务确立上，从“自下而上”的立项机制，向以《规划纲要》为导向的“自上而下”的立项机制战略转变。要针对国际科技合作计划目标聚焦不够，资源较为分散的弊端，建立和完善部门和地方的国际科技合作统筹协调机制。特别是要围绕《规划纲要》和“十一五”科技发展规划的实施，加强国家科技计划间、部门间以及部门与地方间的统筹协调，以需求为导向，凝练合作重点，强化自上而下的立项机制，集成有限资源，在若干重点领域率先突破。

二、“十一五”国际科技合作的重点任务

“十一五”时期，我国国际科技合作要进一步突出重点，调整工作思路，改进工作方式，积极拓宽我国外交、科技、资源和市场空间，力争在以下几个方面取得明显突破，努力开创国际科技合作新局面。

1. 围绕国际科技合作总体战略的实施，形成双边、多边及区域合作的新格局

针对国际经济、科技发展出现的新趋势和我国的需求，根据不同国家的特点、优势，因势利导，在双边、多边和区域合作中形成布局合理、重点突出、目标明确的合作战略格局。在双边合作方面，要进一步加强与欧、美、日、韩等国家的双边合作，力争在基础研究、前沿技术、高技术及其产业等领域取得实质成效。要拓展与俄罗斯、东欧及独联体等国的合作领域，取长补短，优势互补，共同发展。要开拓和加强与发展中国家的科技合作，努力取得新的作为，不断扩大技术援助和技术输出，开展技术服务和技术培训，帮助科技型企业开拓市场。同时，加强和深化内地与香港、澳门的科技合作，继续扩大海峡两岸多种形式的科技合作与交流。在多边和区域合作方面，要在与欧盟、东盟、亚太经合组织、经济合作与发展组织、世界卫生组织、国际原子能机构、联合国气候变化框架公约、联合国教科文组织等国际组织与国际专业组织的合作与交流中，提高中国的国际地位和国际影响力，开辟国际合作与交流的渠道，利用多边合作机制为《规划纲要》的实施和自主创新能力的建设提供服务。

2. 加强政府引导作用，实施一批重大国际科技合作项目

按照《规划纲要》和国家“十一五”科技发展规划确定的各项重要任务和目标，围绕国家科技重大专项和国家科技计划，组织实施一批重大国际科技合作项目，设立符合我国科技发展需求的国际科技合作计划。按照“以我为主、互利共赢、有利自主创新”的原则，根据我国实际需求，遴选好合作伙伴国及其相关科研机构，争取将国家各主要科技计划、重大科技专项中的重点国际合作项目纳入双边、多边政府间科技合作协议，提升合作层次和质量。

3. 充分利用国际智力资源，培养和引进一批顶尖科技人才

要探索建立长效的人员交流机制，将一般性人员交流提升到可增强我创新能力的、高水平人才合作与交流，提高我国科学家参与高水平、实质性的国际合作与交流的能力和成效。在开展国际科技合作的同时，引进一批顶尖的海外专家和优秀团队来华工作，鼓励其以合作研究或学术交流、技术培训以及工作任职等多种形式为我服务。要把人才引进工作放在第一位，不分肤色、不分国籍、不惜代价地引进人才。重点支持《规划纲要》急需的国际顶尖人才来华从事技术或学术交流、咨询培训以及短期工作，从海外引进活跃在世界科技发展前沿的战略科学家和学科带头人，使国内的重点研发领域实现跨越式发展。引进一批具有创业精神的科技人才，鼓励海外留学人员和华人归国创业。在国家科技计划和专项科技工作要把引进顶尖人才作为重要考评指标,对引进顶尖人才的单位和个人要给予奖励。通过多种方式和渠道，为国家科技计划实施提供人才引进的信息及咨询服务。

4. 建设一批高水平的国际科技合作基地

根据我国科技发展和学科建设的需求，充分发挥部门和地方政府的作用，依托有优势的高等学校、科研机构和科技型企业，建立一批高水平的国际合作研究中心、联合实验室或研发基地，强化在前沿技术、竞争前技术和基础科学领域方面的合作研究。以天津滨海国家生物医药国际创新园、济南国家信息通信国际创业园建设为重点，利用国家高新区、海外科技园，建立一批高水平的国际科技合作产业化示范基地。

5. 积极参与或组织国际大科学计划和大科学工程，合理分享国际前沿科技成果

进一步加大我国参与国际大科学研究计划的宏观协调力度，建立对大科学研究项目国际合作的管理与评估机制，确保必要和稳定的政府投入。继续做好伽利略计划、国际热核实验反应堆计划、全球环境变化计划、全球对地观测计划、大洋钻探计划、人类肝蛋白质组计划等国际大科学计划以及大科学工程的组织实施工作。根据《规划纲要》的需求，以实施“中医药国际合作研究计划”和“新能源国际合作计划”为突破，鼓励我国科学家和科研机构牵头组织国际和区域性的大科学计划和大科学工程，最大限度发挥我方作用，分享世界最新研究成果，维护国家利益，提升自主创新能力。

6. 增强我国在国际科技组织中的“话语权”，扩大我国的国际影响力

在国际合作中发现并积极培养一批战略科学家和学术带头人，培育一支在国际科技组织中能够发挥骨干作用的国际型人才队伍，为中国科学家在世界科学技术舞台上发挥重要作用创造条件。要有计划地支持我国科学家参加重要的国际和区域科技计划和活动，鼓励我国科学家和科技管理人员到重要国际组织任职，并竞争高级职位。鼓励在华举办重要的国际学术会议和专题研讨会。创造有利环境，争取重要国际学术组织在华建立总部或设立分部。

7. 鼓励企业和研发机构实施“走出去”战略，充分利用全球科技资源

按照以企业为主体、市场为导向以及“产学研”相结合的技术创新体系建设要求，在调整和发展现有海外科技园区的基础上，积极创造条件，鼓励有实力的企业和研究机构，到海外以独资或合资、合作形式建立研发机构、组建国际产业战略联盟，利用国际科技资源，拓宽发展空间。充分发挥现有

海外科技园区的桥头堡作用，为我国企业和研发机构充分利用全球科技资源开拓海外市场，搭建政策咨询、投融资和信息服务平台。

8. 积极开拓对外科技援助的渠道和形式，扩大技术输出和高技术产品出口

密切配合国家外交战略，利用国家对外援助资金和渠道，在农业及农产品加工、能源、信息通信、医药及中医药、医疗器械以及制造业等领域，遴选一批成熟的先进适用技术，向发展中国家转移、推广；派出相关科技专家到发展中国家进行多种形式的技术服务和示范；对发展中国家科技人员进行多种形式的技术培训等。积极开展技术援助，促进与发展中国家在能源、资源等方面的合作，进一步加强我国与周边及发展中国家的外交关系和经济技术合作。

9. 加强科技发展战略、政策和管理等领域研究的国际合作

加强国外科技发展战略、政策、管理、科技发展趋势预测等领域的跟踪研究，和国外有关机构建立经常性的合作研究与交流机制，包括开展合作研究、召开战略研讨会、学术交流以及互派访问学者、建立科技信息及相关科学数据共享机制等形式，加强国际智力资源的利用，积极吸收国外先进的研究成果和经验，为提高我国科技管理水平和为科技决策提供依据。

三、重点合作领域和主要方向

“十一五”期间，国际科技合作要立足于我国构建社会主义和谐社会的紧迫需求、世界科技发展趋势和我国国力，把握国际科技合作战略重点，紧密围绕《规划纲要》确定的重大专项、重点领域及其优先主题、前沿技术和基础研究，全方位地开展多种形式的对外科技合作与交流，学习和借鉴国外先进经验和成果，引进和培养一批高水平的科技人才，凝聚一批国际顶尖专家，为《规划纲要》的贯彻落实提供支撑。

1. 以发展能源、水资源和环境保护技术为优先合作重点，为解决制约国民经济发展的关键技术问题提供支撑

——清洁能源。包括清洁煤技术，石油、天然气的开采与综合利用技术，以我为主实施包括风能、太阳能、生物质能等在内的可再生能源国际合作计划，推进清洁发展机制（CDM）项目的国际合作。

——先进核能开发与利用。包括高温气冷堆、快中子试验堆、磁约束核聚变研究等，继续推进“国际热核实验反应堆计划（ITER）”的国际合作。

——节能和资源节约。包括工业节能技术、建筑节能技术、生活节能技术以及低能耗与新能源汽车等。

——清洁生产和循环经济。包括重污染行业清洁生产关键技术和工艺、重点城市大气复合污染综合防治技术与技术集成、固体废弃物的处理处置与综合利用技术等。

——水资源节约、保护、配置技术与矿产资源综合利用技术。包括水资源优化配置技术、重点流域水污染防治技术与示范、节水技术、海水淡化及综合利用技术以及复杂金属矿采选冶关键技术等。

2. 以保障食品安全、优化农产品结构、提高人民健康水平为重点，以生物技术合作为突破口，全面加强国际合作

——重大慢性疾病与传染病防治技术。包括艾滋病防治技术、新发传染病应对技术、肿瘤和心脑及老年性疾病发生发展的生物学基础研究及其应急安全对策研究与防治技术等。

——中医药现代化与生物医药开发技术。加快推进中医药国际科技合作研究计划，加强在中医传承与创新发展、中药资源可持续利用关键技术、中医综合治疗重大疑难疾病研究、生物信息与生物计算技术、重大新药创制、靶标发现技术以及基于干细胞的人体组织工程技术等方面的国际合作。

——农产品加工技术。包括农产品评价和检测新技术研究、奶业关键技术研究与示范、转基因农产品安全性评价与检测技术，以及粮油、果蔬、畜禽、水产等农产品产业化技术开发和深加工等。

——绿色农业、节水农业技术。包括农林生态环境控制与质量分子检测技术、农业环境污染控制与修复、农业环境保护与退化环境修复、林业生态建设、防沙治沙关键技术、农业节水技术与装备等。

——现代农业技术开发、集成与农业机械化、信息化，包括农业精准作业与信息化、数字农业技术、新型农药兽药可降解生物材料开发技术、农药创制关键技术、生物转化技术以及海水养殖技术等。

——新农村建设支撑技术。包括农村社区生活环境综合整治技术、农村绿色住宅建设技术、粮食单产及综合生产技术、农林生物质综合利用技术、农村新兴产业发展技术、农村生态环保技术、农村社区资源循环利用和可再生能源技术以及农村饮水安全技术等。

3. 围绕产业升级，利用国际科技合作促进信息技术、新材料技术和先进制造技术的发展，提高重大装备和产品制造的自主创新能力

——信息技术开发与应用。包括高性能 CPU、高性能计算机、软件、网格计算平台与服务环境、先进传感技术、虚拟现实技术、新一代高可信互联网、新一代宽带无线移动通信以及极大规模集成电路设计与制造技术等。

——新材料技术。包括资源节约型材料和绿色材料制备技术、集成电路配套材料、光电信息材料、高性能磁性材料、高密度信息存储材料、生物医用材料、智能材料与结构技术、高效能源材料技术、高性能膜材料以及高性能结构材料（铝镁钛合金、复合材料）等。

——绿色制造与先进制造关键技术。包括流程工业的绿色化、自动化及装备制造技术、制造业信息化集成技术与系统、射频标签技术、智能机器人技术、极端制造技术以及微纳制造技术与工艺等。

4. 大力促进基础科学与前沿技术的国际合作，在我具有优势和特色的重点领域取得一批创新成果

——生命科学领域。包括生命过程的定量研究与系统整合，重点开展蛋白质的结构与功能、遗传信息的表达与调控、个体发育中的分子与细胞机制、代谢组学等方面的研究等。

——纳米技术。包括纳米加工与纳米器件、纳米材料与纳米结构、纳米医学与纳米生物技术、纳米结构的表征方法与检测、纳米器件与集成的关键方法与技术、纳米体系中的理论和建模问题研究等。

——空天技术。包括航空航天的重大基础科学问题，研究可压缩湍流理论与湍流模型、高速高温气体动力学及真实气体效应等。

——海洋技术。包括深海基因技术、海洋与大气的相互作用等。

——基础学科和科学前沿重大问题。加强在数理化等基础学科的国际合作，推动中微子实验等高能物理、凝聚态物质与新效应、物质深层次结构和宇宙大尺度物理学规律、新物质创造与转化的化学过程、核心数学及其在交叉领域、脑科学与认知科学等科学前沿技术的国际合作。

四、政策措施与条件保障

为落实《规划纲要》提出的各项任务，全面提升国际科技合作的层次和规模，“十一五”期间，应进一步加强统筹协调，强化政府引导，在政策环境营造、经费投入、计划体系建设等方面加大力度，创造有利环境，为国际科技合作的开展提供有力保障。

1. 加强宏观指导和统筹协调，建立健全跨部门、跨地区国际科技合作统筹协调机制和信息资源共享机制

加强顶层设计和宏观管理，建立跨部门的国际科技合作工作部际联席会议制度，集成国内科技资源，协调对外科技合作。在部际协调机制下，根据需要设立若干专题工作组，负责具体项目的组织协调工作。鼓励部门和地方建立相应的行业或地区的国际科技合作统筹协调机制，在保障国家利益的前提下，发挥行业和区域优势，整合资源，协调一致对外开展国际科技合作，为国际科技合作的协调有序开展提供制度保障。建立跨部门、跨地区的国际科技合作信息资源共享平台和业务沟通机制，增强国际科技合作的整体能力和统筹协调能力。

2. 发挥国际科技合作计划引导作用，形成协调有序的对外开放与合作平台

国际科技合作计划要以提升自主创新能力为目标，紧密围绕《规划纲要》确定重点合作领域和合作国别，积极支持我国科研人员开展国际科技合作，落实双边、多边政府间科技合作协议（协定）。加强国际科技合作计划与国家其他科技计划的衔接和配合，促进有关经费的集成，加强管理，提高经费使用效益，提高国际科技合作计划的针对性和服务国家战略的有效性，解决制约我国科技、经济和社会发展的重大科学问题和关键技术瓶颈，充分发挥国际科技合作计划的统筹引导作用，集成和整合全国科技资源，形成协调有序的对外开放和合作平台。

3. 完善政府间科技合作模式，努力提升合作层次和质量

政府间双边、多边科技合作要围绕《规划纲要》的目标和任务，突出国家利益、维护国家安全，尽可能将国家的重点国际科技合作需求纳入政府间科技合作框架内。双边、多边政府间科技合作协议内容应在合作领域、政策对话、知识产权保护、企业参与机制、合办研究机构、人员交流、法律保障、税收等方面营造合作环境和条件，为开展合作提供支撑和保障。在双边、多边科技合作协议框架下，定期召开统筹协调会议，充分发挥部门和地方的积极性，加强资源整合，采取有效措施鼓励企业参加双边、多边合作。

4. 加大对国际科技合作的投入，形成多元化的投入体系

加大政府财政对国际科技合作的投入，鼓励和引导企业、科研机构、高等学校、企业和社会各界

对国际科技合作的投入，逐步形成多元化的国际科技合作投入体系。鼓励和支持我国科研机构、高等学校和企业通过各种渠道争取国外资金的投入，参与国际组织和其他国家（地区）设立的国际科技合作计划和项目研究，有效利用国外各类科技合作资金。

5. 充分发挥部门和地方政府作用，形成全方位、多层次、宽领域的国际科技合作局面

国务院各部门和地方政府科技主管部门要紧密结合《规划纲要》提出的目标和任务，根据本部门和本地区的科技和经济发展需求及特点，支持企业、科研机构和高等学校开展高层次的国际科技合作。通过设立各种形式的国际科技合作专项资金或计划，加大对国际科技合作的投入，营造更加开放的国际合作环境，开辟更广阔的国际合作空间。在现有合作方式和渠道的基础上，进一步加强部门与地方、官方与民间、多边与双边、技术引进与输出、人才引进与培养等合作渠道的有机结合，实现合作方式的多元化和各类合作主体的优势互补。

6. 建立和完善国际科技合作战略与政策研究体系

加强国际科技合作战略及相关政策研究，针对“十一五”科技计划的重点任务，对国际科技合作需求和国内外科技合作资源进行调查；开展国际科技合作的重点领域和重点国别专项研究，为有目标、有计划地开展国际合作提供决策依据；加强对区域科技合作、国际大科学计划以及大科学工程的调查研究，为我国加强区域科技合作，牵头组织或参与国际大科学计划、大科学工程提供政策依据；加强对企业参与国际科技合作机制方面的调查研究，为企业实施技术创新的国际化战略提供指导。

7. 大力发展国际科技合作中介服务机构

结合政府职能转变，大力支持发展服务于先进技术转移的相关国际合作中介机构，利用好一批水平较高、资质信用好的国内外科技中介机构，发挥其在技术转移、风险投资、需求调查、资源评估、知识产权服务、法律咨询、外事服务等方面的积极作用，形成管理规范、办事公正、服务高效的国际科技合作中介服务体系，为企业和研发机构开展国际科技合作提供服务。

8. 建立健全国际科技合作评价与监督机制

针对各类国际科技合作计划和项目的特点，研究制定相应的评价指标体系、评价方法及相关制度，加强对国际科技合作计划和项目实施的管理和监督，保障国际科技合作计划和项目的顺利实施，强化知识产权保护，提高合作实效，维护国家利益和安全，确保项目资金的合理使用。

9. 充分发挥我国驻外科技机构的作用

根据全面提高对外开放水平，扩大国际和地区科技合作与交流的需要，调整驻外机构布局，优化驻外科技干部队伍，努力改善他们的工作条件和生活条件，充分调动他们开展国际科技合作与交流的能动性和积极性，鼓励开拓创新。提高驻外科技机构应对国内需求的能力，增强对驻在国科技界的广泛联系，了解国际科技发展的前沿和动态，调研国际科技合作的需求，促进国内外科技信息和人员的沟通与交流，为推动中外科技合作与交流发挥联络和参谋作用。

中医药国际科技合作规划纲要（2006—2020年）

中医药是中华民族数千年与疾病进行斗争过程中积累的宝贵人类财富，它以独特的视角认识生命和疾病现象，在长期的实践中形成了抵御疾病、维护健康的有效方法和手段，是目前保存最完整、影响力最大、使用人口最多的传统医药体系。中医药学是最有望以我为主导取得原始创新突破、对世界科技和医学发展产生重大影响的学科，中医药产业是我国具有原创性优势和巨大发展潜力的战略性产业。为充分利用全球科技资源，解决中医药现代化中的关键科技问题，推进中医药现代化和国际化进程，促进以中医药为代表的世界传统医药进入国际医药保健主流市场，并以此为突破口，带动我国科技竞争力的全面提升，促进中医药“走出去”战略的实施，特制定本规划纲要。

一、机遇与挑战

（一）战略机遇

1. 健康观念的转变使传统医药的国际市场需求不断增长

随着经济社会的发展和现代科技的进步，人类生存环境、生活水平发生了巨大变化，人类疾病谱、医学模式和医疗模式也正发生重大转变，人类对健康的认识不断提高，对健康的追求日益增强，传统医药的国际市场不断扩大，贸易额逐年增加。迅速增长的国际需求，为包括中医药在内的传统医药提供了巨大的市场发展空间。

2. 传统医药正受到世界各国政府和国际组织的重点关注

各国医疗费用的日益增长，现代医学仍然对许多重大难治性疾病良策不多，国际社会已经意识到传统医药，特别是中医药的健康观念、医疗实践的有效性与现代医学的结合将可能为人类提供医疗卫生保健新模式。世界各国纷纷从法律、标准以及市场准入等方面加大了对传统医药的支持。世界卫生

科技部、卫生部、国家中医药管理局，国科发外字〔2006〕292号，2006年6月30日。

组织(WHO)的数据表明，有75个国家已组建了有关天然药物管理机构，51个国家制定了发展传统医学的国家政策，92个国家颁布了草药产品注册的法律法规，54个国家制定了传统医师注册法，61个国家成立了关于传统药物的专家委员会，58个国家至少有一所有关传统药物研究机构。WHO强调，传统医药在实现"人人享有卫生保健"方面能够发挥重大作用。

3. 现代科技发展为中医药等传统医药发展提供了新的支撑

21世纪以生命科学、生态科学、信息科学、复杂科学和系统科学为前沿的世界科学技术迅猛发展，自然科学与人文科学间的交叉、渗透、融合，导致新兴学科不断产生。现代科技的发展为中医药等传统医药的基本原理、核心理论及关键技术的重大创新提供了方法和手段。包括生物医学在内的生命科学，有着从分析向综合、从局部向整体的发展趋势，中医药理论和医疗实践的价值被重新认识。有效利用国际先进科学技术，解决中医药发展中的关键科学技术问题，将对生命科学及整个科学的发展产生重要影响。可以预见，中医药等传统医药将成为科技重大创新的源泉和基础平台。

4. 中医药国际合作基础已经形成

中医药在数千年的医疗实践中，积累了浩瀚的古典医籍文献与信息资源，蕴藏着世界上独有的、巨大的人类生命科学信息，是世界重大的科技成就之一。新中国成立后，随着我国国民经济不断发展和综合国力的不断提高，尤其是近10年来中医药现代化行动的开展，中医药现代化受到社会各界和海内外的热切关注和支持，中医药现代化水平明显提高。中医药基础研究、产品开发和标准化研究等方面都取得了显著进展，中医药创新能力明显增强，形成了一定数量有疗效、有市场的知名品牌和若干具有发展潜力的中药企业，建设了一批中药现代化基地，现代中药产业颇具规模，中医药医疗、科研、教育和生产体系已经形成。

中医药在世界范围的传播与影响日益扩大。截至2005年，我国与世界70个国家（地区）签订了含有中医药合作内容的政府协议；针灸在许多国家获得法律许可，中医先后在澳大利亚、南非等国家以法律形式得到承认和保护；近5年来我国中药产品出口稳步增长，已出口到135个国家和地区，部分中成药品种已在一些国家通过国际药品注册正式上市；来华学习中医药的留学生人数一直居我国自然科学领域首位。中医药对外交流与合作从自发、分散的方式，逐步向在政府框架协议指导下，以多途径、宽领域、高水平为特点，以开展中医药教育培训、科学研究、医疗服务、文化交流为内容的合作方式转变。中医药医疗、教育、科研和产品开始逐步全面走向国际。

综上所述，我国实施中医药国际科技合作规划纲要的时机趋于成熟。

（二）问题和挑战

1. 中医药的科学内涵尚未被现代社会普遍理解和接受

由于历史、文化背景和思维方式的差异，中医学与现代医学有着显著的不同特点。实践中行之有效的辨证论治诊疗方法和中药炮制、配伍用药原理，尚未得到现代社会的正确评价和应用；中医药的科学内涵尚未被现代社会广泛理解和接受；中医药与其他传统医药及现代医药间缺乏相互交流的共同语言，对国际上理解、认识和应用中医药构成巨大障碍。

2. 具中医药特点的国际标准规范尚未形成

与现代西药和植物药相比，中医药的安全性、有效性的研究及其评价标准和方法更为复杂，这决定了中医药的质量控制、生产工艺、药理毒理、临床评价和产品注册等标准不能照搬现代西药和植物药的标准。具有中医药特点、被国际社会普遍认可的标准规范尚未建立，中医药在大多数国家还没有法律法规保障，未能进入国际医药保健主流市场，未能成为维护人类健康的现实有效的卫生资源。

3. 中医药现代化水平的提高需要新的技术和方法

虽然我国中医药现代化水平不断得到提高，但中药新产品少、中药产品科技含量低、中成药出口依赖老品种等问题，并没有得到解决；中药产品在国外药品注册仍没有取得实质性突破；中医药企业规模小、国际竞争力弱的局面，没有明显改观。为解决这些问题，满足人们对中医药不断增长的需求，必须要调动和利用国际资源，开展水平高、带动性强、能够解决制约中医药发展关键问题的国际合作，把我国中医药领域的独特优势与当今世界先进科技结合起来，为大幅提升中医药的国际地位和竞争力，推动中药现代化和国际化提供技术和方法学的支撑。

4. 发达国家正试图抢占中医药等传统医药的主导权

随着中医药等传统医药巨大市场潜力和医疗科研价值在世界范围内重新得到重视，以中医药为重点的传统医药领域科技、产业和标准的国际竞争正在全球范围内展开。

美国有 26 个医疗中心从事针灸研究，有关针灸研究项目达 200 多项。英国在皇家植物园中建立了专门的中药引种和质量鉴定中心。德国联邦卫生部拨专款支持针灸疗效的研究。荷兰利用系统生物学模型评价中医药疗效。丹麦开始利用包括分子生物学在内的技术研究中医药。日本学者已经提出通过再次吸收中医药学理论，创造“中医汉方医药学”，实现东西方医学融合的“第三医学”。韩国制定了传统医药国家发展战略，印度等国家也在加速推进本国传统医药的国际化进程。发达国家利用资金和技术优势，在不断加大对中医药等传统医药的研究开发力度的同时，开始加强对传统医药标准和规范的控制，试图抢占国际传统医药的主导地位。

为应对日益激烈的国际市场竞争，保持我国在世界传统医药领域的领先地位，实施中医药国际科技合作规划纲要已迫在眉睫。

二、指导原则和战略目标

（一）指导原则

以科学发展观统领中医药发展全局，遵循“自主创新，重点跨越，支撑发展，引领未来”的新时期科技工作方针，坚持“原创性为根基，国际化为动力，人类健康为本，传承创新并重，医产学研结合，合作互利共赢”的指导原则，推动中医药走向世界，让全人类共享中医药文明。

原创性为根基。以发挥传统中医药的原创优势作为中医药现代化和国际化的成功之本，选择我国中医药科技领域中优势突出项目开展国际合作，以我为主引导国际传统医药标准规范的制订，增强我国中医药在全球传统医药中的主导地位。

国际化为动力。通过开展以我为主的国际科技合作，充分利用全球科技资源，攻克制约中医药现代化的重大科技问题，带动中医药科技的创新，发展具有自主知识产权的医药产业，通过许可认证、标准化和法律法规等方面的国际合作，扩大中医药产品出口和中医药文化的全球传播。以国际化促进中医药现代化，以中医药现代化进一步扩大国际化。

人类健康为本。将促进人民健康作为根本使命，将治疗和预防危害人类健康的世界性重大疾病作为基本出发点，通过科技创新，充分发挥中医药的独特优势，建立预防养生为主、防治结合的健康保障体系，引导世界医疗健康模式的转变，为构建和谐社会、提高人类健康水平提供科技支撑。

传承创新并重。在遵循中医药自身发展规律、继承中医药理论与临床实践精髓的基础上，运用现代科学技术方法和手段，丰富发展中医药理论。坚持双轨并重的推进策略，一方面传承“医药结合”优良传统，以现代科技手段提高传统辨证施治的可靠性，以现代技术和工艺提高传统中药生产水平和药品质量；另一方面运用生物技术和现代医药科技成果、现代化工艺和国际公认的标准规范，在传统中药基础上研制创新药物，加速现代医药产业发展。

医产学研结合。坚持以政府为引导、市场为导向、企业为主体、利益为纽带的原则，以医带药，以药促医。积极鼓励采用产学研医结合的机制，研究开发新技术、新产品、新设备，培养更多中医药专业人才，共同促进中医药走向世界。

合作互利共赢。根据世界各国特点和市场需求，在加大保护中医药知识产权的同时，尊重和保护国际合作中参与各方的经济利益和知识产权，互惠互利，合作共赢，让世界共享中医药文明成果。

（二）目标

中医药国际科技合作规划纲要的总体目标是：吸收和利用现代科技和人文成果，促进中医药理论和现代科学技术的结合与创新，深化对中医药科学内涵的认识，丰富和发展中医药理论；进一步提高中医药在国际市场上的竞争力，促进中医药进入国际医药保健主流市场，确立中医药在世界传统医药的主导地位；将具有现代人文思想和中国传统文化内涵的医疗康复保健理念推广到国际社会，在国际上广泛传播中医药文化，让中医药造福于全人类的卫生健康事业。

——中医药国际科技合作网络初步形成，中医药科技创新能力明显增强。建立有重要国际影响力的中医药临床研究中心、联合实验室、研发中心各 5 ~ 10 个；联合完成中医药临床疗效评价、作用机理、有效防治方法和新药研发课题 100 项；在国外完成 10 个具有市场潜力的中药品种的临床多中心研究；建立与 50 所国际著名医疗机构、大学、研究和生产机构等的多种形式的学术交流；中医药发明专利年度授权量和国际科学论文被引用数居世界传统医药领域第 1 位；吸引、培养、集聚一批高水平的中医药国际化人才队伍，逐步形成若干具有较强创新能力的国际科技合作基地和研究团队。

——中医药产品国际市场竞争力得到提高，中医药进入国际医药保健主流市场有明显进展。促进培育一批具有全球竞争力的跨国中医药企业集团，以及一批出口型的中医药企业集团集聚中心；在国外建立一批大型中医药研发、生产（种植）和销售集团；引进、消化、吸收和集成中药制药所需的关键技术，完成一批中药生产企业的升级改造，形成具有中药生产特点、国际认可的现代中药生产技术和方法；研发和生产一批进入发达国家医药保健主流市场的中药品种并上市销售，中医药在发展中国家的医药市场份额明显增加，提高中医药产品在国际市场的份额。

——一批中医药国际标准基本形成，区域性注册协调体系初步建立。建立国际社会普遍接受和认可的国际标准和规范，以及多语种的译释标准。这些标准和规范适应中医药特点和各国（地区）具体情况，在疾病诊断、治疗方法、疗效评价、质量控制等方面适合于中医药的医疗、教育、研发和生产；形成以中医药标准规范为基础的区域国际传统医药注册协调体系。

——中医药文化得到传播。出版发行1～2种具有重要国际影响的中医药学术刊物；建立5个多语种的国际中医药信息区域中心，在中国建立传统医药国际信息中心；建立具有重大国际影响的中医药教育培训国际区域中心、示范中医综合医院各5～10个；完成一批用于中医药国际医疗、教育、宣传的中医药教材、古典医籍和现代研究成果的翻译和编撰工作。

三、重点领域和主要任务

（一）中医药防治重大疑难疾病国际科技合作研究

以中医药治疗具有优势和特色病种为重点，应用临床流行病学、循证医学、信息技术等现代多学科的方法和技术，开展中医药对国际社会迫切需求的常见病、多发病及重大疑难疾病诊疗方法和诊断标准、治疗方法与方案、评价标准的基础与临床研究，并对行之有效的成果进行推广。

主要任务：神经精神性疾病、心脑血管疾病、自身免疫性疾病、代谢性疾病、消化系统疾病、心身疾病等重大慢性疾病，以及肝炎、艾滋病等重大传染性疾病的防治方法研究；证候诊断和疗效评价研究；证候信息识别与处理方法的研究；中医证候诊断系统和临床数据分析系统的研发。

（二）中医药在预防和养生保健方面作用的研究

在全面整理和挖掘中医药预防和养生保健方法和技术的基础上，针对世界不同国家民众医药健康需求特点，充分利用现代科学技术成果，研究中医药有效预防慢性病、亚健康状态的方法和作用机理，不断提高中医药预防疾病和养生保健水平，满足现代人类社会不断增长的健康保健需求。

主要任务包括：针灸、推拿按摩、食疗药膳和气功等预防和保健养生理论和方法的研究；行之有效、简便易行的预防和养生保健方法的国际推广。

（三）研发一批适应国际市场需求的中医药产品，培育一批具有国际竞争力的中医药企业

依据世界各地区特点和不同市场需求，充分利用数千年积累的中医药资源，结合现代科学技术，开展多种模式的中药新药研发、中医药产品的再评价和二次开发，研制开发一批适合国际市场需求的

中医药产品，培育一批具有较强国际竞争力的中医药跨国企业集团，增加中医药在国际医药保健市场的份额，将中医药知识和资源优势转化为现实的经济优势。

主要任务：开发和生产疗效确切、质量标准完善、安全稳定、具有自主知识产权的中药新药，并在发达国家以药品形式注册和上市销售；以药理活性为导向的中药提取物及其组方的新药、保健品的研发和生产；基于中药方剂的现代中药研究；对现有名优中医药产品的内在质量、临床疗效和安全性进行再评价和二次开发。

（四）中药研发和生产过程中的关键技术方法的开发与应用

利用中医药的宝贵经验和巨大的信息资源，结合生物学、化学、计算机和信息学等现代科学技术，建立具有中医药特点的研发技术和方法；针对中药产业链长、成分复杂、质量控制难度大、生产工艺复杂的特点，有效引进、消化、吸收和集成国际先进技术和设备。建立中国特色的医药研发和生产体系。

主要任务：研究适应中药复杂体系特点的疗效评价、筛选、质量控制、安全评价的新技术和新方法；建立中医药传统经验与现代高技术相结合的新药研发模式，尤其是符合复方药物特点的新药发现评价方法和模式；建立适合中医药产品特点的种植、提取分离技术、制剂技术；生产过程的质量在线检测与控制技术；创制适合中药生产特点的工程化设备。

（五）中医药的传承和保护

利用国际资源，研究中医药有效传承的方法和技术；充分利用现代生物技术、信息技术，在中医药国际化过程中，保证中药资源的合理应用和可持续发展；建立适合于中医药特点的知识产权保护方法和手段，注重保护我国中医药种质资源，在世界范围内保护我国独特的中医药产品、方法与技术。

主要任务：中医药蕴藏的人类生命健康信息、有效防治方法，尤其是名老中医经验的挖掘与传承；古今重要文献的整理和保存；全球范围内的药用资源的引种与驯化；国际药用种质资源库、药用植物园、资源动态监测和预警系统的建立；建立适合中医药特点的知识产权保护体系。

（六）制定和建立中医药国际标准规范

以现有中医药标准为基础，参考国际医药标准规范，依据世界各地区特点和社会经济科技发展状况，建立具有中医药特色、适应不同地区特点的中医药标准规范，逐步形成以中医药标准规范为基础的国际传统医药注册协调体系。

主要任务：中医药质量控制、生产（种植）、药理、毒理和临床诊断、疗效评价以及注册、销售、监管等标准规范；以英文为主的中外文中医药术语译释标准；建立区域国际传统医药注册协调体系。

（七）构筑中医药国际科技合作网络

依据我国中医药研究的需求，以重点项目为合作载体，采用多种形式和途径，与国际上有影响的高等院校、研究机构、医院、生产企业合作，建立中医药国际合作网络，以我为主，结合不同国家和地区政府和科学界的兴趣点，从临床、实验及理论研究几个层面开展国际合作研究，促进形成中医药与其他传统医药、现代医药间相互交流的共同语言，从根本上突破国际社会理解、认识和应用中医药的文化障碍。

主要任务：建立双边或多边的中医药临床研究中心、联合实验室、产品研发和生产中心、安全评价中心、多语种如中英（外）文的中医药医疗、科研、教学、管理和市场数据库中心，以及世界传统医药法律法规数据库中心。

（八）推进中医药国际传播

中医药国际化是中国文化传播的有效载体。要依据世界各国的特点，建立多渠道、多层次、多模式的中医药国际传播体系，展示中医药发展成就和成果。促进中医药更广泛地走向世界，服务人类健康。

主要任务：在国外开展中医药教育、医疗活动；加强中医药科普教育和文化宣传；在国际上有影响的学术刊物上发表中医药文章；推广适宜的中医药技术和产品；支持国内中医药学术团体与世界各国传统医药学术团体的交流与合作。

四、实施措施

（一）成立实施规划纲要的组织机构

成立中医药国际科技合作领导小组。科技部为组长单位，卫生部、国家中医药管理局等为副组长单位，并根据工作要求邀请相关部门参加。研究决策实施纲要工作中的重大问题，指导和协调部门和省市的中医药国际科技合作行动。

建立国际专家委员会。在全球范围内聘请中医药及相关领域的著名专家，成立中医药国际科技合作计划专家委员会，统一协调中医药国际科技合作计划的重点领域和实施方案。

成立国际理事会。科技部牵头协调有关国家政府和国际组织，组织实施“中医药国际科技合作规划纲要”。以我为主，成立国际理事会，在中医药双边合作的基础上，启动多边合作机制。

以一批国内名牌中药产品的疗效机理的国际研究为突破口，启动计划的实施。以计划为纽带，建立国内有关部门及地方参与的协调协作机制。

（二）保障资金来源

充分利用现有资金。以科技部现有国际科技合作经费为基础，协调、集中科技部内现有资金，支持中医药国际科技合作项目的实施。卫生部、国家中医药管理局进一步支持中医药国际科技合作项目。

申请专项资金。积极向财政部申请中医药国际科技合作规划纲要专项资金。

引导地方政府和社会各界资金。以政策引导、项目投入、建立中医药国际科技合作基地等方式，引导地方以及企业等社会各界资金投向中医药国际科技合作，形成支持中医药国际化发展的多元化、多渠道的科技投入体系。

吸引国际资金。通过中外政府和国际组织的双边/多边协议，共同重点支持中医药国际科技合作课题，以项目形式吸引国际社会资金，尤其是发达国家设立的传统医药专项研究资金，开展中医药国际合作研究；支持国内中医药企业境外上市，有效利用境外资本市场；重视吸引在国际医药市场上有影响力的跨国企业资金进行中医药国际科技合作。

（三）制定促进中医药国际科技合作政策

从国家利益的高度出发，加强政策措施的跨部门协调、衔接和配套，抓紧制定具体办法，落实《国家中长期科学和技术发展规划纲要（2006—2020年）》及国务院《关于实施〈国家中长期科学和技术发展规划纲要（2006—2020年）〉的若干配套政策》，从科技政策、国家药物政策、知识产权政策、财税政策、外贸政策等多方面着力，加大对中医药国际化发展的政策激励和保障力度。要合理有效运用技术性贸易措施保护民族中医药产业，同时完善境外投资促进和保障体系，引导中医药产业“走出去”。积极推动将中医药产业纳入国际贸易自由化和便利化的谈判范围。积极通过政府间双边及多边合作，进一步加强国际有关传统医药政策、法规的对话与协作，为推进中医药国际化创造良好的外部环境。

（四）实施高层战略

高层战略包括政府高层交往、高水平中医药教研机构和专家间的合作、高技术含量传统医药产品进入国际市场。

政府和国际组织间的高层交往，对于传统医药进入国际医药保健主流市场具有关键的推动作用。通过开展政府间、国际组织间的高层交往，加强双方高层官员的接触，拓展与世界各国（地区）政府有关传统医药的政策法规、市场准入、市场监管等方面的交流与合作，加强与世界卫生组织、世界贸易组织等国际组织的合作，以国家和政府的力量为传统医药进入国际市场提供强有力的支撑，推进传统医药进入国际医药保健主流市场。

支持社会各界在政府协议指导下，通过双边或多边渠道，与高水平的医疗、教育、研发和生产机构以及学术团体开展传统医药合作。

依据不同国家和地区的特点，根据不同对象的不同服务需求，推出高质量的传统医药服务技术和产品，提高国际社会对中医药等传统医药在防治人类难治病、疑难病方面确实疗效的理解，促使接受和使用传统医药。

（五）建立区域研究团队

依据我国中医药研究的需求，结合不同国家和地区政府和科学界的兴趣点，由专家委员会选择合适的合作方式，有针对性地设立国际合作项目，建立区域研究团队。支持区域研究团队在研究世界各地区的特点、探索中医药进入国际医药保健主流市场的方法和途径工作中，发挥作用和体现创新特色。

1. 北美、欧洲和澳大利亚地区

美国、加拿大、欧洲拥有包括生命科学领域在内世界上最先进的科学技术和最尖端的仪器设备，汇集了现代科学领域内最杰出的科学家队伍，基础研究资金雄厚，可通过国内外联合申报对方政府资助的项目、我国资助引进技术和人才的方式，重点在中医药基础研究方面加强合作，在揭示中医药科学内涵、疗效评价标准和中药研发方法学上取得突破。利用欧盟目前制定传统草药名录的时机，联合研究、推荐中药名录。

2. 港台、东北亚和东南亚地区

该地区受我国传统文化影响较深，政府和民众对中医药尤其是中药复方产品接受程度高。可以中药复方产品为重点，设立国际科技合作项目，形成中医药区域标准，并力争该标准纳入所在国药品注册标准。

3. 南亚、中东 / 海湾、拉美和非洲地区

该区域有自己的传统医药历史，对传统医药注册标准非常重视，但研发力量弱，可以我为主，联合当地著名高等院校和研究机构，取得双方政府的支持，建立联合实验室，合作研究传统医药标准，以国际合作方式，形成所在国以中医药特点为基础的传统医药注册管理标准。

（六）培养国际化人才

开展中医药引智工程，促进国际、国内人才双向交流。鼓励利用多种方式和灵活机制，从海外引进核心人才及团队，注重吸引和培养熟悉国外法律法规、掌握传统医药知识产权与技术壁垒游戏规则的专门人才，使中医药现代化专业队伍呈现“国际化人才，人才国际化”的新局面。将创新团队的培育和尖子人才的培养作为本规划项目的重要实施内容和考评指标。把传承传统中医药学术有造诣的特殊人才、中医药学科以外的优秀学者纳入中医药现代化和国际化创新团队中。加强中医药科技成果转化所急需的复合型管理人才、中介人才的培育。

后 记

为纪念改革开放40周年、迎接中华人民共和国成立70周年，我们汇编整理了1956年以来国家科委、科学技术部组织编制或参与编制的各个时期的国家中长期科学技术发展规划纲要、五年发展规划、专项规划，为历史研究和启动制定《2021—2035年国家中长期科技发展规划纲要》和《“十四五”国家科技创新发展规划》服务。

本书共收录公开印发的科学技术发展规划纲要总计151件，分四册编辑整理。第一册收录1956—2000年期间11件，第二册收录“十五”期间10件、“十一五”期间18件，第三册收录“十二五”期间71件，第四册收录“十三五”期间截至目前印发的41件。

本书的编撰工作得到了参与过科学技术发展规划纲要编制工作的黎懋明、齐让、王晓方、赵玉海、申茂向、苑广增、章宁等科技部退休老同志，刘敏、包献华、胡志坚、赵志耘、解敏、韩文胜等科技部现职同事，以及徐建国、王瑞军、田野等曾在科技部工作过的同事的悉心指导，他们提出了诸多宝贵意见。科技部办公厅文电档案处胡建英、文正，中国科学技术发展战略研究院李哲等同志对文献的收集给予了大力支持，侯丽珠、王星文、丁芳宇承担了大量的文献整理工作，在此表示感谢。

希望本书能够增进广大读者对我国科学技术发展历程和发展方向的了解和认识。如有遗漏之处，敬请谅解。

编　者

二〇一八年十月十五日